毛沢東の大飢饉

史上最も悲惨で破壊的な人災 1958-1962

フランク・ディケーター

中川治子＝訳

草思社文庫

MAO'S GREAT FAMINE
The History of China's Most Devastating Catastrophe,
1958-1962
by Frank Dikötter

Japanese translation published by arrangement with
Frank Dikötter c/o Wylie Agency(UK)Ltd.

毛沢東の大飢饉◉目次

第3部　破壊　223

・（ ）数字は原注を示し、巻末にまとめた。
・訳注は〔 〕割注で示した。また＊を付け、章末にまとめたものもある。
・小見出しは編集部による。

はじめに――「四千五百万の死」が意味するもの

一九五八年から六二年にかけて、中国は地獄へと落ちていった。中国共産党主席、毛沢東は、みずからの国を「大躍進」、すなわち十五年以内にイギリスに追いつき追い越すという狂気の沙汰へと駆り立てた。中国の最大の資産である何億にものぼる労働力を動員すれば、競争相手の先進諸国を一気に追い抜くことができる。毛はそう考えていた。中国は、工業一本槍で発展を目指したソ連モデルを踏襲する代わりに、工業と農業の「二本足で歩く」道を歩み始めた。大量の農民を動員して農業と工業を同時に変革し、後進経済を万人に豊かさを提供できる近代的共産主義社会へと転換しようとした。

このユートピア・パラダイスを追求する過程で、農民は共産主義の到来を告げる巨大なコミューン〔人民公社〕に組み込まれ、すべてが集団化された。農村部に暮らす人々は仕事と家、土地や財産や家畜を奪われた。集団化によって誕生した共同食堂で各人の働きぶりに応じて供給されるわずかな食料は、党が発するあらゆる指令に人々を従わせる武器となった。灌漑キャンペーンによって、村の半分の労働力が何週間もぶっ通しで十分な食事も休息も与えられず、遠く離れた僻地の巨大水利事業に駆り出された。大躍進という名の実験は、数千万人の命を奪い、この国がいまだかつて経験したことのない悲劇的な結末をもたらしたのである。

これに匹敵する、たとえば、ポル・ポトやアドルフ・ヒットラー、ヨシフ・スターリンが引き起こした大惨劇に比べると、大躍進の真の姿はほとんど知られていない。なぜなら、党が承認した信頼あつい歴史家以外は、長いあいだ、党の档案館*へのアクセスを制約されていたからだ。だが、近年、新たな档案法*が制定されたことで、研究者たちに膨大な資料が開示され、毛沢東時代の研究方法が抜本的に変わった。本書は、北京の外交部および河北、山東、甘粛、湖北、湖南、江蘇、四川、貴州、雲南、広東各省の党档案館や、さらには中国各地の都市や県から数年間にわたって収集した、千点を優に超える資料に基づいて書かれている。ここには、公安局の機密報告書、党指導部会議の詳細な議事録、党指導部の重要な講話、演説、発言の未削除完全版、農村部における労働環境に関する調査、集団虐殺事件に関する報告書、何百万人もの死に関与した幹部らの供述、大躍進末期の惨状を把握するために派遣された専門チームによる聞き取り調査、集団化キャンペーン期間中の農民の抵抗に関する一般報告書、極秘の世論調査、一般の人々が不満を訴えた書簡をはじめ様々な資料が含まれている。

　こうした膨大かつ詳細な関連文献から判明した事柄は、大躍進に対するわれわれの認識を変えるものである。たとえば、総死者数について言えば、研究者たちはこれまで、一九五三年、六四年、八二年の人口調査結果を含めて公式の人口統計から推定するしかなかった。だが、当時の公安部が集めた報告書や大躍進末期に党委員会が収集した大量の機密報告書は、あの大惨劇の規模が従来の推定よりはるかに大きく、これまでの集計数値がいかに不十分であるかということを物語っている。一九五八年から六二年にかけて、少なくとも四千五百万人が本来避けられたはずの死を遂げた――これが本書の見解である。

「飢饉」あるいは「大飢饉」という言葉は、毛沢東時代のこの四、五年を描写するさいによく使われる。だが、この一語では、急進的な集団化のもとで亡くなった人々の、様々な死のありさまをとうてい言い表すことはできない。「飢饉」という言葉を軽はずみに使うなら、こうした死は、未熟で不器用な経済計画の予期せぬ結果だったという大方の見方を支持することにもなる。一般的に、大量殺人から毛沢東や大躍進を連想することはない。また、現在に至るまで、カンボジアやソ連を連想させる惨状と比較しても、中国の場合は好意的に受け止められてきた。だが、本書が提示した新たな証拠や証言は、大躍進の根底には圧政、恐怖、組織的暴力があったことを実証している。共産党自身が収集した詳細な報告書のおかげで、われわれは一九五八年から六二年のあいだに、犠牲者総数のおよそ六パーセントから八パーセント、数にして少なくとも二百五十万人が拷問死あるいは尋問も受けずにその場で処刑された事実を推察することができる。これ以外に、意図的に食料を奪われ餓死に至った人たち、高齢あるいは病弱で働けず食い扶持を稼ぐことができないために亡くなっていった人たちも大勢いた。人々は、カネを持っている、仕事が遅い、思い切って意見を口にした、あるいは単に嫌われているなど、何かと理由をつけられては、共同食堂の食料配給担当者に殺されていった。地元幹部には、国の経済計画立案者たちから指示された目標を達成するために、何よりも優先すべきなのは人間ではなく数字だというプレッシャーがかかっていたために、数え切れないほどの人々が見て見ぬふりをするという形で間接的に殺されていった。

約束された豊かさというビジョンは、人類史上最悪の大量殺人を引き起こしたばかりか、農業、商業、工業、輸送分野に未曾有の損害を与えた。進歩を体現する指針の一つと見なされた鉄鋼生産量を上げるために、ヤカンや鍋や道具類が土法高炉（小型溶鉱炉）に放り込まれた。家畜の数も急激に減っていった。原因は、輸出市場用に大量に解体されたためだけではなかった。日々の食卓に欠かさず豚肉を提供するという名目で、巨大豚舎の建設に湯水のように資金を注ぎ込んだにもかかわらず、結局は放置された家畜が病気や飢えで大量死したためでもあった。原料や備品の配分の不手際や工場長が増産のために故意に規則を曲げたために、計り知れない無駄も出た。増産だけを執拗に追求する中で手抜きが横行し、工場は粗悪な製品を量産した。そして、製品はそのまま鉄道の待避線で野ざらしにされた。また、日々の暮らしに汚職や買収が入り込み、醬油からダムに至るまであらゆるものに損害を及ぼした。輸送システムは崩壊する以前に悲鳴を上げて停止し、指令経済の作り出した需要に応じることができなくなった。共同食堂、宿泊施設、さらには街路にさえ、何億元にも相当する物資が積み上げられ、その多くは腐敗し、錆びついた。人々が植物の根っこを掘り漁ったり泥を食べているときに、農村の埃っぽい道端には穀物が放置されていた。無駄を生み出すという意味では、これ以上のシステムを作ることは難しいにちがいない。

本書は一気に共産主義へと駆け上る試みが、結果的に第二次世界大戦の空爆作戦をはるかにしのぐ、人類史上最大の資産破壊を招いたことを実証している。肥料として使うため、あるいは共同食堂の建設、農民の移住、道路の直線化、よりよい未来を見据えた整地のために、はたまた単に住人を罰するためだけに、総家屋の四〇パーセントが瓦礫と化した。自然も破壊の魔手を逃れることはできなかった。大躍進期に森林被覆率がどのぐらい減少したのかを完全に解明することはできないが、一部の省では自然に対する長期的かつ集中的な破壊によって森林が半減したことが判明した。河川や水路も被害を被った。何億もの農民の労力と莫大な経費を投入して建設されたダムや運河の大半は使い物にならず、地滑り、沈泥の堆積、土壌の塩害、大洪水といった危険を招いた。

というわけで、本書は決して飢饉だけを扱っているわけではなく、当時の痛ましい状況を網羅し、毛沢東がみずからの威信を賭けた社会制度、経済制度がほとんど崩壊したことを示している。大惨劇の状況が明らかになるにつれて、主席は彼を批判した人々を糾弾し、党に不可欠なリーダーとしての地位を維持しようとした。飢饉収束後に、主席に断固反対する新たな派閥が誕生すると、毛は権力の座に居座るために今度は文化大革命を発動して国を混乱に陥れることになる。大躍進は、中華人民共和国の歴史においてきわめて重要な出来事である。共産主義中国で起きたことを理解しようとするなら、毛沢東時代のまさに中心に大躍進を位置づけるところから取りかからなければならない。より普遍化して言うなら、世界は今も自由と規制のバランスを見出す努力を続けており、あの時代に引き起こされた惨劇は、国家による計画〔規制〕が混沌の解毒剤になり得るという考え方がいかに見当はずれであるかを気づかせてくれる。

本書は、一党体制の国家における権力の力学に関する新たな証拠を提示している。大躍進の背後にある政策については、これまでも政治学者たちが公式声明や半公式文書、文化大革命時に紅衛兵によって公表された資料を踏まえて研究してきた。だが、この種の検閲を受けた資料の中には、閉ざされた扉の背後で起きていたことを明らかにするものは一つとして存在しない。権力の回廊で話されていたこと、なされていたことの全貌が明らかになるのは、北京の中央档案館がその扉を研究者たちに開放したとき以外に考えられないが、近い将来、そのような機会が訪れるとも思えない。だが、地方の指導者たちは党の最重要会議に出席することも多く、北京の動向を把握しておかなければならなかったため、こうした会議の議事録が省の档案館に残されていた。この種の資料は、指導部にこれまでとは異なる光を当ててくれる。極秘会議の内容が明るみに出てみると、指導部のリーダーたちのあいだで、卑劣な中傷や脅しといった激しい駆け引きが行なわれていたことがわかる。そこから浮かび上がってくる毛沢東像は、お世辞にも褒められたものではない。とりとめのないスピーチ、歴史におけるみずからの役割への固執。過去に受けた侮辱をくよくよと思い悩むことも多く、会議で感情的に威嚇するやり方に長け、何よりも顕著だったのは人命の損失に無頓着だったことだ。いずれも、彼が入念に培ってきたイメージとはかけ離れた姿だった。

毛沢東が大躍進の立案者だったことは周知の事実である。これは、その後に起きた惨劇の主たる責任は毛にあるということを意味する。[1] 毛は、仲間たちと駆け引きし、彼らを丸め込み、煽りたて、ときに苦痛を与えたり迫害したりして、みずからのビジョンを必死になって推し進めようとした。毛の場合は、スターリンのように同志たちを地下牢へと引きずり込み、有無を言わせず遂行させたわけではないが、彼らを職務から追放し、そのキャリアに終止符を打つ権限と、党の最高ポストに付随する多くの特権を有していた。イギリスに追いつき追い越せキャンペーンは、主席が口火を切り、数年後、より緩やかな経済計画へ戻そうとする同志たちに渋々同意した時点で終わりを迎えた。とはいえ、主席の次に権力を持つ二人の党リーダー、劉少奇と周恩来が反対派に回っていたなら、毛の意のままに事が進むことはなかっただろう。だが、二人は次々と指導部のメンバーの支持を取りつけていった。本書が初めて実証したように、このような私利に基づく合従連衡（がっしょうれんこう）の連鎖は、上から下へと村レベルに至るまで広がっていった。そして、過酷な粛清が行なわれた。見返りを期待し、北京から吹いてくる暴風に合わせて帆を調節する無節操な連中が、消極的な幹部に取って代わった。

本書では、これまで別々に研究されてきたこの大惨劇の二つの側面を同時に扱っている。党本部の拠点である北京の中南海（ちゅうなんかい）の回廊で起きていたことと、一般庶民の日々の体験をつなぎ合わせなければならないからだ。ごく一部の村落に関してインタビューを基に行なわれた研究を除けば、飢饉はもちろんのこと、毛沢東時代の社会史はまったく存在しない。[2] 档案館の新たな資料は、あの大惨劇が毛の思惑をはるかに超えて広がっていったことを物語っている。同様に、党がその統治下における人民の日常生活の実状を集積した大量の資料は、一般の人々を単なる犠牲者と捉える共通理解を打ち消すものである。共産党政権は国の内外に向けて、社会秩序が保たれているという幻想をふりまいてきたが、実は選挙による政権を持つ国々では考えられないような秘密裡の反対や造反が一部にあった。そのために党はその基本計画を強要することができなかったのだ。

指導部の失策が直ちに国家機能の停止に繋がるような、厳格に統制された共産主義社会のイメージとは裏腹に、当時の資料やインタビューから浮かび上がってくるのは、生き延びるためのあらゆる手段は人民の個々の才覚に委ねるしかないという、収拾のつかない社会の姿だった。最も破壊的だったのは過激な集団化であり、あらゆる階層の人々が集団化という全体計画から巧みに逃れようとした。あるいは、党が排斥しようとしたはずの私利私欲の追求に密かに手腕を発揮し、うまく立ち回って悪用しようとした。飢饉が広がるにつれて、普通の人々が生き延びることができるか否かは、嘘をつく、取り入る、隠す、盗む、騙す、横領する、略奪する、密輸する、ごまかす、巧みに操る、さもなければ国を出し抜くといった能力の有無にかかっていった。歴史学者ロバート・サービスが指摘するように、ソ連では、この種の現象は機械を止めてしまうホコリではなく、システムが完全に行き詰まることを防ぐ潤滑油の役目を果たした。[3]「完璧な」共産主義国家は、人々が協力して取り組むためのインセンティブを十分に提供することはできないし、ある程度利益の便宜を図らなければ自己崩壊へと追い込まれる。共産主義体制というものは、党路線への絶え間ない抵触なくして、長期政権を維持することはできない。

生き延びる鍵は不服従だった。農民たちは穀物を隠し、幹部らは帳簿を改竄（かいざん）した。だが、上から下まであらゆるレベルの人々が捻出した数々の生き残り戦略が、政権の寿命を引き延ばす結果につながったことも確かである。人々は体制の一部となった。責任の所在の曖昧化は共産主義ならではのやり方だった。人々は生きるために嘘をつき、その結果情報は歪曲され、歪曲を重ねながらさかのぼり、主席のもとへと到達した。そもそも計画経済は、膨大かつ正確なデータを投入しなければ成り立たないものだが、あらゆるレベルの目標が歪められ、数値が水増しされ、地元の利益に相反する政策は無視された。利益が人間の原動力になり、個々の指導力や批判的な思想はつねに抑圧され、恒久的な権力の座が確保された。

「農民」と「国家」を対立構造の中に置き、生き残るための手練手管を「抵抗」や「弱者の武器」の証しと解釈する史家もいる。だが、この種の生き残り術は地位やランクに関係なく社会全体に隈なく行き渡っていた。飢饉の時期には、上から下までほとんど誰もが盗みを働いており、こうした行為が「抵抗」だったとすれば、党はごく初期の段階で崩壊していたはずだ。これを普通の人々による、一見、道徳的に説得力のある抵抗の文化と捉え、美化したい誘惑にかられるのも無理はないが、限られた食料しか手に入らない状況に陥ったとき、誰かが手に入れれば誰かが失うという構図が生まれる。農民が穀物を隠せば、町の労働者が餓死する。工場労働者が小麦粉に砂を混ぜれば、どこかの誰かが砂を噛むというわけだ。死に物狂いで生き残ろうとする姿を美化して描くことは、世界を黒か白かの二元論で見ることにほかならない。実際、集団化は道徳面で人々に残酷な妥協を強いた。日々の状況の悪化は大量破壊につながった。プリーモ・レーヴィは、そのアウシュビッツでの回想録の中で、生き残った者がヒーローであることはまずあり得ないし、生き残りの法則が君臨する世界でわが身を誰かの上に位置づけるということは、道徳観を変えるということだと述べている。彼はその著作『溺れるものと救われるもの』の中で、これを「灰色の領域」と呼び、生き残りを決意した収容者がより多くの食料を得るために、みずからの倫理観から外れていく様子を描き出した。彼は審判を下そうとはせず、強制収容所の及ぼした影響を一枚一枚薄紙をはぐように解き明かそうとした。大惨劇のさいの人間行動の複雑さを理解すること。これが本書の目的の一つである。われわれは、党档案館の資料を手に入れたことによって、権力の中枢にあった人々であろうと、首都から遠く離れた掘っ立て小屋で暮らす飢えた人々であろうと、半世紀前の人々が下さなければならなかった過酷な選択に初めて近づくことができたのである。

第1部と第2部では、重要なターニング・ポイントを特定し、選ばれた少数の上層部の決断が何百万人もの命運を左右した大躍進が、なぜ、どのように展開していったのかを述べる。第3部では、農業、工業、商業、建築、自然が破壊された規模を検証する。第4部は、普通の人々が生き残るために編み出した日々の戦略によって、誰もが思いもよらない形で国家の基本計画が作り変えられていったプロセスに着目した。かた都市部では労働者が盗み、故意に仕事を遅らせ、自発的に計画経済を妨害した。かたや、農村部では、農民が畑で収穫前の穀物を食べる、よりよい生活を求めて村を離れるといった、可能な限りの生き残り策を行使した。彼らは穀物倉庫を強奪し、党の事務所に放火し、貨車を襲い、ときには武装して体制に反旗を翻す暴動を企てた。だが、生き残る才覚を発揮できるかどうかは、入念に作り上げられた社会階層のどこに位置するかによって大きく異なった。つまり、明らかな弱者が存在したということだ。第5部は子供、女性、老人といった弱者たちの状況に触れる。最後の第6部は、事故、病気、拷問、殺人、自殺、餓死など、犠牲者たちの多様な死を取り上げる。そして、末尾には「資料について」を加え、档案館に保管された資料の性格について詳しく説明した。

【訳註】

＊**档案館と档案法**　档案には個人記録ファイルと公文書という二つの意味がある。個人記録ファイルはあらゆる職場、機構で共産党組織が作成し、各人の履歴や言動、思想動向が多岐にわたって記録され、党による個人管理の基礎資料となる。原則的に本人の閲覧は許されない。档案館は各種の資料を収蔵する国公立の公文書資料館であり、国家档案局の管轄下にある。中央档案館をはじめとして、各中央官庁、省・自治区・直轄市・地区・県・市や大学、研究機関などに設置されている。「档案法実施弁法」（一九九九年改訂）によれば、通常の資料は三十年、国防・外交・公安・安全保障などに関わる資料については五十年を期限に公開する原則で、「国家の利益を著しく損なうもの」については公開を延期してよいと規定されている。近年、大躍進期の資料が続々と公開期限を迎えているが、档案法の運用については省、機関などによって異なり、実際にどの程度アクセスできるかは定かではない。

関連年表

一九四九年
中国共産党、国共内戦に勝利し、十月一日、中華人民共和国成立。蔣介石率いる国民党は台湾へ敗走。十二月、毛沢東、中ソ友好同盟相互援助条約締結とスターリンの支援を求め、モスクワを訪問。

一九五〇年十月
中国、朝鮮戦争に参戦。

一九五三年三月
スターリン死去。

一九五五年秋―五六年春
毛沢東は経済発展が遅々として進まぬことに苛立ち、農業合作化（集団化）の加速、穀物・綿花・石炭・鉄鋼の大増産を目指す経済政策を打ち出す。毛のこの「社会主義改造」政策はのちに歴史家から「小躍進」と呼ばれるが、これによって工業原料が不足し、一部の地方で飢饉が発生した。一九五六年春、周恩来をはじめとする経済政策立案者は、合作化の減速を主張。

一九五六年二月
ソ連共産党第二十回大会でフルシチョフがスターリンおよび個人崇拝を非難する秘密演説を行なう（スターリン批判）。フルシチョフが、失敗に終わったスターリンの農業集団化政策を批判したことで、毛沢東の「社会主義改造」に反対する人々の立場が強まったが、毛は非スターリン化をみずからへの挑戦と見なす。

一九五六年秋
中国共産党の党規約から「毛沢東思想」の言葉が削除される。集団指導の原則が称賛され、個人崇拝が非難される。「社会主義改造」はいったん停止。

一九五六年十月
非スターリン化のうねりの中で、ソ連の権威と支配に反対しハンガリー全土で民衆が蜂起（ハンガリー動乱）。直ちにソ連軍が侵攻して武力鎮圧し、ソ連の後ろ盾で新政権誕生。

一九五六年冬―五七年春

毛沢東は消極的だった指導部を振り切り、百花斉放運動に着手。より開かれた政治環境を奨励。その目的は、経済発展を促すために科学者・知識人の支援を手に入れること、社会不安を取り除きハンガリーと同じ轍（てつ）を踏まないことにあった。

一九五七年夏

百花斉放運動は毛の思惑を越え、党支配の正当性にまで及ぶ批判が噴出。毛は一転してこれら批判者を党の崩壊を目論む「悪質分子」と非難。鄧小平を起用して反右派闘争を展開。五十万人もの人々に右派のレッテルを貼り、僻地での強制労働に追いやった。その多くは学生と知識人だった。党は主席を前面に押し出して結束する道を見出す。

一九五七年十一月

毛沢東、モスクワを訪問。ソ連の人工衛星スプートニクの打ち上げ成功に大いに刺激され、「東風は西風を圧倒する」と演説。「ソ連は向こう十五年でアメリカを追い越す」とのフルシチョフの宣言に対して毛は、「中国は十五年以内にイギリスを追い越す」と公言する。

一九五七年冬―五八年春

一連の党会議で、毛沢東はみずからの経済政策に反対する周恩来および古参幹部を攻撃。農業、工業分野での増産を求め、大衆動員と農業の合作化を加速させるとの構想を推進。五八年五月の第八期党大会第二回会議で「大いに意気込み、高い目標を目指し、多く、早く、立派に、無駄なく社会主義を建設する」との社会主義の総路線が決議される。

大規模な水利建設運動の発動。大躍進はこの運動から始まった。数億もの農民が遠隔地でのダム建設等の事業に駆り出され、ときに休息も食料もなしに数週間にわたって働かされた。

一九五七年冬―五八年夏

毛の経済政策に批判的な党員が迫害を受ける。いくつかの省の指導者が毛の信奉者によって党を除名され、追放される。党内の反対派は沈黙を余儀なくされる。

一九五八年夏

フルシチョフ、北京を訪問。直後、毛沢東がソ連への事前通告なしに台湾海峡の金門島・馬祖島を砲撃し、中ソの緊張が高まる。だが、砲撃によって対米危機を招いたことから、モスクワは北京支持を打ち出さざるを得ず、中華人民共和国に対する攻撃はソ連に対する攻撃と見なすと発表。

一九五八年夏

大規模な水利建設事業への農民の大量動員によって、より大きな地方行政単位が必要とされ、集団農場を束ねた最大二万世帯からなる人民公社が誕生する。各公社では日常生活のあらゆる面が軍隊式に統制され、土地や労働を含むほぼすべてが集団化された。人々は共同食堂で食事をとり、子供は全寮制の保育園に預けられた。報酬の代わりに労働点数が与えられ、一部の公社では貨幣さえも廃止された。エスカレートする鉄鋼生産目標に応えるべく原始的な土法高炉（小型溶鉱炉）が登場し、ありとあらゆる金属が溶かされた。多くの地域で飢饉の兆候が現れる。

一九五八年十一月—五九年二月

毛沢東、生産目標を水増しする地方幹部に背を向け、中国はまもなく共産主義へ移行すると約束。毛は大躍進の行き過ぎには手綱を引こうとしたが、集団化を進める姿勢は揺るがなかった。毛は、党の失政は「十本の指のうちの一本」にすぎないと明言。対外貿易の契約履行および都市の食糧確保のため、農村からの食料買上げ〔第17章参照〕の割合が急増し、飢饉が広がる。

一九五九年三月
毛沢東、上海で開かれた会議で党の古参幹部に猛攻を加え、飢饉が拡大する中、農村からの穀物買上げ目標を総生産量の三分の一にまで引き上げるようプレッシャーをかける。

一九五九年七月
毛沢東、廬山(ろざん)会議で大躍進を批判した彭徳懐(ほうとくかい)ほかの党幹部を「反党集団」と非難。

一九五九年夏―六〇年夏
彭徳懐とその盟友と同様の批判を表明した党員が「反党集団」として弾圧される。一方で、数千万人の農民が飢餓、疾病、拷問によって死亡。

一九六〇年七月

ソ連顧問団、中国から引き揚げ。周恩来および李富春、貿易構造をソ連から西側へ移行。

一九六〇年十月

李富春、河南省信陽地区における大量飢餓の発生状況を毛沢東に報告。

一九六〇年十一月

農民に対する人民公社の権限を弱めるための緊急措置（私有地・副業・一日八時間の休息、地元市場の復活などを許可）を発動。

一九六〇年―六一年にかけての冬

大惨事の全容を明らかにするために調査チームが各地を査察。西側から大量の食料を輸入。

一九六一年春

党指導部が全国各地を視察し、大躍進は大きく後退する。劉少奇、飢饉の責任は党にあるとするも、毛沢東の責任については言及せず。

一九六一年夏
一連の党の会議で大躍進の結果が俎上に載る。

一九六二年一月
北京で開催された、全国の幹部七千人を集めた拡大会議で、劉少奇が飢饉は人災と言及。劉少奇に同調する者が増え、毛沢東擁護の風潮が衰える。飢饉は収束に向かうが、一部地方では一九六二年末まで死者が発生。

一九六六年
毛沢東、文化大革命を発動。

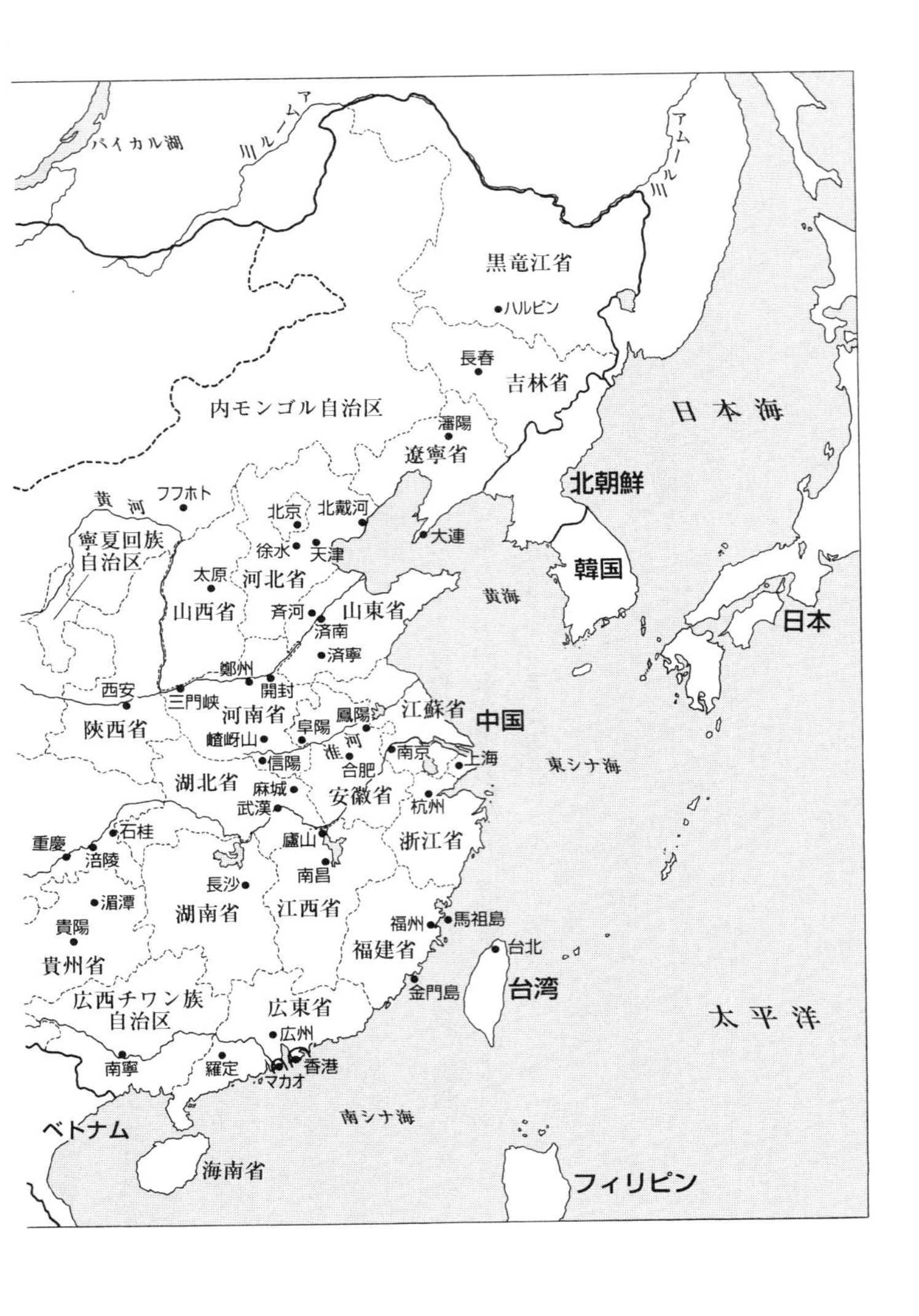

バイカル湖
アムール川
アムール川
黒竜江省
ハルビン
長春
吉林省
内モンゴル自治区
瀋陽
遼寧省
日本海
北朝鮮
黄河
フフホト
北京
北戴河
大連
寧夏回族自治区
徐水
天津
太原
河北省
韓国
黄海
山西省
斉河
山東省
日本
済南
済寧
鄭州
西安
開封
三門峡
河南省
鳳陽
江蘇省
中国
陝西省
阜陽
嵖岈山
淮河
信陽
合肥
南京
上海
東シナ海
湖北省
麻城
安徽省
武漢
杭州
石柱
重慶
涪陵
廬山
浙江省
南昌
長沙
湄潭
湖南省
江西省
福州
馬祖島
貴陽
台北
福建省
貴州省
金門島
台湾
広西チワン族自治区
広東省
太平洋
広州
南寧
羅定
香港
マカオ
南シナ海
ベトナム
海南省
フィリピン

中国 1958年
ソ　連
バルハシ湖
N
モンゴル
●ウルムチ
新疆ウイグル自治区
アフガニスタン
甘粛省
パキスタン
西寧
青海省
蘭州
臨夏
チベット自治区
ネパール
通威
セルタン(セダ)
ブラフマプトラ川
ガンジス川
ラサ
揚子江
成都
ブータン
四川省
インド
赤水
昆明
陸良
バングラデシュ
雲南省
ベンガル湾
ビルマ
国境（紛争中）
ラオス
0
500km
タイ

革命は、客を招いてご馳走することではない。

——毛沢東

第1部

ユートピアを追い求めて

第1章　毛沢東の二人のライバル

スターリンにひれ伏す

一九五三年のスターリンの死は、毛沢東にとっての解放だった。かれこれ三十年以上にわたって、毛はこの共産主義世界のリーダーの足元にひれ伏す役回りを演じなければならなかった。二十七歳のとき、上海での中国共産党創立会議へ出席するさいに、旅費として、初めてソ連の工作員から現金二百元を手渡されて以来、毛の生活は一変した。毛は良心の呵責など一切感じることなく資金援助を受け、モスクワとのパイプを利用して、ボロ服をまとったゲリラ兵の一団を強大な勢力へと導いた。とはいえ、モスクワからの叱責や要職からの解任、ソビエトが派遣した顧問たちとの政策論争は、絶えることがなかった。スターリンは常々、毛沢東の不倶戴天の敵、中国本土の大半を掌握していた国民党のリーダー蒋介石の懐に飛びこむよう毛に命じていた。

毛とその山出しの兵士たちをろくに信用していなかったスターリンは、一九二七年、上海で国民党が共産党員を虐殺し弾圧した〔(反共)上海クーデター〕あとでさえ、公然と蒋介石を支持した。かくして蔣介石の部隊は、四面楚歌に陥った毛らを容赦なく追いつめ、国民党に栄光の十年をもたらした。山岳地帯に逃げ込んだ共産党勢力は、北におよそ一万二千五百キロにわたって縦走し、のちに長征と呼ばれる退却劇を展開した。スターリンは、一九三六年、蔣介石が西安で監禁されたさいも即座に電報を打ち、蔣を無傷のまま解放するよう毛に命じた。翌年、日本が中国を侵略したときも、スターリンは毛沢東に宿敵蔣介石と再度「統一戦線」を張るよう要請し、国民党政府に航空機や武器を供与し、軍事顧問団を派遣した。第二次世界大戦中に毛がスターリンから与えられたのは、飛行機一機に搭載されたプロパガンダ用の小冊子だけだった。

毛沢東は日本軍に真っ向から対峙する代わりに、中国北部での戦力増強に力を注いだ。一九四五年に終戦を迎えたとき、徹底した現実主義者だったスターリンは、国民党政府との中ソ友好同盟条約に調印し、これによって内戦のさいにソ連が中国共産党に味方する可能性は薄れた。日本が降伏してまもなく、共産党と国民党の全面戦争が再燃した。蔣介石支援を表明し、いまや日本を敗北に追い込んだ連合国の親分格と見なされるようになったアメリカに気をつけろ――スターリンは、毛にこう警告はしたものの、あくまで傍観者に徹していた。毛は彼の警告を無視し、最終的に共産党は優位に立った。だが、ソ連は、共産党軍が首都南京に入城したとき、退却する国民党政府に自国外交官を同行させた数少ない国の一つだった。

共産党の勝利がいよいよ確実となった時点でも、スターリンのよそよそしい態度は変わらなかった。彼には毛沢東のすべてが疑わしく思えた。都市・上海を接収する気などまるでないかのように、毛が軍を数週間も上海郊外で待機させたときには、コミュニストたる者、労働者を恐れるとは何たることか、とスターリンは再三あきれはてた。彼は毛の文章を翻訳で読み、「封建的」だと切り捨て、田舎者で粗野なマルキストだと決めつけた。毛が反抗的で、決して譲らない頑な男であることは明白だった。そうでなければ、蔣介石をはるか台湾まで追いやって勝利を収めた事実を説明できないからだ。だが、敵はそこら中にいると考えていたスターリンが何よりも憂慮したのは、毛沢東のプライドと自立心だった。奴は第二のチトーになるのではないか？　ユーゴスラビアのリーダー、チトーはモスクワに反旗を翻し共産圏から追放されていた。チトーにはかなり手こずった。スターリンは、自分の助けなしに政権を握った者が、自国と国境を接した広大な帝国を支配するような体制を認めるつもりなど、さらさらなかった。彼は誰も信じていなかった。ましてや、明らかに不平不満の数々を胸に秘めた潜在的なライバルを信用するはずもなかった。

毛沢東はスターリンの冷遇を忘れることはなかったし、そのやり口を毛嫌いしていたが、実際のところ、他に支援を頼めそうな人物はいなかった。誕生まもない共産党政権は、国際的な承認と、戦争で疲弊した国土を再建するための経済的支援を喉から手が出るほど欲しがっていた。毛はプライドをかなぐり捨て、ソ連との友好関係の確立を目指して、「向ソ一辺倒」の国策を打ち出した。

スターリンとの面会要請は幾度となく拒絶されたが、ようやく一九四九年十二月になって、毛沢東はモスクワへ招待された。とはいえ、世界の人口の四分の一を共産主義陣営に組み込んだ偉大な革命のリーダーとして歓迎されるわけでもなく、スターリンの生誕七十年を祝うために各国からモスクワに集った大勢の代表団の一人として扱われ、冷遇された。スターリンとの短い会談ののち、毛はモスクワ郊外の別荘（ダーチャ）に連れていかれ、公式の謁見が許されるまで数週間隔離された状態で留め置かれた。この間毛は、このソビエトの絶対的な独裁者を中心に展開する共産圏の兄弟社会において、自分が末席に列しているにすぎないことを痛感させられた。ようやくスターリンとの会見が実現したときに毛が獲得したのは、軍事費三億ドルの五年分割供与という約束だけだった。このはした金のために、毛は領土について十九世紀の不平等条約を思い起こさせる大きな譲歩を余儀なくされた。こうして、旅順口（りょじゅんこう）および満州の中国長春（ちょうしゅん）鉄道のソ連による管理は、一九五〇年代半ばまで保障されることになった。また、中国最西部に位置する新疆（しんきょう）地区における鉱物資源の権利についても譲歩しなければならなかった。だが、毛は日本とその同盟国、とりわけアメリカの侵略時における相互援助条約を引き出すことに成功した。

一九四八年の南北分断後、朝鮮半島北部を掌握した共産ゲリラ、金日成（キムイルソン）は、毛沢東とスターリンが中ソ友好同盟相互援助条約を締結する以前から、朝鮮半島の武力統一を目論んでいた。金日成を抗米の同志と考えていた毛は、北朝鮮の味方についた。朝鮮戦争は一九五〇年六月に勃発したが、韓国防衛のために立ち上がったアメリカの介入を招く結果となった。圧倒的な空軍力と戦車部隊に直面した金日成軍は、中国との国境付近まで押し戻された。アメリカ軍が鴨緑江（おうりょくこう）を渡ることを恐れた毛は、スターリンの空からの支援を取り付け、朝鮮半島に志願軍を派遣した。戦いは凄惨をきわめた。スターリンが約束したはずの爆撃が散発的だったこともあり、中国側の犠牲者数は増え続けた。衝突が血なまぐさい膠着状態に陥っても、スターリンは停戦に向けた交渉を繰り返し妨害した。彼の戦略に平和の二文字はなかった。中国は損害を被っただけでなく、スターリンから朝鮮半島に送り込んだ軍備の賠償まで請求され、さらなる屈辱を味わった。休戦は、一九五三年のスターリンの死によって一気にもたらされた。

毛沢東は、スターリンのせいで三十年にもわたって虐げられてきた。これといった戦略上の必要性もないまま、嬉々としてモスクワにひれ伏す立場を甘受せざるを得なかった。朝鮮戦争を機に、ソ連の支援に対する毛の苛立ちは募った。これはモスクワからの処遇に平等を求めていた共産圏諸国のリーダーたちに共通する感情だった。

朝鮮戦争のおかげで、政権を担ってきた同志たちに対する毛沢東の支配力は強まった。毛主席は一九四九年に党に勝利をもたらした。そして、参戦に及び腰だった党幹部らを尻目に執拗に介入を唱えた朝鮮戦争もまた、毛の誇るべき手柄だった。膨大な数の兵士を失うという代償は支払ったものの、毛こそは、アメリカを手詰まり状態に追い込んだ人物だった。いまや毛は、同志たちの最高峰に君臨していた。毛沢東は、スターリンと同じく何人（なんぴと）といえども自分と対等だとは考えられない人間だった。そして、主席たる身に課された歴史的役割に確固たる自信を持っていたという点でも、スターリンと同じだった。毛はみずからの才能と無謬性を確信していた。

スターリンの死によって、毛沢東はようやくクレムリンからの自主独立と社会主義陣営におけるリーダーシップを手にする機会を得た。自分は資本主義を打ち砕く共産主義の指導的立場にあり、万物がめぐる歴史の中心である――主席は何の疑いもなくこう考えていた。だが、はたして毛は、世界人口の四分の一に第二の十月革命をもたらし、人々を勝利へといざなったと言えるだろうか？　スターリンにしても、あのボルシェビキ革命の中心的役割を果たしたとは言えない。ましてやスターリン亡きあと、モスクワで権力を手にすることになるニキータ・フルシチョフなど論外だった。

フルシチョフを小馬鹿にする

粗野で気まぐれ、直情的なフルシチョフは、彼を知る大方の人々の目には、その能力、野心の両面で、高が知れた愚か者と映っていた。だが、まさにこの評判のおかげで、彼はスターリン体制下で生き延びることができたのだ。スターリンは横柄さと紙一重の愛情をもってフルシチョフに接し、そのおかげで彼は、この絶対君主への対応で大失態を演じた、はるかに有能な同僚たちと同じ轍(てつ)を踏まずにすんだ。「私の可愛いマルクスよ!」。かつてスターリンはふざけてこう呼び、フルシチョフのおでこをパイプで優しく叩きながら、「ここは空っぽ!」と冗談めかして言ったものだ。[1] フルシチョフはスターリンのペットだった。だが、彼にはスターリンと同じぐらい偏執症的傾向があり、不器用そうには見えたが、その実、狡猾できわめて野心的な男だった。

フルシチョフは毛沢東に対するスターリンのあしらいを痛烈に批判し、北京との関係に新たな足場を築くことで、かつての師を越えようと決意した。田舎者の反逆者を、より進化したマルクス主義者へと導く、寛大な個人教官(チューター)になろうとした。また、ソ連の援助で中国に何百もの工場やプラントを建設し、大規模な技術移転を行ない、慈悲深いパトロン役を演じた。原子力から機械工学に至るまで、あらゆる分野の顧問団を中国に送り込む一方で、スターリンの死の翌年には、およそ一万人の中国人学生をソ連に受け入れ育成した。だが、北京の共産党幹部たちはこうした贈り物に感謝の意を表するどころか、当然のものとして受け取り、駆け引きや懇願や丸め込みのテクニックを駆使して、さらに大規模な経済的・軍事的援助を引き出そうとした。フルシチョフはあまりに大盤振る舞いをしすぎたために、余力をはるかに超えた包括的な援助計画をモスクワの同僚たちにごり押ししなければならなかった。

フルシチョフは、北京の意向に沿うために不利を承知で要求を呑んだが、それは大きな見返りを期待してのことだった。だが、毛沢東は、フルシチョフがかねがね是非とも返上したいと願っていた、「粗野で未熟な成り上がり」というレッテルを貼って彼を小馬鹿にした。大きな転換点が訪れたのは一九五六年だった。この年、フルシチョフは毛沢東にひと言の相談もなく、党大会で極秘裏に演説を行ない、かつての師が犯した罪の数々を糾弾したのだ。これで共産主義陣営に君臨するモスクワの力が弱まると察知した毛は、彼の演説を絶賛した。だが、非スターリン化は自身に対する挑戦でもあると考えていた毛には、フルシチョフの自己中心的な世界観を受け入れる気など毛頭なかった。様々な不満を抱えながらも、つねに自分をソ連の絶対君主と比べてきた毛にとって、スターリンの権威の衰退はすなわち、みずからの基盤の弱体化を意味したからだ。毛は、スターリンの過ちと業績に対する評価を下すにふさわしい高みに立っているのは自分だけだと考えた。やみくもなスターリン攻撃は、ひいてはアメリカの思う壺にはまるだけだ。

何はともあれ、反スターリンの動きは、毛沢東批判までが許されると解釈されかねなかった。フルシチョフの秘密演説は、強大化する毛沢東の権力を恐れ、かつての集団指導体制の復活を望む人々に格好の攻撃材料を与えた。一九五六年九月の第八回党大会では、党規約から「毛沢東思想」という言葉が削除され、集団指導体制の原則が称賛され、個人崇拝は非難された。毛はフルシチョフの演説に縛られることになり、党大会に先立つ数カ月、演説の内容を踏まえた舵取りをせざるを得なかった。[2] 毛はこの現状を屈辱的だと感じており、私生活では苛立ちを隠そうとしなかった。[3]

毛沢東は、一九五六年末の第二回中央委員会総会〔八期二中全会〕で、「社会主義改造」と呼ばれる経済政策を断念し、さらなる挫折を味わった。この一年前、彼は遅々として進まぬ経済発展に業を煮やし、慎重さを唱える人々のことを、「纏足(てんそく)の女性」の歩みのようだと言って繰り返し批判した。そして、農業集団化を加速することで農産物の収穫量は飛躍的に増えると予言し、一九五六年一月には、穀物、綿花、鉄鋼の生産目標に非現実的な数字を要求した。こうして、のちに一部の歴史家たちが「小躍進」と呼んだこの「社会主義改造」は、急速に立ち行かなくなった。[4] 増産に必要な資金と原料を調達できなかったため、あらゆるものが欠乏し、都市部における工業生産は滞り、農村部では、農業集団化の結果、農民による家畜の大量殺戮や穀物隠匿といった抵抗が広がった。一九五六年春には、一部の地方で飢饉が発生した。

主席の過激な戦術にブレーキをかけようと、周恩来首相と経済政策を担当する陳雲(ちんうん)は、「冒進(マオチン)」〔暴走する、あるいは物事をがむしゃらに進めるの意〕をやめるよう求め、集団農場の規模縮小、自由市場の復活、農村における個人生産の許容範囲の拡大に努めた。苛立ちを募らせた毛は、こうした動きを自分に対する挑戦だと受け取った。一九五六年六月初頭、毛のもとに、社会主義改造は「何もかも一晩で達成しようとする」政策だと批判する『人民日報』が届けられたが、彼は怒って「私は読まない」と殴り書きした。のちに毛は、「私への嫌がらせのようなものを読めるか」[5]と語った。フルシチョフがあの秘密演説の中で、集団農業〔コルホーズ〕をも含めたスターリンの農業政策の失敗を強調したことで、毛沢東の立場はなおさら弱くなった。スターリン批判によって、集団農業化を急ぐ毛沢東の情熱は思いもよらぬ形で査定される結果となった。第八回党大会は社会主義改造を葬り去ったのである。

毛沢東はさらなる屈辱を味わった。一九五七年四月、二の足を踏む党指導部を振り切って、毛沢東が党批判を奨励する百花斉放運動に乗り出したあとのことだ。毛には、自分の意見を口に出すよう大衆を仕向ければ、右派分子や反革命分子といった少数派をあぶりだすことができるという思惑があった。ハンガリーでは、スターリン批判ののち、一九五六年十月にハンガリー動乱、すなわち共産党に反対する全国規模の民衆蜂起が発生し、ソ連軍がハンガリーに侵攻して武力鎮圧し、モスクワの後ろ盾で新政府が誕生するという経緯があった。中国は百花斉放運動を奨励することによって、非スターリン化が招いたハンガリーの二の舞になることを避けられる、そして、すべての反対勢力を個別の小さな「ハンガリー動乱」に分断すれば、個々に対処することができるはずだ、と毛は渋る指導部の同志を説得した。[6] また、より開かれた環境を提供すれば、経済発展を促す科学者や知識人たちの支援も確保できると当て込んでいた。

だが、これは大きな見込み違いだった。自分が歓迎したはずの批判が次第に激化し、党支配の絶対的正当性だけでなく、毛自身のリーダーシップまで問題視されるようになったからだ。毛の出した答えは、批判した人間を党の崩壊を目論む「悪質分子」として告発することだった。毛はトップに鄧小平を起用して、五十万もの人々を標的とした徹底した反右派闘争*を展開した。対象となった学生や知識人の多くは強制労働のために僻地へ送られた。毛はいま一度権力を手中に収めようと必死だった。闘いは困難をきわめたが、みずからの優位性を主張できる状況を作り出したという意味で、毛の戦略はある程度成功した。あらゆる方面から糾弾され、その統治能力を疑問視された共産党は、主席を前面に押し出すことで結束する道を見出したのだ。

百花斉放運動は一九五七年六月に挫折した。これによって、「右傾保守主義」はイデオロギー上の重大な敵であり、現在の経済停滞の背後にはこの右派の無気力があると毛沢東は確信した。毛は、社会主義改造期に掲げた政策、すなわち百花斉放運動の誘惑に乗って登場した各分野の専門家からの批判の嵐にさらされ、信頼できないと見なされた政策の復活を目論んでいた。経済発展に貢献する専門技術者や科学者の大半が不満を抱いているなら、この国の将来を彼らに託すのは政治的に愚かな選択だ。共産党副主席だった劉少奇も同じ見解だった。彼は穀物生産量の目標をより高く設定することで主席に味方した。[7] 一九五七年十月、劉少奇を味方につけた毛沢東は、自分の見解を具体化したかつてのスローガン、「多く、早く、立派に、無駄なく」を打ち出した。さらに、激しい反右派闘争のさなかに、前に向かって見境なく突進するという意味合いの「冒進」という言葉を「躍進」に言い換えたが、あえて党指導部に反論しようとする者はいなかった。こうして毛沢東は思いどおりの道を歩み始めた。フルシチョフに挑戦状を突きつける準備は整ったのだ。

【訳註】

＊反右派闘争 反右派闘争で正式に「右派」と認定されたのは五十五万人余りであるが、関連して粛清された「中右分子（右派に近い中間分子）」と「反社会主義分子」を合わせれば、その数は数倍にのぼると推定される。

第2章　競り合い開始

レーニン廟上に立つ

一九五七年十月四日、ビーチボールほどの大きさの光り輝く鋼鉄の球が空に打ち上げられ、軌道に達すると電波を発信しながら時速およそ二万九千キロで地球を周回し始めた。この電波は世界中で受信され、アメリカに大きな衝撃を与えた。ソ連は世界初の人工衛星の打ち上げに成功した。宇宙開発競争に新たな一ページを開いたこの快挙は、畏敬と脅威をもって迎えられた。専門家の話では、重量八十四キロの衛星を軌道に打ち上げるには、大陸間弾道ミサイル並みの威力を持ったロケット・エンジンが必要になる。つまり、ソ連にはアメリカに到達する原爆を発射できる能力があるということだ。一カ月後、人類史上初の生物を乗せたさらに重量の重い衛星が軌道に入った。特別にあつらえた宇宙服を着た、ライカと名付けられた小型犬は、スプートニク2号の乗組員として歴史的な偉業を達成した。

モスクワからは次々と大陸間弾道ミサイル実験の成功を伝えるニュースが発信され、

いよいよフルシチョフのミサイル外交時代が幕を開けた。二つ目の人工衛星の打ち上げは、世界中から招かれた何千人もの共産党のリーダーたちが集う赤の広場で開催された、十月革命四十周年祝賀式典に合わせて計画されたものだった。

だが、人工衛星の打ち上げに成功したとはいえ、フルシチョフの立場は危うかった。のちに「反党グループ」と呼ばれるスターリン主義強硬派、モロトフ、マレンコフ、カガノーヴィチらがフルシチョフ解任動議を提出した一件をどうにかくぐり抜けてから、まだ半年も経っていなかった。反党グループ事件のさい、ドイツに最後の総攻撃をしかけてベルリンを占領した第二次世界大戦の英雄、ジューコフ将軍は、モロトフらに対抗するために、急遽軍用輸送機を飛ばして各地の中央委員をモスクワに結集させ、ボスを守った。だが、ジューコフは軍を掌握していた。その気になればいつでもフルシチョフに戦車を差し向けることもできた。解任動議よりも恐ろしい軍事クーデターに怯えたフルシチョフは、十一月初頭、ジューコフを巧みに退陣に追い込んだ。この処分にはモロトフら「反党グループ」三人の追放とバランスをとる目的もあったが、ソ連一の勲章の数を誇る将軍が式典に姿を現さない理由を、すでに秘密演説とハンガリー動乱で動揺していた外国人招待客にどう説明するつもりだったのだろう。徹底した自主独立を追求し、ソ連の支配下に置かれることを拒んだユーゴスラビアの大統領、ヨシップ・チトーも祝賀式典を台無しにしかねない要因の一つだったが、十月半ば、チトーは、ソ連側が作成しモスクワで発表される予定だった各国共産党首脳宣言の原案に反対し、式典への参加を辞退していた。

外交政策やイデオロギーを異にしながらも、フルシチョフが同盟相手に選んだのは毛沢東だった。もっとも、毛沢東の方でもライバルに手を貸すだけの理由があった。核兵器を手に入れるための援助が欲しいとフルシチョフに執拗に迫っていたからだ。アメリカが台湾の軍事援助に乗り出し、一九五五年三月に戦略核ミサイルを導入して以来、毛沢東は真剣に核爆弾の保有を考えるようになった。モスクワでの共産主義国サミット開催直前の十月十五日、フルシチョフは対中支援を具体化し、一九五九年までにソ連が中国に原爆を供与する旨を約束した秘密協定に調印した。[1]

毛沢東は勢いづいた。いよいよ自分の時代がやってきたことを察知したからだ。フルシチョフは毛を頼りにしており、主席とその側近たちへの配慮を惜しまなかった。中国代表団をモスクワに運ぶために、二機のツポレフ104型旅客機が差し向けられ、ヴヌーコヴォ空港では、党の重鎮らを従えたフルシチョフみずからが出迎え、宿泊所までエスコートした。サミットに参加した六十四の代表団の中で、宿泊先が大クレムリン宮殿に設けられたのは中国だけだった。

毛沢東には、ダマスク織の布でくるまれた家具類が配置され、天井には螺旋状の葉型模様が描かれた、かつては女帝エカテリーナの住居だった豪華な西棟が提供された。

高い柱には青銅の柱頭が施され、壁は波紋柄の絹やクルミ材の羽目板で覆われ、漆喰の丸天井には金箔が貼られ、床には分厚い絨毯が敷かれていた。だが、こうした豪華な調度の数々も毛の眼中にはなかったようだ。毛は中国から専用のおまる（マートン）を持ち込んでいた。[2]

祝賀行事がクライマックスに達した十一月七日、毛沢東はフルシチョフと並んでレーニン廟の上に立ち、ソ連軍の新兵器を誇示する赤の広場の軍事パレードを四時間にわたって観閲した。群衆は中国国旗を振り、「中国万歳、毛沢東万歳」と叫んだ。

毛沢東は、厚遇されたにもかかわらず、ソ連の粗探しにいそしみ、料理をけなし、ロシア文化を冷笑した。他の代表団を見下すように振る舞い、フルシチョフにはよそよそしい態度で接した。「今回のもてなし方を見てみろ、（前回と）何たる違いだ」。毛は同行した主治医に軽蔑したようにこう皮肉った。「この共産主義国家でさえ、誰が強く誰が弱いかわかっているというわけだ。何たる俗物根性だ」[3]

東風は西風を圧倒する

だが、毛沢東はフルシチョフの計算どおりにソ連を支持し、十一月十四日、各国代表団を前にこう語った。「ここにこれだけ多くの人々が、これだけ多くの国の共産党が集ったわけだが、われわれにはリーダーが必要だ……ソ連がトップではないというなら、どこの国が代わりを務められるというのか？　アルファベット順に持ち回るとすれば、アルバニア？　ホー・チ・ミン同志のベトナム？　それとも他の国か？　中国にはトップに立つ資格はない。経験不足だからだ。われわれは革命については知っているが、社会主義建設となると話は違う。わが国は人口から見れば巨大国家だが、経済的に見れば小国だ[4]」

毛沢東は忠誠を誓う言葉を並べ立てた。だが、わざわざモスクワまで出向いたのは、共産主義陣営の真のリーダーはフルシチョフではなく自分の方だと示すためでもあった。非公式の場では、フルシチョフに面と向かって、貴殿のすぐにカッとなるところが人々の怒りを買うのだ、と忠告したりもしたが、聴衆の面前で彼を貶める機会はなかなか訪れなかった[5]。

十一月十八日、待ちに待った機会がやってきた。毛は会議の議定書そっちのけで、代表団に向かって突然語り始めた。体調が悪いという理由で着席したままだった。のちにフルシチョフは回顧録の中で、奴は自分を誰よりも上だと考えていたと述べた[6]。とりとめのない長々とした独白の中で、毛主席はフルシチョフに向かって、さながら生徒に話して聞かせるようにこう忠告した。「誰であろうと、支えは必要だ……中国には、蓮の花が美しく咲き誇るには、緑の葉の支えが必要だという格言がある。フルシチョフ同志、貴殿が蓮の花だとすれば、やはり緑の葉が必要なのだ」

さらに、一九五七年六月のフルシチョフとスターリン主義強硬派の対決についても、あれは「誤まった路線と『相対的に正しい』路線との戦い」だったと言い放った。当人はもって回った言い方をしたつもりはなかったようだが、これが多少なりとも称賛を込めた言葉だったのか、手心を加えた批判だったのか、解釈のしようがなかった。通訳は明らかに意味がわからず、「二つの異なる路線」のうち「フルシチョフ率いる一方の流れが勝利を収めた」ことについて、しどろもどろに説明した。毛の真意は「中国人以外誰にもわからなかった」が、この発言で議場は静まりかえった、とのちにユーゴスラビア大使は回想している。[7] さらにソ連側を困惑させたのは、六月の反党グループ事件の首謀者の一人だったモロトフについて、「長いあいだ闘ってきた古くからの同志」と呼んだことだった。[8]

演説の核心に入ると、ホスト国をいっそう驚愕させることになった。「この世界には二つの風が吹いている。東風と西風だ。中国には、東風が西風を圧倒しなければ西風が東風を圧倒するという格言があるが、今日の国際情勢は、まさに東風が西風を圧倒している、つまり、資本主義勢力に対して社会主義勢力は圧倒的優位に立っているということだ」

毛沢東は両陣営のパワーバランスに変化が表れていると指摘し、迫り来る世界大戦に対する持論を展開して各国代表団に衝撃を与えた。[9]「戦争が始まればどれだけの人が死ぬか考えてみよう。地球上には二十七億の人間が暮らしており、その三分の一、いや多ければ半分が失われる可能性がある……私が言いたいのは、たとえ最悪のケースで半分死んだとしても、半分は生き残るということだ。しかし、帝国主義は抹殺され、この世界はすべて社会主義になるだろう。数年も経てば、人口は再び二十七億に達するはずだ[10]」。そして、失われる人命にはまるで無頓着な様子で、アメリカは「張子の虎」にすぎないと続けた。このときに限らず、毛はいつもはったりをかました。相手を威嚇するようなこうした言動の眼目は、フルシチョフではなく自分こそが、より強固な革命家であることを示すことにあった。

毛沢東が聴衆に向かって数字を挙げたのは人口だけではなかった。かねてから毛は、フルシチョフが進める政策を抜け目なく踏襲してきた。経済の地方分権化や、デスクワークに終始するモスクワの官僚から権限を取り上げ、各地の信頼できる部下たちが取り仕切る新たな地域経済評議会に権力を移譲するといった政策だ。フルシチョフは農村に出向き、農民に農産物の収穫量を増やす方法を説いた。「ジャガイモは四角い畑にぎっしり植えよ。キャベツは私の祖母がやっていたのと同じ方法で栽培せよ[11]」。そして、「算術的」には正しいのかもしれないが、わが国の農民の能力をわかっていないと言って、学識豊かな経済学者たちをこき下ろした。「資本主義世界の観念論者たちには、いつまでもくだらないお喋りをさせておけ。わが国の経済学者たちにも議論させておけばいい。男には、一気にスパートをかけて自分の限界を突破しなければならないときがある」[12]。その力は、スターリン主義者たちの圧力から農民を解き放つことによって生まれ、その結果、アメリカさえしのぐほどの経済力が生まれるだろう。「人々が自分の力に気づいたとき、奇跡が生まれるのだ」。一九五七年五月、フルシチョフは、これから数年のうちに、ソ連は食肉、牛乳、バターの一人当たりの生産量でアメリカに肩を並べるだろうと誇らしげに語っていた[13]。今、フルシチョフは各国共産党の代表団を前に、建国記念式典を祝う基本方針演説で、みずからの経済政策の成功を宣言した。「同志諸君、わが国の計画立案者の試算では、これから十五年のあいだに、ソ連はアメリカに追いつくどころか、アメリカの現在の主要生産物の生産量を上回ることになるだろう[14]」

毛沢東は間髪容れずに反応した。フルシチョフの挑戦に応じ、即座に、中国は十五年以内に、当時は工業大国と言われていたイギリスを追い越すと公言したのだ。「わが国の今年の鉄鋼生産高は五百二十万トンだが、五年後には一千万から一千五百万トン、さらに五年後には二千万から二千五百万トンになり、次の五年には三千万から四千万トンに達するだろう。ほら吹きだと思われるかもしれないし、次の国際会議の席で、あまりにも主観的な数字だと批判されるかもしれない。だが、私は少なからぬ根拠に基づいて話しているのだ……フルシチョフ同志は、ソ連が十五年以内にアメリカを追い抜くと告げた。私は中国も十五年以内に、おそらくはイギリスに追いつき追い抜くと自信を持って告げることができる」[15]。こうして大躍進は始まった。

第3章　階級の粛清

「大いに意気込もう」

モスクワで、フルシチョフは毛沢東に躍進の武器を提供した。スプートニクの成功によって、それまで一歩後れをとっていたソ連は、アメリカをはじめとする経済先進国を追い越す力があることを国際社会に示した。国内でも、経済計画立案者たちが着々と、毛が断念せざるを得なかった「社会主義改造」と同様の大規模な経済成長政策を準備していた。

一九五七年十一月、ソ連から北京へ戻った毛沢東は、二週間も経たないうちに、劉少奇第一副主席の後ろ盾を確保し、躍進へ向けて動き出した。劉少奇は、背が高く、こころもち猫背で白髪頭の、質素で寡黙な男だった。彼は党にすべてを捧げ、昼夜を問わず献身的に働いてきた。その働きがいずれは報われ、主席の後継者になると信じていた。数カ月前に、毛は国家主席の座を退く意向を劉に伝えており、ひそかに後継者候補として彼を推すと確約していた節さえある。[1]「十五年以内に、ソ連は主要工業製品および農産物の生産高でアメリカに追いつき追い越すだろう。わが国も同時期に、鉄、鉄鋼その他の主要工業製品でイギリスに追いつき追い越すべきだ」[2]。劉少奇は毛の見解を支持した。同年末にかけて、水利建設事業、穀物生産量、鉄鋼生産量の来るべき飛躍的拡大、増産を告げる記事が中国全土に配信された。そして、一九五八年一月一日付『人民日報』には、毛の見解を踏まえて劉が承認した論説「大いに意気込み、高い目標を目指す」が掲載された[3]。

読書家で、控えめな国家計画委員会主任の李富春（りふしゅん）も毛沢東に味方し、各省へ電話帳ほどもある分厚い計画書を定期的に送りつけ、個々の製品の生産ノルマを細かく指示した。李は毛沢東と同郷の湖南（こなん）人で幼馴染みだった。長征に参加した古参党員で、恐怖心か信念か、はたまた志がなかったのか、「大躍進」号に真っ先に飛び乗った経済計画立案者だった。彼は劉少奇とともに、毛沢東の大胆なヒジョンを絶賛した[4]。

プロパガンダの太鼓が鳴り響く中、個別の面談の席でも党の会議の席でも毛沢東にせっつかれ、巧みに丸め込まれた省指導者たちは、「大いに意気込もう」キャンペーンに賛同し、あらゆる経済活動分野でより高い目標の達成を約束した。毛沢東に心底傾倒していた、長身で、盛り上がった髪型が特徴の上海市長、柯慶施（かけいし）も、「新たな社会主義改造」を熱狂的に支持した。彼は、一九五八年一月に杭州（こうしゅう）で開かれた少人数の党会議で、わが国は圧倒的多数の支持を得て「風に乗り、波を砕く」と発言した[5]。

毛は、支持者たちに囲まれ、柯慶施の後押しで勢いづいた。国家経済計画委員会主任の薄一波が異論を唱えると、毛はここ数年鬱積していた怒りを爆発させた。薄は建国の道のりをともに歩んできた古参の革命家だったが、財政悪化を懸念していた。「きみのたわごとに耳を傾けるつもりはない！」と、毛は怒鳴りつけた。「いったい何が言いたいのだ？　数年来、私は予算計画書を読まないことにしてきたのだ。それなのに、きみは承認しろと口うるさく言うばかりだ」。毛は周恩来の方に向き直り、こう言った。「わが著作『農村における社会主義建設の高まり』の序文は、中国全土に途轍もない影響を与えてきた。これが個人崇拝や偶像崇拝だというのかね？　国中の新聞や雑誌は、そんなことはおかまいなしに繰り返しあれを掲載し、大変な衝撃を与えてきたではないか。ようするに、いまや私は正真正銘の『冒進の大悪人』になったということだ」[6]。そして、いよいよ鞭を振り上げ、ユートピアへと続く道に経済立案者たちを駆り立てるときがやってきた。

忠実な下僕、周恩来

国土のはるか南に位置する南寧は、「緑の街」として知られている。青々とした棕櫚の葉が茂る穏やかな亜熱帯気候で、甘い桃やビンロウの実が一年中楽しめる土地だ。気温二十五度、柑橘類が花盛りを迎え、芳しい香りが漂う一月半ば〔一九五八年〕のこと、厳冬の北京から集まってきた党指導者たちにはありがたい土地だったはずだが、ここで開かれた会議の空気は張りつめていた。甘粛省の指導者、熱血漢の張仲良は、「会議の席上、主席は終始一貫して、右傾保守主義の思想を批判した！」[7]と熱っぽく語った。「『反冒進』という言葉は金輪際口にしてはならない。いいな？　これは政治的な問題だ。いかなる反対意見であろうと、失望を呼ぶ。六億もの人民が士気をくじかれたら、とんでもない事態に陥るだろう」[8]。毛沢東は初日、開口一番こう述べ、南寧会議の基調を打ち出した。

数日にわたって、毛沢東は怒りを露わにして計画立案者らを質問攻めにし、彼らを「人々の熱い思いに冷水を浴びせ」、国の発展を妨げる輩だと非難した。反「冒進」を唱える罪人たちは、「右派のすぐ手前、五十メートルのところ」にいるというのだ。一九五六年六月二十日付『人民日報』に批判的な論説を掲載した編集者、呉冷西は、毛沢東に喚問された高級幹部の筆頭だった。主席は彼に判決を下した。「俗悪なマルクス主義、低俗な弁証法。あの記事は、右派にも左派にも物申す立場で書かれているように見えて、その実、反右などではなく、まったくもって反左以外の何ものでもない。あれは、明らかに私を槍玉に挙げた記事だ」[9]

会議に出席した高級幹部たちには多大なストレスがかかった。それは、党員生活の厳しさに十分鍛えられた者にすら耐えがたいものであったことが、ほどなくして実証された。主席に批判された国家技術委員会主任で、江青の前の夫だった黄敬が精神に異常をきたしたのだ。彼はベッドに横たわり、天井を見つめたまま訳のわからない言葉をつぶやき、医者の姿を見るとうろたえて、「助けてください、助けてください！」と許しを乞うた。治療のため広州に向かう機内では、同行した李富春の前で膝を折って叩頭し、収容先の軍病院では窓から飛び降りて脚を骨折した。彼は一九五八年十一月に死亡した。四十七歳だった[10]。

だが、毛沢東の怒りの本当の矛先は周恩来総理に向けられた。一月十六日、毛は柯慶施の論文「新生上海は社会主義建設を加速し、風に乗り、波を砕く」のコピーを、周恩来の前でこれみよがしに振りかざし、馬鹿にしたような口調で訊ねた。「ところで、恩来君、きみは総理だが、これほど優れた論文を書けると思うかね」。総理は攻撃の矛先をかわそうと身を硬くしたまま、「私には書けません」とつぶやいた。出席者の面前でひとしきり恥をかかされたあとで、強烈な一撃がやってきた。「確かきみは、『冒進』に反対していたはずだ。ならば、私は反『冒進』に反対だ！」[11]。多くの党内左派がこの戦いに加わり、柯慶施と四川省の先鋭的指導者、李井泉が周総理を激しく非難した[12]。三日後、周恩来は、一九五六年の「反冒進」逆転劇の全責任を負い、長々と自己批判演説を行なった。あれは「右傾保守主義的発想」のなせる業であり、自分は主席の導く道を踏み外してしまったと認めたのだ。南寧会議の声明には、過ちは「十本の指のうちの一本」にすぎないのだから、党の過ちを過度に強調すべきではないとする毛の意向が盛り込まれ、「小躍進」を攻撃した人々は周縁に追いやられた[13]。

上品で穏やかな語り口、物腰の柔らかな周恩来は、対外窓口としては理想的な人物だった。放り出されてもうまく着地する才能があり、必要とあらば謙虚で控えめな態度に徹することもできた。建国前、国民党からは、倒してもかならず起き上がる錘の入った玩具、起き上がりこぼしから名付けて「不倒翁」と呼ばれていた[14]。

周は革命家として歩み出した頃に、決して毛沢東には挑まないと決意していた。この決意の背景には、両者が衝突したさいに、毛に煮えたぎるような恨みを遺した出来事があった。一九三二年、ある会議の席上で、ゲリラ戦術をめぐる論争から批判者たちが毛を激しく非難し、前線指揮権を毛から周に引き継がせたのだ。だが、その数年後、国民党軍が紅軍を叩き潰し、結果的に、紅軍は根拠地を追われ、長征を余儀なくされるという悲惨な結末を迎えた。一九四三年、周は毛の権力が最高潮に達したことに気づき、自分は未来永劫、主席を支えていくと宣言した。「毛沢東同志の方向性と指導力は、すなわち、中国共産党の進むべき方向性である！」。しかし、毛の方ではそれほど簡単に遺恨を水に流したわけではなかった。政治的な誤りを認め、自分自身に、原理原則を持たない「政治的日和見主義者」のレッテルを貼る一連の自己批判を通じて、周はその忠誠心を試された。これはみずからを貶める過酷な体験だった。彼はこのプロセスを経て、主席の忠実な下僕へと成り下がっていった。

以後、二人のあいだには、心安まることのない矛盾した協力関係が生まれた。毛は権力の潜在的ライバルとなる周を寄せつけない一方で、事を仕切る上で周の手腕を必要とした。毛は日々の雑務や組織の細かい仕事には無頓着で、他者とのかかわりを嫌うことが多かった。周恩来は、組織の運営管理にはうってつけの人物で、党の結束に手腕を発揮した。ある伝記作家はこう述べている。毛は「その人間なしでは生きられない男に向かって鞭を振り上げ、ときにその鞭を振り下ろすことがあっても、周を身近に置かざるを得なかった[15]」

鞭打ちは南寧会議に留まらなかった。二カ月ほどのちに開催された成都会議の最終日は、修正討論に充てられた。この日、毛沢東は開口一番、経済計画立案者らは、スターリンの歩んだソ連経済の道のりに盲従していると吐き捨てるように言って非難した。すなわち、大規模コンビナートの偏重、機能しない官僚制、慢性的に立ち遅れた農村。毛は、早くも一九五六年十一月の時点で、「ソ連は何もかも完璧で、奴らの屁さえ芳しいというのはあまりに無批判な思考様式だ」と言って一部の同志を批判していた[16]。中国が共産主義への独自の道を見出すには、もはや社会主義のドグマに陥ったソビエト方式に固執してはならない、創造的な思考が必要だ。中国は、重工業にも軽工業にも取り組み、工業と農業の同時発展を目指し「二本足で」歩まなければならない。そして、そのリーダーたる毛は、成都会議の席で自分に対する全面的な忠誠を求めたのである。「崇拝のどこが間違っているというのだ？　真理はわれわれの手にあるというのに、崇拝を否定する理由がどこにある？　……集団というものはそれぞれの指導者を崇拝しなければならない。崇拝しないではいられないのだ」。そして、これは「正しい個人崇拝である」と説いた。[17]毛のメッセージにいち早く飛びついた柯慶施は、興奮で体を震わせながら叫んだ。「われわれは主席を盲信すべきだ！　何もかも捨てて主席に従わなければならない！」[18]

みずから個人崇拝を掲げた毛沢東は、あとは盟友劉少奇に任せた。出席者のほぼ全員が自己批判を行なうという状況は、周恩来にとって針のムシロだったにちがいない。劉と周は激しく競い合ってきたし、劉は次期主席の座を狙うライバルとして周を恐れていたはずだ。[19]この成都会議の最終日、劉は、周に勝る美辞麗句で主席を賛美した。「私は長年、毛主席のすばらしさを感じてきました。私などにはとても主席のお考えについていく力はありません。主席は卓越した知識、とりわけ中国の歴史に関する知識を持っていらっしゃるからです。わが党には誰一人として主席の高みに到達できる者はおりません。実践経験、とりわけマルクス理論と中国の現実とを結びつけるという点での実践経験が豊富であられます。こうしたさまざまな面における毛主席のすばらしさは、われわれが崇拝し、学ぶべきものです[20]」

南寧会議ののち、経済計画の立案分野における権限を剥奪された周は、大きなプレッシャーを感じながら、主席の怒りを和らげようとした。そして、再び、みずからの過ちに対する長い告白を提出したが、主席の気持ちを変えることはできなかった。

五月、千三百人を超える人々が集まった党大会〔第八回党大会第二回会議〕の席で、周恩来と経済部門を牛耳っていた陳雲（ちんうん）は、後日あらためて自己批判するよう命じられた。周は、どう書けば毛沢東を満足させることができるのかと途方に暮れた。何日も部屋にこもり、何かふさわしい言い回しをひねり出そうとしたが、同じように窮地に立たされていた陳雲と電話で話したあと、うつろな表情を浮かべ、すっかり沈みこんでしまった。じっと秘書を見つめ、長いあいだ黙りこくった末にひと言ふた言つぶやくことしかできなかった。その日、夜も更けた頃、周の妻は彼がぐったりとして机に向かっている姿を目にしている。秘書は力になりたい一心で、周と毛は「同じ船に乗り、あまたの嵐をかいくぐってきた」という一文を下書きに書き加えた。だが、あとからその文書に目を通した周は、涙を浮かべながら、きみは党の歴史というものを知らなさすぎると咎めた[21]。

結局、周は毛に屈服し、集まった党の高級幹部らを前に主席を褒めそやし、主席は「真実の化身」であり、党が彼の偉大な指導力と袂を分かつことがあれば、かならずや過ちを犯すだろうと語った。この数日後、周は、毛の著作を真剣に学び、命令にはすべて従うと誓った個人的な書簡を毛に手渡した。これで、ようやく毛沢東を満足させることができた。毛は、周をはじめとする党指導者たちはよき同志になろうとしていると宣言した。周恩来はクビにならずに済んだのである。

大躍進の最初の数カ月、周は繰り返し晒し物にされ、貶められたが、南寧での主席の辛辣な攻撃を厳粛に受け入れる道を選び、毛支持の姿勢を翻すことはなかった。周恩来に毛沢東を倒す力はなかったが、彼の後ろには経済計画立案者たちが控えていた。周のキャリアを犠牲にして身を引き、彼らの中に紛れる選択肢もあったはずだ。だが、主席のおかげで、彼は権力の座に留まる術として屈辱を受け入れることを学んだ。周恩来は毛に忠実だった。そして、その下僕としての力量を存分に発揮し、主を煽動した。[22]毛沢東は夢想家であり、周恩来は悪夢を現実に変える手助けをした。無限に続く執行猶予の中で、周は忠誠の証しとして精力的に大躍進を進めていく。

周恩来が権力と屈辱に屈していく光景を目にして、経済分野の指導者たちは慌てて同調した。すでに一九五七年十二月の時点でいち早く毛沢東のスローガンを支持し、他の計画立案者たちの隊列から離脱していた国家計画委員会主任の李富春には、自己批判に訴える必要はなかった。陳雲は何度も自己批判書を書いた。財政部長の李先念と国家経済委員会主任の薄一波の二人は、一九五六年の小躍進には反対したものの流れに逆らうことはできないと観念した。いまや、あえて異論を唱える者はいなくなった。李富春と李先念は、毛への忠誠を宣言したのち、党の中枢を担う中央書記処書記となった。

魔女狩りの始まり

毛沢東は、指導層への政治的圧力を高めるために、中央だけではなく地方へも追及の手を伸ばしていた。毛の意のままに開催された一連の会議の端緒を切ったのが前述の南寧だった。彼は、大躍進へ向けて支持者たちを丸め込むために、みずから会議への出席者を厳選し、協議事項を提示し、告発の手順を決定した。毛は省指導者たちを国務院が北京で主催する会議のような正式な会議に召喚するのではなく、書記処ごと省に出向かせた。[23] こうすることで、地方の指導者たちが抱えている現状への深い不満の種を引き出すことができた。山西(さんせい)省党委員会第一書記の陶魯笳(とうろか)は、同省に蔓延する貧困には目を覆うものがあると言い、多くの地元幹部らの声を代弁した。[24] 中国は「貧しく、空白だ」[*]という毛沢東の言葉は、党についていけば、中国は一気にライバル国を追い越すことができると信じる理想主義者たちの心に鳴り響いた。「人は貧しければ革命家になりたいと願うものだ。何かを書くとき、白紙の紙ほどふさわしいものはない」[25]。各省の急進的なリーダーたちは、毛沢東の見解を喜んで受け入れた。河南省の指導者、呉芝圃は、異議をはさむ右派を叩き潰し前進する「継続革命」の露払いとなった。人民解放軍で長年貢献した安徽省の指導者、曾希聖はスローガンを提示した。「三年間、必死で闘い、中国のイメージを変えよう！」。しかし、特筆すべきは、地元の上級幹部の転落の儀式を目撃することで、迫害の嵐が中国全土に吹き荒れ、各地で自主的な魔女狩りが始まったことだった。

毛沢東の発する言葉は謎めいていて、周囲はいつもその真意を推し量らなければならなかった。だが、今回に限っては、間違いのないように北京から大きな圧力がかかった。右派分子の粛清を全土で徹底させるために、毛は各地の会議に闘犬、鄧小平を派遣したのだ。鄧の指示は明快だった。彼は甘粛省で、副省長の孫殿才、陳成義、銀川地区書記の梁大鈞を徹底的に糾弾するように命じた[26]。同省のボス、張仲良第一書記はさっそく粛清に乗り出した。数週間後、省の党委員会内部に潜む反党集団をあぶり出すと発表すると同時に、反党集団の首謀者として孫、陳、梁の三名を、一九五六年の社会主義改造に反対し、党を攻撃し、社会主義を侮辱し、資本主義を擁護したなど、憎むべき犯罪を重ねた罪で告発した[27]。

これは、省指導者らを標的にして北京の指示で行なわれた粛清だったが、反対派を一掃する粛清は党のあらゆるレベルで行なわれた。そして、あえて党の方針に反論しようとする者たちを沈黙に追いやった。内モンゴル自治区の砂漠に近い貧しい省、甘粛省のいくつかの地域では、政府による穀物の買上げ〔第17章参照〕や過酷なノルマに対する批判的な意見を口にすることなどできなかった。収穫に懸念を持つ党員に対するメッセージは単刀直入だった。すなわち、「自分が右派かどうかよく考えてからものを言え」[28]。省都にある蘭州大学では、半数におよぶ学生が無気力な右派を指す「白旗（資産階級）」のレッテルを貼られた。「おまえの父親は白旗だ」と書かれた札を背中に貼りつけられたり、殴られる学生もいた。中立の立場をとる者は反動主義者と非難された[29]。甘粛省での粛清は、張仲良がトップに君臨するあいだじゅう続いた。一九六〇年三月までに、およそ十九万人が公開の場で糾弾され、晒し物にされ、百五十人の省の役人を含む四万人の幹部が共産党から除名された[30]。

各地の過激な幹部たちは、気弱なライバルを一掃する好機だと見て、これに飛びつき、粛清は中国全土で横行した。南の雲南省では、一九五七年十二月以降、上は党幹部から下は村の幹部におよぶ右派粛清の嵐に見舞われた。一九五八年四月、二重顎で、背は低いが、がっちりとした身体つきの同省のボス、謝富治は、省委員会組織部長で「反党集団」のリーダーだった鄭敦と王鏡を打倒すると発表した。資本主義を擁護し、党の指導の転覆を試み、社会主義革命に反対した「地方主義者」「修正主義者」として告発したのだ[31]。同年夏までに、異端審問にかけられた二千人もの党員が除名され、党のトップの十五人に一人がお払い箱になったが、この中には、県や省レベルの様々な行政分野にいた百五十人を超す幹部も含まれていた。そして、粛清の激化に伴って、さらに九千人もの党員が右派のレッテルを貼られた[32]。

「反党集団」は、ほとんどあらゆるところで摘発された。毛沢東は省の指導者たちを駆り立てた。一九五八年三月、彼はレーニンの言葉を引いて、「独裁者によりふさわしいのはきみよりも私だ」と言い放った。「地方でも同じことだ。独裁者にふさわしいのは江華(こうか)か、はたまた沙文漢(さぶんかん)か[33]」。浙江省(せっこう)では、沙文漢が江華に糾弾され、広東(カントン)、内モンゴル、新疆(しんきょう)、甘粛、青海(せいかい)、安徽、遼寧(りょうねい)、河北(かほく)、雲南などの省でも似たような闘いが繰り広げられた[34]。飢饉の影響が最も大きかった河南省では、穏健派だった潘復生(はんふくせい)が毛沢東信奉者の呉芝圃に蹴落とされた。潘は、社会主義改造期に集団化の暗い見通しを口にしていた。「今日の農民たちは……重荷を背負わされた家畜と同じだ。雄牛は小屋につながれているのに、人間は畑で農具を引く。娘も婦人も腰に鋤(すき)や馬鍬(まぐわ)をつけて力の限り引いている[35]」。この言葉が資本主義へと退行する典型的な例だと解釈され、潘に同調する者は全員捕らえられて党と故郷に別れを告げた。合作社〔人民公社の前身〕は人間の力を搾取する手段へと姿を変え呉芝圃」のスローガンが書かれた案山子(かかし)が並んだが、この地の幹部の大半は、風向きを見きわめたうえで呉芝圃側についたのである。[36]

とはいえ、いかにプレッシャーが強かろうと、つねに選択の余地はあるものだ。毛沢東が江蘇(こうそ)省に赴き、第一書記の江渭清(こういせい)に右派との闘争に精を出しているかと訊ねたとき、彼はいならぶ江蘇省の幹部たちを前にして、この中に右派分子はいるでしょうかと毛に反問した。それなら党はまず、トップの江から退治しなければならないというわけだ。毛は笑いながら答えた。「渭清よ、〝身は八つ裂きにされようと、皇帝を馬から引きずり下ろそう〟〔一身を賭して阻止するという意〕という心意気だな。まあよかろう……」[37]。こうして、江蘇省は糾弾された幹部の数が最も少ない省となった。

だが、流れに逆らって泳ぐ信念や勇気、考え方を持つ者は稀だった。粛清は党組織の末端まで浸透した。毛沢東が北京で自分の意思をごり押ししたように、各省の〝君主〟たちは、自分たちで独自の基準を作り、反対意見をことごとく「右傾保守主義」と非難した。そして、省都で覇権を握るこれらの支配者と同様、今度は県のトップやその取り巻きが権力をふるい、粛清の機会を利用してライバルを排除していった。彼らは地元で起きている弱い者いじめは見て見ぬふりをしてやりすごした。現地では、紙に書かれたユートピアとは似ても似つかない世界が姿を現し始めていた。

危険を知らせる前触れは、一九五八年夏に現れた。上海の真南に位置する奉賢(ほうけん)県では、反右派闘争のさなかに暴力が日常茶飯事になっていると指摘した報告書が中央幹部たちに回覧された。自殺者は百名に上り、多くの農民が死ぬまで畑でこき使われていた。同県の書記だった王文忠(おうぶんちゅう)は、「人民」は主人が棒を手にしただけで身をすくめる犬と同じ、をモットーとする典型的な人物だった。ここでは、何カ月にもわたって断続的に続いた批判闘争集会の場で、何千人もの人々が「地主」や「反革命分子」として告発されていた。多くの人々が、日常的に殴られ、縛られ、拷問され、一部は県内のいたるところに設けられた特別な強制労働収容所に送られた[38]。

奉賢県は迫り来る暗黒の日々を警告していた。しかし、空高く漂い、地に足の着かない上層部の連中は、人間には万物を変える力があると信じてやまなかった。一九五七年十二月、毛沢東が最も信頼する部下の一人、陳正人(ちんせいじん)が、人民の水利建設運動への情熱を妨害しているとして「右傾保守主義」を攻撃した。これこそが大躍進が鬨(とき)の声を上げた瞬間だった[39]。

【訳註】

＊「貧しく、空白だ」 毛沢東は立ち遅れた中国の現状について「一窮二白」という表現でたびたび言及した。たとえば「十大関係論」（一九五六年四月）ではこう述べている。「私は次のように言ったことがある。われわれは一に『貧窮』、二に『空

白』である、と。『貧窮』とは、工業がいくらもなく、農業も発達していないことだ。『空白』とは、一枚の白紙であり、文化水準も科学水準も高くないことである……われわれは一枚の白紙であり、文字を書くのにはかえって好都合である」

第4章 集合ラッパの合図

デタラメな〝土掘り〟合戦

中国はその国土の真ん中を全長約五千五百キロにおよぶ濁った河が横切っている。河は青海省の岩山に始まり、北京に近い黄海の最奥部、渤海へと注いでいる。水の澄んだ上流では渓谷を縫うように流れ、険しい断崖や山間を抜けて埃っぽい黄土高原に出ると、長い年月のあいだに暴風が運んだ沈泥堆積物を巻き込みながら蛇行を繰り返す。泥と砂が混ざるにつれて、河の色は黄土色に変わり、流れが緩いところでは黄土が堆積し、河床がうず高く盛り上がる。古都開封に到達する頃には、河床の高さは周囲の土地より十メートルも高くなる。土手が決壊すれば、平坦な北部の平野はあっという間に水浸しになり、史上最悪の自然災害を招く。開封は過去に何度か大洪水に見舞われ、堆積した泥の上に街を再建してきた。昔から洪水対策として、水路や堤防が作られてきたが、年間約十六億トンもの沈泥を運んでくる河にはほとんど効果はなかった。中国の「黄河の水が澄むとき」〔百年河清を俟(ま)つ〕という言い回しは、英語の「豚が飛ぶとき」〔起こり得ないことをいう喩え〕と同じ意味だ。
古来、中国には、超人的なリーダーの到来を告げる「偉大な人物が現れるとき、黄河の水は澄む」という言い伝えがある。はたして毛主席は、あまりにも氾濫を繰り返すので別名「中国の悲しみ」と呼ばれる河を手なずけることができたのか？　初期の宣伝ポスターには、河を見下ろす大きな岩に腰掛け、澄んだ水に変える方法でも考えているのか、物思いにふける毛の姿が写っている。[1]　一九五二年にこの写真が撮影された頃、毛沢東は河に沿って旅し、例によって謎めいた言葉を残していた。「黄河の仕事は、うまくやり遂げなければならぬ[2]」

このあと、毛沢東が傍観を決め込む中、水利事業の基本計画をめぐって技術者たちの議論は白熱し、最終的に大規模ダム建設派が勝利した。この巨大プロジェクトに魅了されたソ連の技術者は、下流域を調査し、河南（かなん）省の三門峡（さんもんきょう）がふさわしいと結論づけた。一九五六年四月には、満水時の水位三百六十メートルの設計図が出来上がった。これは、二十二万ヘクタールの土地が水没し、百万人近い住民が立ち退きを余儀なくされることを意味していた。アメリカで学び、彼の地の大規模ダムを隈なく視察した経験のある地質学者、黄万里（こうばんり）は、この土砂混じりの河の水を澄んだ水に変える試みは悲惨な結末を招くと主張した。巨大ダムで泥や黄土を堰（せ）き止めれば、貯水池として機能する寿命は限られ、いずれ大災害を招くというのだ。ここで、それまで傍観していた毛が介入した。一九五七年六月の『人民日報』に、「これはいったいどういうことだ?」と題した怒りの論説を掲載したのだ。その中で黄を名指しして、主席を攻撃し、党に痛手を与え、ブルジョワ民主主義を広め、外国文化を賛美したなどと数々の罪状を並べ立てた。[3] こうして三門峡ダム建設に対する批判は一掃された。

黄河は一九五八年末に堰き止められた。この古代エジプトを思わせる何万人もの住民を動員した大事業で、およそ六百万平方メートルもの土が運び出され、一年後、ダムは完成した。水は澄んでいた。だが、堆積した土砂をダムから流し出すための(当初の設計には描かれていたはずの)いくつもの放水口や放水路は、工期に間に合わせるために鉄筋コンクリートで塞がれていた。このため、一年も経たないうちに、上流で堆積物が溜まり始め、水位が上がり、西安の工業の中心地が洪水に見舞われる危険が出てきた。土砂を取り除き水位を下げるには大規模な手直しが必要だった。水位を下げると、大枚を投じて導入した十五万キロワットのタービンがまったく役に立たず、別の場所へ移さなければならなくなった。流れは再び濁り、一九六一年、周恩来自身が認めたように、黄河が運んでくる泥の量は倍に増えた。[4] 鄭州以西の黄河の九五パーセントに泥が堆積した。数年後、一帯は沈泥で塞がれ、ダムへの外国人の立ち入りは禁止された。[5]

「大躍進」という言葉が初めて使われたのは、一九五七年末に本格化した水利建設運動に関連してのことだった。十五年以内にイギリスを追い越す決意を固めた毛沢東は、資本の代わりに労働力を活用した急速な工業化がその鍵を握ると考えた。人民は中国の真の富であり、冬の農閑期に農民を動員して農村を変革しない手はないというわけだ。乾燥した中国北部では河の水を引き、点在する多くの貧しい村の痩せた表土を潤し、亜熱帯気候の南部では、堤防や貯水池で洪水を喰いとめる。それができれば、穀物の収穫量は飛躍的に伸びるはずだった。こうして、中国全土の何千万もの農民が灌漑事業に参加した。力を合わせれば、祖先が何千年もかかってやってきたことを数カ月でやることができる、とプロパガンダが焚きつけた。すでに一九五七年十月には三千万人が動員され、翌年一月には全人民の六人に一人が国土を掘り返していた。この年が終わるまでに、五億八千万立方メートルの岩や土が取り除かれた。[6] 三門峡ダムの建設が進む河南省は、ボスの呉芝圃(ごしほ)が北京に良い印象を与えようと、壮大なプロジェクトの数々に惜しげもなく労働力を注ぎこみ、他省に先んじた。野心的な「淮河(わいが)を手なずけろ」運動の中心となった河南省と安徽(あんき)省の省境地域では、一九五七年から五九年にかけて百を超えるダムや貯水池が建設された。[7] 本来なら何十年もかかるはずの事業だった。

巨大病に取り憑かれたこの国では、北西部に重点が置かれたとはいえ、ほとんど全土で大規模な灌漑計画が登場した。反対の声はきわめて稀だった。知識人層に不信感を抱いていた毛沢東は、一九五七年夏、百花斉放のさいに大胆にも批判の声を上げた何十万もの人々を迫害した。だが、前章で触れたように、大躍進への反対を取り除くには、一九五七年後半以降に始まった反右派闘争における党幹部の粛清の方が効果的だった。

たとえば甘粛省では、孫殿才や梁大鈞といった上級幹部らが「反党集団」の首謀者として糾弾され、一九五八年二月に除名された。その罪状の一つに、水利事業の進捗状況とその規模に疑念を表明したことが挙げられた。彼らは、五万ヘクタールを灌漑するごとに、農民百人が命を落とすと主張した。彼らを省の中枢から排斥したことによって、ボスの張仲良は他省を尻目に北京の要請に応えることができた。甘粛省の労働人口の七〇パーセント近い、およそ三百四十万人の農民が、中国で最も乾燥した地方の一つを横切る灌漑事業に動員された。多くの農民が小規模なダムや貯水池の建設を命じられたが、張はこれで満足する男ではなかった。大胆不敵な計画があったのだ。雪を頂いた山々にトンネルを掘って太い水路を通し、深い渓谷に水路の橋をかけて、甘粛省中部と西部に水を行き渡らせるというものだった。洮河は丘陵地帯を縫うように迂回したあと、九甸峡から慶陽までの九百キロメートルにわたって流れていた。この河を実際に持ち上げようというのだ。[8] 干上がった村々に澄んだ飲料水を提供することができれば、甘粛省は、北京の円明園のように青々と緑の茂る広大な庭園に姿を変えるというわけだ。[9]

工事は一九五八年六月に着工した。中央指導部は興味を示し支援を約束した。一九五八年九月、朱徳元帥はこの一大プロジェクトを知らしめるためにみずから筆をとった。題辞には「洮河を山々の上に持ち上げることは、自然改造における甘粛省の人民による先駆的な仕事である」と書かれていた。[10] しかし、このプロジェクトは出だしからつまずいた。土壌浸食による山崩れが頻発し、貯水池が沈泥で埋まり、川はぬかるみと化したからだ。[11] 駆り出された農民は、乏しい食糧を補うために雑草を探し回り、山肌に穴を掘って凍てつく冬の寒さをしのがなければならなかった。[12] このプロジェクトは一九六一年夏に中断し、六二年三月に断念された。総灌漑面積、ゼロ・ヘクタール。国の総工費、一億五千万元。延べ労働日数、六十万日。人々に与えた負担、計り知れず。ピーク時にはおよそ十六万人もの人々が動員され、その大半は農作業を放り出して駆けつけた農民だった。犠牲者の数は少なくとも二千四百人に上った。事故死は一部で、ほとんどは高い目標を達成するために昼夜を問わず奴隷のように働かされた結果だった。[13] 幹部らは農民を狂ったように駆り立て、プロジェクトの中心に位置する山岳地帯にあった貧しい通渭県は、大躍進期、中国全土で最も死亡率の高い県の一つとなった。緩慢な飢餓と体罰の日常化によって、この荒涼とした一帯は戦慄の地と化した。

水利建設事業における数値目標は、掘った土の量で設定される。この魔法の数字は、実際、進行中のプロジェクトの実用性とは一切関係なかったが、全土で比較され、互いに張り合う精神が省の政治的な影響力を決定した。水利運動を統括するために特別に設置された水利局の工程管理局副局長、劉徳潤(りゅうとくじゅん)は、のちにこう語った。「われわれの日常業務は、各省に電話をかけ、進行中の建設プロジェクトの数や、動員数、何トン土を掘ったかを訊ねることでした。あとから思えば、われわれが集計したデータや数字の一部は明らかに水増しされていましたが、あのときは、真偽を確かめようなどというエネルギーは、誰にもありませんでした[14]」

キャンペーンの基調を定めたのは北京だった。北京の毛沢東は、すべての人民が運動にかかわるよう求めた。北京の北、三十キロほどのところに人家もまばらな静かな谷間がある。丘陵地帯が北風を防いでくれるこの地には地下陵墓があり、明(みん)の歴代皇帝とその后妃が埋葬されていた。陵墓は象、駱駝(らくだ)、馬、一角獣などの神獣の後ろに兵士の石像が続く葬列に守られていたが、いま皇帝たちは、自分たちは地下に建造された壮大な宮殿に眠っていながら、家来の方は岩肌も露わな山の斜面から流れ落ちる急流にその身を晒していることを責められ告発された。一九五八年一月、この陵墓近くで人民解放軍の兵士らが貯水池建設に取りかかった。谷間に貯水池を作れば、人々に常時水を提供できるというわけだ。軍からは突撃部隊が出陣し、工事は一刻を争って進められた。首都の工場や官庁から人手が集められ、新聞とラジオはひっきりなしに進行状況を報道した。

明陵（みんりょう）貯水池は大躍進の象徴であり、他の事業が見習うべき目標でもあった。まもなく北京から学生や幹部など何万人もの「志願者（ボランティア）」が工事に合流した。この中にはよその国の外交官までいた。作業は天候にかまわず進行し、夜間も松明（たいまつ）やランタン、圧力ランプなどの灯りを頼りに進められた。機械類はほとんど使わず、集まった人々は鶴嘴（つるはし）、シャベル、籠（モッコ）と天秤棒を手渡された。このモッコと天秤棒で石砕場と現場を往復するトラックに粗石を運ぶのだ。切り出した岩は滑車とロープで動かした。一九五八年五月二十五日、群衆の前に毛沢東が姿を現し、土を盛ったモッコを両端に下げた竹の天秤棒をかついだポーズで写真に納まった。[15] この写真はすべての新聞の一面を飾り、国中を奮い立たせた。

ポーランドからやってきた若い留学生、ヤン・ロヴィンスキーも、この貯水池建設に参加した。彼らボランティアは、麦藁帽子で夏の日差しを和らげながら、岩のかけらでいっぱいのモッコをぶら下げた天秤棒をかつぎ、トラックまで往復した。労働者は十人単位のグループに分けられ、グループの監督は百のグループを束ねる監督に報告するといった具合に、報告は命令系統をさかのぼっていった。誰もが、「三年の厳しい労働が一万年の幸福を約束する」と書かれた横断幕とともに軍が設営したテントや農家の納屋で寝起きした。ロヴィンスキーは、働き始めてまもなく、庶民を搾取したと非難される皇帝たちも、おそらくこれと同じように、何万人もの労働者を竹棒一本で御し、彼らを効率的な建設労働者に仕立て上げ、万里の長城や隋の大運河や明陵を作らせたのだろうと思った。[16]

自発的に駆けつけたロシア人顧問、ミハエル・クロチコも、外国人がシャベルで少し掘り起こしたぐらいでプロパガンダになるものかと懐疑的だった。ただ、歓迎のために集められた何百人もの作業員に、数分間にせよ手を休め、ボーっと彼の作業を見守る時間を提供することはできた。作業の大半は混乱していた。駆り出された大量の労働者に何週間ものあいだ輸送手段と寝床と食事を保証しなければならないことを考えれば、掘削機や運搬車を使って数百人で作業する方が、はるかに効率的だった。[17]

プロジェクトの進行を急いだことによって、大きな見込み違いが生じた。一九五八年四月、貯水池の水が漏れ始めたからだ。土を固め水漏れを防ぐために、グダニスクからポーランド人の土壌固化専門家が招かれ、やっとのことで完成に漕ぎ着けた。竣工祝いにはブラスバンドが鳴り響き、高官らが毛沢東を讃え、ボランティアに謝意を表した。[18]だが、この貯水池は立地を誤まったために干上がり、数年後には放棄された。

"キリング・フィールド"の先駆

明陵での作業は、一部の外国人留学生にとっては心躍るイベントだったかもしれないが、大半の人々にとっては恐るべき過酷な労働だった。毛沢東自身も、太陽が照りつける中、三十分ほど土を掘ると汗が噴き出し、顔面が紅潮した。「たいして力も使っていないのに、もう汗びっしょりだ[19]」。こんな言葉を残して、彼は休憩を取るため司令部のテントに引き揚げた。側近たち、秘書やボディガード、主治医らも毛の一声で貯水池に送り込まれた。「くたくたになるまで、ただひたすら働きなさい。どうにも耐えられなくなったら、私に言ってよこしなさい」

だが、第一組と呼ばれていた毛沢東に近しいスタッフたちは、ここでも特権的なエリート扱いされた。普通の人々は屋外の葦ゴザで寝ていたが、彼らは教室の床に敷いた綿布団で寝た。肌を焦がす初夏の日差しを避けるために、総監督から夜間勤務を割り当てられた。毛沢東の主治医だった李志綏は、健康で三十八歳と若かったが、土を掘ったり運んだりする仕事は、それまでの人生で経験したことのない辛い作業だった。二週間もすると疲れ果て、あばら骨が浮き、夜の寒さで震え出し、エネルギーの最後の一滴まで使い果たしてしまった。第一組のメンバーは、屈強なボディガードさえも、もうこれ以上続けられないと思ったが、やめたいそぶりを見せて悪質分子の烙印を押されるわけにもいかなかった。だが、幸いにも、彼らは中南海(ちゅうなんかい)へ戻れと命じられた。[20]

北京郊外ではプレッシャーははるかに大きく、農民はキャンペーンの矢面に立たされた。彼らはエリート幹部のように二週間働いただけで贅沢な暮らしに呼び戻してもらえるはずもなかった。家と家族から遠く離れた建設現場までグループを作って行進し、何カ月も、ときには徹夜で一日中休みなく働きづめ、食料は乏しく、ほとんど裸で雨や雪や灼熱の太陽に晒されていた。

雲南(うんなん)省は、華々しく報道されない地方で何が起きていたのかを物語る格好の例だった。この亜熱帯気候の地では、一九五七年冬から五八年にかけて、いくつかの村が貯水池建設工事に着手した。だが、党の幹部はそれだけでは満足しなかった。一九五八年一月初頭、数カ月後の反右派闘争で非情にも同僚たちを粛清することになる謝富治(しゃふじ)が、冬の農閑期に集団労働に従事しない怠慢な農民があまりにも多いと、声高に不満をぶちまけた。大人には一日最低八時間の労働が課され、食料は減らされた。[21]同年一月十五日付『人民日報』では、雲南が水利建設運動において最も成績が悪い省の一つに挙げられた。[22]翌日、謝は後れを取り戻そうと緊急会議を招集し、省の全労働力の半分をこのキャンペーンに動員し、一日十時間働くよう命じた。サボった者は処罰する。いかなる犠牲を払ってでも目標を達成せよ。命令に従わない幹部はクビだ。[23]ときはすでに、何千人もの省幹部らが職を失った反右派闘争の真っ只中で、これはただの脅しではなかった。結果はすぐに表れた。一月十九日付『人民日報』は、数日前に名指しされた雲南が、いまや省労働力の三分の一にあたる二百五十万人もの人民を動員し、土を掘り返していると書き立てた[24]。気をよくした謝は、雲南省は三年以内に完全に灌漑が整うと宣言した[25]。

成功の代償は大きかった。高地にある、海のように大きな湖にほど近い楚雄県では、灌漑プロジェクトに動員された農民が日常的に罵られ、殴られた。幹部らは見せしめのために、野菜を一つ二つ盗んだ者を縛り上げ、働きの悪い者をナイフで刺した。反抗分子は急造の強制労働収容所へ送られた。命令系統の上部にいた党幹部たちはこうした現状に気づいていた。一九五八年四月、雲南省党委員会は同県に調査団を送った。すると、農民のあいだに希望的観測が生まれ、一人の勇敢な男が食料が十分になく、長時間働かされていると不満を訴え改善してほしいと言った。だが、彼は、謝富治のもとに届けられた最終報告書で「反動分子」「妨害分子」とされ糾弾された[26]。

陸良県は、省都昆明から東へ百三十キロほど離れた、浸食で岩肌が露わになった山の原生林の中にある。ここは、穀物をよこせという「農民の右派的要求」に屈したとして、一九五七年に省党委員会から攻撃されていた。新しく第一書記に就任した陳盛年は、党の方針を忠実に守り、軍の分隊に革の鞭を持たせて通りをパトロールさせ、病人だろうと農地に働きに出るよう監視した[27]。飢餓による初めての死者が出たのは、一九五八年二月だった。六月には、あちこちで飢餓による浮腫の患者が現れ、千人が餓死した。その大半は西沖貯水池に動員された人たちだった。浮腫は、足、くるぶし、脚、あるいは皮膚の下に水が溜まって起きる。先進国では、塩分の摂りすぎ、あるいは暑い中、長時間立ちっぱなしといった行為が習慣化することで徐々に発生する。だが、貧しい国々では、タンパク質不足が原因で発症し、栄養失調の兆候の一つと言われており、飢餓浮腫と呼ばれることもある。実状を調査するため、陸良県には機を見て何度か医療チームが派遣された。だが、飢餓の長い歴史のあるこの国では自明だったにもかかわらず、反右派闘争の最中だったため、浮腫は飢餓がもたらす一般的症状だと認める勇気のある医者はいなかった。中には、感染病の疑いありと診断し、休息と食物ではなく抗生物質を処方する者もいた[28]。当初、遺体は棺に納めて埋葬されたが、数カ月経つと、ゴザでくるんだだけで工事現場のかたわらの溝や池に捨てられるようになった[29]。

雲南省が例外だったわけではない。中国全土の農民が巨大な灌漑プロジェクトによって、右派のレッテルを恐れる幹部らの手で餓死寸前まで追いやられた。三十分だけシャベルで砂利をすくった毛沢東は、このキャンペーンによる人的被害を知り得る立場にいたはずだ。一九五八年三月、江渭清から江蘇省の灌漑状況に関する報告を聞いた毛は思った。「(河南省の) 呉芝圃は三百億立方メートルの土を掘り出せると断言した。つまり三万人死ぬということだ。（安徽省の）曾希聖は二百億立方メートルと言った。死者は二万人になるだろう。渭清が確約したのは六億立方メートルだけだ。おそらく、あそこでは死者は出るまい[30]」。水利事業への大動員は数年にわたって精力的に続き、すでに飢餓で弱っていた数十万もの人々が命を落とした。身の毛もよだつクメール・ルージュ政権下のカンボジアの先駆となったこの水利事業の数々を、甘粛省清水県の農民は「キリング・フィールド」、すなわち「殺戮の荒野」と呼んだ[31]。

第5章　「衛星（スプートニク）を打ち上げる」

省同士の競争心を煽る

　上方修正された目標値が並んだ、きれいに色分けされた図表はキリング・フィールドの暗い現実とは対照的だった。穀物収穫量、鉄鋼生産量、農村に掘る井戸の数に至るまで、数値目標は思いつく限りの分野でうなぎ登りに上昇し、スローガンの世界と現実のあいだには深刻な乖離が生じた。このギャップを生み出したプレッシャーの背後には、毛沢東がいた。毛は地方のボスたちとの非公式なやりとりの中で、より高い生産目標を掲げるよう発破をかけ煽り立てた。

　毛沢東と同郷の湖南（こなん）省のトップで慎重派だった周小舟（しゅうしょうしゅう）は、毛の説教の餌食となった第一号だった。一九五七年十一月のことだ。毛は湖南省の省都長沙（ちょうさ）を訪れたさいに周書記に訊ねた。「湖南省では、なぜ農作物の生産量が増えない？　湖南の農民が相も変わらず米の一毛作しかできない理由を言ってみなさい」。周が気候の関係で一毛作しかできないと答えると、毛は緯度が同じ浙江（せっこう）省では二期作をやっていると指摘した。「きみは他の土地の経験を学ぼうとさえしてないじゃないか。問題はそこだ」と続けた。

「ならば、これから学習させていただきます」と周が素直に答えると、毛は「きみの言っている学習とはどういうことかね？」と詰問し、「学習だけで結果が出ると思っているのかね？　もういい、下がりなさい」と言って本を開き、読み始めた。

面目を失った周は慌てて、「すぐにでも二期作に取りかかります」と約束したが、毛は無視した。[1]

数カ月後、周書記の代理人が北京を訪れ主席に面会すると、今度は河南省を絶賛した。河南省は全国の小麦の生産量の半分を産出していた。「きみはこの点をどう思うかね？」。そして、湖南省への失望感を露わにした。ルクセンブルクは人口三十万人の国だが、鉄鋼生産量は年間三百万トンだ。で、湖南の人口はどのぐらいだ？[2]

毛沢東は自分の意向を徹底させるために、現地に側近を派遣した。反右派闘争のさいに派遣した信頼厚い腹心、鄧小平と同様、譚震林は農業部門に抜擢された熱狂的な毛沢東信奉者だった。厚い眼鏡をかけ、サケのように突き出た口をした、豊かな髪のこの小柄な男は、上海の希望の星、柯慶施の同僚で、かつての仲間からは、徹底した「命令至上主義」の皮肉屋と呼ばれていた。[3]譚は、主席に呼び出された同僚に向かって、落ち度があろうとなかろうと即座に自己批判を申し出ろとアドバイスした。[4]譚は何カ月もかけて国中を回り、大躍進の背後で強まるプレッシャーに追い討ちをかけた。後れをとっていると感じていた湖南省で目にした光景は、満足のいくものではなかった。[5] 譚が政治的後退だと糾弾し脅しをかけると、周小舟は渋々作物の生産目標を上げ始めた。[6]

権力の回廊の外に向けては、個別に電話を使ってプレッシャーをかけ続けた。中国のように広い国では、物理的な距離にかかわらず、上司と部下は緊密でなければならなかった。たとえば、鉄鋼生産熱が高まった時期に、謝富治（しゃふじ）は雲南（うんなん）省の各地に電話をかけ、県書記処に、隣の広西（こうせい）チワン族自治区や貴州（きしゅう）省に後れをとったらどうなるかを思い知らせた。[7] 県党書記のもとには、冶金局から定期的に最新の数値が送られてきた。具体的に言うと、一九五八年九月四日、北京から電話で最新の数値が伝えられた。[8] 次いで九月六日には、毛沢東の演説が電話会議で送られ、その後、九月八日に薄一波（はくいっぱ）、九月十一日に彭真（ほうしん）、九月十六日に王鶴寿（おうかくじゅ）から鉄鋼生産目標値が届くといった具合だ。その合間に、北京からは農業、工業、集団化に関する数え切れないほどの会議の内容が電話で伝えられる。[9] いったいどのぐらい電話が使われたのかは知るよしもないが、広東（カントン）省の人民公社のある地方幹部によると、キャンペーン最盛期の一九六〇年には、作物の密植（収穫増という希望的観測のもとで種を密集させて蒔く方法）を徹底させる電話会議は収穫期までに九十回に達したと言う。[10]

毛沢東は、事あるごとに召集した党会議でも、イデオロギー上の新たなテーマを発展させる、生産目標を向上させるといった議題を取り上げ、プレッシャーをかけ続けた[11]。生産量の急増に反対し毛に糾弾された経済政策立案者の一人、薄一波も、一九五八年一月の南寧(なんねい)会議では、一連の目標値を設定する従来のやり方に替えて、数値目標を二重に設けるシステムを提案し、躍進熱に大いに貢献した。毛はこれに三つ目の数値を加えた。そのシステムとは次のようなものだ。まず核となる第一案は、中央指導部が設定するもので、達成を義務づけた一連の数値目標だ。これに第二案として、できれば達成したい期待値を設定する。各省に伝達されるのはこの第二案だ。省レベルでは第二案が、あらゆる犠牲を払って達成しなければならない第一案になり、さらに省の期待値を反映させた第二案を作成するよう要請される。つまり、実際には目標値は合わせて三種類ということになる。このあと、このシステムは県レベルに浸透し、四つ目の目標値が設定される。党会議で国の定める目標値は年がら年中、上方修正されるため、村レベルに至る第一案、第二案の数値は加速度的に膨れ上がり、その結果、目標値は大躍進を遂げる[12]。

競い合い張り合うプロセスは、さらなる政治的緊張を生んだ。毛沢東は、慎重な連中を悪しざまに非難し、部下の中で少しでも前向きな者を称賛するだけでなく、あらゆる事柄、あらゆる人物を比較の俎上にのせ、競争心を煽ろうとした。湖南省は鉄鋼生産量でルクセンブルクと比較され、工業生産高では中国とイギリスを比べ、甘粛省（かんしゅく）は灌漑事業で河南省と競わせた。この手法は、南寧会議で毛が党のリーダーたちに配った通達の中に、競争心を煽ることで国全体が競争に邁進することになる、と正式に記されていた。

あらゆるレベルで絶え間なく開かれる会議では、定期的に成果が検討され、省、県、人民公社、工場、はては個人に至るまで、三つのカテゴリーに分類された。進歩が見られると評価された場合は「紅旗」、可もなく不可もない場合は「灰色旗」で、後れをとった場合の「白旗」は処罰を意味した。成果検討会で、ときに黒板の職場名に並べて書かれたこうしたシンボリックな言葉は、政治的熱狂がほんのわずか足りないだけで右派のレッテルを貼られる社会では、人を辱（はずかし）める力を持っていた。

いまや拡声器がスローガンをがなり立て、幹部らは成果の点検と称賛に余念がなく、委員会は彼らを取り巻く世界のランク付けや評価に明け暮れ、国全体が決して逃れることはできない基準やノルマ、目標で溢れかえっていた。そして、成果の分類は、提供される処遇に大きな影響を与えるようになり、飢饉のときには、食堂で配給される薄い粥の量にまで反映された。毛沢東は明言した。「比較――われわれはいかにして比較すべきか？　われわれが『比（bi）』（比べる）と呼ぶものはまさに『逼（bi）』（強いる）である」[13]。ある県の幹部は当時の経験を回想し、次のように語った。

あの年、私たちは春の農作業を放り出して、可能な限りの人手をすべて井戸掘りに動員しました。地区党委員会が開催した「評比」（優劣を比較して評価を決める）会議では、井戸掘りに「紅旗」、春の農作業に「白旗」が下されました。県の党委員会にこの結果を持ち帰ると、党書記に厳しく糾弾されました。「紅旗を持って出かけたはずが白旗を持って帰ってくるとは何ごとだ！」と。このとき、私は問題の深刻さに気づきました。私自身が「白旗」にされると。こうして、私は泣きじゃくる臨月の妻と破傷風で死の床についた妹を残して、山奥の工事現場に働きに出なければならなくなりました[14]。

あり得ない数字に酔いしれる

農作物の生産量や工業生産高で突拍子もない数字を張り合うようになると、まもなく中国全土が目標熱に取り憑かれた。目標は党会議で独り歩きし、強力なプロパガンダ・マシンに乗って国中に宣伝され、幹部たちは栄光の新記録を盾に身を守ろうとした。そして、この数字は成層圏に達するほど高騰し、新たな目標の達成は、前年に社会主義陣営が初の衛星打ち上げに成功したことを祝して「衛星（スプートニク）を打ち上げる」と呼ばれるようになった。「衛星を打ち上げる」「戦う党に参加する」「数日間昼夜徹して働く」が、「紅旗」を獲得する方法だった。河南省嵖岈山には、一九五八年二月に小麦一ヘクタール当たり四千二百キロを目標に掲げた全国初の人民公社（「スプートニク人民公社」と呼ばれた）が登場した。六千人もの宣伝隊がたくさんの旗やポスター、パンフレット、スローガンを手に農村を練り歩き、目標値を煽り、年末には、一ヘクタール当たり三十七・五トンという、あり得ない数字が約束された。[15]

記録の多くは、新記録樹立に躍起となった地方幹部たちが口うるさく勧めた実験的な多収農地「スプートニク畑」で打ちたてられた。こうした農地は、通例、農業合作社（集団農場）に設けられた細長い小区画に限られていたが、農業分野で広く応用可能な新技術のショーケースの役割を果たした。収穫を増やすには肥料がいるということで、肥料の争奪戦が始まった。海から引っぱり上げてきた海藻、ゴミの山から探し当てた生ゴミ、煙突から掻き出したススに至るまで、およそ栄養があると思われるものはすべて農地に投入された。ときには、日が暮れてあたりが真っ暗になっても、家畜や人間の糞尿を畑に運ぶ人の列が絶えなかった。人糞を不潔な汚物と見なしてきた少数民族が多く暮らす周縁部の地域では、党は土地固有の感性を踏みにじり、初めて屋外便所が作られた。[16] 糞尿の収集は懲罰チームの仕事とされた。人間の廃棄物は糞尿に留まらず、毛髪にまで至った。広東省の一部の村の女性たちは、肥料にするために剃髪を強制され、拒否すれば共同食堂への出入りを禁じられた。[17]

しかし、最も一般的に見られたのは、泥と藁で作った建物を解体し、土壌を肥やす方法だった。家畜を飼育していた建物の壁、とりわけ立ち小便がかかった家畜小屋の壁などは栄養豊富な肥料になるというわけだ。当初は古い壁や打ち捨てられた小屋が壊されたが、キャンペーンが勢いづくにつれて、計画的に家並みごと破壊され、砕かれた泥煉瓦が畑にばら撒かれた。湖北省大別山の南側の山麓にある麻城県では、肥料にするために何千軒もの家が解体された。一九五八年一月、このモデル県は、米の収穫量が一ヘクタール当たり六トンに達したとして省の党書記、王任重が絶賛し、『人民日報』は有頂天になって「麻城県に学ぼう!」と書きたてた。その実験区画が毛沢東の称賛を浴びると、麻城県は一躍聖地となった。その後何カ月にもわたって、周恩来、陳毅外相、李先念といった大物も含めて五十万人もの幹部がこの地を訪れた。そして八月には、一ヘクタール二百七十七トンという新記録が達成され、プロパガンダ・マシンは「奇跡の時代!」と謳った。[18]

無謀な大言壮語と偽りの数字が注目を浴び、地元は気の休まることのないプレッシャーに苛まれ続けた。麻城県のある人民公社では、婦女連合会のトップが先頭を切って肥料にするために自宅から立ち退いた。すると、続く二日間で人家三百軒、牛舎五十棟、鶏舎数百棟が引き倒され、年末までに解体された家屋の数は五万軒に上った。[19]広東省の大石人民公社も、「二十五トン食糧大学」や「五千キロ畑」で注目を浴び、地方幹部らは西二村の半数の家を粉砕した[20]。肥料目的でばら撒かれた有機物は他にもあった。江蘇省のある地域では農地が白砂糖で真っ白に覆われた[21]。

土壌を安定させるという「深耕」も革命的なレシピの一つだった。深く栽培すれば、根が強く張り、茎は高く成長する。これがこの実験的な深耕の理屈だった。「人海戦術ですべての農地を掘り返せ」と毛沢東は命じた[22]。灌漑プロジェクトでの、シャベルで土砂をすくい出す作業が厳しい仕事だとしたら、四十センチから一メートル強、ときには三メートルもの深耕はまさに精魂尽き果てる労働だった。農具もろくにない状態で、農民たちは集団で、畝を手作業で掘り起こした。松明の灯りで一晩中作業に勤しむこともあった。待望の紅旗を手に入れたい幹部らに駆り立てられ、農民はときに地中深く岩盤まで掘り進み、表土が損なわれる場合もあった。一九五八年九月、深さ約三十センチ、八百万ヘクタールの深耕が完了したが、指導部は満足せず、少なくとも六十センチまで耕すよう命じた[23]。

収穫増を目指す次なる方策は密植だった。当初、こうした未熟な実験は、〝ショーケース〟の区画で行なわれていたが、翌年からは過激な幹部らの監視のもとで、普通の農地にも広がっていった。広東省の刁坊鎮では、一九六〇年、飢饉の真っ只中に、不毛な山岳地帯に一ヘクタール当たり六百キロの種が蒔かれた[24]。同省の別の地方では、一ヘクタール当たり二百五十キロを超える種を蒔くために農民たちが徴集され、刈り入れが終わってみると、一ヘクタール当たりの落花生の収穫量はわずか五百二十五キロだった。[25]

密植は革新的な耕作の要だった。作物の種にも、同じ階級に属するものには光と養分を平等に分け合う革命的精神が宿っていたようだ。毛主席はこう説明した。「仲間が一緒ならたやすく成長できる。一緒に成長すればより心地よいだろう」[26]。農民らは実験区画には苗をびっしりと並べて植えるように指示された。栽培方法なら、もちろん彼らの方が熟知していた。彼らは何世代にもわたって土地を耕し、生活がかかった貴重な作物の育て方をよく知っていた。多くは密植に懐疑的で、説得を試みる者もいた。「これでは苗がくっつきすぎて、呼吸できません。その上、農地当たり十トンも肥料を撒いたら、苗が窒息死してしまいます」。だが、彼らの意見は無視された。「これは新技術なのだ。おまえらにはわかるまい![27]」

一九五七年に始まった一連の反右派闘争を目の当たりにしてきた農民は、いつになく策をめぐらし、あえて反論しようとはしなかった。この時期をくぐり抜けた農民たちは、本書のインタビューに対して、異口同音に語ってくれた。「私たちにはどういうことになるか、わかっていましたが、思い切って意見を言おうとする人はいませんでした。何か言ったところで、殴られるだけです。私たちにはどうしようもありません[28]」。ある人はこう語った。「政府が何を言い出そうと、われわれは従うしかありません。何か間違ったことを言って、政府の方針に異論でも唱えようものなら、右派のレッテルを貼られるのが関の山です。それを承知で口を開こうとする人など一人もいませんでした」[29]。浙江省衢県の村で起きたことは、典型的な例と言えるだろう。ここでは、畑に薄い粥の大釜が設置され、乳飲み子を残してきた妊婦だろうと休息が必要な老人だろうと、誰一人畑を離れることは許されなかった。幹部らが村への出入り口をすべて封鎖したため、人々は夜通し働き続けなければならなかった。密植に反対した者は党の宣伝隊に殴られた。ある頑固な老人は、やる気がなさそうに見えたのか、髪の毛をつかまれ、溝に顔を押しつけられた。そのあとで村の人々は、苗を引き抜き、始めから全部やり直すよう命じられた[30]。

訪問者には入念な演出が施された。麻城県では、村の住民は訪問者の前で決して大躍進の悪口を言わないよう警告された。省第一書記、王任重が農地を視察したさいには、山盛りの飯をかきこんでいる農民の姿を目にした。これは彼の訪問に合わせて抜かりなく演出されたものだった[31]。河北省徐水県では、軍人の張国忠が、外部の人々に非の打ちどころのないイメージを与えるために、好ましくない輩は、県、人民公社、生産大隊、生産隊レベルに至るまで細かく設けられた強制労働収容所に入れるよう徹底させた。「生産意欲を高める」ために、怠慢な者は収容所に入れる前に街中を引き回された。この地では、一九五八年から六〇年までに、およそ七千人が検挙された[32]。

広東省羅定県(らてい)では、一九五八年末に監察委員会が連灘(れんたん)人民公社を訪れたとき、高価な香水を振りかけた若い娘たちの出迎えを受け、真っ白いお手拭きと十六皿もの料理を用意した豪華な宴会が待っていた。多くの農民たちが、山腹に人民公社を賛美する巨大なスローガンを彫るために何日も駆り出された。[33] 毛沢東の視察に同行した李志綏(りしすい)は、大豊作を印象づけるために、主席の視察ルートに沿って、たわわに実る稲穂を移植させたという話を聞いている。彼によれば、「中国全体が一つの舞台だった。全人民が毛沢東向けの華やかなショーの出演者だった」。[34] だが、実際には、独裁体制はたった一人の独裁者の手によるものではない。大勢の人々が自分のすぐ上にいる人間との権力闘争に走るからだ。地方は支配者たちで溢れかえっていた。誰もが上司を欺き、自分たちの成果こそ本物だと信じさせようとした。

毛沢東は有頂天だった。全国から届く、綿花、米、小麦、落花生の収穫量が新記録を達成したという報告を聞いて、余った分をどうしたものかと考え始めた。一九五八年八月四日、徐水県を視察したさい、報道陣に囲まれた毛は、麦藁(むぎわら)帽子をかぶり綿の靴を履き、張国忠を従えて農地をゆっくりと歩きながら顔を輝かせた。「これだけの穀物を食べきれるだろうか？　余った分はどうするつもりかね？」

「機械類と交換しようかと思っています」。張は一瞬考えて答えた。

「いや、余っているのはきみのとこだけじゃないぞ。他だって有り余っているんだ！

穀物を欲しがるところなんかどこにもないぞ！」。毛は気の毒そうな微笑を浮かべて言い返した。「タロイモで酒を作る手もあります」と別の幹部が持ちかけた。「しかし、どこの県も酒造りを始めるぞ！　われわれにどれだけ酒がいると言うのだ？」。毛はしばし考え込んで口を開いた。「穀物が多すぎるなら、将来的に生産量を減らすべきだ。労働時間を半分にして、空いた時間は文化的な活動に充てたり、楽しみを見つけるとか、課外授業や大学もいいじゃないか？　……皆、もっと食べなくては。食事を一日五回にすればいい！」[35]

ついに中国は、長年の飢えの問題を解消し、食べきれないほどの食糧を生産し、過酷な貧困から脱出する方法を見出したのだ。全国各地から前年度の二倍もの大豊作だという知らせが届くと、中央指導部のリーダーたちは賛美の大合唱に加わった。農業責任者だった譚震林は省の指導者たちに発破をかけるために旅に出た。彼は、共産主義の豊かさという毛沢東が描くビジョンを共有していた。農民が晩餐にツバメの巣のようなご馳走を食べ、絹やサテンやキツネの毛皮をまとい、水道・テレビが完備した高層住宅に暮らし、どこの県にも空港があるという未来図だ。[36]

譚はソ連を圧倒する方法について、次のように語っている。「ソ連はいまだに共産主義ではなく社会主義を実践しているというのに、なぜわれわれがこれほど急速に事を運べるのかと不思議に思う同志もいるだろう。違いは、われわれには『継続革命』がある点だ。ソ連にはこれがないのか、歩みがのろいのか……共産主義革命こそ共産化である！」[37]。一方陳毅は、余剰穀物は二年間貯蔵できるので、農民は二シーズンは作物を作らず、快適で近代的な住宅建設に励むべきだと述べた[38]。

地方の指導者たちはただただ熱狂した。北京には各地の人民公社から、農業部門での新記録樹立を証明するおびただしい数の人間や手紙や贈り物が殺到し、一九五九年一月、国務院はこうした届け物にストップをかけなければならなかった。毛主席は酔いしれていた[39]。

第6章　砲撃開始

中ソ共同艦隊構想に激怒

十月革命祝賀式典を前に軌道に打ち上げられた独りぼっちのライカ犬の亡骸は、一九五八年四月、スプートニク2号が大気圏に再突入してバラバラになったときに燃え尽きた。宇宙犬の棺が地球を周回している頃、下界では変化が起きていた。ソ連が見せつけたミサイル技術の格差に発奮したアイゼンハワー大統領は、イギリス、イタリア、トルコに弾道ミサイルを配備した。これに対し、フルシチョフは核ミサイルを搭載した潜水艦で対抗した。だが、ソ連の脅威を確実なものにするには、太平洋に原子力潜水艦の基地を作らなければならない。そのためには無線局が必要だった。モスクワは北京に、中ソ共同の潜水艦艦隊の設立をほのめかし、中国の海岸線に沿って長波の無線局を建設したいと提案することにした。

一九五八年七月二十二日、ソ連のパーヴェル・ユーディン大使がモスクワの提案を主席に打診した。毛沢東は激怒した。大荒れの会見のあいだ中、毛はこの哀れな大使に怒りをぶつけた。「あなたがたは、つまり中国人が信用できない、ロシア人しか信用できないということだ。ロシア人は優れていて、中国人は劣っているということだ。でなければ、こんな提案をしてくるはずはない。あなたがたは、共同所有しようじゃないか、何でもかんでも共有でどうだ、と持ちかけてくる。陸軍も海軍も空軍も、工業も、農業も、文化も、教育も。何千キロにも及ぶ海岸線を譲ってくれれば、お宅はゲリラ軍をちゃんと維持できますよ、というわけだ。あなたがたは数個の原爆を保有し、いまやすべてを支配したいと思っている。貸し借りの関係を作りたいのだ。さもなければ、こんな話を持ち出すわけがない」。そして、フルシチョフは中国を猫がネズミを弄ぶように扱っていると付け加えた。[1]

ソ連側にとって、毛沢東の激昂は青天の霹靂（へきれき）だった。どこもかしこも陰謀だらけだと見ていた毛は、共同艦隊の提案は一年前の原爆供与の約束を反故（ほご）にするためのフルシチョフの策略だと確信しており、いくら説明しても毛の疑いは晴れなかった。[2]

七月三十一日、事態を打開するためにフルシチョフは北京に飛んだ。だが、七カ月前の毛沢東のモスクワ訪問時に用意した贅沢なもてなしに反して、ソ連のリーダーは空港で冷ややかに迎えられた。「赤いカーペットも儀仗兵も抱擁もなく」、毛沢東、劉少奇、周恩来、鄧小平らの、無表情な一団が待っていただけだった、と通訳を務めた李越然（りえつぜん）は回想する。[3] フルシチョフは北京から遠く離れた丘陵地帯の、空調もない宿泊施設に追いやられた。その夜、彼は息苦しい暑さから逃れるためにベッドをテラスに動かしたが、蚊の大群に悩まされた。[4]

　フルシチョフの到着直後に、中南海（ちゅうなんかい）で延々と屈辱的な会談が行なわれた。ソ連のリーダーは、ユーディンの伝えた提案の説明を長時間にわたって求められ、苛立ちが見てとれる毛を宥（なだ）めようと必死だった。ついに堪えきれなくなった毛は、椅子から勢いよく立ち上がると、フルシチョフの顔に向けて人差し指を振り回しながら言った。

「だから共同艦隊とは何かと訊いているんだ。あなたは一向に答えようとしないじゃないか！」

　フルシチョフはかっとなったが、懸命に平静を保とうとした。[5]「あなたは本当にわれわれを赤い帝国主義者だと思っているのですか？」と彼が憤慨しながら訊ねると、毛は「貴国には（新疆（しんきょう）と満州を半植民地化した）スターリンという名前の男がいましたな」と反論した。このあと、本気とも見せかけともつかない、ささいな口論が続いたが、最終的に共同艦隊の話は取り止めになった。[6]

　翌日、フルシチョフはさらなる侮辱を味わった。この日毛沢東は、中南海のプールサイドで、スリッパにバスローブを羽織っただけといういでたちで彼を迎えた。毛はフルシチョフが泳げないことを知っていて、彼を守勢に立たせた。フルシチョフはかさばる救命具をつけて浅いプールの端の方で水しぶきを上げたあと、もがきながらプールの縁に這い上がり、不器用そうに足で水面を叩いていた。一方、毛は客人に見せつけるように様々な泳ぎ方でプールを何度も往復し、最後は心地良さそうに水面に仰向けに浮かんだ。[7] この間、通訳たちは、押し黙った主席の真意を測ろうと、プールサイドを行ったり来たり走り回っていた。のちに毛は主治医に、あれは「奴に思い知らせてやる」自分流のやり方だと語った。[8]

毛沢東とフルシチョフの競り合い合戦は、半年ほど前のモスクワで始まっていた。毛は、意気消沈してプールサイドに腰かけているあのときのホストに立ち泳ぎで近づき、大躍進の成功について語り始めた。「わが国は米があまりに豊作で、どうしたものかとお手上げ状態だ」。毛は自慢げに、数日前に空港で劉少奇が伝えた中国経済の現状を繰り返した。「今、困っているのは、食糧不足ではなく、余剰穀物をどうするかだ」。[9] 困惑したフルシチョフは、自分には毛の「窮地」を救う手立てはないと如才なく答えた。「わが国は一所懸命働いてもいまだにあり余るほど備蓄することはできない。中国は餓えている。それなのにあり余るほど米があるなどと言っている！」[10] とフルシチョフは思った。

金門を砲撃し人民の意欲を高める

毛沢東は、長年フルシチョフという男を見定めてきた。今、彼は潜水艦基地の提案を退け、無線局建設の要請を一蹴し、フルシチョフを見下して威張り散らした。結局、ソ連訪中団は手ぶらで帰途についた。だが、事はこれで終わらなかった。毛は国際的なイニシアティブを手に入れる決意を固めていた。

数週間後の八月二十三日、モスクワへの事前通知は一切ないまま、毛は蔣介石が統治する台湾海峡沖の島、金門(きんもん)島と馬祖(ばそ)島への砲撃命令を出した。国際危機が高まった。アメリカは海軍部隊を強化し、台湾に配備したジェット戦闘機百機に空対空ミサイルを搭載した。九月八日、モスクワは、中華人民共和国に対する攻撃はソ連に対する攻撃と見なすと宣言し、北京支持を打ち出さざるを得なくなった[11]。毛は大喜びだった。フルシチョフにソ連の核の傘を中国にまで広げさせ、同時にワシントンとの緊張関係を和らげようとしていたモスクワの出鼻を挫くことができたからだ。毛は主治医にこう語った。「あの二つの島は、フルシチョフとアイゼンハワーを踊らせ、右往左往させる二本の指揮棒だ。すばらしいじゃないか[12]?」

しかし、金門島と馬祖島を爆撃した本当の理由は、国際関係とは無縁のものだった。毛は農業集団化、人民公社化を進めるために緊張感を高めたかったのだ。「緊張状態は人民の意欲を高める。とりわけ、及び腰の連中や中道の連中に効く……人民公社は人民兵組織でなければならない。わが国の人民は誰もが兵士だ[13]」。台湾海峡危機は、人民皆兵化を進める上での最高の論理的根拠となった。当時、中国で学んでいた東ドイツ人は、これを「バラック共産主義*」と呼んだ。バラック共産主義は人民公社という形で実体化された[14]。

【訳註】

***バラック共産主義**　ブルジョワ的所有制の廃絶ではなく所有制そのものの廃絶を志向し、極端な集団化と平均主義に走ってすべてを党官僚が統制する社会を構想したネチャーエフ流の共産主義思想を、マルクスとエンゲルスは「粗野である」と批判し、軍隊の兵舎のごとき「バラック共産主義」にすぎないと揶揄(やゆ)した。また、この言葉は中ソ論争時代に毛沢東の中国を批判するソ連圏のイデオローグがしばしば用いたタームでもある。

第7章　人民公社

共産主義への黄金の架け橋

プールサイドでフルシチョフと会談した翌日、毛沢東は早朝三時に主治医の李志綏(りしすい)を呼びつけた。英語のレッスンをしてほしいというのだ。その後朝食を食べながら、くつろいだ様子の毛が、モデル省河南(かなん)で人民公社が設立されたという報告書を李に手渡した。「これは実にすばらしい出来事だ」。毛は、小規模な農業合作社を融合して巨大な人民公社を作るという話を興奮気味に語った。「この、『人民公社』という言葉がすばらしい」[1]。はたして「人民公社」は、スターリンには決して見出せなかった共産主義への架け橋になったのだろうか？

一九五七年秋に水利建設運動が始まってまもなく、とりわけ膨大な労働力が必要になった地域では農業合作社が統合され、さらに大きな事業体を形成し始めた。その最大級のものの一つが、河南省嵖岈山(さがさん)に登場した、約九千四百戸を一つの行政単位として束ねた巨大な農業合作社だった。だが、人民公社という考え方のルーツは徐水(じょすい)県にさかのぼることができる。

徐水県は、中国北部、北京の南百キロほどの乾燥した埃っぽい地方にあった。厳冬の地で、春には洪水が起こり、アルカリ土壌のため暮らしに必要な穀物を収穫するのは難しい土地だった。この住民三十万人ほどの小さな県がほどなく主席の目にとまった。県の第一書記、張国忠（ちょうこくちゅう）が軍事作戦さながらに灌漑プロジェクトに取り組んだためだ。彼は徴集した十万人を軍隊方式で大隊、中隊、小隊に分け、村に逃げ帰る道を遮断し、部隊を野営させ、ねぐらはその場しのぎのバラック、食事は共同食堂でとらせた。

このきわめて効率的な張国忠方式は、一九五七年九月に北京指導部の目を引いた。[2] その一人、譚震林（たんしんりん）はこのやり方に魅了され、一九五八年二月に、「徐水県は水利事業における新たな経験を創出した！」と感嘆の声を上げた。張は、住民を統制のとれたユニットに集団化し、軍隊の厳格さを導入し、労働力と資本の問題を一挙に解決した。他県は、農作業を断念して人々を灌漑事業に投入したため労働力不足に直面していた。だが、張は一つのプロジェクトを終えると次のプロジェクトに取り組む、一つの高まりが終わると次の高まりが訪れる「継続革命」の中に部隊を配備した。鍵は「軍事化」「戦闘化」「規律化」だった。各生産隊は、年間収穫量五十トンを義務づけられた七ヘクタールの土地を割り当てられた。「二、三年間一所懸命に働けば、自然環境を変えることができる」と張は説明した。譚は「わずか二回のシーズンで大躍進が実現する！」と熱っぽく語った。[3] 毛沢東はこの報告書を読んで、こうコメントした。「徐水県の経験は全国に奨励しなければならない」[4]

数週間後、『人民日報』は、労働力の軍隊化が成功への鍵を握ると書きたて、徐水県を絶賛した。[5] このあと、一九五八年七月一日付『紅旗』の短い記事の中で、毛主席のゴーストライター、陳伯達（ちんはくたつ）が、民兵組織のように武装した農民が巨大なコミューンに統合されると予言し、「国家にとって武装は絶対不可欠である」と述べた。[6] 報道が広まる中、毛は河北省（かほく）、山東省（さんとう）、河南省を訪れ、農民を大隊、小隊に組織化する方法を褒めたたえ、女性たちを家事から解放し前線に駆り立てるための共同食堂や保育園、老人施設を絶賛した。「人民公社はすばらしい！」と毛は叫んだ。この夏、国中の地方幹部が先を争って、農業合作社を統合し、基本行政単位を最大二万戸とする人民公社の編成事業に邁進し、中国は大衆動員の足場を作った。一九五八年末には、農村部全域に約二万六千の人民公社が誕生した。

党幹部らが毎年静養に訪れる北戴河（ほくたいが）で、毛沢東は千年来の突破口が目前に迫っていると確信した。北戴河は渤海（ぼっかい）を見下ろす豪華なバンガローが建ち並ぶ海辺のリゾート地だ。一九五八年八月二十三日、金門島（きんもん）への激しい砲撃がまさに始まろうとしていた頃、毛はスターリンの考案した物質的なインセンティブによる杓子定規な制度をあざ笑っていた。「余剰穀物があれば、供給制を実行に移すことができる……われわれがまさに建設中の社会主義は、共産主義の萌芽を養うものである」。人民公社はすべての人々に無料で食糧を提供する共産主義への黄金の架け橋だった。「もしわれわれがタダで食糧を提供できれば、これは偉大なる変革となるだろう。おそらく十年後ぐらいに、生活物資は溢れかえり、道徳水準も高まるだろう。われわれは食糧、衣服、住居から共産主義を開始する。共同食堂、無料の食事、これぞ共産主義だ！」[7]

北京で開催された党会議で、夏のあいだ中もてはやされた張国忠は、毛沢東の期待に応え、自信満々に共産主義の到来を一九六三年と予告した。[8]九月一日付『人民日報』は、さほど遠くない将来、徐水人民公社は、各人が必要に応じて物を手に入れることができる天国へと人々をいざなうだろうと宣言した。[9]一週間後、全土が幸福感に包まれている最中、劉少奇が徐水人民公社を訪ねた。彼は、七月に発電所を視察したさいに、誰よりも早く、共産主義が到来すると労働者に告げていた。「中国はまもなく共産主義になる。たいして時間はかからないはずだ。きみたちの多くはすでに目にしているのだから」。そして、イギリスを追い越すのに十年もかからない、二、三年あれば事足りると付け加えた。[10]人民公社を視察した劉は、食事、衣服、住居、医療といった日常生活に必要なあらゆる物を人民公社が無償で支給する供給制の導入を進めた[11]。九月末、山東省范県は、党の宣伝隊が何千人も集った大集会で、一九六〇年までに共産主義へ至る橋を渡るとおごそかに誓った。毛は有頂天になった。「この文書はまことにすばらしい。これは一篇の詩だ。できそうな気がしてくるじゃないか[12]!」

軍隊式に働かせる

地方幹部たちは、大躍進に必要な、未曾有の難事業の数々を達成するために懸命に努力した。人民公社の誕生によって、急増する労働需要は満たされた。しかし、現地の人々は冷めていた。日々の暮らしが軍隊式に組織されたため、農民は「前線」での「戦い」を強要される「歩兵」だった。「突撃隊」は「デモ行進」をしながら「次々と移動する戦場」へ向かった。社会における革命家の指定席は「歩哨」で、大型プロジェクトに従事する一団は「大隊」だった[13]。

軍隊式組織を語るには軍隊用語がふさわしい。「誰もが一兵卒だ」と毛沢東は宣言した。人々に好かれる民兵組織を作れば、社会の残りの部分も人民公社に編入することができる。「かつてわれわれの軍隊には、給料や休日、一日八時間労働といったものは一切なかった。誰もが一兵卒であり、平等だった。巨大な人民軍を作り上げたとき、共産主義の真の精神が誕生する……われわれは軍隊の伝統を復活させなければならない。ソ連における軍事共産主義は穀物徴集を基盤としている。われわれには二十二年の軍事の伝統があり、われわれの軍事共産主義を支えるのは供給制だ」[14]

砲弾が金門島に向けられたとき、『人民日報』は「中国人民は、弾道ミサイルにも原爆にも、決してひるむことはない」と吠え立てた。二億五千万人の男女が兵士の大群に変身し、中国はすぐにでも帝国主義との戦いに乗り出せる一個の塊となって姿を現した。[15]一九五八年十月までに、四川(しせん)省の民兵三千万人が夜間二時間の軍事訓練を受けた。山東省では、二千五百万人の戦士が製鉄と穀物生産の「前線」で戦う「主力大隊」となった。「深耕の戦い」では、莒南(きょなん)県だけでも、思想教育を徹底した七万人が五十万人の農民を監督した。満州北部の黒竜江(こくりゅうこう)省では、六百万人の民兵が仕立てられ、若者の十人中九人に軍隊思想が注入された。[16]譚震林は民兵組織を褒めちぎり、すべての成人は銃の使い方を学び、年に三十発の銃弾を撃つよう指示した。[17]だが、実際に銃を持った者はほとんどいなかった。大多数は、農作業のあとに畑で、数挺の旧式ライフル銃で形だけの訓練を受けるに留まった。とはいえ、ごく一部は突撃隊として実弾を使った訓練を受けた。[18]彼らは、人民公社熱に浮かされた時期だけでなく、その後飢饉に見舞われたときも訓練を強要され、悲惨な目に遭った。

民兵運動と戦闘訓練を受けた少人数部隊は、すべての人民公社に軍隊のやり方を持ち込んだ。中国全土の農民たちが、夜明けに軍隊ラッパの音で叩き起こされ、列を作って共同食堂に向かい、そそくさと一椀の薄い粥をかきこむ。呼子の音で集合し、行進曲をバックに横断幕や旗を掲げ、軍隊式に隊列を組んで畑に向かい、ときおり拡声器から精を出せと発破をかける声や革命音楽が流れてくる。党の宣伝隊、地方幹部、民兵は規律を押しつけ、期待どおりの成果を上げられなかった者はときに殴打される。一日の仕事が終わると、作業シフトに合わせて割り当てられた宿舎に戻る。夜には集会が開かれ、各人のその日の成果を審査し、戦術を検討する。

仕事は人民公社が割り当てた。男も女も生産隊リーダーの命令に従い、ろくに報酬も与えられなかった。党書記の張顕立は麻城県でこう説明した。「いまや人民公社が確立され、おまる以外のすべてが共同所有となる。人間もだ」。この言葉を聞いた貧農の林盛啓は、「幹部にやれと言われたことはなんでもやれ」という意味だと理解した。[19]

そして、賃金は実質的に廃止された。生産隊リーダーの監督の下で働く生産隊のメンバーには労働点数が与えられた。労働点数は、生産隊全体の業績の平均値や遂行した仕事、年齢、性別といった要素を組み合わせた複雑な方法で算出された。年末には、各生産隊の実収入を各人の「必要に応じて」メンバーに配分し、余った分は原則的に各人が貯めてきた労働点数に応じて分配された。だが、実際には、国が介入し大半を持っていってしまうため、余りが出たためしはなかったし、労働点数も大躍進期には急速に価値を失っていった。南京に近い江寧県では、一九五七年の時点で日当は一・

〇五元だったが、一年後にはわずか〇・二八元にまで落ち込んだ。五九年になると、たったの〇・一六元になった。土地の人たちはこの労働点数制のことを「キュウリで太鼓を叩く」ようなものだと称した。労働に対するあらゆるインセンティブが撤廃され、強く叩けば叩くほど音が出なくなるというわけだ[20]。

一銭も支払ってもらえない人もいた。一九六一年二月に、湖南省湘潭県でインタビューに答えた逞しい若者、陳玉泉は、一九五八年に手にした金額は合計四・五元で、これでズボンを一本買ったと語っている。翌年は炭鉱に配属され、ここでは労働記録をつけていなかったため一銭ももらえなかったと言う[21]。人民公社によっては、貨幣を廃止したところもあった。

広東省竜川県では、家畜は殺して自分たちで食べるように言われ、豚を売った人には現金ではなく、貸方切符が渡された[22]。しかし、多くの農民は、労働力を担保に人民公社から借りなければ暮らしていけなかった。一日中、畑に肥やしを運び、慢性疾患を抱える妻と五人の子供を養わなければならなかった李さんは、現金を手にしたこともなかった。「私らのような者には金なんかなかった。いつも借金に追われていたんだ。人民公社に借金を返さなきゃならなかったからね[23]」。飢饉のあいだ、家族九人を養っていた四川省北部の散髪屋、馮達柏は、多くの食糧を借りなければならなかったため、五十年後もまだ借金を返済していた[24]。

最後の〝やけ食い〟

最も過激な人民公社では、私有地や重機類、家畜など、あらゆるものが共同所有に変わった。多くの場合、所有できるのは最低限必要な物だけだった。四川省の第一書記、李井泉は、「人糞さえも集産化しなければならない！」と言った。[25] 人々は対抗策として、家畜は解体し、穀物は隠し、資産は売り払うといった具合に、できるだけ多くの財産を救おうとした。集産化が始まったばかりの頃、湿度の高い広東省北東部の丘陵地帯に暮らす農民、胡永銘は、四羽の鶏を絞め、二日目に三羽の鴨、次いで三匹の雌犬、その翌日に仔犬を殺し、最後は猫までも食べてしまった。[26] 農民らが家禽や家畜をむさぼり食うのを見て多くの人々がそれに倣った。広東省のどこの村でも、まず鶏や鴨が食べられ、次が豚や牛だった。同地のある統計好きの役人によると、人民公社が登場してから、集団農場化を恐れた農民たちが個人所有の土地の産物を消費するようになり、豚と野菜に限ってもその消費量は六〇パーセント増えたという。[27] 広東省の農村ではこんな言葉が囁かれていた。「自分で食べれば自分の物、食べなければ誰かの物[28]」

都市に人民公社を作る試みは数年後に立ち消えたが、都市部でも似たような話はあった。広州の一つの地区だけで、一九五八年十月初めの数週間に、銀行から五十万元以上が引き出された[29]。武漢(ぶかん)では、銀行の取り付け騒ぎが発生し、東人民公社設立後の二日間で総貯蓄額の五分の一が現金化された[30]。小さな企業の請負労働者の中には、生計を立てるためのミシンを売り払ったり、自宅の床板を剝がして燃料として売る人もいた[31]。これまではひたすら倹約に励んできた人々が、貯金の没収を恐れ、派手な消費に走り始めた。普通の労働者が高価なブランド煙草や贅沢品を買ったり、豪勢な宴会に大金を注ぎ込んだりした[32]。ある村では各人に許されたのは毛布一枚だけで、何もかも共同所有となり、「衣服にまで番号が付けられる[33]」といった噂が広がり、不安にかられる集団心理に火がついた。

生産量を増やし、未曾有の目標を達成するために家屋までも没収された。人民公社は、共同食堂や宿泊施設、そして、机上の空論にすぎなかったが保育園や老人施設を建てるためのレンガを必要としたからだ。すでに触れたように麻城県では、初期の段階で肥料にするために家を壊されたが、人民公社の出現によって状況はいっそう悪化した。同県の村民たちは皆共同で暮らし始め、間に合わせの納屋で暮らす家族もいた。抵抗した農民は、「家を出て行かない者には穀物は一切支給しない」と言われた。

桂山(けいざん)人民公社では、埃っぽい路地に並ぶ泥小屋の代わりに舗装道路と高層住宅を作るというユートピア計画のために、三十戸が取り壊された。もちろん、新しい家は一軒たりとも建たなかった。ついには、屋根から雨漏りし、藁と泥で作った穴だらけの壁から風が吹き込む豚小屋や打ち捨てられた寺に暮らす家族もいた。ある村人は、「自分の家を壊すのは先祖の墓を掘り返すよりも酷い仕打ちだ」と嘆いた。あえて文句を言う人はほとんどいなかった。幹部が無言で指を立てて壊す家を合図しながら歩き去るのを、人々は声も出さず、ときには涙を流しながら立ちすくんで見送るだけだった[34]。

四川省墊江県では、十一人で編成したチームが藁で作った何百もの小屋に火をつけながら歩き回った。「夜に藁小屋を倒し、三日で住宅地を建設し、百日で共産主義を打ち立てる」というのが彼らのスローガンだった。この計画の破壊段階をなんとかやり過ごそうとした人が皆無だったわけではないが、無人になった村もあった[35]。

農村の組織化に向けた大きな動きの中で、男性と女性を分けるために家が壊されたケースもあった。甘粛省静寧では、大躍進期に省の第一書記、張仲良の命令で約一万軒の家が粉砕された。家を失った人々の行き着く先は、モデル人民公社の描いた住宅地ではなく、道端での極貧生活だった[36]。

何もかも没収された人ならともかく、たいていの人は共同食堂を嫌がっていた。列を作る大集団では、好きなときに好みの味の食事を食べるというわけにはいかなかったからだ。省のトップ、周小舟によると、湖南省では三分の二の農民が共同食堂に反対したという。[37] どこの地方でも、幹部たちは食堂で食べるようプレッシャーをかけなければならなかった。麻城県では、村への穀物供給を打ち切るというシンプルかつ効果的な方法で対応した。それでも、食糧の蓄えのある家族は食堂に来なかった。彼らは「人民公社の妨害」を企てる「富農」とされ、糾弾された。やがて、民兵たちが介入し、通りをパトロールしながら煙突から煙の出ている家から罰金を徴収し、ついには、一軒一軒家探しして食料や調理器具を押収するようになった。[38]

村から徴集した資金や食料や家具を利用した新しい共同食堂が完成すると、村民たちはすさまじい勢いで貪り食った。麻城県のある人民公社では、家具約一万点、豚三千頭、穀物五万七千キロ、私有地から燃料用に伐採した無数の樹木が共同食堂に運び込まれた。[39] 村民は労働を搾取され、財産を没収され、家を取り壊され、指導者の描く未来像を共有する機会を与えられる。共産主義はすぐそこまで来ていて、国がそれをもたらしてくれるはずだった。

「各人の必要に応じて与える」は文字どおり受け取られ、それがまかり通る限りは、人々は食べられるだけ食べた。毛沢東が徐水県で命じた「食事を一日五回にすればいい」を踏まえて、およそ二カ月のあいだ、国中の多くの村で人々は「胃袋がパンパンになるまで」食べた。とりわけ、綿花などの食料以外の作物を作っている地方には、国が穀物を支給したため、なおさら抑制が利かなかった。労働者はひたすら食べ物を詰め込み、食欲がないと説教された。残ったご飯はバケツに山盛りにしてトイレに捨てた。誰が一番食べられるかを競った生産隊もあった。食べきれず泣き出す子供もいた。毛沢東の言葉「衛星(スプートニク)を打ち上げる」を真に受けて、日に五回食事をした人もいた。一つの村を三、四日養える食料が一日で消えていった。[40] 江蘇(こうそ)省江寧(こうねい)県では一度に一キロの飯を平らげる人もいた。都市部では、無節操な消費行動がさらに顕著だった。一九五八年末、南京の工場では、何と一日五十キロもの飯が排水溝に流された。蒸しパンがトイレを塞ぎ、ある几帳面な検査官によると、汚水タンクの底に溜まった飯は三十センチにも達したという。一部の工場では、労働者が飯を一日二十杯も食べ、残りは豚の餌にしていた。[41] だが、〝宴会〟は長くは続かなかった。

第8章　製鉄フィーバー

社会主義の聖なる原料

スターリンは、農村部の富を洗いざらい吸い上げ、農業を犠牲にして工業に資金を投入した。このソ連モデルとは異なる方法を模索した毛沢東は、工業を農村に持ち込むことにした。大規模投資を必要としない廉価なイノベーションと土地固有の技術を活かせば、人民公社における工業生産量は瞬く間に増え、生産性も飛躍的に高まると考えた。つまり、農民をさらに高い目標達成に向けて駆り立てることができるということだ。これが、大規模な海外投資をあてにせずに後れた農村部を工業化する秘訣だった。ブルジョワの専門家は右派として糾弾され、素朴な農民の現実的な知恵が歓迎された。雲南（うんなん）省では、ダムや貯水池建設にあたって、省のボス、謝富治（しゃふじ）が地元の人間の知恵に頼り、ロシア人専門家が薦めた測量法や技術的調査を一蹴した[1]。外国の専門家ではなく、農民の本能に根ざした知識や土地固有の創意工夫が安上がりで効果的なイノベーションを生み出し、ひいては中国の農村部がソ連を追い抜く原動力となるというわけだ。農村部は普通の農民が〝研究施設〟で開発したシンプルな道具で機械化されるはずだった。毛沢東は労働者がいかにして自分たちの手でトラクターを作ったかを記した報告書にこう書いた。「慎ましい人が最も賢い。恵まれている人は最も愚かだ」[2]。謝富治は主席の名言を引用した。「われわれには信じられない力がある。一番ではないかもしれない。どこかにわれわれより賢い人間が住む惑星があるとすれば二番になるからだ。だが、われわれが彼らより賢いなら、われわれが一番だ」[3]

党のプロパガンダを牽引したのは模範労働者だった。それまで一日たりとも学校に通ったことがない河南(かなん)省の貧しい農民、何定が、高架線をつたって土を捨てて戻ってくる木製の自動土砂運搬装置を開発し、貯水池建設の労力を八分の一に軽減した[4]。木製ベルトコンベヤー、木製脱穀機、木製田植え機、いずれも、ごく普通の人が奇跡を起こしたと歓迎された。山西(さんせい)省では、すべての部品が木製の、オリジナルの車や汽車を作ったという話まで登場した[5]。こうした努力はひたむきで罪のないものだったが、その労力の浪費たるや莫大なものだった。広東(カントン)省の刁坊(ちょうぼう)人民公社では、人民公社機械化運動で家屋の梁や桁構え(トラス)、床板など二万二千点が一夜で解体された。この材木を使って作った手押し車は今にも壊れそうな代物で、実際、動かした瞬間にバラバラに壊れてしまった[6]。

しかし、工業化の真の指標は鉄鋼だった。まさに、社会主義――硬質、光り輝くもの、工業、近代化、労働者階級——の象徴である原材料至上主義だった。「スターリン」という名は、革命のあらゆる敵を粉砕することを厭わない「鉄の男」を意味した。工場からもくもくと煙が上がり、機械がうなり、サイレンが鳴り響き、聳え立つ溶鉱炉は火力で深紅に染まる。これが近代的社会主義の神聖なイメージだった。労働詩人アレクセイ・ガスチョフは、人と鉄が融合し、機械が人になり、人が機械になる世界が到来すると宣言し、「われわれは鉄から生まれた」と詠った。鉄鋼は社会主義という錬金術の聖なる原料だった。社会主義諸国では、鉄鋼生産量は宗教的な熱情をもって語られる魔法の数字だった。人間活動の複雑な様相をすべて取り除き蒸留したものが、国の進歩の度合いを正確に示すただ一つの数字、すなわち鉄鋼生産量だった。毛沢東は工業の専門家ではなかったかもしれないが、実際、すべての国の鉄鋼生産量を諳んじていたようだ。

毛は鉄鋼に取り憑かれていた。イギリスを追い抜くということは、年間鉄鋼生産量で勝るという意味だった。鉄鋼は、より高い目標へと到達するための原動力だった。毛は増産を促した。一九五七年の生産量は五百三十五万トンだった。一九五八年の生産目標は、同年二月に六百二十万トン、五月には八百五十万トンに設定され、六月になると毛は千七十万トンが可能と判断した。九月には、この数字が千二百万トンに変わった。彼は次々に数字を操作しながら、一九六〇年末に中国はソ連と肩を並べ、一九六二年、生産量が一億トンに達した時点でアメリカは中国に追い抜かれると確信するようになった。そして、数年でさらに引き離し、一億五千万トンに達する。一九七五年には七億トンを達成し、イギリスに大きく水をあける。[7]

毛沢東の狂気をけしかけたのは側近たちだった。その一人、李富春（りふしゅん）は社会主義制度のすばらしさのおかげで、中国は人類史に例を見ないスピードで進歩し、イギリスはたった七年のうちに追い越されると断言した。そして、鉄、鉄鋼その他の工業原料分野でイギリスを追い越すための壮大なプランを提案した。[8] 一九五八年六月初頭、プールサイドで横になってくつろいでいた毛が、冶金工業部長、王鶴寿（おうかくじゅ）に鉄鋼生産量を倍増できるかと訊ねると「大丈夫です！」と答えた。[9] 柯慶施（かけいし）は、華東（かとう）だけで八百万トン生産可能だと大法螺（おおぼら）を吹いた。[10] 王任重（おうにんじゅう）、陶鋳（とうちゅう）、謝富治、呉芝圃（ごしほ）、李井泉（りせいせん）ら各省の指導者たちも口を揃えて法外な数字を誓い、主席の気まぐれな思いつきに拍車をかけた。

成功の秘訣は、すべての人民公社の裏庭に作った小型溶鉱炉「土法高炉（どほうこうろ）」だった。これは砂と石、耐火粘土あるいは煉瓦で作られた簡単な炉で、イギリスを追い抜く仕事に農村の人々を総動員することができた。典型的な土法高炉は、高さ三、四メートルで、上部に梁で支えた木の踏み台がついている。てっぺんまでは斜面になっており、農民はコークス、鉱石、溶剤を入れた布袋を背負って、あるいは天秤棒でモッコを担いで、小走りに往復した。空気は下から送り込み、溶けた鉄と鉱滓（スラグ）が穴から出てくる仕組みだった。高炉は昔ながらの衝風冷却方式で、成功したケースもあっただろうが、多くは製鉄熱に煽られた幹部が人民公社に強要したまがい物だった。

製鉄フィーバーは一九五八年夏に最高潮に達した。五月の党大会で屈辱を味わった経済計画立案者、陳雲は製鉄運動の責任者に据えられ、名誉回復のために懸命に働いた。八月二十一日、彼のもとに毛沢東から指令が届いた。目標を一トンでも下回ることは許されない、達成できなかったときは、警告から党の除名に及ぶ様々な罰則を与えるとのことだった。[11]毛はこの勢いを維持しようと九月に武漢を訪れ、ソ連の援助で建設した巨大な鉄鋼コンビナートの落成式に出席し、点火された溶鉱炉から溶鉄が流れ出るところを見学した。同じ日、北京の指導部は千五百人の宣伝隊を全国に派遣し、生産意欲を煽りたてた。[12]九月二十九日は国慶節を祝って、さらに高い目標を達成する日と決められた。祝賀式典を二週間後に控えて、冶金工業部長、王鶴寿は、電話会議で各省のトップに困難に立ち向かえと指示を飛ばし、翌日、今度は彼らが県のトップに発破をかけた。[13]

雲南省では、謝富治が生産量を増やすために二週間昼夜兼行で突撃すると発表し、この運動では誰もが一兵卒となるよう命じた。[14]党の宣伝隊は、朝早くからあちこちの村を目指して散っていった。遠方の村にちょうどいい時間に着くために、夜中に出発することもあった。徳宏自治州では、この運動に二十万人が動員され、何千もの煉瓦製の土法高炉から立ち上る炎で空が深紅に染まった。人々は森に分け入り、燃料を探した。荒野で、鶴嘴（つるはし）や鋤（すき）や素手で石炭を掘り出す人もいた。目標達成という狂気に駆られ、事故が頻発した。手当たり次第に伐り倒した木の下敷きになったり、未熟な労働者が炭鉱で爆薬を使って命を落とした。[15]

謝富治は電話で定期的に進行状況をチェックした。[16]謝を焚きつけたのは薄一波（はくいっぱ）だった。薄は千二百万トンという新たな数値を通達し、中国全土の四千万の労働者に五十万基の土法高炉を稼動させた。[17]薄は国慶節の日に、十月を鉄鋼生産における躍進の月にしなければならないと宣言し、さらなる狂気を煽った。雲南省では、特別に「大生産」週間を設け、動員人数を三百万から四百万人に増やした。世界に吹聴した目標を達成できなければ、目標撤回という屈辱を味わうことになる。謝富治は叫んだ。「世界中の目が中国に釘付けだ[18]」

上から様々なプレッシャーをかけられた住民は、このキャンペーンに参加する以外に選択肢はなかった。雲南省曲靖（きょくせい）地区では、床板が剝がされ、羽根をふいごに使うために鶏が絞められた。党の宣伝隊は家々を訪ね歩いてクズ鉄を集め、調理器具や農具を押収した。やる気がないと見なされると、罵（のの）られ苛められた。縛られて行進させられることもあった。当時、党の調査官が書いた批判的な報告書には、恐怖や脅迫行為に関する記述が見られる。

灌漑運動、積肥運動、深耕と密植、人民公社の襲来、次から次へと過酷なキャンペーンが押し寄せた。「衛星（スプートニク）を打ち上げる」という短いスローガンを口にするだけで、何日も眠ることさえ許されない「辛い戦い」や「夜戦」がまたやってくるという恐怖を植えつけるには十分だった。夜、数時間身体を休めようとひそかに抜け出し、遠くにホタルのように輝く土法高炉を見つめながら冷たく湿った森で眠る人もいた。人々はろくに食事も与えられず凍えていた。共同食堂の出現によって、食糧管理はすべて地方幹部に一任されていたからだ。彼らは支給する食糧をけちって、生産コストを下げ、数値を水増ししようとした[19]。

中国は炎の海に包まれた。この時期、どこもかしこも土法高炉が赤く熱く燃えていたが、村々では様々な人間ドラマが繰り広げられていた。雲南省では、生産目標の達成を急ぐ中で、十分な食糧も休息も与えられずに、死ぬまで働かされるケースもあった[20]。かたや国中で、一碗一鉢の食べ物を盗んで逃げる農民が続出した。だが、反抗的な動きを事前に抑え込むために、この暴力劇場を演出する幹部らにはさらなる武器が二つ加わった。一つは、命令を強制するために、人民公社内に民兵組織が編成されたことだ。たとえば麻城（まじょう）県では、何日もぶっ続けで土法高炉で働かせるために、民兵が村にやってきて住民を徴集した。仕事を早く抜けたある男性は、「私は職場放棄しました」と書かれた三角帽を被せられ、通りを行進させられた[21]。二つ目は、あらゆる食料が人民公社の手に渡ったため、幹部らが配給量の匙加減ひとつで報酬や罰則を与えることができるようになった点だ。働くのを嫌がったり、あるいは、たるんでいると見られた場合は、罰として配給量を減らされたり、まったく与えられなかった。麻城県では、夜のあいだ子供の面倒を見るために自宅に戻った女性が共同食堂への出入りを禁じられた。[22]安徽省で飢饉を生き延びた張愛華は、のちにこう語っている。「言われたとおりにやらなければ、食べ物はもらえませんでした。ボスがおたまを握っていたから」。[23]各地で食糧の持ち逃げが常態化すると、食糧配給に関する幹部の権限はさらに強化された。

製鉄キャンペーンは都市部の住民にも過酷な労働を強いた。南京では、土法高炉一基のノルマが一日八・八トンに設定されたが、そのためには一日中火を燃やし続けなければならず、空腹のあまり溶鉱炉のそばで気絶する人も出た。巨大なプレッシャーがかかっていたが、それでも反抗する人はいた。王満孝は、一日八時間以上働くのは嫌だと言っただけで党書記に反抗的と見なされ、「どうやって落とし前をつけるつもりか」と露骨に脅された。ちゃちな土法高炉でイギリスを追い抜けるのかと公然と口にする者もいた。いくつかのチームでは、半数近くの労働者が「保守的」だと糾弾された。辛い労働を逃れようとしたという意味だった。[24]

最終的に幹部連中は成果を上げた。とはいえ、成果の大半は鉱滓や使い物にならない鉄、あるいはただの数字のでっちあげだった。地方の人民公社で作った溶かした鉄の鋳塊（ちゅうかい）は、そこら中に積み上げられていたが、いずれも小さく、もろかったため、近代的な圧延装置にかけることはできなかった。冶金工業部が出した報告書によれば、土法高炉で生産された鉄で利用可能だったのは、三分の一にも満たなかった。土法高炉で鉄一トンを生産するためのコストは、三百元から三百五十元だった。これは近代的な溶鉱炉の倍に当たり、石炭四トン、鉄鉱石三トン、そして、三十日から五十日の労働日数を要した。[25]のちに統計局が算出した、一九五八年の製鉄フィーバーにおける総損失額は五十億元に上った。ここには、建物、森林、鉱山、人間の損失は含まれていない。[26]

村から農民が消える

外国人顧問ミハエル・クロチコは、でこぼこした農地が広がるウクライナで育った。彼は、一九五八年秋に中国南部を旅し、細長いテラス状に分かれた、何も植わっていない黄土色の段々畑に驚いたという。これが話に聞いていた棚田だ。だが、そこには人っ子一人見当たらなかった。[27]

農民はどこに行ったのだろう？　多くは民兵に動員され、土法高炉で働いていた。大規模な灌漑事業に駆り出された者もいれば、村を離れ、さらに高い目標達成を追い求める工場労働者として働く者もいた。一九五八年には、より良い生活が待っているという言葉に誘われて、総勢千五百万人を超える農民たちが都市部へ移住した[28]。雲南省における産業労働者の数は、一九五七年の十二万四千人から七十七万五千人に跳ね上がった。これは、五十万人以上の人々が農村を離れたことを意味する[29]。同省の総労働力の三分の一が、一九五八年のいずれかの時点で水利事業に動員された[30]。別の言い方をすれば、雲南省晋寧（しんねい）県の成人労働者七万人のうち、灌漑事業に二万人、鉄道建設に一万人、地元工場に一万人が動員され、農業生産に残された人数はわずか三万人だった[31]。だが、こうした数字には表れない労働パターンの変化があった。男たちの大半が村を離れたため、野良仕事は女たちに委ねられたのだ。女性たちに、手間のかかる田んぼを維持できるだけの経験はほとんどなかった。このため、苗を不規則に植えたり、雑草は生い茂るままにされた。永仁（えいじん）県では、結果的に作物の五分の一が駄目になった[32]。

このように本来なら農業に注ぎ込まれる時間の三分の一が失われたが[33]、毛沢東とその側近たちは、深耕、密植といった画期的な方法で不足分は十分に補えると信じきっていた。一方で、指導部がもてはやした「継続革命」の中で、農民たちは軍隊式に配置され、農閑期には工業分野へ、収穫期には農業の最前線に呼び戻された。謝富治が言ったように、「継続革命とは、絶え間なく新しい仕事を考え出すという意味」だった。[34]だが、事務員や学生、教師、工場労働者、都市住民、軍隊といった、動員可能なあらゆる人材を収穫キャンペーンに投入したところで、農業の現場は混乱していた。農具は製鉄キャンペーンで破壊され、農民はダム建設に駆り出され、人民公社の共同穀物貯蔵庫の管理体制はお粗末だった。査察団を迎えるにあたって大躍進を讃えるスローガンを山腹に彫った、連灘（れんたん）モデル人民公社では、秋の収穫期に、何千人もの農民が七ヘクタールの深耕作業に動員されたため作物を収穫できず、五百トンもの穀物が畑に放置された。[35]

しかし、国に納める穀物は、地方幹部が宣言した収穫量に応じて供出しなければならなかった。一九五八年の実際の穀物生産高は二億トン強だったが、地方から届いた大豊作という申告を根拠に、中央政府はこれを四億一千万トン弱と算出した。まったくの偽りの数字に基づいた過酷な徴発〔第17章参照〕は、農民の恐怖と怒りを招くだけだった。こうして中国が人類史上最悪の飢饉へと突入する条件は整い、人民との戦いが始まった。一九五八年十月、譚震林（たんしんりん）は華南（かなん）の指導者たちを前に単刀直入に切り出した。「農民との戦いが必至だ……弾圧に二の足を踏む者には、なんらかの思想的誤りがある」[36]

第2部

死の谷を歩む

第9章　大飢饉の前触れ

餓死者は「貴重な教訓」

人民公社が導入される前でさえ、すでに飢餓で亡くなった人々がいた。早くも一九五八年三月の党の食糧会議の席で、各地の代表は農民が灌漑事業に動員されたことから生じる食糧不足に対して懸念を表明していた。飢饉を警告する兆候は、土埃の道を、足を引きずりながら物乞いをして歩く集団や、住民全員が逃げ出し無人となった村に現れていた。財政部長、李先念はこうした兆候を一蹴し、穀物生産目標の達成に邁進した。[1]

四月末、飢えと食糧不足は国中に蔓延した。広西チワン族自治区では、六人に一人が食べ物も金もなく、各地で餓死者が出ていた。山東省では約六十七万人が飢え、安徽省では百三十万人が困窮状態にあった。湖南省では、農民の十人に一人がひと月以上穀物にありつけなかった。亜熱帯気候の広東省でさえ百万人近くが飢え、とりわけ、恵陽、湛江は悲惨で、飢えた親たちが子供を売った。河北省では、何万もの人々が食べ物を求めて村々をさまよい歩くほど穀物が不足し、滄県、保定地区、邯鄲地区では子供が売られていた。天津の街には、打撃を受けた村々から一万四千人の物乞いが押し寄せ、間に合わせの避難所に収容された。甘粛省では、多くの農民が木の皮を食べるほかない状況に追い込まれ、何百人もの餓死者が出た。[2]

　この飢餓は収穫以前の春の話であり、一時的な欠乏だったと説明できないこともないが、夏が過ぎても各地の食糧不足は悪化の一途を辿った。雲南省陸良県はその典型的な例だった。第4章で触れたように、ここでは早くも一九五八年二月の時点で、灌漑運動に農民を動員したことにより飢餓が発生していた。だが、飢饉に見舞われたのはダムや貯水池に徴発された住民だけではなかった。一例を挙げると、人口千六百十人の茶花郷では、一九五八年一月から八月までに六人に一人が亡くなった。殴り殺された人もいたが、大半は飢餓と疾病だった。[3] 陸良県のトップ、陳盛年は、一九五七年度に国から割り当てられた穀物徴発量〔第17章参照〕に手心を加えたとして追放された党幹部に代わって抜擢された人物だった。陳は厳しい懲罰を科すために、積極的に暴力を導入した。茶花郷の幹部の三人に二人は住民に日常的に体罰を加え、働けないほど衰弱した住民から食べる権利を奪った。[4]

　飢餓は陸良県に限った問題ではなかった。雲南省の曲靖地区の全域で餓死者が出ていた。報告では、陸良県ではおよそ一万三千人が亡くなり、路南、羅平、富源、師宗などの県でも何千人もが餓死した。[5] 潞西県では、早くも一九五七年の時点で県の党委員会が、実際に収穫可能な量は半分だったにもかかわらず、農民一人当たりの年間穀物収穫量を約三百キロと公言し数字をつり上げていた。このため、一九五八年五月以降、十四人に一人、およそ一万二千人が餓死した。住民の五分の一が命を落とした村もあった。[6]

曲靖地区における正確な死亡者数を割り出すことは難しいが、档案館に埋もれた人口統計からある程度数字を確定することができる。これによると、一九五八年の死亡者数は、人口の三・一パーセントにあたる八万二千人である。出生数は、一九五七年の十万六千人から五八年の五万九千人に激減している。雲南省全体で見ると、死亡率は二・二パーセントで、一九五七年の中国全体の死亡率一パーセントの倍以上となった。[7] 省の第一書記、謝富治は陸良県の問題を熟慮した末、一九五八年十一月になって毛沢東に報告した。毛は、真実を知らせてくれる信頼できる者がいると思ったのか、この報告を喜んだ。一年後、謝は北京に招聘され公安部長に昇格した。毛の考えでは、餓死者は「貴重な教訓」だった。[8]

徐水県からも「教訓」が届いた。徐水県といえば大躍進の聖地であり、余剰穀物を片付けるために、毛沢東が農民に一日五食にせよと命じた土地だった。華々しい表向きの顔の裏で、張国忠は強制労働収容所を整備し、言うことを聞かない農民から反抗的な党書記まで、県民の一・五パーセントを収容していた。所内での懲罰は、鞭打ちや厳寒期に裸で屋外に放置するといった凄惨なものだった。その結果、百二十四人が死亡し、残りの人々も一生癒えることのない身体的障害を抱えた。収容所の外でもおよそ七千人に対して、縛る、叩く、唾を吐きかける、行進させる、叩頭させる、食べ物を与えないといった暴力が加えられ、二百十二人が死亡した。[9] 大寺各荘農業社を率いる李江生は一見優しげな男で、自分が管理する模範村に毛沢東をはじめ多くの客を招いたが、日常的に農民を殴り、冬のさなかに戸外に吊るされ凍死した者もいた。[10] こうした暴力行為にもかかわらず、収穫量は張国忠が約束した数字にはほど遠かった。一九五八年十二月に周恩来が河北省を視察したとき、張はおずおずと周に近づき、徐水県はヘクタール当たり三千七百五十キロしか収穫できなかったと打ち明けた。夏に誇らしげに宣言した十五トンとはかけ離れた数字だった。実際、徐水県は飢えていた。周は援助を約束した。[11]

こうした情報の大半は、一九五八年十月に毛沢東の命令で機要局〔機密情報の保護、伝達を担当する政府直属機関〕が作成した報告書で明るみに出た。毛は文書の末尾に「この種の問題は一つの人民公社に限ったことではないと思われる」とコメントを書き込み、中央委員会のメンバーに回覧させた。[12] だが、張国忠が信用を失うと、今度は徐水県から南に八十キロの安国県を模範県に採用した。年間穀物収穫量はヘクタール当たり二千三百キロとの報告を受けて、毛は一九五七年にわずか一千万トンだった河北省の生産量が、一九五九年には大幅に増えて五千万トンに達すると予想した。[13] 河北省の幹部、劉子厚は数字が水増しされている可能性があると進言したが、主席はこうした懸念を一蹴し、誤差は不可避だと軽く受け流した。[14]

毛沢東のもとには、全国から飢餓、疾病、虐待に関する無数の報告が届いていた。勇気を出して個人的に手紙を出した人もいれば、黙殺できずに不満を訴えた地方幹部もいた。保安担当者や専属秘書が毛に代わって調査したケースもあった。徐水県と陸良県についてはすでに述べたが、他の地方についてもこれから追い追い触れていくことになる。党が許可したごく一部の研究者以外は閲覧できない北京の中央档案館には、他にも数多くの事例が埋もれているはずだ。

一九五八年末、毛沢東は、各地に広がる虐待行為への懸念を多少なりとも和らげる素振りを見せはした。回覧させた陸良県に関する報告書へのコメントでは、増産の陰で農民の生活が犠牲になっていることを認めた。だが、毛にとって陸良県は単なる「教訓」であり、他の地方で起きている同じような過ちに対して、いい意味での免疫ができたという程度のことにすぎなかった。徐水県の件でも、ただちに目をかける相手を乗り換え、率先してどこよりも高い生産目標をぶち上げる隣の県を模範県に指定した。第11章で詳しく触れるが、毛は一九五八年十一月から五九年六月にかけて、大躍進のペースをいったん減速した。しかし、ユートピアを追求する姿勢に揺るぎはなかった。大躍進は軍事キャンペーン、すなわち、現在のごく一部の苦しみを贖うに余りある豊かさを大勢の人々にもたらす共産主義の天国を勝ち取る戦いだった。戦争には犠牲がつきものだ。ときには負け戦もあれば、悲劇的な損害をもたらす凄惨な戦いもあるが、あとからあれでよかったと思える戦いならば報われる。大躍進キャンペーンは続行しなければならない。一九五八年十一月、外交部長陳毅は、現地の悲劇的な状況について語った。「たしかに労働者に犠牲が出ているが、だからといって、ここでやめる理由にはならない。この犠牲はわれわれが支払わなければならない代償であり、心配するには及ばない。（革命の代償として）これまでどれほど多くの人々が戦場や牢屋で犠牲になってきたことか。今われわれが目にしている病や死はごく一部にすぎず、ゼロにも等しい！」[15]。他の指導者たちは飢餓をはなから無視した。一九五八年から五九年にかけての冬に、極度の飢餓に襲われた四川省では、過激な指導者、李井泉が人民公社に熱狂し、毛沢東よりたくさんの肉を食べて何キロも太った者がいると述べた。「人民公社に何の文句があるというんだ？　デブをつくる悪者だというのか？」[16]

一九三〇年に始まった国民党による五回もの共産党掃討作戦〔反共囲剿（い　そう）戦〕とその後

の長征を生き延び、第二次世界大戦中は日本軍による攻撃に耐え、戦後は残忍な内戦で莫大な犠牲者を出しながら、長年のゲリラ戦を戦い抜いてきた中国共産党にとって、多少の犠牲は想定内だった。共産主義は一夜にして成るものではない。一九五八年という年は「電撃戦」の年、同時にいくつもの前線で猛攻撃を畳みかける年だった。司令官は兵士たちに休息が必要だと承知していたが、一九五九年も従来型のゲリラ戦をさらに推し進めるつもりだった。ひと言で言えば、大躍進政策の主要方針を修正する気などこれっぽっちもなかったということだ。

退却は許されない

経済状況を考えれば、一九五九年の初めの数カ月間は圧力をかけ続けなければならなかった。毛沢東は農業集団化の完了とともに熱が冷めることを懸念してはいたが、農業生産の急増を疑う理由はまったくないと考えていた。毛に届けられた共同報告書では、李先念、李富春(りふしゅん)、薄一波(はくいっぱ)が太鼓判を押していた。「穀物、綿花、食料油については、農業分野における大躍進の結果、その生産量は昨年度に比べ激増した。われわれに必要なのは、この事業を推進し、問題が発生したときは真摯に解決して前進することだけだ[17]」

彼ら経済計画立案者の見解では、最大の問題は農村部が都市部に十分な食糧を供給していない点だった。都市部の約一億一千万人の胃袋を満たすために確保された穀物量は、一九五八年下半期に二五パーセント増え、千五百万トンに達した。[18]だが、それでも足りなかった。十二月、禿頭の精力的な北京市長彭真、次いで中央の経済計画立案者、李富春が食糧不足の警鐘を鳴らした。李によると、南寧、武漢の備蓄はぎりぎり数週間分、北京、上海、天津、遼寧省については、かろうじて二カ月分しか残っていなかった。十二月中に少なくとも七十二万五千トンを備蓄しなければならなかったが、実際に届いたのはその四分の一にすぎなかった。調達先の湖北省、山西省が深刻な食糧不足に陥っていたからだ。三都市および遼寧省は特別保護地区だった。このため、穀物が有り余っていると「宣言」した四川、河南、安徽、山東、甘粛などの省は、別途四十一万五千トンを供給するよう要請された。

　不足していたのは穀物だけではなかった。甘粛、湖南などの省から届く豚肉がごく少量だったため、多くの都市では一、二日分の肉しか確保できなかった。もちろん、野菜類、魚、砂糖も欠乏していた。[19]

　特権的な扱いを受けたのは都市部だけではない。輸出が最優先された。次章で詳しく述べるが、中国は一九五八年に外国から様々な機械、設備を買い入れ、莫大な金を使った。秋の収穫期には高揚感に煽られ、さらに翌年に向けた注文を増やした。請求書が届くようになると、各国との約束を守れるかどうかに国の威信がかかってきた。

一九五八年末以降、同僚や主席の後ろ盾を得た周恩来は、これまでになく大量の穀物を輸出用に確保するために、容赦なく農村部に圧力をかけた。都市部を養い、各国との契約を履行するためには、現地での退却など許されるはずもなかった。

第10章　買い漁り

モスクワへの大量発注

共産主義へと通じる光り輝く道は大衆動員の中から見出せるとしても、中国が農業国から工業国へと転身するには、大量の工業設備や先進技術が必要だった。毛沢東が、十五年でイギリスを追い越すと高らかに宣言したモスクワから帰国した瞬間から、北京政府は友邦国から大量の物品を買い漁り始めた。製鉄所、セメント工場、ガラス工場、発電所、石油精製所といった重工業に必要なプラントや機械類を購入し、クレーン、大型トラック、発電機、モーター、ポンプ、コンプレッサー、刈り取り機、コンバインなどを空前の規模で輸入した。工作機械（工場そのものは除く）の輸入台数は一九五七年の百八十七台から一九五八年の七百七十二台、田植え機や種蒔き機は四百二十九台から二千二百四十一台、トラクターは六十七台から二千六百五十七台、大型トラックは二百十二台から一万九千八百六十台に増えた。[1] 圧延鋼材、アルミニウムその他の原料および輸送機器、通信機器の輸入量も急増した。

その大半は、アメリカが戦略的禁輸措置を講じた一九五一年以来、中国が経済的・軍事的支援を仰いだソ連から輸入したものだった。朝鮮戦争のさいにアメリカが中国に侵略国の烙印を押したときから、中国は貿易制限を課されていた。一九五〇年代に、中国はソ連とのあいだで百五十件を超える建設プロジェクトを締結した。いずれもすぐに使える状態で引き渡すターンキー契約だった。一九五八年一月、ソ連は大躍進推進のための支援を拡大し、契約はさらに増えた。一九五八年八月、ソ連の技術支援のもとで建設される工場およびその設備に関する契約四十七件が締結された。すでにこのときまでに二百件を超える同様の契約を結んでいた。一九五九年二月には、両国の経済、科学分野での協力関係はさらに拡大し、大規模プラント三十一件が加わり、最終的にソ連が設置する予定の大小の工場や設備の数は約三百に達した。[2]

北京は注文した品々を早く送ってほしいとモスクワに催促した。一九五八年三月、朱徳（しゅとく）元帥が包頭（パオトウ）と武漢（ぶかん）の鉄鋼コンビナート建設を急ぐようにロシア側に要請した。[3] 七月には、周恩来の特使が北京駐在のソ連代理公使、S・F・アントノフに同じことを訴えた。[4] 大躍進のプレッシャーは大きく、ソ連は、早急に需要を満たし、注文の急増に応え、予定より早く製品を届けるために産業界を挙げて生産システムを再構築しなければならなかった。[5] 次ページの表1に示したように、ソ連からの輸入総額は、一九五七年から五九年にかけて六〇パーセント増という驚異的な数字になった。一九五七

表1：主要製品別対ソ輸入額（単位：100万ルーブル）

	1957	1958	1959	1960	1961	1962（年）
ソ連からの輸入総額	556	576	881	761	262	190
貿易	183	292	370	301	183	140
石油及び石油製品	(80)	(81)	(104)	(99)	(107)	(71)
工場用設備	245	174	310	283	55	9
軍事設備	121	78	79	72	12	11
新技術	7	31	122	104	12	30

出典：北京、外交部档案館、1963年9月6日、109-3321-2、pp.66-7, 88-9。為替レートは流動的だが、1ルーブルはおよそ2.22元または1.1ドル。数字は概算のため合計額と一致しないこともある。

年に五億五千六百万ルーブルだった輸入額は、一九五九年に八億八千百万ルーブルに達した。そのおよそ三分の二は機械および機器類だった。中国は鉄、鉄鋼、石油についてもソ連に大きく依存していた。石油、機械部品、重工業設備の半分はソ連から輸入していたが、あとの大半は社会主義諸国、主に東ドイツから輸入していた。東ドイツのヴァルター・ウルブリヒトは、一九五八年に精糖プラント、セメント工場、発電所、ガラス工場の建設に合意し、中国への輸出量は急増した。[6] 同年の東ドイツからの輸入総額は一億二千万ルーブル、一九五九年にも一億ルーブルに達した。[7]

だが、大躍進期に劇的な変化が表れたのは輸入量だけではなかった。共産主義への道のりを加速するために高品質の機器を求めた中国は、対外貿易の枠組みを大幅に変更し、西欧諸国との交渉を開始した。これを可能にしたのは、アメリカが下した対中禁輸措置の拘束力が弱まったためだった。中国の巨大市場への参入を熱望するイギリスは、一九五六年以降、対中輸出規制の撤廃に向けて精力的に動き出しており、ワシントンは同盟国に対する圧力を維持できなくなっていた。イギリスからの輸入額は、一九五七年の一千二百万ポンドから五八年の二千七百万ポンドへ倍増し、西ドイツからの輸入額は、一九五七年に二億DM〔ドイツマルク〕、五八年が六億八千二百万DM、五九年には五億四千万DMと急増した。[8]

こうした輸入品目は基本的に工業関連だったが、毛沢東は最先端の軍事機器にも固執していた。一九五七年、北京指導部はモスクワから軍の装備と「新技術」を可能な限り引き出すために画策し始めた。一九五八年六月、周恩来はフルシチョフに書簡を送り、近代的な海軍を構築するための支援を要請した。さらに二カ月後、台湾海峡の金門島、馬祖島への砲撃を開始した頃には、最新の航空偵察技術の提供を求めた。一九五九年五月には、ソ連に「防衛および航空装備」関連の戦略物資の買い付け注文を出した。九月に周は、中国は一九六〇年のソ連からの軍事物資購入に一億六千五百万ルーブルの予算を組んだと知らせる督促状をソ連に送った。[9] 外国の観測筋の割り出した統計には、軍事補給物資など「目に見えない」項目は含まれていないため、はたしてこの時期に中国がいくら注ぎ込んだのかは定かではない。しかし、表1が示すように、外交部の資料によると、「特殊物資」すなわち軍事設備と「新技術」関連の輸入に関する概観は見てとることができる。この二つの分野の輸入額は、一九五九年に二億ルーブル以上に膨れ上がっており、ソ連からの輸入総額の四分の一近くを占めていた。

もちろん中国はソ連に対する債務を返済しなければならなかった。一九五〇年から一九六二年までの中国の対ソ借款は十四億七百万ルーブルに達した[10]。一九六〇年夏に両国の関係に亀裂が生じて返済額が急増する前でさえ、対ソ借款の分割返済額は年間二億ルーブルを超えていたはずだ。外貨準備高と金保有高が低い水準にある以上、負債と輸入代金の支払いは、限られた資源を切り詰め、これを輸出に回して賄うしかなかった。貿易の基本的なパターンは貸し勘定の交換だった。つまり、ソ連側の資本財や原材料と、中国側の希少鉱物、工業製品、食料品との交換だった。たとえば、豚肉はケーブルと、大豆はアルミニウム、穀物は圧延鋼材とのバーターだった。だが、アンチモン、錫、タングステンなどの希少金属は限られていたため、北京の買い漁りの帳尻を合わせるには、農村部から食料を搾取するしかなかった（表2参照）。対ソ輸出の半分以上は、天然繊維、タバコ、穀物、大豆、果実、食用油、缶詰肉などの農産物だった。表2、表3が示すように、一九五七年から五九年にかけて、米の対ソ輸出額だけでも三倍以上に増えた。つまり、大量輸入のつけが農民に回ってきたのである。

表 2：主要製品別対ソ輸出額（単位：100 万ルーブル）

	1957	1958	1959	1960	1961	1962（年）
ソ連への輸出総額	672	809	1006	737	483	441
工業製品および鉱物	223	234	218	183	140	116
農産物および農業副産物（加工食品）	227	346	460	386	304	296
農産物および農業副産物	223	229	328	168	40	30

出典：北京、外交部档案館、1963 年 9 月 6 日、109-3321-2、pp.66-8。数字は概算のため合計額と一致しないこともある。

表 3：穀物、食用油の対ソ輸出量および輸出額（単位：千トン、100 万ルーブル）

	1957		1958		1959		1960		1961（年）	
	輸出額	輸出量	輸出額	輸出量	輸出額	輸出量	輸出額	輸出量	輸出額	輸出量
穀物	77	806	100	934	147	1418	66	640	1.2	12
米	(25)	(201)	(54)	(437)	(88)	(784)	(33)	(285)	(0.2)	(1.8)
大豆	(49)	(570)	(45)	(489)	(59)	(634)	(33)	(355)	(0.9)	(10.4)
食用油	24	57	23	72	28	78	15	41	0.4	0.4

出典：北京、外交部档案館、1963 年 9 月 6 日、109-3321-2、pp.70-1。数字は概算のため合計額と一致しないこともある。

“危ない食品”を輸出

中国の貿易計画を作り上げたのは誰だったのか。経済バランスを国が統制する計画経済のもとでは、経済成長計画に合わせて貿易量を増やし、通常、輸出入量は年ごとの貿易協定で調整された。つまり、資本投下率、貿易総額、収穫高は密接な関係があった。中央指導部が承認した全体的な経済計画が輸入量とその内容を決定し、同時に輸出量も決まるという仕組みだった。貿易計画を立てるのは外交部で、この計画に基づいて、個々の農業製品、工業製品を扱う政府系企業が輸出入業務を担当した[11]。

共産主義の迷宮のような官僚機構の中で、対外貿易全般を司っていたのは周恩来首相だった。彼は、ソ連をはじめとする共産主義陣営以外の国々との経済関係の向上に努めた。経済発展は十分な資本と技術と専門知識があってはじめて達成できる、と周は考えていた。中国の場合、この三つのすべてを海外から持ってこなければならなかった。周と親密だった対外貿易部長、葉季壮（ようきそう）も輸出の大幅増を支持した。輸出を増やせば、輸入した機械類や工場の支払いに外貨を充てられるからだ。だが、一九五七年に、周は対外貿易からの緩やかな撤退を匂わせながら、輸出熱に沸く貿易部の手綱を引いた。一九五七年十月、葉は各国の貿易代表団に、食料輸出のせいで国民が困窮しており、とりわけ食用油不足は深刻な状況に陥っていると説明しなければならなかった。周は一九五八年度のすべての国々との対外貿易量を削減する決意を固めた[12]。

周恩来のこの段階的な削減方針は、毛沢東の大胆な大躍進構想にはそぐわないものだった。このため、前述のとおり、毛は周総理の懸念を腹立たしげに一蹴し、一九五八年一月の南寧(なんねい)会議で反対派を黙らせた。代わって毛が信頼を寄せたのは朱徳だった。伝説的な軍人、朱徳元帥と毛が手を組んだのは、はるか昔の一九二八年のことだった。以来、軍事に長(た)けた朱と党の政策に長けた毛は信頼関係を築いてきた。策略に富んだ政治家でもあった朱は、一気に共産主義へと突き進む主席のビジョンをどのような形で支持すればよいかを熟知していた。すでに一九五七年十月の時点で、朱はこう述べている。「われわれは徐々に強大な輸出国、輸入国へと成長するために、輸出入の拡大を目指して闘わなければならない」。その数週間後、「社会主義建設を望むなら、技術、機械類、鉄鋼その他必要な原料を輸入しなければならない」と主張した[13]。

食料や原料の実際の輸出能力を完全に無視した理想主義的な政策「より多くの輸入、より多くの輸出」は、一九五八年の重要なキャッチフレーズとなった。これは、国際社会にみずからの政策の成功を誇示したい毛沢東にはうってつけだった。上層部の連中を権力で押さえつけ、大躍進に批判的な人々を黙らせてからは、毛に向かって財政面での自制を説く者はほとんどいなくなった。工業および農業の生産目標は日を追うごとに上方修正され、これに伴って輸入量も増えていった。言い換えれば、貿易引き締めは、毛が大躍進の失敗を認めたときにしか起こり得ないということだ。もはや政治は毛の思いのままだった。輸入過多は、無秩序な財政政策を示すものではなく、経済変革をもたらす大衆の能力に対する無限大の信頼を示していた。資本財の輸入に資力を投じたのは、機械類や工業製品の生産力を高め、工業を飛躍的に進展させ、ひいてはソ連への依存から中国を解放するためだった。

毛沢東に異論を唱える者は、国内にはほとんどいなかった。海外の共産主義陣営のリーダーたちは大躍進に懐疑的だったかもしれないが、中国から届く食料品が増加したことに満足していた。中国がどうであれ、フルシチョフは、食肉、ミルク、バターの一人当たりの生産量でアメリカを追い抜くと挑戦状を叩きつけ、ソビエト経済の重点を重工業から消費財へとシフトしていた。

東ドイツのウルブリヒトは、西ドイツへ逃亡して政権への抵抗を試みる人々の流出を食い止めようと躍起になっていた。一九五八年の第五回党大会で彼もまた、われわれは社会主義建設の只中にあり、このプロセスは一九六一年に完了する予定で、消費財の一人当たりの生産量はまもなく西ドイツに「追いつき追い越す」と大言壮語した[14]。この間、東ドイツでも農村部の集団化が進み、深刻な食料不足に陥り、結果的に中国からの輸入に頼るしかない状況だった。東ドイツ指導部も、中国の一九五八年度の収穫量に疑問を持ったはずだが、さらなる食料確保に必死だった[15]。大躍進の期間中、東ドイツでは米が主食となっただけではなく、マーガリンの製造も中国から輸入した食用油に頼らざるを得なかった。東ドイツの貿易使節団は、家畜用飼料、タバコ、落花生の輸入量を増やすべく奔走した。[16] 一九五九年六月には、中国は東ドイツ向けの豚用飼料を国民の食糧に回さなければならない事態に陥り、中国の貿易担当者から説明を受けた東ドイツは困惑した。[17]

中国の輸出先はソビエト陣営だけではなかった。中国はアジア、アフリカに破格に安い製品を売り始めていた。モスクワで開催された十月革命四十周年記念式典で、フルシチョフは農産物の生産分野でアメリカを追い抜くつもりだと誇らしげに宣言し、貿易の分野でも攻勢に出ると発表した。彼は「のどかな貿易分野に宣戦布告する」と挑戦状を叩きつけ、アメリカの貿易を機能不全に陥らせ、発展途上国の経済をソビエト傘下に囲い込むために、世界経済の主導権を握ろうとした。ソ連は錫、亜鉛、大豆製品をどの国にも真似のできない低価格で売り、ときには低金利のローンや優先弁済条件を提供するなどして、大型トラック、自動車、機械類を生産コスト以下の価格で中東に輸出した。[18] 経済が政治に従属する形の計画経済においては、国際社会での影響力を獲得するために原料費をいくら支払おうが、市場価格を無視しようが、どれだけ膨大な損失を出そうがお構いなしだった。

中国は、大躍進のもたらした「飽食の時代」の中で、国内では消費しきれない余り物であるかのように製品価格を下げ、自分で自分の首を絞めるような貿易戦争へと駆り立てられていった。自転車、ミシン、魔法瓶、豚肉の缶詰、万年筆といった、あらゆる種類の製品が原価以下で売られ、真の共産主義を目指すレースで中国がソ連に先んじていることを行動で示そうとした。英国領香港では、中国製レインコートの値段が広州の四〇パーセント以下で売られた[19]。革靴は一足一・五ドル、冷凍ウズラは一羽八セント、バイオリンは五ドルだった[20]。

だが、帝国主義に対抗する経済戦争の一番の敵は日本だった。中国は、大豆油、セメント、建築用の鉄鋼材、窓ガラスの部門でライバルを蹴落とそうと最善を尽くした。中でも、生成りのシーツからコットン・プリントに至るまで、様々な製品が市場に氾濫した繊維部門は、共産主義の優位性を見せつけなければならない激戦区となった。ぎりぎりの状態に追い込まれていた国にとって、原価以下での輸出によって生じる損失は莫大だった。一九五七年には、布地八百七十万反を五千万ドル強で輸出した。一九五八年は、九月までに九百二十万反を国際市場へ送り込んだが、入ってきた金額はわずか四千七百万ドル、前年度の一二パーセント減だった。この年の年末には、コストを下回って輸出された反物の数は千四百万反に達し、農村部の貧しい農民たちは綿入れなしで冬を迎えた[21]。これらは、中国が世界第五位ではなく第三位の繊維輸出国であることを顕示したいがために行なわれたことだった。一九五八年末、貿易に関する党会議で、葉季壮は、売れば売るほど利益が減るため、コスト以下の製品を市場に氾濫させたのは大失敗だったと認めた。「われわれは自分で自分の首を絞めている。友達を怖がらせ、敵を目覚めさせてしまった[22]」

「聞くところによると、対外貿易部には気楽に協定に署名する人がいるらしいが、誰があれほど輸出してよいと許可したのだ」と、輸出計画とは距離を置く周恩来が訊ねた。

すると、対外貿易部の役人、馬毅民が口を挟んだ。「綿花の収穫量はかなりのものでして、何も問題はないと判断しました。ですから、どなたの許可も取りませんでした[23]」

だが、大躍進期には、綿花だけでなく穀物も、さらには工業製品までも、その生産量は公約とはほど遠いものだった。中国は深刻な貿易赤字に陥った。社会主義同盟国に約束していた輸出量は守られなかった。一九五八年、東ドイツに引き渡した冷凍チキンは、約束の二千トンの三分の一だけで、ヴァルター・ウルブリヒトは残りをクリスマスに間に合うよう即刻送るよう要請した。中国は、東ドイツに五百万から七百万ルーブル、ハンガリーに百三十万ルーブル、チェコスロバキアに百十万ルーブルの借金があったが、いずれの国も米、落花生、皮革の形で返済を要求した。周はハンガリーとチェコスロバキアに対しては、さらに米一万五千トンと落花生二千トンは確保すると約束した。朱徳の政策「より多くの輸入、より多くの輸出」は無視した。周は一九五八年の社会主義陣営への輸出不足額が四億元に達していることを指摘し、こう宣言した。「外国との貿易に慎重にならざるを得ないため、われわれは、より多くの輸入、より多くの輸出に反対する[24]」

不足分をどうするべきか。「選択肢は、各国との約束を果たすまでは食べないこと、あるいは少ししか食べない、少ししか消費しないことだ[25]」。一九五八年十一月、周恩来は初めてこう切り出した。数週間後、「お返しなしで物を受け取る風習は、社会主義のやり方にはない」と付け加えた[26]。国民全員が卵数個、肉一ポンド、油一ポンド、穀物六キロを節約するだけで輸出問題はすべて解消できる、と鄧小平が同調した[27]。李先念（せんねん）、李富春（りふしゅん）、薄一波（はくいっぱ）もこれに同調した。「理由を説明すれば、社会主義を建設し、より良い未来を構築するために、人々は食べる量を減らすことに同意するはずだ[28]」

対外的な義務を果たすために、一九五九年の輸出は実質的に六五億元から七九億元に増加し、輸入の方は三パーセント増の六十三億元に留まった[29]。外国市場へ出す穀物については倍の四百万トンに達した[30]。穀物収穫量全体から見れば、わずか数パーセントにすぎないと思うかもしれないが、貧困にあえぐ国では数百トンが生死を分ける。一九六一年に王任重（おうにんじゅう）が苦言を呈したように、国中が飢饉を脱け出す方法を模索しているとき、王が率いた湖北（こほく）省は大飢饉と闘うために一九五九年に北京から二十万トンの穀物援助を受けたが、同じ年、中国は四百万トン以上を輸出していた[31]。
輸出目標を達成する責任は各省の指導者に回ってきた。どの省も国家目標の一部を割り当てられた。だが、一九五八年から五九年にかけての冬、省指導者たちは急激な食糧不足に直面した。一九五九年一月に、輸出用から国内用へ転用された穀物はたったの八十万トンにすぎなかった。翌月、湖北省は計画した四万八千トンのうち二万三千トン以上の供出を拒否した。四川省の李井泉は、品質が粗悪だったとして、割当分の三分の二だけを出荷することにした。安徽省の曾希聖が出荷を許可したのは、計画した二万三千五百トンのうちわずか五千トンだった。福建省は一粒も出さなかった[32]。貴州、甘粛、青海などの省は三分の一以下の義務しか果たせなかった[33]。他の輸出製品にしても、ほとんどの省は輸出割当の半分しか供給できず、
物資が届かないという苦情が各国から北京に寄せられた。レニングラードの病院や幼稚園では、冬の最中に米が届かなかった[34]。貿易問題が手に負えない状態に陥ったため、一九五九年三月から四月にかけて上海で党会議が開かれた。毛沢東もこれに参加し、解決策として菜食主義を提唱した。
「輸出を保証するために、われわれは衣食を倹約しなければならない。六億五千万の人民が少し多く食べるだけで、わが国の輸出余剰分を全部平らげてしまうことになる。馬、牛、羊、鶏、犬、豚、この六種類の家畜は肉を食べない。それなのに生きている

ではないか。肉を食べない人もいる。聞けば黄炎培は肉を食べないという。彼は八十を超えて矍鑠としている。肉を断ち、すべてを輸出に回すという解決策を採用してはどうだろう」[35]

主席の指令を聞くと、北京市長の彭真は、穀物消費も減らして輸出に回そうと、嬉々としてさらに踏み込んだ提案をした。周恩来までが、「三カ月間豚肉を一切口にしなければ、輸出分を保証できる」[36]と煽り立てた。肉に加えて食用油の使用も制限された。一九五九年五月二十四日、全省に命令が出た――輸出市場の利益と社会主義建設のために、地方での食用油の販売は一切禁ず。[37]

輸出分を確保せよという圧力が高まるにつれて、別の問題も現れた。輸出品を製造していた各地の工場単位が目標達成のために手抜きをし始め、品質が低下したのだ。食肉が細菌で汚染されていることも珍しくなく、ソ連は繰り返し苦情を言ってきた。豚肉の缶詰の三分の一は錆びていた。[38]苦情は他の製品にも寄せられた。ソ連に届けられたおよそ四万六千足の靴は不良品だった。香港に輸出した紙は使いものにならなかった。イラクが買い付けたバッテリーは液漏れしていた。スイスに出荷した石炭の五分の一に石が混じっていた。西ドイツでは、五百トンの卵からサルモネラ菌が見つかり、モロッコに届いたカボチャの種の三分の一に虫が湧いていた。[39]欠陥商品の交換に要した経費は、一九五九年に二、三億元に上り、一方で中国は、拭いさることができないほどの悪評を国際社会で獲得することになった[40]。

だが、貿易赤字は依然として拡大の一途をたどり、北京は一九五九年十月に緊急措置を講じた。国内消費分から削減または削除することができるあらゆる物資を輸出向けに絞り出して、不足分は他の入手可能な物で代替せよと国務院は命じた[41]。輸出再調整のために、専門の輸出局が設立され、すべての輸出品の量と質を監視した[42]。貿易協定は暦年ベースだった。新たな協定を結ぶのは、年度末に向けて輸出目標を達成した上での話だった。これは、ちょうど冬に差しかかる頃にプレッシャーが強まることを意味した。たとえば、目標を下回っていた豚肉は、十一月に入ると、年末までにさらに九百万頭を調達するためのキャンペーンが計画された[43]。

一九五九年末には、非情な搾取によって七十九億元分が輸出され、周恩来の掲げた目標を達成した。穀物と食用油の輸出高は十七億元に達した。この年、四百二十万トンの穀物が輸出され、ソ連に百四十二万トン、東欧諸国に百万トン、そして、百六十万トン近くが「資本主義諸国」へ送られた[44]。だが、こうした努力にもかかわらず、事態は好転しなかった。一九五八年の東欧との貿易赤字と一九五九年のソ連との貿易赤字を足しただけで、その額は三億元に達した[45]。緊張が頂点に達するのは一九六〇年夏のことだった。

第11章　「成功による眩惑」

賢い王と悪い臣下

毛沢東は幹部らを煽り、丸め込み、脅して大躍進に駆り立てた。猛烈なスピードで工業化し、農業集団化を進めることで、中国は国を挙げて、より発展した国々に追いつくためのレースに加わったのだ。この経済発展のペースに懐疑的な指導部の人々は、公の場で左遷を言い渡され、糾弾された。現場では「躍進」に批判的な人々が一掃され、人々は恐怖の渦に巻き込まれていった。そして、より高い収穫目標を達成しようとする狂気が雪だるま式に膨らんで制御不能に陥り、各地での被害状況を物語る証拠が次々と上がってくる中で、毛沢東はみずからのキャンペーンが創り出した混乱に対して、掌を返したように、誰かれかまわず非難し始めた。毛には政治の現場での様々な粛清を経て培ってきた直感的な自衛本能があった。この狡猾な政治家は、混乱の責任を地方の党幹部や側近たちに転嫁しただけでなく、つねに人民の幸福を考える慈悲深い指導者というイメージを演出しようとした。一九五八年十一月から五九年六月に至るこの間、短いながら執行猶予期間が訪れ、大躍進のプレッシャーは一時的に和らいだ。

虚偽や誤報は、毛沢東が確立した政治秩序に蔓延した。主席はバカではなかった。自身がその構築に貢献した一党独裁制が虚偽の報告や数字の水増しを招くかもしれないことは、わかりすぎるぐらいわかっていた。共産主義政権はいずれも、官僚的なお役所仕事を回避するために入念な監視体制を整えていた。部下の動向を逐一把握しておかなければクーデターが起きる危険性がある。優れたリーダーたる者は、部下が自分の胸のうちに納めておこうとする問題を見つけ出すことに、とりわけ心血を注ぐものだ。監視機関は財務、人事、仕事の進捗状況、報告の仕方といった事柄をチェックし、政権本体や党幹部らの公務を監視した。国の安全を担う部署は、刑務所の運営や治安維持など通常の犯罪防止業務の他に、つねに世論の動向を調査し、社会に対する不満の度合いを判断する。この意味で、公安部は毛にとって不可欠なものであり、一九五九年にそのトップに謝富治を抜擢したのも当然といえば当然だった。何といっても、主席に真実を告げるという点で、毛にとって信頼できる男だったからだ。党機構のすべてのレベルで、日常的に、様々な問題に関する内部報告書が発行されていた。だが、こうした報告書には先入観や偏見が入り込む可能性もある。信頼できる調査委員を現地に派遣すれば、間違いを回避することができる。一九五八年十月に毛が行なったのは、まさにこの調査だった。毛自身も直接足を運び、省指導者らとともに人民公社の問題に取り組んだ。数字の水増しを示す証拠が次々と明らかになるにつれて、毛は不安を募らせた。武昌で、毛の信頼厚い王任重が、湖北省の穀物収穫量は予定の三千万トンではなく、多くても千百万トンがやっとだとする報告書を示すと、毛の自信は揺らぎ意気消沈した。[1]

命綱を投げたのは広東省副書記の趙紫陽だった。一九五九年一月、趙は第一書記の陶鋳への報告書の中で、多くの人民公社が穀物を隠匿しており、現金を貯め込んでいると暴露した。一つの県だけで約三万五千トンも発見された。[2]これを端緒に趙は反隠匿キャンペーンを開始し、百万トンを超える穀物を見つけ出した。[3]陶鋳はこの報告書を絶賛し、毛沢東に送った。[4]

急進的な指導者、曾希聖の安徽省からも朗報が舞い込んだ。「農村部における、いわゆる穀物不足の問題は、穀物が足りないということとは無関係である。国の買上げ量が多すぎるといったこととまったく関係はない〔国による買上げについては第17参照〕。これは思想的問題、とりわけ地方幹部たちの思想的問題である」。さらにこの報告書では、現場の生産隊のリーダーたちが四つの不安を抱えていると説明した。人民公社が十分な穀物を提供しなくなる。意図的にノルマを達成せず収穫の一部を隠している生産隊がある。春に飢饉が起きた場合に備えて余った穀物を没収される。本当の穀物収穫高を包み隠さず申告するとさらに過酷なノルマを課される。この四点だった。[5]
毛はこうした報告書にコメントを書き込み、即座に回覧させた。「穀物を隠し、密かに分配している生産隊リーダーの問題はきわめて深刻だ。これは人々を不安に陥れ、地方幹部の共産主義者としての倫理観、春の作付け、一九五九年の大躍進の士気、人民公社の強化に影響を与えるものである。この問題は国中に広がっており、即刻解決しなければならない！」[6]
毛沢東は、下々の幸せを守る慈悲深く賢明な王という役回りに徹した。地方における共産化の風は収まった。熱心すぎる幹部らが人民公社の名を借りて資産や労働を占有し、集団化を急ぎすぎたため、農民は穀物隠しに走った、と毛は説明した。一九五九年三月、毛は、党が方針を変えなければ自分は農民と運命を共にすることも辞さないとし、農民が穀物の徴発を逃れるためにとった隠匿戦略を称賛するという演説まで行なった。[7]「この期に及んでは、私は保守主義を支持する。右傾の側に立つ。共有化、平等主義に反対し、冒険主義に別れを告げる。今、私は五億人の農民と一億人の地方幹部の代表として、右傾日和見主義者とならなければならない。右傾日和見主義を貫かなければならないのだ。皆が右へ歩む私に同調しないというなら、私は一人でも右派になり、除名も甘んじて受ける覚悟だ」[8]。毛は、権力に対して大胆不敵にも真実を口にする孤独な英雄というポーズをとった。軽々しくも、政治的な死を意味する「右派」のレッテルを自分に貼ることができたのは、毛だけだった。行き過ぎを非難された地方幹部たちの五パーセントは粛清せよ、と毛は命じた。「全員を葬る必要はない」[9]。数カ月後、毛は密かに粛清の割合を一〇パーセントに増やした[10]。

毛沢東は中央指導部の仲間も粛清した。実際にはキャンペーンの初期に届いた魅惑的な見通しとは正反対だったが、「皇帝」は側近たちの大豊作という言葉を真に受けてしまい、方向を見誤ったかのように見えた。毛はあり得ない予想を下し、無理な要求を突きつけた党のボスたちに繰り返し嘲りの言葉を浴びせ、生産量予測をより現実的な数値に戻すよう命じた。一九五九年三月に、慎重な薄一波（はくいっぱ）が工業プロジェクトの削減に失敗したときは頭から見下し、こう言った。「いったいどんな奴らがわが国の工業を担っているのだ？　どうせ金持ちの甘やかされた息子たちだろう！　今、わが国の工業に必要なのは、秦の始皇帝式〔皇帝の絶対命令に従って壮大な計画を実行すること〕のやり方だ。今、工業にかかわっている人々は、正義や徳を口にするばかりで、あまりにも手ぬるい。このままでは何一つ達成できないではないか」[11]

非難は、とりわけ、毛沢東の意向を忠実に実行しようとした近しい同志に向けられた。四月、上海に集った指導者たちを前に、彼はこう振り返った。「（昨年）八月に北戴河（ほくたいが）で小規模な会議を招集したとき、われわれは一九五九年の目標について話し合ったが、あの時点で誰一人反対する者はいなかった。あの頃、私は金門島（きんもん）の砲撃で手一杯で、実際のところ、人民公社の問題を担当したのは私ではなく譚震林だ。私は一筆書き送っただけだ」。人民公社決議に関してはこう考えていた。「あれは私ではなく、誰かのアイディアだ。私も一読したが、よくわからなかった。ただ、人民公社は良いものだとおぼろげに思っただけだ」。目標の水増しをもたらしたのは、難しい文書のせいだった。「この種のわかりづらい文書がまかり通る余地を残してはならない。きみたちは大学生や教授や偉大なる儒者なんだろうが、私はただの書生にすぎないのだから、わかりやすい言葉で書くべきだ」。次いで、毛のリーダーシップに何らかの疑念を持つ者に対して警告を発した。「一部同志はいまだに私がこの国の指導者であると認識していない……私を嫌う人も多い、とりわけ（国防部長）彭徳懐は死ぬほど私を嫌っている……彭に対する私の方針はこうだ。彼が攻撃してこなければ私も攻撃しない。だが、攻撃してくるなら私はかならず攻撃する」。そして、過去に毛に異論を唱えた党指導部の連中を長々と手厳しく批判し始めた。劉少奇、周恩来、陳雲、朱徳、林彪、彭徳懐、劉伯承、陳毅、さらにはとっくに亡くなった任弼時まで引き合いに出された。鄧小平を除き、集まった指導部全員の名前が挙がった[12]。毛がここで怒りを爆発させたのは、自分は初めからずっと正しかった、過去のいずれかの時点で反論した者は全員間違っているということを示したかったからだ。歴史の側に立って振り返れば、毛には誰に対しても責任を負う義務はないというわけだ。

毛の方針の無謬性と大躍進成功の重要性に懐疑的な者は、一人として放っておくわけにはいかなかった。もちろん大躍進賛美も忘れなかった。「どれだけ多くの問題があろうと、最終的に分析すれば、その数は十本の指のうちの一本にすぎない」[13]。間違いが全体の十分の一だったとしても、間違いに変わりはないが、大躍進という本質にかかわる重要なキャンペーンに一つの間違いもなく乗り出せると考えること自体が間違っていた。大躍進を疑うことが間違いであり、批判的なスタンスから傍観し見守ることは間違いだった[14]。毛はみずから立てた全体戦略からぶれるわけにはいかなかった。

「半分が餓死した方が得策」

一九五九年の前半、密植(みつしょく)と深耕(しんこう)運動は相変わらず継続され、灌漑事業と集団化も急速に進められた。スターリンは、農村部の集団化を総力を挙げて進めたあとの縮小期に、「成功による眩惑」(一九三〇年)と題した論文を発表し、農民がコルホーズを離れることを容認した。毛はかつてのパトロンとは異なり、人民公社についてほとんど手を下さず、人民公社ではなく生産大隊を基本的な単位とすべきだと指示しただけだった。歴史学者はこの時期を「退却期」あるいは「冷却期」と解釈してきたが、まったくの的外れだと言えるだろう。一九五九年二月に、戦場の省幹部らに鄧小平が言った言葉を聞けば明らかだ。「われわれに必要なのは、冷やすことではなく熱く盛り上げることだ」[15]

ちょうどこの時期、都市を養い外国を満足させるために、農村部からの買上げ量が激増した。三月二十五日、上海の錦江飯店で会議が開催された。会議の参加者のみが閲覧できる内部の覚書によると、ここで毛沢東は穀物総収穫量の三分の一を徴発するよう命じた。この割合はそれまでになく高いものだった。「三分の一までなら、人々は反政府行動に出ないはずだ」。割当を達成できないところがあれば通報すること。「これは冷酷な仕打ちではなく、現実に沿ったやり方だ」。わが国は豊作であり、幹部らは河南省を見習って買上げ量を増やせ。「一番に飛びかかった者が勝者となり、最後に飛びかかった者は敗者となる」。毛はこれを実行に移すために、さらに一万六千台の大型トラックを配備した。食肉については、三カ月間農村部での肉の消費を禁じた河北省、山東省の方針を絶賛した。「すばらしいことだ。全土で同じことができないはずはない」。食用油は最大限徴発しなければならない。ある出席者が、一人当たり年間八メートルの布地は保証すべきだと口を挟んだが、一蹴された。「誰がそうしろと言った」。そして、前章で見てきたように、国内市場優先策は翻され、輸出が国内需要を打ち負かし、保証されたのだ。「われわれは食べる量を減らさなければならない」。戦いの最中、現実問題に直面したときは、「抓緊」（しっかり取り組む）と「抓狠」（情け容赦なくやり抜く）策を講じるのは当然だった。「食べ物が十分になければ、人は飢えて死ぬ。半数を餓死させてしまった方が得策だ。残りの半数はたらふく食べられるのだから[16]」

毛沢東の言葉は絶対だった。だが、曖昧な発言の真意はどこにあるのだろう。たとえば「一番に飛びかかった者が勝者となり、最後に飛びかかった者は敗者となる」の意味だ。これは、中央書記処が農業担当に任命した譚震林が、一九五九年六月の国の買上げ量に関する電話会議で明らかにしてくれている。国と人民のどちら側も先を争って手に入れようとするのだから、穀物は農民が食べてしまう前に徴発せよ、スピードが肝心だ、と譚は説明したのだ。「ただし、この『一番に飛びかかった者が勝者となる』という言い方は、県、地区の党書記レベルに限定しなければならない。それ以下のレベルで使うと、かならず誤解を呼ぶ[17]」。幹部らによる収穫量水増しの可能性を毛に伝えた王任重は、こう忠告した。「われわれは穏健なやり方を試した上で、強硬手段に訴える。国の統一計画を達成できないようなら、正式な警告、解任、さらには除名といった必要な措置を講じるだろう[18]」

飢饉の兆候は一九五八年に現れていた。一九五九年前半、国の課した買上げ量の増大によって農民が打撃を受けると、飢餓が広がり始めた。譚震林のような熱狂的な支持者でさえ、すでに一月の時点で約五百万人が飢餓浮腫を発症し、七万人が餓死したと推定している。周恩来は餓死者は十二万人とした。いずれも実際よりはるかに低い毛沢東は数字だったが、さらに踏み込んだ調査をしようという気にはならなかった。[19] モデル省河南では飢饉に気づいていたが、困窮する地域は十分な食糧をとっている、という回覧報告を読み、実態を見くびっていた。[20] 地元の党幹部らは、北京から届く、くるくると変わる矛盾した指令に当惑し、どのように対処していいのか戸惑っていた。党上層部は、上海会議での毛沢東の激昂にすっかり動揺していた。これが来るべき事態の予兆だった。

第12章　真実の終わり

廬山会議の〝爆弾〟

海抜千五百メートル、峰々が連なる広大な山脈が江西省北部を横切っている。堆積岩と石灰岩でできた廬山一帯には、水と風で浸食された小峡谷や渓谷、洞窟、岩石層などがあり、その野趣に富んだ起伏の激しい光景は訪れる観光客の目を楽しませる。断崖絶壁や岩の割れ目にしがみつくように茂るモミの木、マツ、イトスギ、クスノキの森は、流れ落ちる滝と景観を競い合い、寺院や仏塔からは、はるか遠く揚子江に流れ込む鄱陽湖畔の砂丘へ至る見事な眺望を楽しむことができる。蒸し暑い夏には、この地の温和な気候がしばしの憩いを与えてくれる。建国以前には、冬季に橇やスキーを楽しむヨーロッパ人たちが訪れた。一八九五年、イギリス人宣教師が最初に廬山山上の別荘地、牯嶺を購入した。その後何十年ものあいだに、麓から運び上げたやわらかい花崗岩で数百ものバンガローが建設され、廬山は外国人の保養地、避暑地として親しまれた。国民党を率いた蔣介石は美しい別荘を手に入れ、一九三〇年代、夏になると妻とともにたびたび訪れた。蔣介石はこの別荘を「美廬（メイルー）」と名付けみずから石に彫り込んだが、毛沢東はその名を残したまま自分の別荘にしていた。

一九五九年七月二日、主席は廬山会議を開催した。集まった党の指導者らは、この会議を「神仙会」と呼んだ。神仙なるものは、人間世界のはるか上に住み、天国の雲に腰かけ、地上のしがらみに縛られることもなく霞（かすみ）の中を楽しげに飛び回る。毛沢東は、自分の仲間たちに自由に語り合ってもらいたいと思っていた。胸のうちで十八項目の議題を用意していたが、彭徳懐（ほうとくかい）国防部長の批判的な意見を目にしたあの日、十九番目の議題、「党の団結」を加えた。[1] 毛はまずは大躍進の成果を讃え、人民の情熱とエネルギーを賛美して会議の基調を定めた。

大躍進に対する党指導者たちの考えを知る一つの方法として、毛沢東は地方ごとの分科会で問題を議論させた。分科会では一週間かけて各地方に固有の問題を検討した。この間、毛だけは毎日届けられる分科会の報告書から全体状況を把握する立場を維持した。彭徳懐が何か企んでいるかもしれないという疑いはあったものの、会議が始まった当初、毛は洞窟や仏教寺院、朱子学の拠点となった書院など、廬山の景勝地を訪ね歩き、機嫌よくすごしているように見えた。夜には省指導者たちが、かつてのカトリック教会で音楽やダンスなどの余興を準備した。そのあとにはかならずダンスパーティーが開かれ、何人もの若い看護婦が毛を取り囲み、専属の警備陣がガードする自分の別荘で毛が彼女たちと楽しむこともあった。[2]

毛は会議に顔を出さなかったが、各分科会で話し合われた概要は、子飼いの省指導者たちから日々上がってくる報告で把握していた。会議の参加者の多くは、この廬山会議の目的は経済改革の前進にあると思っていた。大躍進に伴う問題点は、それまでの会議ですでに議論されており、収拾がつかない状況を打開する措置がとられていたからだ。主席が一切口を出さない分科会では、日を追うごとに互いの親密感が高まり、農村部における飢餓、生産量の水増し、幹部らによる虐待といった問題を平然と口にする人も出てきた。西北部の分科会に配属された彭徳懐は、機を見て何度か毛の大躍進の方向性を率直に批判した。「われわれ全員に責任がある。毛沢東も含めてだ。鉄鋼生産量の目標値を千七十万トンとしたのは主席なのだから、その責任から逃れられるはずはない」[3]。だが、主席の沈黙は同意ではなかった。そして、議論の範囲が自分の予想を超え、一部で集団化の失敗だけでなく、毛の責任にまで話が及んだことで次第に機嫌を損ねだした。

七月十日、毛沢東は再び口を開いた。省指導者たちの会議を招集して、去年の成果が失敗をはるかに上回っていると主張し、一九五八年一月の南寧(なんねい)会議で使った比喩を持ち出した。「誰にでも指は十本あるではないか。そのうち九本は成果だ。失敗はあとの一本だけだ」。党の抱える問題は解決できるが、それは団結とイデオロギーの共有があって初めて可能であり、総路線〔全産業の社会主義改造を目指す一九五二年来の党の根本方針〕はまったく間違っていないと言った。劉少奇は、現在生じているいくつかの問題は経験不足によるもので、犠牲を払わず貴重な教訓を手にすることなどできるだろうかと発言し、毛に同調した。周恩来は、党はいち早く問題を発見し、解決するべく迅速に専門家を送り込んだと付け加えた。主席はこう結論づけた。「全般的な状況は申し分ない。問題は多いが、われわれの未来は明るい！」[4]

　毛のスピーチが終わると会場は静まり返った。だが、一人残らず同調していたわけではない。国防部長彭徳懐は頑固で定評があった。彭の故郷は、毛と同じ湖南省湘潭だった。故郷に帰ったとき、彭は農民が密植を強制され、製鉄キャンペーンでは幹部らが家々を引き倒し、そこら中に暴力と懊悩が溢れかえっていることに気がついた。老人施設や保育園を訪ねると、そこにあるのは悲惨な光景ばかりで、凍える冬の最中、子供たちはボロをまとい、老人たちは竹ゴザにうずくまっていた。戻ってからも、地元から飢餓の広がりを知らせる手紙が次々と舞い込んでいた。[5]彭は農村で目にした光景に強く心を痛め、廬山では大躍進の欠陥に本気で取り組みたいと痛切に願っていた。このとき彭が恐れていたのは、毛の顔色を気にして、会議が飢餓の問題に言及せず形だけに終わることだった。[6]思い切って意見を言う者は一人もいない、と彭は確信した。劉少奇は国家主席に就任したばかりで、周恩来と陳雲は一年前から沈黙しており、朱徳に批判的な意見は望めず、軍を率いる林彪は健康状態が思わしくない上に、この問題をよく理解していなかった。そして、鄧小平は批判を口にすることには消極的だった。[7] 彭は自分が毛に手紙を書こうと決意し、七月十四日、主席の就寝中に長い手紙を届けた。

雄牛のごとく逞しい身体にブルドッグのような顔、この坊主頭の頑丈な男は、躊躇することなく毛沢東にずけずけと物を言うことで知られていた。[8] 毛と彭の付き合いは井崗山に立て籠ったゲリラ戦時代にさかのぼる。だが、二人は幾度も衝突し、とりわけ朝鮮戦争のさいには、激怒した彭が警備の制止を振り切って毛の寝室に怒鳴り込み、軍事戦略をめぐって対決した。主席はこの老元帥を毛嫌いしていた。

彭の手紙は、まるで嘆願書のような書き出しだった。「私は単純で、いかにも粗雑で気配りにかける男であります。ですから、この手紙に価値があるかないかの判断は、貴殿に委ねます。私が間違っている点があれば、なんなりとご指摘ください」。彭は、農業・工業の生産量は増加しており、土法高炉は農民に新しい技能をもたらした、と大躍進の成果を賛美することも忘れず、イギリスはわずか四年でわが国に追い越されるだろうという見通しさえ記した。今直面している問題はすべて主席の考え方をよく理解できていないためだ、と彼は書いた。そして、手紙の後半では、党は大躍進の過ち、すなわち天然資源や労働力の凄まじい浪費、生産量の水増し、そして極左傾向、これらの過ちから学ぶことができるはずだと主張した。

その内容は、バランスのとれた思慮深いものだった。このあとで彼に起きたことを考えればなおさら、いかに慎重に書かれていたかがわかる。彭は毛沢東の奮起を促そうとしていた。主席の逆鱗に触れたのは、「プチブル的熱狂が極左の過ちを犯させたのです」というくだりだった。毛にとっては、「経済建設問題の解決は、金門島砲撃やチベット平定のようにたやすいものではありません」[9]という当てこすりともとれる表現も、自分に向けられた攻撃以外のなにものでもなかった。

主治医の話によると、その夜毛沢東は一睡もしなかった。二日後、毛は美廬で党中央政治局常務委員会を招集した。やってきた指導部の面々をバスローブとスリッパで迎えた[10]毛は、こう説明した。党の外部の右派分子が大躍進を攻撃したが、いまや党上層部の人間まで利得よりも損失の方が大きいと批判し始めた。その一人が彭徳懐だ。毛は彼の手紙を分科会の出席者百五十人全員に回覧し、援軍として、北京に残っていた彭真、陳毅、黄克誠らをできるだけ早く招集しろと劉少奇と周恩来に命じた。[11]

この時点で、上級幹部の大半は事態がいかに深刻なものかを察知し、彭に対して公然と反論した。甘粛省のトップ、張仲良は、同省における成功が大躍進の正しさを実証していると主張した。大躍進でいい目をみた陶鋳、王任重、陳正人も同調した。[12]しかし、同調しなかった者もいた。翌日北京から到着した総参謀長、黄克誠は、意外にも彭徳懐支持を表明した。黄はその後数週間の滞在中に認めたように、農村部における飢餓の規模があまりに深刻だったので眠れない日々を過ごしていた。[13]一貫して毛の信頼厚い譚震林（たんしんりん）は怒りを爆発させた。「犬の肉でも食ったのか（頭に血が上るの意）。熱でもあるのか。たわ言を言うな。一役買ってもらおうと思って廬山に呼んだのにそれがわからないのか」。[14]他にも揺れ動いていた者がいた。湖南省第一書記の周小舟（しゅうしょうしゅう）は、辛辣すぎる物言いが多少あると認めた上で、彭の手紙を称賛した。七月二十一日、張（ちょう）聞天（ぶんてん）が毛沢東と大躍進に驚くべき一撃を与える爆弾を投下し、大きな転機が訪れた。

内外の共謀を疑う

一九三〇年代初頭、張聞天は反対派の一員として毛沢東の指導に反旗を翻したが、後年、主席の大義に賛同し毛のもとに集った。外交部副部長だった張には大きな影響力があった。このため毛には、張の今回の彭支持は、国防部と外交部が手を結んだ結果としか思えなかった。[15]張はこの日、毛派による横やりや野次を浴びながらも数時間にわたって彭を擁護した。共産党流のスピーチの定番は、まずは長々と成果を褒めたたえるところから始まるが、彼は冒頭で手短に触れただけで、単刀直入に、大躍進によって生じた諸問題の詳細な分析に取りかかった。土法高炉に要したコストは五十億元、作物の損失については言うまでもない。農民たちが製錬に忙しく、畑の作物を収穫することができなかったからだ。「全人民で鉄を作ろう！」といったスローガンは馬鹿げていると非難した。操業停止も頻繁に起こり、海外からは中国製品は粗悪だと苦情が寄せられ、中国の評判は損なわれた。何よりも、大躍進は農村部に何の変化ももたらしていない。「わが国は『貧しく、空白だ』。社会主義体制はこの現状を急速に変える状況をもたらしてくれるものだが、われわれは依然として『貧しく、空白だ』」。毛は指導者たちに皇帝の高慢な鼻をへし折れと促したが、首が飛ぶのを恐れて誰も何も言おうとしない。張は、毛の十本の指のたとえを逆手にとって、「九対一で、欠点は成果を上回る」[16]と締めくくった。

毛沢東は、これが自分の指導に対する一枚岩の攻撃だろうかと悩んだにちがいない。彭徳懐は軍の司令官で、周小舟は省を率いており、張聞天は外交部の人間だ。背後にさらに反対派が潜んでいるのではないか？　彭は、前月、甘粛省を視察に訪れ、その経験を踏まえて北西部の分科会に配属された。彭と張は北西部で生じた問題について何度も話し合った[17]。廬山会議の最中に、甘粛省では政変が起きた。甘粛省の指導者、張仲良が会議に出席するため蘭州を発ったあと、省党委員会では張のライバル、霍維徳の発言力が強まった。七月十五日、委員会は中央に急ぎの書簡を送り、飢饉で何千人も死に、六県で百五十万人の農民が飢えに苦しんでいると知らせた。この飢饉を引き起こした張本人は張仲良だ。彼は省指導者として、収穫量の水増しを承認し、国の買上げ量を増やし、地元幹部らの暴力行為を見逃し、一九五九年四月に飢餓の兆候が現れたときに何一つ対処しようとしなかったというのだ。毛にしてみれば、自分の最も熱心な信奉者の一人が省党委員会から攻撃されたことになる。[18]

悪いニュースはまだあった。四月、彭徳懐は東欧諸国を親善訪問し、アルバニアでフルシチョフと短い会談を行なっていた。帰国してまもなく、毛沢東との報告会で彭は不用意な発言をし、毛の顔は朱に染まった。チトーに近い数十人の党幹部がアルバニアに逃げたという話だった。チトーといえば、近しい支持者たちを遠ざけ、大胆にもスターリンに盾突いたユーゴスラビアの断固たる指導者だった。毛はこの話を自分のやり方に対する遠まわしな批判と受け取ったにちがいない。[19] 数週間後の六月二十日、ソ連は中国への核兵器開発援助に関する合意を取り消した。

そして、七月十八日、フルシチョフは、訪問先のポーランド、ポズナニで公式にコミューンを非難し、共産主義とその建設方法をろくに理解しないまま一九二〇年代にソ連でコミューン化を推し進めた人々を告発した。彼の演説は当初ポーランドのラジオニュースで取り上げられたが、このときはコミューンには触れていなかった。だが、数日後、『プラウダ』紙に演説の全文が掲載された。これを注意深く読めば、入念に練られた毛批判としか読めないことがわかる。さらに数日後、北京指導部向けの回報にその中国語訳が掲載された。[20] だが、毛は七月十九日の時点で、すでにモスクワの中国大使館がまとめた報告書に目を通していた。ソ連の一部幹部が、中国において餓死者が出ている現状を大躍進のせいだと公然と議論しているという内容だった。[21]党内部の敵と外国の修正主義者が共謀しているのではないか。フルシチョフ演説と彭徳懐、張聞天の大躍進批判が時を同じくして登場したのは偶然だろうか。

張聞天の話に激怒した上海の党第一書記、柯慶施（かけいし）は、即座に毛沢東へ注進し、すぐにでも敵と対決するよう促した。李井泉（りせいせん）も毛と話をした。劉少奇と周恩来は、七月二十二日の夜に毛と協議したが、その話の内容はわかっていない。[22]二週間ほどのちに、毛は誠実そうなふりをして劉を巻き込み、発言にさらなる自由を求める一部同志の声には当惑したと言い立てた。それが孤立した声ではなく、党の方針に対峙する派閥だと指摘したのは劉だった。[23]

七月二十三日、毛沢東は、三時間にも及ぶ、曖昧な比喩と反対派を威嚇する明らかな脅迫が入り混じった長いとりとめのない演説を行なった。始まりはこうだった。「諸君は長々と話してきたのだから、私にも少し話をさせてくれてもいいんじゃないか？」。そして、彭徳懐の手紙に反論し、創立以来党に向けられたすべての批判を再検討した。一部同志は右派まであと三十キロのところまで来ている、危機に瀕したときに動揺しないように、と警告した。彼は三カ月前の党会議で口にした脅しを繰り返した。「諸君が私を攻撃しなければ、私も攻撃しない。だが、もし私を攻撃するなら、私は確実に諸君を攻撃するだろう」。かりに、すべての生産隊のささいな問題を『人民日報』に掲載するとしたら、他のニュースを一切犠牲にしたとしても、少なくとも一年はかかるだろう。そして、その結果どうなるか？　この国は崩壊し、政府は転覆する。「われわれは滅亡すべきだというなら、私は農村に行って農民を率い、政府転覆を図る。人民解放軍が私を見捨てるというなら、私は紅軍を見つけに行くだろう。だが、解放軍は私についてくると思う」。毛は大躍進の全体的な責任は認めたが、同時に、製鉄キャンペーンを最初に提案した上海のボス、柯慶施、全体計画を担当した李富春（りふしゅん）、農業部門を監督した譚震林と廖魯言（りょうろげん）をはじめ、毛が左派の烙印を押した雲南（うんなん）、河南（かなん）、四川（しせん）、湖北（こほく）などの省指導者に至る一連の人々の責任を示唆した。毛は最後通牒を言い渡した。彭と自分のどちらかを選ぶこと。選択を誤れば、党にとって取り返しのつかない政治的結末を迎えるだろうと。[24]

聴衆は大きな衝撃を受けた。主治医を連れて会場から出た毛は、彭と鉢合わせした。「彭部長、話し合おうじゃないか」

彭徳懐は怒り心頭に発していた。「話すことなど何もない。これ以上話しても無駄だ」、と彼は切って捨てるように右手を振り下ろした。[25]

彭徳懐、仕留められる

八月二日、毛沢東は中央委員会全体会議〔第八期八中全会〕を開催し、開会にあたって、短いが激しい演説を行ない、二週間の会期の基調を定めた。「われわれが最初に廬山に到着した頃、何かが漂っている感じがした。一部の人々が率直に話せる自由がない、プレッシャーがあると言ったからだ。当時、私はこれがどういうことなのか、まったくわからなかった。さっぱり理解できず、彼らが自由が足りないと言った理由を考えることもしなかった。実際、最初の二週間は神仙会のように自由で、緊張などなかった。緊張が生じたのは、のちに一部の人が自由に述べる機会が欲しいと言い出してからだ。彼らが総路線を批判する自由、総路線を破壊する自由を求めたことで、緊張が生まれた。彼らは、われわれが去年やったことはすべて悪い、根本的に間違っていると言って批判し、今年の仕事も批判した……現在、われわれは何の問題に直面しているのだろう？ 今の唯一の問題は、右傾日和見主義者が、党と人民、そして偉大な、力強い社会主義建設に猛攻をしかけていることだ」。厳しい選択を下さなければならない、と毛は聴衆に警告した。「党の団結をとるか、分裂をとるかだ[26]」

その後一週間にわたって、小規模な作業グループに分かれて、彭徳懐、張聞天、黄克誠、周小舟らを厳しく訊問し、党に対する陰謀の詳細をすべて洗い出した。一連の緊迫した対立と詰問の中で、「反党集団」はこれまで以上に事細かな自己批判に晒され、自分たちの過去、会合、話の内容などを洗いざらい精査された。彭らが飢饉について申し立てたことは、省を率いる李井泉、曾希聖、王任重、張仲良などに暗い影を落とし、彼らは自分たちの信頼性を傷つけた男を攻撃することになんのためらいもなかった。林彪は案の定激しく非難した。国共内戦のさいに満州で国民党の精鋭師団を撃破した、この痩せた禿頭の司令官は、数カ月前に毛によってそれとなく党副主席の一人に抜擢されていた。彼は水、風、冷気などあらゆる種類の病的恐怖症を患っており、会議にはたびたび病欠し、隠居生活を送っていた。だが、廬山では、主席の防戦に馳せ参じ、彭徳懐を、きわめて「野心的で陰謀をめぐらせる偽善者」と告発し、その甲高い声で誇らしげに叫んだ。「毛沢東だけが偉大なる英雄である。何人もその地位を狙ってはならない。われわれは皆、主席のはるか後ろを歩んでいるのだから、その地位を狙うなどと考えることさえしてはならない！」[27]

劉少奇と周恩来もそれぞれの役回りを演じた。両者とも失うものは大きく、毛が退く決意を固めれば国を誤まった方向へ導いたとして非難されることになる。劉少奇は大躍進を熱狂的に支持し、その見返りに毛への忠誠を見込まれて四月に国家主席に就任していた。彼は自分を毛の後継者と位置づけており、波風を立てるつもりなどさらさらなかった。毛が怒りを露わにしたのち、劉は神経が高ぶり、睡眠薬の量を増やさなければ眠れず、ついには過剰摂取でトイレで倒れた。[28]だが、なんとか気を取り直し、八月十七日、会議の最終日に追従の限りを尽くし、数々の毛の長所を褒めそやした[29]。

周恩来は総理として国家運営の実務に携わってきた。彭徳懐の思いどおりになれば、破滅的な政策転換の責任を問われることになるだろう。周にもまた、この年老いた司令官を恐れる個人的な理由があった。黄克誠は、厳しい訊問会議の席で、何年も前に彭は周について、脆弱な政治家で、あらゆる要職から身を引くべきだと言ったと暴露した[30]。しかし、遠い昔に決して毛と対峙しないと心に決めて以来、周は誰よりも毛を支持していた。毛への忠誠が権力の座に留まる鍵となることを、彼は何十年もの熾烈な政治闘争の中で学んでいた。すでに周の立場は、一年ほど前の南寧会議で毛の容赦ない攻撃を浴びて以来、弱くなっていた。再び毛の怒りを招くつもりなどなかった。毛は、彭徳懐が脅しをかけたと思い込み、不安にかられた指導部の面々の中心にいた。彼らの支えがなければ、主席の優勢を保つことはできなかっただろう。

会議が進み、批判がエスカレートしていく中で、毛に反論した人々は洗いざらい告白するまで叩き潰された。彭は、自分が書いた手紙の内容は、一連の「右傾日和見主義者ならではの反党、反人民、反社会主義的過ちの一環である」と認めた[31]。

八月十一日、毛沢東は再び演説し、彭徳懐を名指しで非難した。「きみは華北会議で私が四十日間、きみをこきおろしたと言った。ここ廬山で、きみは私を二十日間しかやっつけていない。私にはまだ二十日分の借りがあるということだ。ここできみの望みを叶えてやろう。今日までで四十日だから、あと五日上乗せしようじゃないか。そうすれば、思う存分われわれを侮辱することができる。さもなければ、きみに借りを作ったままになりかねない」。毛は、プロレタリア社会主義革命とは相容れない「ブルジョワ民主主義者」という言葉で彭とその支持者たちを揶揄し、その地位を剝奪し、彼らを「ブルジョワ階級」にぶち込んだ[32]。

五日後の閉会式で、毛反対派を党、国家、人民に対する陰謀を企てた罪で糾弾する決議が採択された[33]。これに続く数カ月、国を挙げての「右傾」分子あぶり出し運動が展開された。

第13章　弾圧

幹部たちの忠誠心比べ

軍は粛清された。軍内部の反動思想のあぶり出し役として信頼されていた林彪(りんぴょう)は、廬山(ろざん)での彭徳懐(ほうとくかい)を仕留める仕事で面目を保った。彼には、農村部の真実の姿を語るバカ正直なやり方では毛の怒りを買うのは目に見えているとわかっており、逆に主席をおだて、追従の限りを尽くした。だが、プライベートでは彭徳懐以上に大躍進に批判的だった。何年ものちに紅衛兵が探し出した彼の個人的な日記には、大躍進は「空想物語であり、めちゃくちゃなシロモノだ」[1]と書かれていた。リーダーの胸のうちと公式発言がこれほどかけ離れていることも滅多にないが、新たな粛清が始まると、国中の党幹部たちがわれ先に、主席と大躍進への忠誠を実証しようと躍起になった。

粛清の基調は上層部が決めた。彭真(ほうしん)は、のちの文化大革命を予兆させる言い方で、粛清の開始を知らせた。「この戦いは徹底的に行なわなければならない。相手が古くからの戦友や仲間であろうと、夫や妻であっても、われわれの原理原則に則って遂行しなければならない」。農業担当の副総理、譚震林は、敵は上層部に潜んでいると指摘した。「これは一部の古くからの戦友たちと袂を分かつ戦いになる！」[2]。一九五九年末までに、北京だけでも何千人もの上級幹部たちが標的にされた。うち一〇パーセントにあたる約三百人は中央委員会レベルの人々だった。六十人以上が右傾分子の烙印を押され、その多くは退役軍人だった。奴らを断固として壊滅させなければ、「社会主義建設」は危うくなると指導部は説明した[3]。

中国全土で、大躍進に対する危惧を表明した者は誰彼かまわず捕まった。甘粛省では、張仲良が蘭州に戻るとすぐに闘争が始まった。霍維徳、宋良成ら「廬山に毒矢を放った」輩は「反党集団」の一員として糾弾された。同省全体で一万人を優に超える幹部が捕まった[4]。ライバルらが北京に飢饉の広がりを告発する書簡を送った件で、張は主席に手紙を出した。「わが省では、すべての部門で前向きな取り組みを行なっております。穀物分野も含めて変革が重要です。われわれは省全体にわたる豊作を模索しております」[5]。その後、一九六〇年、同省が生き地獄に陥ると、張は再度手紙を書き、餓死の責任は反党集団のリーダー、霍維徳にあると説明し霍を非難した。ここでも彼は、この問題は「指十本のうち一本」にすぎないとして、のちに判明する餓死の規模を見くびっていた[6]。

大躍進の歩みを妨げる者は、誰であろうと排除された。雲南省では、商務局副局長が、食料不足と人民公社について批判的な意見を述べた上に、主席の演説の録音が流れている最中に居眠りしたとして解任された。[7] 河北省では、水利局副局長が、製鉄キャンペーン中にセントラル・ヒーティングの取り外しに疑念を示したという理由で粛清された。[8] 一部の共同食堂の閉鎖に踏み切った県の指導者たちは、社会主義を断念し「独りよがりの政策に逆戻りした」罪で迫害された。[9] 安徽省副省長、張愷帆と彼の支持者は、「この種の輩は党にこっそりと入り込んでくるスパイだ……奴らはプロレタリア独裁を妨害し、党を分裂させ、党派を組織する陰謀を企てる」として毛から嫌疑をかけられたためにクビになった。[10] 同様の高官の解雇や解任は、福建、青海、黒竜江、遼寧などの省でも行なわれた。

大躍進の影響を少しでも和らげようと奔走した省の指導者たちは排除された。つねにその慎重さを毛と彼の信奉者から非難されていた湖南省の周小舟は、やむを得ず一九五八年の作物収穫量予測を水増しした。だが、視察に出れば、地方幹部らの熱狂に水をさすチャンスを逃さなかった。配給制度に疑問を持っていた周は、共同食堂の不満を言ってきた女性に、食堂に行かず自宅で料理しなさいと勧めた。彼は、スプートニク畑をもてはやす風潮は強制的な農作業から目をそらさせようとする危険なものだと考えており、湖南の人々が麻城県の例に倣うことをはっきりと拒否した。寧郷県では、畑の作業に出ているのが女性だけだということを知り、男たちを土法高炉から呼び戻すよう命じた。小学生を生産労働に従事させるカリキュラムに対する反応は、吐き捨てるようなひと言だった。「馬鹿馬鹿しい！」[11]。周の努力にもかかわらず、多くの地方幹部は、確信と熱望が入り混じった思いで「躍進」を受け入れ、他の土地と同じように虐待行為を働き、前へ前へと進もうとした。

とはいえ、全般的に見ると湖南省の状況は、ごますり男、王任重(おうにんじゅう)率いる隣の湖北(こほく)省に比べるとまだましだった。廬山会議を目前にした一九五九年五月、毛の専用列車が武昌(ぶしょう)に停まったとき、この街は惨憺(さんたん)たるありさまだった。毛沢東のために手配したゲストハウスでさえ、肉もタバコもなく、わずかな野菜があるだけだった。毛の故郷、湖南省の長沙(ちょうさ)は少し状況が異なり、まだ屋外食堂が営業していた。周小舟は、二つの省が対照的だったことを苦にして毛に付き添って長沙にやってきたライバル王任重を刺激した。「湖南は一所懸命働かないと非難されたが、湖北を見よ。香りが飛んでしまったお粗末なタバコやお茶さえない。去年のうちに蓄えを使い果たしてしまったからだ。今、われわれも貧しいかもしれないが、少なくとも食糧の蓄えはある」[12]。あとから振り返ると、周小舟は一党独裁体制のあの過酷な環境の中で生き残るには、あまりにも敵を作りすぎたのかもしれない。廬山会議の直後、彼は「反党集団」の一員として追放された。そして、毛の命令にはすべて無条件で従い、結果的に土地の人々を飢えさせた張平化(ちょうへいか)のような指導者に道を譲った。

三百六十万人に右傾分子のレッテル

いかなる大義名分があろうと弁解の余地は与えられなかった。壮絶な魔女狩りのもとで大躍進の愚行は覆い隠され、農民たちは党のむき出しの権力の前にこれまで以上に弱々しい姿を晒していた。省、県、人民公社、生産隊、あらゆるレベルで熾烈な粛清が行なわれ、二の足を踏む幹部たちは、北京の過激な風向きに合わせて帆を調整する酷薄非情な連中に首をすげ替えられた。一九五九年から六〇年にかけて、およそ三百六十万人の党員が右傾分子のレッテルを貼られたが、一九五九年に千三百九十六万人だった党員数は、一九六一年に千七百三十八万人に増えている[13]。

目的が手段を正当化する嘘も方便の世界では、多くの人々が、主席の思い描く目的を達成するために善悪の判断を放棄し、主席の道具になろうとした。一九五九年の廬山で指導部が進路を転換していれば、飢饉の犠牲者数は百万人単位に留まっていただろう。だが、中国が悲劇的結末へ突入していく中で、疲労、疾病、拷問、飢えによる死者の数は何千万にも達した。人民に対する戦争は、指導者がよそ見をしている隙にまったく新しい局面を迎えていた。だが、中ソの亀裂の広がりは、国内で起きていることに目をつぶる格好の口実となった。

第14章　中ソの亀裂

顧問団、引き揚げ

一九六〇年七月十六日、ミハエル・クロチコは本国への召還を命じる電報を受け取った。北京のソ連大使館は、派遣していた約千五百人の顧問とその家族二千五百人とともに荷物をまとめて引き揚げよと彼に命じた。ホスト国は最後まで礼儀正しかった。できる限りお手伝いしたいと申し出るよう指示し、あわせてソ連がまだ譲り渡していなかった技術情報を何としてでも手に入れようとした。[1] 顧問団の送別会では、陳毅外交部長がその莫大な援助に心から感謝いたしますと述べ、彼らの健康を祈った。ソ連代表団の返礼はいささか辛辣なものだった。「われわれは貴国に十分貢献してまいりましたが、まだご満足いただけないようですね[2]」

この二年前、毛が金門島と馬祖島の砲撃で国際危機をもたらしたとき、フルシチョフは中国へ原爆のサンプルを供与する提案の見直しを考え始めた。米ソ間の核軍縮協議は公約実現を遅らせる要因となり、一九五九年六月、フルシチョフはついに中国との約束をすべてご破算にするとの決断を下した。[3] 九月末に開催された米ソ首脳会議で、フルシチョフはアメリカとのさらなる関係改善を目指して、百万人の兵力削減に合意した。数カ月後、中華人民共和国建国十周年祝賀行事に出席するためにフルシチョフが北京を訪れた時点では、両国関係はさらに悪化していた。中印国境紛争のさいに、ソ連は北京を支援する代わりに両国間の仲裁役を買って出た。ソ連代表団はこの問題をはじめ様々な問題でホスト国側と衝突した。一九六〇年春、北京は「修正主義」と「帝国主義国との融和」路線という痛烈な言い方でフルシチョフを批判し、公然と社会主義陣営のリーダーの地位をモスクワと争う構えを見せた。[4] 怒り狂ったフルシチョフは、その報復にソ連顧問団全員を中国から引き揚げさせた。[5]

ソ連の引き揚げは毛沢東に打撃を与えた。両国間の経済関係は崩壊し、多くの大規模プロジェクトがキャンセルされ、高性能の軍事技術の移転が凍結された。ユン・チアンとジョン・ハリデイが共著『マオ　誰も知らなかった毛沢東』〔邦訳、講談社〕で指摘したように、キャンセルの恩恵を受けるのは中国人民のはずだった。これで食料を高価なプロジェクトの代価として輸出に回さずに済むからだ。[6] だが、協定では借款の返済期間を十六年としていたが、毛は前倒しで返済すると言い張った。「(戦時中の)延安(えんあん)時代は実際過酷だった。食料といえば唐辛子だったが死んだ者などいなかった。今はあの頃に比べたらずっとましだ。ベルトを締め直し、五年以内に完済しようではないか」[7]。一九六〇年八月五日、ソ連の専門家たちの帰国が完了しないうちに、省指導者たちのもとに電話が入った。収支の赤字分が二十億元に達しており、輸出量が足りないというのだ。穀物、綿花、食用油の輸出量をできる限り増やし、二年以内にソ連に負債を返済するためにあらゆる努力を惜しむなという通達だった[8]。

ソ連に対する当時の実際の返済額が判明したのは、北京の外交部档案館の記録が開示されてからだ。ここには、大勢の会計係が残した為替レートや対ルーブルの金価格の推移、貿易協定の再交渉、ソ連への返済額に影響する利率計算といった、詳細な記録が保存されていた。

これによると、一九五〇年から五五年までの対ソ借款は約九億六千八百六十万ルーブル（利息を含まず）で、ソ連の専門家が召還された時点では、まだ四億三千三十万ルーブル残っていた[9]。しかし、このあと、貿易赤字の影響でさらに借金がかさみ、一九六二年末の時点で総額十四億七百万ルーブル（借款分十二億七千五百万と利息約一億三千二百万）に達し、うち十二億六千九百万ルーブルは一九六二年に償却された[10]。言い換えると、中国は、対ソ借款総額が九億六千八百万から十四億七百万ルーブルに増える一方で、何千万もの人民が飢餓で亡くなった一九六〇年から六二年にかけておよそ五億ルーブルの返済に努めたことになる。この一九六〇年の数字には利息が含まれていないため、実際に支払われた額より少ないと言える。おそらく利息分は元本に上乗せして返済されたのだろう。かりに利息が一割だったとしても、莫大な金がソ連に支払われたという事実に変わりはない。借金返済に支払った額は、一九六〇年に一億六千万ルーブル、一九六二年に一億七千二百万ルーブルだった（一九六一年の数字は見当たらないが、同じぐらいと見ていいだろう）[11]。大量の輸出も負債償却に使われた。つまり、一九六二年末の時点で残っていた借金は、わずか一億三千八百万ルーブルだったことになる。中国は一九六三年に九千七百万返済し、一九六五年までに完済したと主張している[12]。

「犯人はソ連」の神話

だが、ソ連は返済を迫ったわけではなかった。それどころか一九六一年四月には、未払い残高のうち二億八千八百万ルーブルを、返済期間四年、初年度一九六二年の返済額については八百万ルーブル以下という条件で、あらたに再融資の形で借り換えることに合意している[13]。貿易赤字の支払い猶予は返済計画を立てない融資のようなものであるから、実際には、ソ連は中国に対して、一年間の累計額では他のどこの国よりも多額の経済援助を行なっていたことになる[14]。

農業部門で働く民間技術者はほとんどおらず、ソ連の技術者召還が経済に与える影響は実質的には小さかった。そして、たとえ召還によって工業プロジェクトが立ち遅れたとしても、中国経済は、すでにこの段階で深刻な状況に陥っていた。しかし、毛沢東はこれ幸いと中国経済崩壊の犯人としてソ連を非難した。こうして、借金返済を迫るソ連の圧力が飢餓をもたらしたという今に続く飢餓神話が誕生した。一九六〇年十一月、中国は、東ドイツへの食料輸出の遅れの原因を天災とソ連顧問団の引き揚げによる経済全体への甚大なダメージによるものと訴えていた[15]。一九六四年、モスクワの外交政策担当書記、ミハエル・スースロフは、中国が「飢饉はソ連のせいだ」と非難したと述べた[16]。

今でも、飢饉を生き延びた人々に大飢饉の原因を訊ねると、そのほとんどがソ連のせいだと答える。香港との境界に近い沙井出身の農民は、近年のインタビューでこう説明している。「政府はソ連に莫大な借金をして、それを返済しなきゃならなかった。そりゃあ、途方もない額だ。だから、国内で作った物は全部あっちへ送らなきゃならない。ソ連の借金を返すために、家畜も穀物も全部国に差し出した。ソ連が中国に借金返済を迫ったんだ[17]」

ソ連顧問団の召還によって、はたして中国は飢饉に取り組む政策の導入を急いだだろうか？　そうだとする向きは今も当時もほとんどいない。今でもフルシチョフは、墓穴を掘ったと厳しく非難されている。それまで中国に対して持っていた影響力を一夜にして棒に振ったからだ。とりわけ激しく批判したのは、中国との「特別な関係」

を培い、それゆえに両国間の仲介者として尽力してきた、ステパン・チェルボネンコやレブ・デリュージンら、駐北京大使だった。[18]フルシチョフ自身このような結末を迎えるとは思いもしなかったはずだ。おそらく、低姿勢の中国が再び交渉のテーブルにつき、ソ連に対してより従順になると期待していたのだろう。

だが、胸のうちがどうであれ、フルシチョフの一手は明らかに毛沢東のさらなる孤立を招いた。毛は、国中から大飢饉に関する報告が舞い込んだ矢先の出来事に打ちのめされた。実際、毛は一九六〇年夏にはすっかりふさぎ込み、悪いニュースに立ち向かう気力を失ったように見えた。[19]毛は一人こもって瞑想し、難局を切り抜ける方策を見つけようとしていた。

第15章　資本主義国の穀物

死に物狂いで外貨獲得

一九六〇年七月、ソ連の専門家の召還とほぼ時を同じくして、中国は周恩来、李富春、李先念によるトロイカ体制で対外貿易を担当することになった。[1] フルシチョフの措置に対する三人の答えは、ソ連から西欧諸国への貿易体制の移行だった。八月末、対外貿易部長、葉季壮は海外にいる中国代表に、社会主義陣営からの輸入量の削減を指示した。これによって、南京長江大橋建設用の鉄鋼をソ連から輸入するなどの一部の戦略的プロジェクトを除いて、新たな貿易協定に関する折衝はすべて停止した。製品価格と仕様がわが国に合わないという口実で、新たな輸入協定の調印は一切行なわれなかった。[2] 当時外国の観測筋は、社会主義陣営が非情にも中国を封じ込めたと見ていたが、[3] ソ連およびその同盟国からの経済の脱却はもっぱら中国主導で実行されたものだった。

とはいえ、それまでの貿易相手国を「仕様が不適格」の一点張りではぐらかすわけにもいかず、毛が一人でこもっていた一九六〇年十二月になると、多少もっともらしい言い訳を持ち出した。それは、中国が空前の自然災害に見舞われ、農村部の大半が荒廃し、もはやソ連に食料を輸出できる状況にない、というものだった。唯一アルバニアを例外として、すべての社会主義諸国との貿易は削減せざるを得なかった[4]。飢饉の人為的側面から目をそらすという意味でも、自然の脅威を言うのは都合がよかった。貿易協定には通常第三十三条として標準免責条項が含まれ、人間の力が及ばない不慮の災害が起きた場合は契約の一部またはすべてを打ち切ることができると規定されていた[5]。今回、この第三十三条が貿易の削減だけでなく、一連の協定をすべて取り消すのに利用された[6]。

第10章の表1が示すとおり、ソ連からの輸入は、一九六〇年の七億六千百万ルーブルから翌年には二億六千二百万ルーブルに減少した。東欧諸国からの輸入にも同様の減少傾向が見られた。相手国への滞納分がすべて片付かなければ、一九六一年度の貿易協定を考えるわけにはいかない、と葉季壮は東ベルリンで説明した[7]。だが、東ドイツは米食に慣れていただけでなく、食用油でも中国に依存していた。このため、ヴァルター・ウルブリヒトは大量の不足分を確保するために、一九六一年八月、フルシチョフに支援を要請した。

中国が社会主義陣営から離脱したのは、ソ連の専門家の召還に対する報復ではなく中国が経済的に破綻したためだった。国の財政価値を測る最良の基準はブラックマーケットにおける元相場だった。元は一九六〇年に見事に下落しだした。食糧不足のニュースが世界に漏れ出した一九六一年一月には、十元に対して〇・七五米ドル、公定価格の約六分の一という空前の下落を記録した。同年六月までに、元の価格は前年度の半分まで落ち込んだ。[8]

元の下落の一因は、国際市場での穀物買い付けに交換可能通貨が必要だったことにある。飢餓状況の改善策の一つに、余剰地域から欠乏地域へ穀物を流すという方法もあるが、一九六〇年秋、さらなる不作が飢饉に追い討ちをかけ、この戦略はほとんど功を奏さなかった。周恩来と陳雲は資本主義諸国から穀物を輸入しなければならないと毛に説得しようとした。彼らがどのように説得したのかは今もわからないが、おそらく輸出を増やし現金を手にする手段になると言って穀物の輸入を吹き込んだのだろう。初めての契約は、一九六〇年末香港で協議された。[9] 一九六〇年から六一年にかけて、六百万トンの穀物を三億六千七百万米ドルで買い付けた（表4参照）。支払い条件は国によって異なった。カナダは四分の一を兌換英貨で支払うよう要求し、オーストラリアは一割を前払い、残りは信用貸しということで合意したが、いずれにしても一九六一年中に半額を支払わなければならなかった。[10]

こうした義務を果たすには十分な交換可能通貨を獲得しなければならなかった。そ

表4：中国の1961年の穀物輸入量

輸出国	百万トン
アルゼンチン	0.045
オーストラリア	2.74
ビルマ	0.3
カナダ	2.34
フランス	0.285
ドイツ	0.25
合計	5.96

出典：BArch, Berlin 1962, DL2-VAN-175, p.15及びAllan J. Barry, 'The Chinese Food Purchases', *China Quarterly*, no. 8 (Oct.-Dec. 1961), p.21.

れを可能にするのは、資本財の輸入削減と非社会主義諸国への輸出増だった。だからこそ飢饉が始まっても、周恩来は一日も欠かさず香港に卵と食肉を出荷したのだ[11]。フルシチョフがソ連への輸出量が不足していると抗議したにもかかわらず、一九六〇年秋の時点で周は輸出先を転換する決意を固めた。直轄植民地香港への輸出を大幅に増やし、入手可能なありとあらゆる食料を香港に輸出することにしたのだ[12]。綿製品や繊維製品も香港に送られ、その輸出額は、一九五九年の二億一千七百三十万香港ドルから翌年には二億八千七百万香港ドルに急増した[13]。飢饉の時期、香港は外貨獲得の最大のドル箱で、年間三億二千万米ドルを生み出していた[14]。一九五八年と同様に、アジア市場には安い製品が溢れかえっていた。たとえば繊維製品などは、大陸では深刻な品不足に陥っていたにもかかわらず、インドや日本などの競争相手には到底まねのできない低価格で投げ売りされていた。

北京の蓄えは、棒銀をロンドンに送り底をついていた。中国は一九六〇年末に金塊の輸出を開始し、一九六一年におよそ五千万から六千万トロイオンスを出荷した。うち四千六百万トロイオンス、通貨に換算して千五百五十万ポンドはイギリスが取得した[15]。周恩来の報告が正しいとすれば、一九六一年末までに金銀の売却で合計約一億五千万米ドルを稼いだことになる[16]。さらに中国は、華僑の同情をあてこんで香港の銀行だけで現金化可能な特殊なクーポン券を売り出すなど、外貨準備高を増やすために死に物狂いで取り組んだ。このクーポン券は飢えに苦しむ大陸の親戚に送って穀物や毛布と交換できるというものだった[17]。

見栄、プライド、恐怖

中国はなぜ社会主義同盟国から穀物を輸入しなかったのだろう。障害となったのは虚栄心とプライドと恐怖だった。これまで見てきたように、指導部は、人民の要求より国の評判を上位に置くことに何のためらいもなかった。だが、没落の前に見栄を張るのはお定まりのパターンだ。一九六一年三月、周恩来は貿易国に対し、中国はもはや食料を輸出できる立場にはない、長期貿易協定を遵守し、数々の大規模工業プラント建設の契約を果たすことはできないと説明し、屈辱的な撤回を強いられた。一九六〇年だけでもまだ百万トンを超える穀物と食用油がソ連に出荷されていたが、近々、輸出が追いつかなくなるのは明らかだった。公に約束の撤回を表明した以上、約束を守れなかった社会主義諸国に対して穀物援助を要請することなどできるはずもなかった[18]。

また、北京は支援要請はモスクワに拒否されるにちがいないと恐れていた。そもそも大躍進そのものがソ連に見せつけるために計画されたからだ。おそらくこの不安は間違っていなかった。とはいえ、当初モスクワは誠意を見せ、穀物百万トン、砂糖五十万トンを返済期間数年の無利息為替ベースで提供すると言ってきた。だが北京は、穀物は辞退し、砂糖だけを受け取った[19]。フルシチョフは、一九六一年四月にクレムリンで対外貿易部長、葉季壮と会談したさいに、再度穀物の提供を申し出た。ウクライナも一九四九年に酷い飢饉に見舞われており、なおさら他人事とは思えない、中国の苦しい立場に心から同情すると伝えた。さらに、あのときは人肉食事件(カニバリズム)さえ起きてしまったのだ、と間違いなく相手の気に障るような、がさついささか思いやりに欠ける忠告まで付け加えた。それからフルシチョフは急に話題を変え、わが国は鉄鋼生産でアメリカを抜こうとしていると無邪気に喋りだした。葉は丁重に彼の申し出を辞退した[20]。

数カ月後、夏の到来とともに収まるはずの飢饉が依然として広がりを見せていることから、周恩来は再びソ連に接近した。一九六一年八月、モスクワからの代表団との会談で、周は建国以来初めて帝国主義陣営から穀物を輸入している理由を説明した。そして、やや遠回しながら、大豆、ブラシ用の剛毛、錫、場合によっては米と、穀物二百万トンとを交換する取引に乗り気かどうかと訊ねた。三分の一は前払い、残りは向こう二年間で引き渡すという条件だった。だが、話を持ち出したタイミングが悪かった。中国側が七千万ルーブルの貿易赤字の解消を拒否した直後だったからだ。ソ連側はそっけなく言った。「外貨はあるんですか」。周は中国に外貨はなく、銀を売るしかないと認めざるを得なかった[21]。代表団は返事を曖昧にしたまま帰国し、その後もなしの礫だった。数カ月経って、ソ連も現在難題を抱えていて援助できる立場にはないらしいという話が人づてに鄧小平の耳に入り、ようやく状況が判明した。中国のメンツは丸つぶれだったにちがいない[22]。

一九六一年七月、周恩来が石油二万トンを追加要請したさいには、モスクワは牛歩戦術を使った。フルシチョフは答えを四カ月引き延ばし、第二十二回ソビエト党大会ののちにようやく北京の要請を呑んだ[23]。同年六月に合意した穀物のスワップ取引でも、ソ連は政治的駆け引きを駆使した。その最たるものがカナダからの小麦の輸入だった。中国がカナダから買い付けた小麦二十八万トンはまずソ連に送られ、それをソ連から中国に輸出する形をとったのだ。小麦はカナダから直接ソ連に送られたから、あたかもソ連が北米から輸入したかのようだった。一九六一年の公式な貿易統計では、小麦はソ連が中国に輸出したことになっている。国際社会の観点からすると、まるでソ連が中国を養っているように見えた。海外の観測筋はこの公式統計は二大社会主義強国間の亀裂を示す兆候だと指摘した[24]。

途上国をめぐる縄張り争い

海外から買い付けた穀物はすべてが国内消費用だったわけではない。たとえば、ビルマから買った米は直接セイロンに送られ、未払い負債の返済に充てられた。また、東ドイツにも貿易赤字を埋めるために十六万トンほど送られた。中国は飢饉の最中にもかかわらず、友好国には依然として手厚かった。カナダの港からアルバニアの首都ティラナに向けて、約六万トンの小麦を積んだ貨物船が二隻出航した。中国からの贈り物だった。人口百四十万人ほどのアルバニアは、これだけの量があれば国内需要の五分の一を賄うことができた[25]。北京駐在のティラナの交渉責任者、プーポ・シャイティはのちにこう語っている。北京で飢饉の兆候を感じていたが、「中国はわれわれに何でもくれた……何か必要なものがあれば欲しいと言うだけでよかった……私はそれが恥ずかしかった[26]」。アルバニア以外の国も飢饉のピーク時に米を受け取り、たとえばギニアは、一九六一年に一万トンをもらった。[27]

アジア、アフリカの発展途上国に寛大な援助と低利の借款をほどこす国。中国は一貫してこうした国際的なイメージづくりに努めた。中国が共産主義の未来へと続く橋を見つけたことを実証したかった。これも中国が大躍進期に諸外国への寄贈を強化した理由の一つだったが、一番大きかったのはソ連との縄張り争いだ。非植民地化が進む時代に、フルシチョフは発展途上国の忠誠心を獲得する戦いに乗り出した。ダムやスタジアムといった大規模プロジェクトを気前よく援助し、アメリカから引き離してソ連路線に引きずり込もうとした。アジア、アフリカにおけるフルシチョフのリーダーシップに毛沢東は挑戦した。毛は、途上国世界との関係を前提とした「平和的進化」というクレムリンの構想を否定した。その代わりに、アルジェリア、カメルーン、ケニア、ウガンダ等の共産主義革命家を支援して過激な革命を促し、断固としてモスクワに対抗した。

飢饉の時期に中国はどれぐらい他国に援助したのだろう。中国は一九五〇年から六〇年七月までのあいだに四十億元の支援を提供した。うち二十八億元は無償の経済支援で、残りの十二億元は無利息または低利融資だった。[28] 支援の大半は一九五八年以降に供与された。支援の増加に伴って、一九六〇年、政府レベルの新たな機関、対外経済交渉事務局が設立された。同年の支援額は四億二千万元だった。[29] 翌年、北京は中国の窮状を知った社会主義同盟諸国が申し出た新たな貸付や返済猶予を断った上で、さらに約六億六千万元の支援を計画し[30]、ビルマに八千四百万米ドル、カンボジアに千百二十万米ドル、ベトナムに一億四千二百万ルーブル、アルバニアに一億一千二百五十万ルーブルを贈った[31]。歳入が四五パーセント減少し三百五十億元に落ち込んだため、中国は十四億元の医療教育費削減などを含めて様々な分野で節約に努め、支援金を捻出した[32]。

この気前の良さは、一九六〇年、国内で人民が飢えているときでさえ穀物を一部無償で輸出していたことを意味する。実際、「何より輸出優先（出口第一（チューコウディイー））」政策のもとで、ほぼ全省がそれまで以上に輸出しなければならなかった。湖南（こなん）省は、同省の総生産量の三・四パーセントにあたる四億二千三百万元相当の製品の輸出を指示され、この中には米三十万トン、豚二十七万頭が含まれていた[33]。

一九六〇年八月、周恩来が社会主義陣営への食糧輸出を抑制する決断を下してから五カ月間で、広東（カントン）省は優に十万トンを超える穀物を供出し、それらはキューバ、インドネシア、ポーランド、ベトナムに送られた。この量はこの時期に同省で徴発された穀物四十七万トンのおよそ四分の一に相当する。省のボス、陶鋳（とうちゅう）は、一九六〇年九月のフィデル・カストロ政権との公式の外交関係樹立後、アメリカ帝国主義に包囲されたキューバ人民に穀物を送ることは、「国際評価」につながると説明した[34]。広州（こうしゅう）の工場労働者は途上国への無償支援には冷ややかだった。すでに綿布の品不足が深刻だったにもかかわらず、香港には輸出しデパートで販売されていた。彼らはあからさまに不満を口にした。「われわれにはろくに食べ物もないというのに、なぜキューバに輸出する」[35]。遠く離れた甘粛(かんしゅく)省でも、毛沢東がキューバに米を送るから自分たちは飢えるしかないのか、と農民から抗議の声が上がっていた[36]。一九六〇年七月、北戴河(ほくたいが)で開かれた党の会議では、指導部はさらに二千六百万元相当の米十万トンを砂糖と引き換えにカストロに送る決議を下した[37]。

援助は一切お断り

手持ちの外貨をすべて穀物輸入に費やす代わりに、外国からの援助を受ける道はあっただろうか？　ジョン・F・ケネディ大統領は、冷ややかな態度ではっきりとこう述べている。飢饉が発生しているにもかかわらず、北京はアフリカやキューバに食料を輸出しており、「中国には食料支援に関するどんな提案も歓迎するような兆候は皆無だ[38]」。

赤十字は実際手を差し伸べようとしたが、不用意にもチベットの飢饉の話から切り出してアプローチに失敗した。チベットでは大規模な暴動が起こり、人民解放軍が鎮圧したばかりだった。中国の反応は迅速かつ予想どおりのものだった。わが国は一九六〇年に史上空前の大豊作に恵まれ、飢饉などあり得ない、事実に反する噂は中傷以外の何ものでもない。赤十字社連盟の気が利かない事務局長、ヘンリック・ビアは再度ジュネーブから電報を打ち、本当なのかと訊ねたために火に油を注ぐ結果となった。北京からは辛辣な返事が届いた。チベットと中国は別々の国ではなく一つの国家であり、中国政府は、昨年、一昨年と続いた自然災害の克服に、人民公社の数々の利点がかならずや役に立ってくれるものと信じている、というものだった。[39]

とはいえ、赤十字がもう少しうまく話を切り出していたとしても、海外援助が拒否された可能性は高い。日本の外務大臣は中国の陳毅外交部長に、小麦十万トンを目立たないように送ると内密に持ちかけたが拒絶された。[40]一九五九年に台風で大きな被害を受けた広東省に東ベルリンの学童らが衣服を贈ったときでさえ、メンツを潰されたという反応で、各国駐在大使館にこれ以上寄付を受け取らないよう通達した。[41]中国は積極的に途上国への支援を行なったが、どこからの援助も受けようとしなかった。

第16章　出口を探す

モデル省での大量飢餓

経済破綻に直面した中国は、一九六〇年八月、周恩来、李富春、李先念による対外貿易トロイカ体制を敷き、貿易構造はソ連から西側諸国へ移行した。周恩来と陳雲は自然災害が農業に多大な損失を与えたあとで経済を回復させるには穀物輸入が必要だと、数カ月かけて毛沢東に納得させようとした。党の経済計画立案者らも、細心の注意を払って政策指針を取り繕い、波風立てずに巧みに方向転換をし始めた。八月、李富春は、「大躍進」に代わって「調整」を強調した新たなモットーに則って仕事に取りかかった。政府がスローガンを使って君臨するこの一党独裁体制国家では、つい半年前まで「調整」などという概念は考えもつかなかっただろう。用心深い周恩来は、毛沢東に受け入れられやすいように「鞏固（強化）*」という言葉を付け加えた。[1] 李富春は、頭の回転の早い主席がこの新しい呪文をすんなり受け取ってくれるように、慎重に事を運ばなければならなかった。

そして、一九六〇年十月二十一日、監察部からの報告書が李富春のデスクに届けられた。それは、呉芝圃のモデル省河南の信陽地区で起きた大量飢餓に関する報告だった。初期の調査では正陽県だけで死者は一万八千人とされていたが、いまやその数は四倍に達し、八万人に及んでいた。聖地、嵖岈山人民公社のある遂平では、村民十人に一人が餓死していた。[2]

三日後、李富春がこの報告書を毛沢東に手渡すと、主席は見てとれるほど動揺し、あそこにはあの地域全域を掌握する反革命分子がいて、彼らの階級敵に対して恐るべき報復を行なっていると言った。毛は劉少奇、周恩来と緊急会議を開き、李先念率いるチームを現地に派遣した。陶鋳と王任重が途中で合流した。

信陽で彼らが目にしたのは悪夢のような光景だった。飢饉の中心地、光山県では、餓死寸前の人々の絶望的な嘆きを目のあたりにした。生き残った人々は、厳しい寒さの中、破壊された家の瓦礫の中で身を寄せあい、周囲に広がる荒野にはあちこちに墓標が立っていた。扉や窓、まぐさ石〔二本の支柱の上に水平に渡された石〕、藁屋根までも、すべてが燃料にするために剝ぎ取られていたため、囲炉裏は冷えきっていた。食べ物は底をついていた。廬山会議後、この地では恐怖政治が横行した。生産量の不足分を埋め合わせるために、土地の民兵組織が隠匿穀物を見つけようと村中を隈なく暴れ回り、何もかも押収した。かつては活気に溢れていた小さな村落では、手足が太鼓ばちほどの、骸骨のように痩せ衰えた子供が二人、痩せて死人のような祖母と並んで横たわっていた。生き残っていたのは彼らだけだった。[3] 人口五十万人の光山県では四人に一人が命を落とし、[4] 巨大な墓穴が掘られた。城関(じょうかん)県では、まだ息のある十人の子供が凍てついた地面に放り出されていた。[5] 一九六〇年に信陽地区全体では百万人を超える犠牲者が出た。うち六万七千人は棍棒で殴られて死んだ。[6] 李先念は嘆いた。「西路(せいろ)軍*の壊滅はむごいものだったが涙は流さなかった。しかし、光山県のおぞましい光景を目にすれば、そんな私でも感情を抑えられない」[7]

「悪人たちが権力を奪取し、殴打や死、穀物不足、飢餓を招いている。民主的な革命はいまだ完了していない。社会主義に対する憎悪でいっぱいの封建的な勢力が、社会主義者の生産的な勢力を妨害して問題を起こしているからだ」。毛沢東はもはやこの惨事の規模を否定することはできなかったが、陰謀と謀略をもって世界を見るこの被害妄想狂の指導者は、問題の原因は階級敵にあると非難した。[8] 富農と反革命分子が反右派闘争を利用して、こっそりと権力に入り込み、階級報復を行なっているというのだ。主席は、頂点に立つ当の本人が原型を作った恐怖政治が、党のヒエラルキーのあらゆる階層に忠実に映し出されていることにまったく気づいていなかった。

　毛沢東は権力を取り返すよう命じ、国中で「階級敵」を根絶するためのキャンペーンが展開された。強力な代表団が支援のために北京から派遣されることもあった。李先念と王任重は河南省の粛清を監督した。同省の県の指導者たちは打倒され、何千人もの幹部が取り調べを受け、一部はその場で逮捕された。[9] 民兵一掃のために、四十人から成るチームを率いた司令官が北京から派遣された。[10] 甘粛省には、大規模な粛清を監督するために、銭瑛率いる監察部が代表団を派遣し、その結果、張仲良は省党委員会の第三書記に左遷された。他の地域でも同じことが行なわれ、次々と届く緊急指令が人民公社の「虐待的幹部」打倒を加速させた。一九六〇年十一月三日、ついに、私有地保有、副業への従事、一日八時間の休息、市場の復活等々、人民公社が農民に対して行使していた権限を縮小する策を織り込んだ緊急指令が発せられた。[11]

これは大量飢餓の終わりの始まりだった。風向きが変わったことに気づいた李富春は、一九六一年度に関する経済調整政策を断行した。[12] 彼は大躍進に着手したさいに最初に毛支持に回った経済計画立案者だった。今彼は、正反対の政策を掲げた最初の立案者として、経済回復政策が主席にすんなりと受け入れてもらえるように慎重に舵取りをしていた。

この段階で、劉少奇はまだ傍観を決め込んでいた。劉は農村が反革命の温床になっているという主席の見解に同調していた。指導部の他の連中と同様に、彼も廬山会議での対立以来、現地で起きていることには見て見ぬふりを決め込み、その代わりに修正主義の道をとったソ連を執拗に非難することにエネルギーを注いでいた。しかし、飢饉のことを忘れていたわけではない。北京の党本部が置かれた中南海の朱壁の内側でさえ、栄養不良状態は明らかだった。肉、卵、調理油は乏しく、飢餓浮腫や肝炎が風土病のごとく蔓延していた[13]。だが、飢餓の兆候の原因は自然災害にあると解釈することが政治的な保身につながった。一九六一年一月二十日、劉少奇は甘粛省からやってきた人々の前で、信陽の不幸な出来事を引き起こした封建主義の危険性を長々と語った。「これは革命である。鍵を握るのは大衆の動員だ。われわれは大衆を動かし、自力でみずからを解放させなければならない[14]」

この数日前、毛沢東は農村部におけるブルジョワ反動の規模に驚いたと表明した。「農村部にあれほど多くの反革命分子が潜んでいようとは誰が思っただろう。奴らが村レベルの権力を不法に奪取し、階級報復の残酷な行為に及ぶとは思いもよらなかった[15]」。下々の者が送ってきた報告を信頼したのでは方向を誤まると毛は主張し、上層部のチームを農村に派遣した。鄧小平、周恩来、彭真らは北京周辺の人民公社に派遣された。毛自身も湖南省に数週間滞在した。劉少奇は、農民が忌憚なく話してくれるのではないかと期待して、故郷、湖南省の花明楼鎮に向かった。これが大きな波紋を呼んだ天啓の体験となった。

劉少奇、天啓を受ける

劉少奇は、高官が訪問するときに付き従うことになっているボディガードや地方役人ら大勢の随行員を連れずに、一九六一年四月二日に長沙を発った。小さな旅行鞄には、農村で質素な食事を摂るつもりでお椀と箸をしまい込み、妻と数人の近しい助手とともに二台のジープで移動した。まもなく一行は巨大養豚場の標識に出くわした。調べてみると、そこには泥の中で餌を漁る十頭にも満たない痩せ衰えた豚がいるだけだった。劉は飼料小屋で一夜を過ごすことにした。付き人が板ベッドを寝心地よく整えようと、あちこち藁を探し回ったが無駄だった。劉は、肥料用に乾燥させて山積みにされた人糞でさえ固い繊維しか含まれていないことに気がついた。これも欠乏の広がりを示す明らかな証拠だった。小屋の近くではボロをまとった子供が数人、雑草を探していた。[16]

用心深い農民から本当の話を聞き出すのは困難をきわめたが、数週間で劉少奇の不安は確信に変わった。生まれ故郷へ向かう途中に立ち寄ったある村では、地方幹部らが死者の数をごまかしていることがわかった。幹部らの報告によれば、住民は日々、劉が現地で目にした極貧とは無縁の暮らしを送っているというのだ。劉は、一行が村の住人と直に話さないように取り計らおうとした地元のボスと激しくやりあい、一九五九年に右傾分子と見なされ解任された幹部、段書成を探し出した。段は、大躍進期にこの生産隊がどのように「紅旗」を獲得したかを包み隠さず伝えた。彼の説明によると、幹部らは自分たちの特権的な立場を守るために、勇気をふるって反対意見を述べた者を全員、組織的に迫害した。一九六〇年には、わずか三百六十トンだった穀物収穫量が六百トンに水増しされた。徴発後に村に残ったのはたったの百八十キロで、ここから来年の種と家畜用の飼料を除けば、一日に手のひら一杯分の米しか残らなかった[17]。

劉が生まれた村、炭子冲(たんしちゅう)では、友人や親戚が重い口を開いた。彼らは一年前に旱魃(かんばつ)があったという話は嘘で、食料不足の原因は幹部らにあると非難した。「人災が大きな原因だ。自然災害ではない」。共同食堂では床に調理器具や汚れたお椀、箸が山のように投げ捨ててあった。手に入る野菜はアスパラガスの葉が少々、油は使わず料理する。劉は自分が見た光景に動揺した。数日後、大勢が集った集会で彼は地元の人々に謝罪した。「故郷にはかれこれ四十年近く帰っていませんでした。一度訪ねたいと心から願っていました。今回、私は皆さんの暮らしがどれだけ厳しいものか見てきました。私たちが自分たちの仕事をまっとうしていないことを陳謝したいと思います」。その夜、共同食堂は劉の命令で廃止された[18]。

献身的な党員、劉少奇は故郷で見た破滅的状況に心底衝撃を受けた。目覚めているあいだはすべて党に捧げてきたあげくが、自分が仕えてきたつもりの人民に日常的なりが根本的に欠けていることにも気がついた。自分は意図的に蚊帳の外に置かれていた、彼はそんなふうに思ったにちがいない。

劉少奇の農村視察の詳細はよく知られているが、地方の役人たちと揉めたことは知られていない。劉の怒りの矛先は、まず周小舟が権力の座から滑り落ちたあとに就任した張平化に向けられた。「私の故郷の町はめちゃくちゃなことになっているが、誰一人私に報告してきた者はいなかった。手紙一通、不平一つ寄こさなかった。昔はよく手紙をもらったものだったが、いつしか途絶えてしまった。私には人々にその気がなくなったとは思えない。彼らが手紙を書くことを許されていなかったのではないか、あるいは書きはしたものの検閲で没収されたのではないかと私は案じている」。なぜ省の公安庁に対しても、「完全に腐りきった」組織だとあからさまに非難した。なぜ地元警察は私信を検閲し保管できたのだろう。なぜ、違法行為を知らせようとした人々を取り調べ殴っても咎められないなどということがまかり通ったのだろう。のちに劉は、大きな権限を持っていた毛沢東の腰巾着、公安部長の謝富治と対決し、自分の故郷で虐待が看過されていた理由を問い質した。党を作り上げてきた忍耐強い劉は姿を消した。ここにいたのは、みずからの信念に突き動かされ、故郷の人々の代弁を誓った男だった。[19]

北京に戻った劉少奇は率直に胸のうちを語った。一九六一年三月三十一日、指導部のリーダーたちの集まりで感動的な演説を行ない、飢饉の責任は党にあるとはっきりと非難した。「ここ数年間に現れた様々な問題の原因は本当に自然災害だったのだろうか？　われわれのやってきた仕事の欠陥や過ちではないのか。湖南省の農民たちは『三〇パーセントは自然災害、七〇パーセントが人災』という言い方をしている」。そして、党の全体政策は大成功を収めたと主張して、この不幸な出来事の規模を隠そうとする独善的なやり方をはねつけた。劉は毛のお気に入りの格言の虚偽を暴いて苦言を呈した。「一部の同志はこうした問題は十本の指のうち一本にすぎないと言う。だが、今まさに私は、これがもはや十本のうちの一本という問題ではないだろうと懸念している。われわれはずっと、九本対一本と言ってきた。この比率を変えることはなかった。だが、これでは現実とあまりにもかけ離れている。われわれは現実を直視し、実際の姿について話し合うべきだ」。党の方針についても婉曲な言い方はしなかった。「党の方針を遂行し、人民公社を組織し、大躍進のための仕事を進める中で、数多くの欠点や過ちがあった。きわめて致命的な過ちさえあった」。責任の所在も明確にした。「元凶は中央指導部だ。われわれ全員に責任がある。どこかの部署や誰か一人を非難するのはやめよう」[20]

劉少奇は毛沢東とは別の道を歩み始めていた。彼の辛辣な批判は糾弾されなかった。すでに至るところに悲惨な状況を物語る証拠が転がっていて、もはや見て見ぬふりをするわけにはいかなかったからだ。劉はのちの文化大革命でこのときの大きな代償を支払うことになるが、差し当たり指導部の他の人々は用心深くこの国家主席の方に傾き、ほんの僅かながら力の均衡が崩れだした。つねに慎重な周恩来は、盧山会議の結果いくつかの過ちを犯したと認めた上で、主席の顔を立てるために、誤まった方向へ進んだすべての事柄に対する非難を率直に受け入れた[21]。

劉少奇は批判的な議論の限界を押し広げることによって、いちかばちかの大勝負に出たが、大躍進からの戦略的撤退を巧みにやり遂げたのが李富春だった。読書家で自分を表に出さないこの男は、反対意見を前面に押し出すことに慎重だったが、彼もまたスタンスを変え、一九六一年七月の北戴河（ほくたいが）での党計画立案者会議で手厳しい評価を下した。ほんの数カ月前には、主席の意向ばかり気にして、欠乏の広がりをうやむやにし、社会主義経済は回り道せずに一直線に進むものではない、ソ連でさえ穀物産出量が落ち込む時期を経たではないかと主張していた[22]。

しかし、李は劉少奇の攻撃をきっかけにこの問題に真っ向から取り組んだ。山東（さんとう）省、河南省、甘粛省では数千万の農民が一日に手のひら一杯分の穀物で生き延びようとしており、飢饉は自然災害とは何の関係もない。人々は党が犯した罪ゆえに飢えている。

彼は「躍進」を七つの言葉で言い表した。すなわち、あまりにも高すぎ、大きすぎ、平等であろうとし（すべてのインセンティブを排除したということ）、分散しすぎ、混沌としすぎ、速すぎ、資源の輸出に傾きすぎた。そして、長々とした分析を行ない、すべての生産目標を下げ、経済を元の軌道に戻すという具体的な提案を行なった。毛の信奉者で、頭の回転の早い李には、毛に対するあらゆる誹りを退ける秘策があった。「毛主席の指示はすべて正しかった。だが、中央の人々も含めて、このわれわれがそれを遂行するさいに過ちを犯したのだ[23]」

李富春は主席の支持を取り付けた。翌月、彼は廬山で開催されたトップレベルの党会議で同様の報告を行ない、今一度主席に責任はないとした。この会議は飢饉の転換点となった。李は、毛への忠誠心は疑いようもなく、穏やかな語り口の控えめな男だった。彭徳懐とは異なり、毛の怒りを買うことなく事実を提示する方法を見出した。かすかな反対意見にも背後に裏切りが潜んでいるのではないかと疑う偏執的な毛も、彼の報告を絶賛した。

李富春の演説のあとに、一連の痛烈な報告が続いた。李一清書記は、一九五八年にモデル省河南では、十四万トンを超える農機具が土法高炉に投げ入れられたと報告した。鉄道部副部長の武競天は、エンジンの損傷で機関車五輌に一輌が動いていないと説明した。交通部副部長の彭徳は、自分の掌握する車両で実際に動くのは三輌に二輌以下だと公表した。冶金工業部副部長の徐馳(じょち)は遼寧省(りょうねい)の鞍山(あんざん)製鉄所では石炭不足により、夏のあいだじゅう何週間にもわたって操業停止を余儀なくされていると指摘した。[24]

毛沢東はめったに会議に姿を見せなかった。毎晩届けられる山のような手書きの報告書を読んで状況を把握していた。彼は引きこもり、戦略的な判断は差し控え、仲間たちの姿勢や見解を見定めていた。だが、主席は機嫌を損ねていた。主治医の李志綏(りしすい)に怒りも露わにこう語った。「いい党員は皆死んでしまった。残っているのはろくでなしばかりだ[25]」。しかし、毛は行動を起こさなかった。ついに党の指導者たちは、集団化を強制した過去三年間に生じた損失の規模について、議論し始めた。彼らが発見したのは、誰一人思いもよらなかった規模の破壊だった。

【訳註】

＊強化　一九六〇年八月、周恩来と李富春は国民経済の再建に向け、「農村の生産関係を調整し、農業戦線を強化することで、農業生産を回復し発展させる」という方針を固めた。これは同年冬に「調整、強化、充実、向上」という八字スローガンにまとめられ、一九六一年一月の第八期九中全で承認された。

＊西路軍の壊滅　一九三六年の冬、ソ連との連携を模索して河西回廊に進軍した西路

軍二万名余りは地元の騎馬軍団に敗れ、女性部隊を含めほぼ全員が悲惨な戦死をとげた。当時、李先念は西路軍政治委員を務めていた。

第3部

破壊

第17章　農業

食糧モノポリー

「指令経済（計画経済）」の語源は、ドイツ語のBefehlswirtschaft（ベフェールヴィルトシャフト）〔Befehlは「命令」、wirtschaftは「経済」〕に由来する。そもそもはナチ経済に使われていたが、のちにソ連経済を表すようになった。ここでは、分散した買い手と売り手が需給バランスに応じて自分たちの経済活動を決定する代わりに、強大な権力が指令を発し、基本計画に則った経済の全体的な方向性を決定する。このため、必然的にあらゆる経済決定は大義のために中央集権化され、何を生産するか、どれぐらい生産するか、誰がどこで何を作るか、資源をどのように配分するか、原料や製品、サービスの価格をどれぐらいに設定するかは、国家が決定する。つまり、国家の定めた計画が市場経済における市場の代わりを務めることになる。

経済計画立案者が中国経済を引き継いだことによって、農民は収穫を自分たちで取り仕切ることができなくなった。一九五三年に食糧モノポリー〔統一買上げ〕が導入され、農民はすべての余剰穀物を国の定めた価格で国に売るよう命じられた。この政策の背後には、食糧の国内価格を安定させる、投機を防止する、都市住民に必要な穀物を保証する、工業を加速させるといった意図があった。だが、多くの農民がギリギリの状態で暮らしている国で、何をもって「余剰穀物」とするのだろう。種、飼料および必要最小限の穀物を合わせた配給量は、一人当たり月約十三キロから十五キロと定められていた。しかしながら、国際援助機関などが算出した数字によれば、生存に最低限必要と見なされる一日千七百から千九百カロリーを摂取するには、脱穀前の穀物が月に二十三キロから二十六キロ必要になる。[1]「余剰」という考え方は、いわば農村からの穀物搾取に正当性を付与するために作られた政治的な概念と言えるだろう。自分たちが生きていくのに必要な量を満たす以前に穀物を国に売るよう農民に強制することで、国は農民の農業集団化への依存度も高めた。農民が基本配給量を超える穀物を手に入れるには、集団労働の成果に基づいて分配される労働点数と引き換えに国から食料を買い戻さなければならなかったからだ。農民は自分たちの農地や作物だけでなく、農作業の日程さえ自分たちで決められなくなった。糞尿の収集から畑での水牛の世話に至るまで、誰が何の仕事をするか、労働点数をいくら与えるかはすべて地元幹部が決定した。市場が排斥され貨幣がその購買力を失うと、穀物が交換通貨となり、国がその大半を保有することになった。

指令経済の代償＝生産量の水増し

だが、余剰穀物という考え方の背後には、さらにたちの悪い問題が潜んでいた。すなわち、地方幹部はこれまで以上の穀物生産高を約束しなければならず、これが凄まじいプレッシャーになるという問題だった。国に売却する量は、村レベルに始まり、上にさかのぼる一連の会議で決定された。まず、生産小隊がノルマを生産隊に伝え、ここで検討され、調整された公約が人民公社に送られ、人民公社で県に送る量を話し合う。公約が地区や省レベルに達する頃には、周囲からの圧力で数字は何度も上方修正された。そして、最終的には、現実と大きくかけ離れた数字が、経済計画と生産目標の設定を担当する李富春のデスクに届くことになる。李は指導部で合意した最新の政策に則って目標値を水増しした。そして、この新しい数値が党の指令となった。

大躍進期には、穀物生産高の驚異的な進歩を示すために、このプレッシャーが最高潮に達した。競争が過熱し、村レベルから省レベルに至るまで、党幹部らは互いにしのぎを削った。プロパガンダ・マシンが次々と新記録を発表し、慎重な姿勢を見せていた幹部までが数字を水増しするようになった。一九五九年初頭に党が過剰な要求を幾分抑制しようとしたあとでさえ、飛躍的な生産計画を提示しなければ「右傾保守主義」と受け取られた。この傾向は、廬山会議後の粛清期にとりわけ顕著だった。恐怖が支配する中で、村の指導者たちは割当量の削減を求めようとはせず命令に従った。人民公社の書記や副書記は農地の一画に車で乗りつけ、辺りを見回して無造作に生産目標値を設定した。ある生産小隊のリーダーがその当時の状況を語っている。「一九六〇年に、われわれは二百六十トンを割り当てられました。数日後、数字は五・五トン増え、その後人民公社の会議でさらに二十五トン増えました。二日後、人民公社がわれわれに電話してきて、割当量が三百十五トンになったと言われました。どうすればそんな数字になるのか、われわれには、見当もつきませんでした」[2]

上に行けば行くほど割当量の増え方も大きくなる。膨らんだ割当量は各級下部組織に跳ね返り、それぞれが数字をごまかし、割当を順守した。雲南（うんなん）省のボス、謝富治（しゃふじ）は、穀物生産の国家目標が三億トンに上がったと北京から告げられたとき、即座に電話会議を開き、県の指導者たちに、この数字は実際には三億五千万から四億トンを意味すると説明した。謝は雲南省の人口が総人口のおよそ三十分の一に当たると素早く計算し、省の割当は一千万トンと割り出した。他省に負けるわけにはいかない謝は、この数字を巧みに操り、千二百五十万トンに相当する二百五十億斤（きん）に増やした。[3] 地区、県、人民公社、生産隊、農村の住民はそれぞれの割当に従って慌てて帳尻合わせをしなければならなかった。

収穫量を水増ししたことで国の買上げ率が上昇し、たちまち欠乏と飢饉を招いた。

だが、この数字がでっち上げだとすれば、実際の生産高と、生産高に対する国の買上げ量の割合を正確に知る方法はあるだろうか。ロンドン大学の農業経済専門家、ケネス・ウォーカーは十年を費やして、あらゆる地方紙の統計データ、公表された数値や政策指針をつき合わせた。そして、一九五九年から六二年にかけて、実際には一人当たりの平均生産量が最低だった時期に、国の買上げ量が最も多かったことがわかった。[4]

一九八四年、彼の研究成果が出版された頃、中国の国家統計局が飢饉の時期を網羅したデータを含む統計年鑑を発行した。ほとんどの研究者はこうした公式の数値を論拠にしてきた。だが、自分の過去を守ろうとすることでつとに名高い、党が発行した統計数値を鵜呑みにするわけにはいかない。公式統計の真偽の問題は、新華社を退職したジャーナリスト、楊継縄（ようけいじょう）が、党の資料をもとに飢饉に関する本を出版したときに持ち上がった。彼の論拠は食糧部が一九六二年に集めた数値だったが、単に論拠とする数字が変わっただけのことだった。檔案館（とうあん）の資料だからといって正確だとは言えない。檔案館ごとに、異なる機関が異なる時期にそれぞれの方法で収集した様々な数字が収められているからだ。一九五八年から六二年にかけての食糧部の統計処理作業は、政治的な圧力がかかったことで、もはや国自体が実際の穀物生産量を算出できなくなり破綻した。党の下から上に向かって嘘の報告や水増しされた申告が累積し、真実の歪みはピラミッドの頂点で最大に達した。中央指導部がでっち上げ数字の泥沼に埋没

表5：湖南省の穀物生産量および買上げ量の概算

	穀物総生産量		総買上げ量	
	食糧局	統計局	食糧局	統計局
1956年	—	10.36	—	2.39（23.1%）
1957年	11.3	11.32	2.29（20.2%）	2.74（24.2%）
1958年	12.27	12.25	2.66（21.7%）	3.50（28.5%）
1959年	11.09	11.09	2.99（26.9%）	3.89（35.1%）
1960年	8	8.02	1.75（21.9%）	2.50（31.2%）
1961年	8	8	1.55（19.4%）	2.21（27.6%）

出典：湖南省档案館1965年5月、187-1-1432、pp.3-8；生産量は湖南省1961年6月30日、194-1-701、pp.3-4。この数字は1965年のものとは若干差異がある。食糧局の数字は楊継縄『墓碑』p.540より。

していたとすれば、党档案館の文書のどれをとっても真実の数字を抽出できるはずはない。毛沢東、劉少奇、鄧小平をはじめとする指導者は、自分たちが幾重にも重なった歪んだフィルターを通して世界を見ていることを百も承知だった。彼らの講じた解決策は、農村部に実際に足を運び、もう少し時間をかけて実態調査をすることだった。

一方、各省の統計局は、一九六二年から六五年にかけて、数字の信頼性を再構築し、飢饉の時期に何が起きたのかを明らかにしようとした。こうした数字は国の買上げ量が食糧局の数字よりはるかに多かったことを示している。表5は、一九六二年に湖南（こなん）省食糧局が収集した数字と、一九六五年に省の統計局が実際の買上げ量を明らかにするために算出した数字を比較したものだ。

これによると、穀物生産量については食糧局と統計局の開きはほとんどないが、買上げ量の方は、統計局の数字が総生産量の二八パーセントから三五パーセントとかなり高くなっている。なぜ両者の数字が四パーセントから一〇パーセントも食い違っているのか。その理由の一つに、統計数値の性質が挙げられる。詳しく見ていくと、飢饉の余波が残る時期に収集された食糧局の数字は、調査によって再構築されたものではなく、前年度に配られた買上げ計画から機械的に集めたものだったことがわかった。計画には二組の数字があった。一つはその年に「実際に実現した」買上げ量、もう一つは翌年の数値目標だった。たとえば、一九五八年の買上げ量は翌五九年の計画から来たもので、いわば概算だった。[5] この事実に加えて、北京の食糧部には一九六二年の時点でかなりの圧力がかかっており、過度な買上げで農村部を枯渇させないことを示さなければならず、低い数字が適用されたという背景を考慮しなければならない。

　だが、こうした食い違いが生じた理由は他にもある。村、人民公社から省に至る社会のあらゆるレベルで穀物の隠匿が行なわれていたということだ。湖南省統計局が一九六五年に集めた数字は、飢饉後に行なわれた入念な調査に基づいている。統計局は人民公社および県のあらゆる統計数字を辿り、実際の買上げ量は省が政府に引き渡したとする公式の量とは異なることを突き止めることができた。この差は、言い換えれば、国の目から逃れた穀物量を示している。

また、実際の買上げ率が食糧局の示す数字よりはるかに高いことを実証する例もある。たとえば、浙江（せっこう）省の場合、省食糧局のトップ曾紹文（そうしょうぶん）は一九六一年に、一九五八年の買上げ量は収穫量の四〇・九パーセントに当たる約二百九十万トン、翌年は少し増えて四三・二パーセントだったと認めた。食糧局のほうはこれより低い数値を示し、一九五八年は三〇・四パーセント、翌年は三四・四パーセントとしている。[6]貴州（きしゅう）省にも同様の事例がある。楊継縄が利用できなかった省档案館に残る省党委員会の文書によると、一九五八年から六〇年までの買上げ量は年平均百八十万トン、収穫量の四四・四パーセントだった。最高時の一九五九年は二百三十四万トン、五六・五パーセントだった。食糧局の数字では、この三年間の平均は百四十万トン、収穫量の約四分の一以下となっている。[7]

こうした数字は抽象的なものに見えるかもしれないが、非常に重要な意味を持つ。指令経済においては、穀物は通貨であるだけでなく飢饉の時代に生き残るための頼みの綱でもある。湖南省や浙江省が飢饉の最中に農村部からの買上げ量をさらに七十五万トン増やし、買上げ率が八パーセントから一〇パーセント増えたことに比例して、飢えざるを得なかった人の数も増えた。前述の国際基準から算出すると、人一人が生存に十分なカロリーを摂取するには一日当たり一キロの穀物が必要になり、これを三人家族に換算すると年間一トンということになる。だが、ここで重要なのは、一日当

表6：穀物買上げ量の相違（単位百万トン）

	総生産量	総買上げ量		
		公式統計値	食糧部	統計局
1958年	200	51	56.27	66.32
1959年	170	67.49	60.71	72.23
1960年	143.5	51.09	39.04	50.35
1961年	147.47	54.52	33.96	—

出典：ウォーカー『Food Grain Procurement』p.162；楊『墓碑』p.539；雲南省1962年、81-7-86, p.13；生産量は脱穀前、買上げ量は脱穀後。このため、実質的な生産量は総重量から五分の一程度引いたものになる。

たりの食糧が四百から五百カロリー分多かったなら、具体的には夕食にあと大椀一杯分を食べられたなら、多くの農民は餓死することなく飢饉を生き延びることができたという点だ。つまり、収穫量が下落した時期に買上げ量が増えた影響を明らかにしない限り、あれほどの死者数に達した理由を理解することは決してできないということだ。

いったい国の買上げ量はどれぐらいだったのだろう。表6では三種類の数値を示した。最初の公式統計値は、ケネス・ウォーカーが公的な統計値を調査して一九八三年につきとめた数字、二つ目の数値は楊継縄が食糧部の資料から引用したものだ。だが、これまで見てきたように、統計の専門家もいなければ正確な数字を要求する政治的な圧力を受けることもない食糧部の数字を真に受けるわけにはいかない。三つ目の数字は、一九六二年の雲南省統計局の記録にあったもので、同省の役人が北京で定期的に開かれる統計局全国会議に出席したさいに入手したものだ。どの数字も専門知識によるものではなく政策やご都合主義と結びついている。档案館に残っている数字の中に真実は一つもないだろう。ただし、食糧部がまとめた数字は、各地の統計局が発表した数字に基づいて海外の研究者が算出した数字と、一九六二年に統計局が集めた数字に比べて、はるかに低いことはわかる。要は、これらの資料に登場する国の買上げ量の割合は三〇パーセントから三七パーセントと、まちまちだということだ。これは一九五八年までの二〇パーセントから二五パーセントに比べるとはるかに高い。毛沢東は一九五九年三月の党首脳の集まる秘密会議で、「三分の一を超えなければ、人民は反政府行動に出ないだろう」と述べた。毛は収穫量の水増しが周知の事実だった時期に、普段より買上げ量を増やすよう奨励していたわけだ。[8] 言い換えれば、政府が大豊作と思い込んだために買上げ量を増やしたという話は、大部分は神話にすぎず、どう贔屓目に見ても、それが真実だったのは一九五八年秋だけだったことになる。

　国が買い上げた穀物はプレミアム価格で農民に売り戻されたが、農民はウェイティングリストの最後尾だった。第11章、第15章で触れたように、党は農村部の需要を無視した政治的な優先順位を決め、政府は契約の履行と国際的な評判を維持するために穀物輸出量を増やす決定を下した。こうした姿勢は、一九六〇年の「出口第一（何より輸出優先）」政策の採択に表れた。政府はアルバニアなどの国々に穀物を無償提供し、友好国への海外支援を増やす道を選んだ。人口が増え続ける北京、天津、上海や重工業の中心地遼寧省にも高い優先順位が与えられ、その次が各地の都市住民だった。こうした政治的決断によって、買上げ率だけでなく、国に供出する全体量も増えた。たとえば浙江省の場合、一九五八年から六一年まで、年平均百六十八万トンが省から出て行ったが、それまでの三年間は年平均百二十万トンだった。これは、一九五八年だけで見ても、省の都市住民は後回しにされ、買い上げた穀物の半分以上を北京に回したことを意味する。[9] 北京、上海、天津、遼寧省を養い、輸出市場を維持するために使われた穀物量を、第3四半期の数字で比べると、一九五六年百六十万トン、五七年百八十万トン、五八年二百三十万トン、五九年二百五十万トン、六〇年にはさらに増え三百万トンと上昇していることがわかる。[10]

　こうした優先政策のつけは膨大な農民の死という形で回ってきた。一九六一年八月、王任重は華南の幹部会議で「きわめて困難な状況にあり、特別な方策が求められている」と述べ、都市部にしか穀物を供給できないために、飢饉に見舞われている村は独力で生き延びるしかないと説明した。彼は、国全体を維持するために一部地方の犠牲はいたしかたないと考えていた。[11]

　王だけではなかった。周恩来も容赦なく徴発を命じた。周は、都市を養い外貨を獲得するために農村部から穀物を吸い上げる任務を負っていた。周は電話や部下を通じて、あるいは矢継ぎ早に「緊急」と題した電報を打って、省のボスたちをせっついた。王と同様に序列（ヒエラルキー）意識が染みついていた周は、農村の需要を無視し、自分が代表する国家の利益を優先した。周は、毛の急進的な信奉者、李井泉（りせいせん）が送ってきた大量の穀物が、四川（しせん）省に大飢饉をもたらすことを重々承知していた。

国の必要性に比べたら人民が飢えることなどさしたる問題ではないという考え方に固執した人間は他にもいた。鄧小平もその一人だった。彼は、指令経済のもとでは「戦時並み」の容赦ない徴発は不可欠で、省の指導者たちがいかに地元の利益を守ろうとしても、党路線を逸脱すれば国は滅びる、と考えていた。指導部がすでに飢饉の規模を熟知していた一九六一年末、鄧小平は大量徴発によって何百万人もの死者を出した四川省について、こういう言い方をした。「これまで、一部地域では過酷な徴発が課されてきた。たとえば四川省だ。四川は今年を含めてここ何年も苦難を味わってきたが、こうする以外に道はなかった。私は、困難に不平一つ言わない四川のやり方を称賛する。われわれは皆四川から学ばなければならない。断っておくが、私が四川出身だから褒めているわけではない」[12]。先に引用したように、毛沢東も同じことを別の言い方で述べた。「食べ物が十分になければ人は飢えて死ぬ。半数を餓死させてしまった方が得策だ。そうなれば残りの半数はたらふく食べられるからだ」[13]

穀物に対する国の買上げ価格は省によって異なった。たとえばトウモロコシの場合、一九六一年初頭の値段で、一トン当たり広西チワン族自治区では百二十四元、隣接する広東省は百五十二元だった。米の価格も五〇パーセントの開きがあった。たとえば、広西チワン族自治区では一トン当たり百二十四元、かたや上海では百八十元だった。[14]輸出した米の値段は一トン当たり四百元だったため、国はかなりの利益を上げることができた。[15]売り値は定期的に調整されたが、買上げ価格は非常に安く、たいがいは生産コストを下回った。一九七六年に至るまで、同じ理由で小麦、大麦、トウモロコシ、コーリャンには採算は度外視された。米についてはかろうじて利益が出る程度だった。[16]だが、指令経済のもとでは、農民は栽培する作物を自分で選べるわけではなく、地方幹部の指示に従うしかない。地方幹部も党指令のままに動かなければならない。そして、生産高にがんじがらめにされた計画立案者は、さらに多くの農民に穀物を集中して生産するよう強制し、経済全体に損失をもたらした。こうした考え方は、一九五九年の、何よりも穀物生産を優先する政策に反映され、多くの省で穀物用の農地が一割ほど増えた。[17]収益性の高い作物の代わりにトウモロコシや米、小麦を植えるよう命じられた農民は大損した。浙江省の一部の村でも、従来作っていた瓜、サトウキビ、タバコの代わりに穀物を作るよう命じられ、収入が激減した。[18]

指令経済の代償＝耕作地の消失

指令経済には他にも問題があった。現場の役人たちが、自分が何をやっているのか理解しておらず、悲惨な結果をもたらす決断を下してしまうという点だ。すでに見てきたように、大躍進の絶頂期に政府は密植と深耕を奨励した。そして、農業に疎い地方幹部が気まぐれに介入したことによって、事態はさらに悪化した。一九五九年、広東省の羅康人民公社のリーダーが農地の半分を既存作物の代わりに甘藷畑にすると決めたが、あとで気が変わって甘藷から落花生に替えた。さらにそのあとで、水田にするために落花生は引き抜かれた。この人民公社では、前年に莫大な労力を投入し、ほとんど素手で農地の一画を深耕した。ここには大量の肥料が注ぎ込まれ、一ヘクタール当たり三十トンがばら撒かれたところもあった。だが、水田にしたことでこうした努力は水泡に帰した[19]。広東省開平県では、一九五九年の初春、まだ寒さが厳しい時期に、何千人もの農民が何度も種蒔きをさせられた。蒔いた種は三度も凍り、最終的にここでは一ヘクタール当たり四百五十キロという微々たる量しか収穫できなかった[20]。

だが、さらに悲惨だったのは栽培量を減らせという指令だった。毛沢東は農村があまりの大豊作に困り果てていると信じ込んでいたため、農地の三分の一を休耕地にするよう提案した。「中国では一人当たり通例三畝〔二十アール〕の土地を耕作しているが、二畝で十分ではないか」[21]。そして、農民の都市への流出とあいまって、耕作面積は急激に減少した。湖南省では、一九五八年の穀物の耕地面積はおよそ五百七十八万ヘクタールだったが、一九六二年には一五パーセント減り、四百九十二万ヘクタールになった[22]。浙江省では年々約六万五千ヘクタールが消滅し、一九六一年には耕作地の十分の一が失われた[23]。省全体の消失率には表れないが、同じ省でも地域差は激しかった。たとえば、湖北省武漢地区の場合、実際の作付面積は三万七千ヘクタールにおよぶ耕地の半分強にすぎなかった[24]。一九五九年、農業担当の譚震林は、休耕地の面積は約七百三十万ヘクタールとした[25]。一九六一年初頭、彭真は、総作付面積は一億七百万ヘクタールと発表した。この数字が正しければ、一九五八年以来二千三百万ヘクタールが消失したことになる[26]。

耕作地の消失に加えて、作付けする穀物の比率も変化した。都市住民は細粒穀物である米、小麦、大豆を好み、北部ではこれ以外に大量の粗粒穀物、コーリャン、トウモロコシ、黍、粟を消費した。だが、甘藷は農民の食べ物と見なされており、一般的に大量消費されることはなかった[27]。甘藷は傷みやすいこともあって、国にとって収益性を見込める作物ではなかった。国が買い上げる作物の大半は細粒穀物だった。とはいえ、飢饉の時期、収穫増の要請に応えるために育てやすい根菜類に転換したところも多く、甘藷の作付比率は増加した。農民に残されたのは甘藷だけだった。

指令経済の代償＝流通の破綻

穀物売買にモノポリーを導入することによって、国は途轍もなく大きな仕事を背負い込むことになった。穀物を買い上げ、貯蔵し、国中のあちこちに輸送し、そこで再度貯蔵し、糧票〔穀物の配給票〕と引き換えに流通させる。こうした仕事はすべて、市場のインセンティブではなく経済の基本計画に則って行なわれた。たとえ豊かな国であっても、これほど膨大な流通作業は嫌がられるにちがいない。ましてや中国は貧しい上に広大な国だった。国営、私営の生産者、小売業者、消費者がそれぞれに貯蔵するシステムとは異なり、国が貯蔵を一手に引き受けるため、途轍もない量の穀物が破棄されることになった。虫が湧くなどは当たり前で、ネズミもいくらでも出た。広東省人民委員会が行なった詳細な調査によると、南雄県では県の穀物倉庫二千八百三十二棟のうち、なんと二千五百三十三棟にネズミが発生していた。潮安県では、国の穀物倉庫百二十三棟の三分の一が虫の被害に遭い、人民公社の七百二十八棟の被害はそれどころでは済まなかった[28]。雲南省では、一九六一年前半だけで約二十四万トンが害虫・害獣の被害に遭った[29]。山東省諸城県では穀物一キロ当たりに何百匹もの虫が這い回っていた[30]。

腐敗やカビの問題も発生した。貯蔵状態が劣悪だったこともあるが、穀物検査官の目をすり抜けて、水に浸してかさを増やすやり方が横行していたことも原因の一つだった。広東省では、国の買上げ穀物百五十万トンの三分の一近くが水で膨らませたものだった。そのため、どこの穀物倉庫でも腐敗が進んでいった。[31] 湖南省の国の穀物倉庫では、穀物の五分の一が虫や水分で駄目になり、省都長沙では貯蔵してあった穀物の半分以上が腐敗した。[32] 国の穀物倉庫は往々にして室温が高めで腐敗が進み、熱と湿気を好む害虫の温床となった。雲南省では、室温が三十九度から四十三度に達していた穀物倉庫もあった。[33] 湿度の高い亜熱帯地方から遠く離れた北部の平野でも、腐敗やカビは当たり前だった。北京郊外の延慶県の多くの村では、飢饉の最悪の年に五十トンを優に超える甘藷が腐敗した。北京市の海淀区でも貯蔵庫の中で六トンもの甘藷が腐っていた。[34]

放火や事故など、火災による損害も尋常ではなかった。一九六一年、雲南省だけで毎月七十トンの食品が煙と化し、六〇年、六一年のカビ、害虫、火事による毎月の損害は三百トンに上った。公安部の数字によると、同省で一九六〇年に火事で焼失した穀物は、百五十万人を丸一カ月十分に養える量だった。[35] だが、雲南省が最悪のケースだったわけではない。遼寧省鞍山県の場合は、一九六〇年に月四百トンの割合で穀物が消えていった。もっとも、これは、のちに詳しく触れるが、盗難と汚職による消失を示す数字にすぎない。[36]

輸送システムも大躍進政策によって壊滅的な影響を受けた。指令のままに大量の物資が国中を激しく往来したため、鉄道網は一九五九年初頭に麻痺した。大型トラックの燃料はあっという間に枯渇した。あちこちの鉄道待避線には穀物を積んだままの貨車が停まっていた。雲南省の小さな省都昆明(こんめい)では、毎月約十五トンの穀物が貨車や大型トラックに放置され無駄になった[37]。とはいえ、収穫後の農村部で起きた事態とは比べものにならない。一九五九年夏、湖南省では日々の輸送に必要な何百輌もの無蓋貨車が不足したため、輸送システムが崩壊した。大型トラックも不足し、農村から主要駅に輸送できたのは予定の半分に留まった。月に六万トンしか輸送できなかったため、道端に二十万トンもの穀物が野ざらしになっていた[38]。

農民は、ついには播種(はしゅ)用の種までが不足する状況に陥った。一九六二年の春の初めに北京から上海まで列車で旅した外国からの訪問団は、線路沿いの細長い農地に作物がまばらに植えられているだけで、休耕中の畑がどこまでも続いていたと記している[39]。以前は手入れの行き届いていた畑はいまや荒れ果て、肥料が十分でなく小麦や稲が立ち枯れていた。農民が耕作できないため、広い農地が放置されたままだった。普段ならどこでも翌年のために大量の種を取り分けておくものだが、自暴自棄になった農民が食べてしまっていた。五村に一村は翌年の春に蒔く種がなかった[40]。飢饉の影響が比較的少なかった浙江省でさえ、亜熱帯気候の広東省では、普段なら春になると畑が色とりどりの緑に染まるが、種が貧弱で土の栄養分も抜けてしまっていたため、新芽の一割は腐っていた。中山(ちゆうざん)県の一部の人民公社では、畑の半分で、芽生えたばかりの作物が黄色くなり、徐々に腐って茶色に変色し溶けてしまった。[41]

指令経済の代償＝繊維製品の欠乏

経済計画立案者が穀物の作付面積をかつてないほど増やす指令を出したことによって、商品作物と食用油の生産量は下落した。だが、穀物とは違って、この種の作物には国の介入を許さない、生存に最低限必要な量という概念が存在しないため、国の買上げ量は急増した。

その典型的な作物が綿花だった。先に触れたように、中国は原価以下で製品を輸出することで貿易攻勢をかけると宣言し、一九五八年には中国製の繊維製品が国際市場に氾濫した。この戦略は裏目に出たが、それでも貿易協定を遵守するために繊維の輸出量は増加した。ソ連に出荷した綿布は、一九五七年が百万メートル、五九年が二百万メートルだったが、六〇年には一挙に一億四千九百万メートルに増えた。[42]繊維業界が必要とする原料綿花の輸入量は一万トンに達し、その額は八百万米ドルに上った。計算は単純だった。一九六一年十一月、財務部長、李先念(りせんねん)は同年に農村部から買い上げた五万トンの綿花を、輸入した場合に置き換え、喜び勇んで叫んだ。「〔輸入すれば〕四千

表7：湖南省における綿花生産量と買上げ量（単位：トン）

	生産量	買上げ量
1957年	21,557	17,235（80%）
1958年	23,681	15,330（64.7%）
1959年	32,500	28,410（87.4%）
1960年	21,000	19,950（95%）
1961年	15,130	15,530（102.6%）

出典：湖南省档案館、1962年、187-1-1021、p.33；1964年3月、187-1-1154、pp.80および97。

万米ドル分だ。実にすばらしいじゃないか[43]」

ドル紙幣の誘惑には抗えなかった。国の買上げ量は、一九五七年の百六十四万トンから翌年には二百十万トンに増えた。一九六〇年は生育が悪く生産量は半分ほどに落ち込んだが、相変わらず総生産量の八二パーセントから九〇パーセントが国の手に渡った[44]。湖南省の例を見てみよう（表7）。実際の生産量は一九五九年をピークに急落しているが、国の買上げ率は五七年の八〇パーセントから六〇年の九五パーセントに急増した。一九六一年については、省幹部が総生産量以上の買上げを目論み、省内を隈なく探して残っていたベール梱包〔綿花を圧縮して帯をかけた包み〕をすべて徴発した。この中には生産隊や人民公社が前年度の収穫から取り除けておいたものも含まれていた。これは一九五九年に河北省で採用され、指導部の絶賛を浴びたやり口だった。一九五九年二月、国務院は、河北省では倉庫にしまってあった備蓄分を徴発し、「いま人民が手にしている綿花を押収する」[45]ことによって買上げ量が三分の一増えたと説明した。
人々は衣服に事欠くようになった。国内需要よりも輸出を優先する政策をとった穀物と同様に、大部分の綿花は繊維業界へ送られ国際市場で売られた。わずかに残った分は、党と軍が最優先、次が都市住民と続く揺るぎない階層序列に従って配分された。個々の階層の中でもさらに複雑なピラミッドが形成されていたが、ひとつ言えるのは、綿花の生産者、つまり農民は除外されていたということだ。一九六一年に生産された三百五十万件（チエン）〔中国語の量詞〕の綿織物のうち、約半分は党と軍隊の制服用に取り置かれ、百万件は輸出に回され、六億の人民に残されたのは八十万件だった。[46]広州（こうしゅう）では、タオル、靴下、シャツ、肌着、レインコートに配給票が必要だった。大躍進前には、誰でも年七メートルの綿布を買うことができたというのに、綿布の配給は一人当たり年一メートルで、都市以外の住民は都市住民の三分の一以下だった。[47]
一九六〇年になると、農村は絶望的な状況に陥り、農民は綿花の種まで食べるようになった。浙江省慈渓（じけい）県では、一カ月におよそ二千人の住民が綿花の種で作ったパンを食べて食中毒を起こした。飢饉の影響が最も小さかった浙江省でさえこのありさまだった。河南（かなん）省新郷（しんきょう）周辺の地域だけでも十万人を超える人々が中毒にかかり、百五十人以上が命を落とした。[48]国中のあちこちで、極限的な飢えに襲われた住民が革ベルト、藁（わら）屋根、綿入れ服の綿に至るまで、手に入るものは何でも食べていた。のちに正

表8：湖南省の豚の頭数（単位：百万）

1957	1958	1959	1960	1961（年）
10.9	12.7	7.95	4.4	3.4

出典：湖南省、1962年、187-1-1021、p.59。

統派マルクス主義から脱却する経済改革を遂行し一躍表舞台に躍り出た鄧小平と同僚だった胡耀邦党書記は、一九六一年九月、ひと月かけて淮河流域の最も被害の大きかった一帯を視察し、女性や子供たちが素っ裸で暮らしていたと報告した。五、六人の家族が毛布一枚で過ごすところも多かった。「自分の目で見なければとても想像できない。凍死を防ぐために可及的速やかに手を打たなければならない地域が何カ所もある[49]」。飢餓で亡くなった人が冬の最中でさえほとんど何も身につけていなかったという事例は、国中どこにでも転がっていた。

指令経済の代償＝家畜頭数の激減

大躍進期の一九五八年には大量の家畜が処分されたが、年を追うごとに家禽類、豚、牛は世話もされずに放置され、飢えと寒さと病気で死ぬケースが増えた。悲惨な状況は数字を見ればわかる。湖南省の場合、一九五八年には千二百七十万頭の豚が元気に地面を掘り返していたが、一九六一年に生きていたのは痩せ衰えた三百四十万頭にすぎなかった（表8）。一九六一年の河北省では三百八十万頭で、五年前の半分だった。百万頭の牛も死んだ[50]。山東省では飢饉の時期に牛の数が半減した[51]。

家畜や家禽がすべて人民公社のものになってから、世話をする意欲は失われ、家畜はほったらかしにされるようになった。広州郊外の花県では、豚は糞便の始末もされなかった[52]。肥料にするために豚小屋が解体され、家畜が風雨にさらされている村もあった。獣医の往診は途絶え、日常的な検疫体制も崩壊し、牛疫や豚コレラが広がり、鳥インフルエンザも蔓延した[53]。冬になると被害は最高潮に達した。浙江省慈渓県ではひと冬で何万頭もの豚が餓死した[54]。湖南省では一九六〇年十二月だけで六十万頭が死んだ[55]。

また、家畜病の罹患率が急騰したこともわかっている。広東省東莞県の豚の死亡率は、一九五六年には九パーセント強にすぎなかったが、三年後は三分の一が死に、一九六〇年には五〇パーセントを超えた。同県では、数年前に四百二十万頭だった豚が百万頭まで減った[56]。浙江省では、死亡率が六〇〇パーセントに達した県もあった。これは一回の出産ごとに六頭死んだことを意味し、ほどなくして一頭残らず死に絶えてしまった[57]。周恩来自身が口にしているが、一九六一年の河南省の状況は、日中戦争期の一九四〇年の方がまだましだったという[58]。

豚は、餓死に至る前に共食いを始めた。家畜は体の大きさによって分けずにいっしょくたに閉じ込めて飼育されていた。このため、体の小さいものは追いやられ、踏みつけられて嚙み殺され、食べられてしまった。江蘇省江陰県では多くの豚が凍死したが、体の大きい豚に食べられてしまったケースも相当数に上っている。[59] 大量の豚を過酷な環境に放置すれば、自分以外はすべて敵と見なすようになる。家畜の死亡率が四五パーセントに達した北京の紅星公社では、無頓着にまとめて飼育したために、豚が子豚を食べる光景を住民が目撃している。[60]

また、一部に革新的な畜産技術によって死に至ったケースもあった。密植や深耕といった農業技術と同様に、畜産の分野でもライバル国を蹴落とすために新技術が編み出された。この種の実験的な方法はいずれも豚を肥らせるためのものだった。中にはトロフィム・ルイセンコのインチキ理論に基づいた方法もあった。スターリンの愛弟子ルイセンコは、遺伝学を否定し、遺伝的形質は環境によって形作られると信じていた（蛇足だが、ルイセンコは一九五八年に大躍進をおおっぴらにこき下ろし、北京指導部の不興をかった）[61]。作物のハイブリッド種が抵抗力を高めるために開発されたように、省の指導者たちは家畜の交配を思いついた。浙江省党委員会書記、江華は、県の指導者らに「積極的な自然改造」、すなわち、雄牛と交配させて目方のある大型の豚を作ってはどうかと提案した。[62] 達成できそうにない食肉割当を満たそうと必死だった地方幹部は、手当たり次第、わずか十五キロの子豚（健康な成豚は百キロから百二十キロ）にまで人工授精を行なった。その結果、障害を持つ豚が数多く誕生した。[63]

家畜の数が激減したにもかかわらず、国は容赦なく買い上げた。河北省と山東省では、一九五九年初頭の三カ月間、農村での家畜の解体が禁止された。前述のように、毛沢東はこの禁止令を絶賛し、すべての食肉は契約を遂行するために輸出に回すべきだとして、肉を食べることを禁ずる決議案の採択まで提案した。[64] さすがに毛の思いどおりにはいかなかったが、都市住民に対する肉の配給量は何度も削減された。一九五三年に年間一人当たり約二十キロを消費していた上海でさえ、一九六〇年にはわずか四・五キロ分の配給票しか渡らず、実際に入手できたのはさらに少なかった。[65] 党員には従来と変わらない量が配給されていた。すべて国の祝宴と外国からの客人のために首都へ出荷するよう要請された。広東省は一九六一年に二千五百頭の豚を首都へ出荷するよう要請された。この要請は通常の国の買上げ割当とは別枠だった。[66]

漁業も、集団化によって設備が徴発されたり手入れが行き届かないといった大きなダメージを受けた。太湖（たいこ）の南に位置し、絹織物が盛んな湖州（こしゅう）市呉興（ごこう）区では、ひび割れを補修する桐油が不足し、五艘に一艘が操業できない状態だった。船に使う釘を鍛鉄で作れなかったため、水漏れ箇所は徐々に増えていった。[67] 漁獲量も激減した。安徽（あんき）省巣湖（そうこ）は、一九五八年には一つの漁船団で約二百十五トンを水揚げしたが、二年後には九トンにも満たず、すべて輸出に回された。手入れを怠ったために船も網も朽ち果ててしまったからだ。漁に出たところで収入には繋がらなかったため、多くの漁師が廃業した。[68]

指令経済の代償＝農具の劣化

鋤、熊手、鎌、鍬、シャベル、手桶、籠、ゴザ、手押し車など、あらゆる農具が集団化されたが、実際に所有していたのは誰だったのだろう。生産小隊、生産隊、人民公社のあいだで取ったり取り戻したりと、奪い合いが始まり、結局誰も大事にしないという結果になった。昔は優れた道具は十年もった。手入れが行き届き、六十年も使い続けた鋤もあった。だが、いまや一、二年ももたなくなった。黍や粟を干すゴザも、丁寧に使えば十年ほどで補修が必要になる程度だったが、人民公社の出現でその大半は種蒔きから収穫までのあいだにボロボロになった。上海の調査団の報告によると、熊手は一日で修理が必要な状態だった。[69]

農具で残っていたのは、一九五八年の製鉄フィーバーのさいに土法高炉に放り込まれなかった分だけだった。一九六一年夏に開かれた廬山会議で、中南局書記処書記、李一清は、モデル省河南で火に投げ込まれた農具は十四万トンに達したと党中央に報告した。[70] 燃やされた分と手入れ不足で使い物にならなくなった分を足すと、農具全体の三分の一から半分に達した。山東省では、大躍進の最初の一年であらゆる農具の三分の一が使えなくなった[71]。広東省韶関地区では、一九六一年までに必要不可欠な農具の四〇パーセント、約三千四百万点が失われ、残った分の三分の一が壊れていた[72]。河北省では水車の数が半減し、手押し車も半分に減った[73]。浙江省では送水ポンプの半数、耕運機の半数以上、脱穀機の三分の一以上が修理不能なダメージを被った[74]。

　これほどの損失が出た原因は、特定の誰かではなく共同所有となった農具を修理しようとする意欲が失われたことが挙げられるが、他にも理由があった。全国的な天然資源不足、とりわけ木材が不足し、価格が固定されるはずの計画経済だったにもかかわらず、高騰したことだ。浙江省では竹の値段が大躍進前に比べて四〇パーセント上昇した。また、農具を生産するために農村に割り当てられた鉄の品質は劣悪だった[75]。調理器具や農具はすでに土法高炉に消えており、農民の手に戻ってきたのは使い物にならないもろい鋳塊だった。一九六一年に広東省の農民に割り当てられた金属類の半分は不良品だった[76]。次章で触れるが、国営工場での農具生産も大差なかった。

第18章　工業

ノルマに追われ粗製濫造

中国全土の大小の工場、鋳造工場、炭鉱、発電所には、かつてないほど高い生産目標が課された。業績は割り当てられた仕事の達成率で評価された。工場の優劣を決定するのは生産量という名の魔法の数字だった。人民公社の幹部が穀物生産量の公約を次々と上方修正していったように、全国の工場は計画を達成しようとしのぎを削った。プロパガンダ・マシンが日々のノルマをがなりたて、その数字は黒板や壁新聞を通じて従業員全員に行き渡った。工場には成長予測を表す図表が貼り出された。ガラスケース入りの「栄誉掲示板」に模範労働者の顔写真が掲載され、壁はポスターや星、リボン、スローガンで飾りたてられた。業績不振者は工場の総括会議で非難された。ノルマを上回った者は褒め称えられ、主席が姿を見せる北京での大集会に参列する栄誉に浴した者もいた。溶けた金属の音、坩堝（るつぼ）のぶつかりあう音、蒸気の音とともに、拡声器からは四六時中ひときわ大きな音量でプロパガンダやラジオ番組が流れ、労働者に増産を煽った。[1]

こういった工場の究極のゴールは生産量だった。このため、生産コストは無視されるのがつねだった。中央政府の工業関連の各部から工場の運営部門に至るまで、気の遠くなるような官僚体制が敷かれており、外国から輸入した大量の機械類の行方を気にする者など一人もいなかった。実際、輸出目標を達成するために農村部に容赦なく圧力をかけた周恩来でさえ、機械類の輸入に歯止めをかけることはできなかった。企業は立派な建物を建て、より多くの機械や設備を購入し、設備投資に充てる資金を借り入れた。洛陽砿山機械工場では、銀行からの借入金に対する月々の利息だけで全工員の給料の総額に相当した。[2]

だが、新しい機械類はいったん導入されると、ろくにメンテナンスもせずに酷使された。一九六一年に上海埠頭を訪れた東ドイツの視察団は、輸入された機械類を目にして息を呑んだ。金属板やチューブなど、新品の原材料が屋外に放置され錆びていた。[3]一九五八年九月、大躍進の絶頂期に鳴り物入りで主席が落成式に出席した武漢の鉄鋼所も同じような状況で、シーメンス・マルタン溶鉱炉六基のうち、一九六二年の時点で完全に機能していたのは、わずか二基という始末だった。[4]調査チームによると、原料、道具、機械類は粗末に扱われ、中には意図的に壊されたものもあったという。たとえば、石家荘鋼鉄公司では、エンジンの半数はしょっちゅう故障していた。[5]無駄が生まれる素地は広がっていた。洛陽の三つの工場だけでも、二千五百トンを超えるクズ鉄が行方知れずになった。[6] 瀋陽では、溶融銅とニッケル溶液がクズ鉄の山のあいだをじくじくと流れていた。[7]

無駄が出た要因は、割り当てられた原料や消耗品の質が悪かったこともあるが、工場幹部らが増産のために故意に規則を曲げたせいでもあった。会計監査チームによると、済南の真新しい鉄鋼所では、最初の二年間で国の総投資額の五分の一、金額にして千二百四十万元が無駄になった。何百トンものマンガン鉱石に砂を混ぜたため、出来上がったものは使い物にならなかった。[8]

誰もがより高い生産量を目指して無我夢中で働いた。そして、標準以下の製品の山が築かれていった。劣悪製品を生産した工場の多くは、何が何でも生産量を増やすために工程をはしょるなどの手抜きをしていた。倒れそうな建物、ガタガタのバス、不安定な家具、誤った配線、薄っぺらな窓ガラス。物質文化の根本となるものは粗悪品だらけだった。国家計画委員会は、北京で生産された鉄鋼で一級品だったものはわずか五分の一に留まり、大半は二級、三級品、二〇パーセント以上が不良品だったことを知った。河南省の工場で生産した鉄鋼も半分以上が三級品または不良品だった。巨大鉄鋼コンビナートで大量生産された粗悪な原料は、関連業界全体に連鎖的な影響を与えた。遼寧省鞍山にある巨大な鞍山製鉄所が一九五七年に製造したレールはほぼ一級品だったが、一九六〇年になると規格を満たすものは三分の一にすぎなかった。レールの質が落ちると、鉄道の往来の激しい区間では事故の危険が高まり、運行を停止せざるを得なくなった。実際にレールが潰れて使えなくなったところもあった。[9]

粗悪品は量が増えたというだけでなく、その大部分が商品として流通していた。河南省のセメント工場では、一九五七年の時点で規格に満たない製品が外に出る比率は〇・二五パーセントにすぎなかったが、一九六〇年になると五パーセントに達し、大量の粗悪品が建築現場に出回るようになった。河南省開封(かいほう)の工業関連の全業界を対象とした調査では、総生産量の七〇パーセント以上が不良品というさらに驚くべき実態が浮かび上がった。[10]

欠陥レールと同様に、歪んだ梁や偽セメントといった建築素材が日々の暮らしを脅かし、粗悪な消費財は社会主義文化の属性となった。上海では、時計の時報がデタラメに鳴り響き、琺瑯(ほうろう)びきの洗面器には気泡やひびが入り、ニットウェアや綿製品の半分は欠陥品だった。[11]武漢では、ファスナーが生地を噛み、包丁は曲がり、農具の刃は柄から外れた。[12]また、コスト削減のために製造元のラベルを付けずに出荷することもあった。北京で販売された肉の缶詰の五分の一にラベルがなかった。ラベルが間違っていることもあった。たとえば、豚肉に果物のラベルが貼ってあったために、大量の豚肉が腐ってしまったケースも発生した。[13]加工食品の添加物の問題はさらに深刻だった。北京のとある染料工場は、食品添加物用として有害な顔料を一年に百二十トンも出荷していた。本来はインクに使われるスーダンイエローなどの顔料の多くは、食品への使用を禁止されていたはずだった。品質管理が甘くなり、劣化した食品や薬品が工場に放置されるようになった。上海の工場では、七千八百万本のペニシリンが放置されて劣化し、そのうち三分の一が、問題が明るみに出る前に出荷されてしまった。[14]毛沢東は欠陥商品に関する杞憂を小馬鹿にしていた。「欠陥商品などというものはあり得ない。捨てる者がいれば拾う者もいるということだ」[15]

　毛沢東なら品質に対する懸念など一蹴できただろうが、欠陥商品文化は国際市場での中国の評価を大いに損なった。これまで見てきたように、液漏れするバッテリー、汚染された卵、バイ菌のついた肉、偽石炭、その他腐った商品の生産コストは、一九五九年だけで二億から三億元に達した。だが、こうした文化は商品だけでなく軍需工場にも悪しき影響を与えた。賀竜（がりゅう）元帥の報告書には、火を噴かない突撃ライフルの他に瀋陽で製造された十九機のジェット戦闘機が不良品だったとある。９０８廠〔有名な兵器工場〕で製造された十万点を超えるガスマスクは使えないシロモノだった。核兵器計画の責任者、聶栄臻（じょうえいしん）は、ワイヤレス機器や計器の内部に埃の粒子が入り込み信頼できないと不満を訴えた。極秘プロジェクトの工場でさえ、床にはゴミが散乱し、かすかな風が吹いただけで壁にかけられたプロパガンダの横断幕に付いていた埃が精密機器に入り込んだ。「中国人はあまりにも汚いので誘導ミサイルなど作れないとアメリカ人は思っている」[16]

現代版〝苦力(クーリー)〟

労働者の暮らしはひどいものだった。中国は急速な成長を遂げるために、ソ連や東欧諸国から製鉄所やセメント窯、石油精製施設などを購入し、機械類を大量に輸入した。だが、農村から都市に何百万もの人々が押し寄せてパンク状態だったにもかかわらず、一般労働者や家族の住居や食料にはほとんど投資しなかった。

山東(さんとう)省の省都、済南の製鉄所の例を挙げよう。ここは一九五八年、大躍進の盛り上がりの中で最先端機器を備えて設立され、新規雇用の供給拠点となるはずだった。だが、状況は急速に悪化していった。トイレの設備が不十分だったため、従業員は工場の床に直に排泄した。工場にはゴミと悪臭が充満し、虱(しらみ)がわいたり疥癬(かいせん)に罹るなど当たり前のことだった。現場は混乱し、しょっちゅう小競り合いが起きて窓ガラスは割れ、扉は叩き壊された。労働者同士の序列が生まれ、寮では強い者がいいベッドを分捕った。とりわけ女性労働者は恐怖におののいた。事務所や寮、ときには工場内の他の従業員の面前で、幹部による日常的なイジメや虐待が繰り返された。誰もが眠れない日々を送っていたが、それでも出て行こうとする者はいなかった。[17]

南京でも似たような光景が見られた。一九六〇年、総工会〔労働組合連合会〕が製鉄所および炭鉱労働者の暮らしを調査したさい、食堂が不潔でゴキブリやネズミがいることが判明した。食事の順番を待つ列は果てしなく続いていた。霊山炭鉱では、一つしかない食堂の窓口に千人もの労働者が並んでいた。食堂の営業時間は一時間しかなく、場所取りをめぐって取っ組み合いの喧嘩や怒鳴り合い、殴り合いが絶えなかった。官塘炭鉱では遅れると食事ができず、空きっ腹を抱えたまま立坑に戻り十時間シフトに就かなければならなかった。宿泊施設は満杯だった。一人当たりのスペースは平均一平方メートルから一・五平方メートルで、中にはベッドのあいだに渡した板で寝たり、柱に寄りかかって寝る人もいた。睡眠時間はシフトによって異なるため、何人かで同じベッドを共有していた。藁屋根は雨漏りがひどく、雨の日には濡れない場所に二段ベッドを動かさなければならなかった。傘をさして寝る人もいた。防護用の装備は不足しているか、まったくないかのどちらかだった。炭鉱労働者の多くは靴もなく裸足のまま坑道に降りていった。立坑で石炭を切り出す人は雨が降るとびしょ濡れになり、上着が水を吸って膨れ上がった。宿泊所には毛布一枚なく、湿度が異常に高いために濡れた服が完全に乾くことはなかった。製鉄所の溶鉱炉の前で作業をしていて、裸足の足に火傷を負う人もいた[18]。

南の亜熱帯気候の広州では、寮はさらに混み合っていた。二段ベッドのスペースは一人当たり〇・五平方メートル以下だった。粗雑な作りの施設はじめじめと蒸し暑かった。雨期には、衣服やベッドにまたたく間にカビが広がった。雨が壁を伝って滴り、床に水溜りができるほど湿気ていることから、「池」と呼ばれていた施設もあった[19]。韶関(しょうかん)近郊の曲仁(きょくじん)炭鉱では、鉱夫が坑道の支柱や坑木をはぎとり、家具を作ったり、燃料にして暖をとった。マスクなしで働かされた鉱夫のうち七人に一人が、炭塵を吸い込んだことで珪肺症(けいはいしょう)を発症した[20]。

北部でも状況は同じだった。総工会の行なった首都北京の四つの工場を対象とした詳しい調査によると、労働者数は大躍進前に比べて四倍に増えたが、寮のスペースが四倍に広がったわけではなかった。豊台(ほうだい)区長辛店(ちょうしんてん)のあるレール製造工場では、一人当たりのスペースは〇・五平方メートル強だった。北京の労働者は、基本的に倉庫や書庫、防空壕の中に据えられた三段ベッドで、寝返りもできないほどのすし詰め状態で寝泊りしていた。外に出るにも列を作って待たなければならなかった。常時塞がっているトイレは、詰まって汚物が溢れていた。糞便を新聞紙でくるみ窓の外に投げ捨てる人も多かった。

暖房設備のある施設はほとんどなかった。調査した四企業のうちの一つは、一九五八年から五九年にかけての厳冬期に暖房が一切なかった。労働者は小さなストーブに炭球をくべ暖をとったが、一酸化炭素中毒で何人もの人が死んだ。インフルエンザも蔓延した。そこら中にゴミが溜まり、盗みが頻発した。弱い者いじめがはびこり、とりわけ新参者がいじめられた。総工会が一九五九年三月に単独で調査した琉璃河セメント工場は、合わせて千人分の食事しか出せない三つの食堂で、五千七百人に食事を提供しなければならなかった。年老いた労働者は強引に列に割り込んでくる若者に押しのけられ、冷え切った食事しか食べられなかった。[21]一年後の同様な調査でも改善のあとは見られず、それどころか寮には「フーリガン行為」が蔓延していることがわかった。フーリガンとはソ連の刑法にある刑事犯罪のことで、汚い言葉遣いや所有物の破壊、不法な性行為などを意味する。労働者は腕力とコネを駆使して、友達や家族のためにも少しでもいいベッドを確保しようとした。[22]

一九六一年までに、北京の労働者の半数に飢餓浮腫が現れていた。[23]職業病も珍しくなく、約四万人の労働者がシリコンダストにさらされていた。北京市人民委員会の作成した報告書によれば、労働者の十人に一人は慢性疾患を抱えていたという。[24]だが、おそらく実状はそんなものではきかなかっただろう。

大躍進期に創業した多くの工場は、「国による運営」ではなく「人民による運営」をうたっていた。しかし、だからといってマシだったわけではない。大半は人民から押収した建物を使った急造の安普請で、工業生産には向かないものが多かった。南京のある薬品工場の建物は人家を寄せ集めたもので、竹の屋根にペンキのはげた泥壁で出来ていた。工員は二百七十五名ほどで、放射性廃棄物が休憩室の床に積み上げられていたり、蓋のない大桶に放置されて隅々まで汚染され、風や雨で外に拡散していた。本来なら着用すべき防具が十分でなかったため、工員らは喉や鼻に炎症を起こしていた。マスクや手袋は裏返しのまま脱ぎ捨てられ、あるいは洗浄もせずに寮に持ち込まれた。ここで働く女性七十七人のうち八人は妊娠中か授乳中だったが、日々何時間も放射性物質にさらされていた。冬はシャワーを浴びることもできなかった。[25]

これは特異な例ではない。昔ながらの、太鼓を叩いて夜回りするような南京旧市街の中心地、鼓楼（ころう）区の二十八の「人民による経営」工場は、そこら中にゴミが散らかり、狭い作業場には換気扇もなかった。従業員の多くは大躍進期に田舎から出てきた女性で、仕事の経験はなく、身体を保護するものも申し訳程度で、麦藁帽子だけの人もいた。彼女たちは薬剤やシリコンダストにさらされ、眼の充血や頭痛、痒み、発疹は当たり前だった。常時化学物質を吸い込んでいたため、鼻孔の軟骨が侵食され、溶けてしまった人もいた。真冬でも三十八度から四十六度に達する溶鉱炉の近くで働いた人には、熱中症が頻発した。[26] 南京の電子管製造工場で働く女子従業員四百五十人を対象とした身体検査では、三分の一以上に生理不順や栄養失調が見られた。南京化学廠では、四分の一が結核に感染し、二人に一人は貧血、半数に寄生虫が見つかった。[27]

だが、生活環境がどれほど劣悪でも、労働者は自給自足の農民に比べればずっと恵まれていた。とはいえ、田舎に残してきた家族に仕送りができるほどの余裕はなかった。インフレの影響で給料は目減りし、共同食堂で供される微々たる食事を補うために食料を買うのが精一杯だった。石家荘鋼鉄公司の労働者は給料の四分の三を食べ物につぎ込んだ[28]。南京では多くの労働者が三十元から二百元の借金を抱えていた。彼らがもらっていたわずかな給料を考えれば大変な負債だった。三級労働者の月給は四十三元だったが、五人家族をひと月養うには食料品だけで四十六元が必要だった。値段の高い粗末な料理を共同食堂で食べていれば蓄えなどできるはずもなかった[29]。それでも三級労働者になれる人はほんの一握りで、大多数の給料は月十二・七元から二十二元だった[30]。「人民による経営」工場はさらに貧しく、三分の一は月十元以下だった。人々は借金をしたり、手元に残ったなけなしの私物を質入れしたり、替えの服を売ったりした。夏に替えの服を売ってしまえば、冬は凍えて暮らさなければならなかった[31]。

彼らには医療費の支払いものしかかってきた。一九六〇年に行なわれた北京のある化学工場に関する調査では、治療を受けて借金を背負った労働者は何百人にも上った。病気の妻を看病していた充慶田は、妻が死んだ時点で約千七百元の借金が残っていた。彼は裁判にかけられ、毎月二十元ずつ返済するよう命じられた。彼は腕のいい労働者だったが、月々手元に残ったのはわずか四十元強だった。過酷な労働環境のもとで発症した病気の治療費で暮らしていけなくなった労働者は多かった[32]。

大赤字でも倒産しない

無節操な設備投資、莫大な浪費、欠陥商品、滞る輸送システム、悲惨な労働環境。こうした計画経済の内包する問題を考えれば、当然のことながら工場の業績は惨憺たるものだった。中央政府の経済計画が作り出した財政の泥沼状態の中で、実際にかかったコストを算出するのは困難だった。会計士は帳簿をごまかしていただけでなく、合計金額の出し方すら知らないこともあった。南京では、大規模な製造工場の約四十社で会計士は合わせて十四人しかいなかった。実際に帳簿付けができたのは六人にすぎなかった。収支記録を残していない工場も多かった。誰もコストのことなど考えていなかった[33]。

だが、おおよその損失額を算出することはできる。鋼を例に見てみよう。鋼とは基本的に鉄を炭素で強化した強度の強い金属である。湖南省では、一トンの鋼を製造するために二・二トンの鉄が使われた。これはかなりの浪費だった。一トンの鋼に必要なコストは千二百二十六元だったが、国の定めた価格二百五十元で売却しなければならなかった。つまり、一トンにつき約千元の損失ということになる。一九五九年に同省は、毎月約四百万元の損失を出していた[34]。石家荘では費用効率の高い最新式の溶鉱炉を導入していた。一九五七年に設立された石家荘鋼鉄公司は、大躍進前には利益を上げていたが、まもなくコストが高騰し赤字に転じた。一九五八年時点では、一トンの鋼の製造コストは百十二元で、千六百万元の利益を生み出していたが、一九五九年にはコストが百五十四元に上がり、二千三百万元の赤字となった。一九六〇年には、百七十二元になり損失は四千万元を超えた。この頃になると、遠く海南島の鉱山から運ばれてくる質の悪い鉄鉱石に原料を頼らざるを得なくなっていた。[35]

損失が積み重なるにつれて、生産活動は崩壊していった。猛烈な経済成長が数年続いたのち、一九六一年になって経済は大不況に陥った。近代工業の燃料、すなわち石炭は枯渇した。大躍進期に粗末に扱われた炭鉱の設備は、そのほとんどが壊れていた。質の悪いもろい鋼で製造された新しい機械類を導入しても、もって半年だった。炭鉱労働者たちは食費や住居費の高騰や、石鹸、作業着、ゴム靴といった基本的な物さえ手に入らない状態に嫌気がさし、大挙して炭鉱を離れていった。[36] たとえ石炭を掘り出したとしても、燃料不足で輸送できず山積みにされたままだった。広東省の四つの大きな炭鉱の一九五九年の石炭産出量は百七十万トンだったが、輸送できたのは百万トンにも満たなかった。[37] 甘粛省では、過激な張仲良がハッパをかけ、大勢の犠牲者を出しながらも生産量を一九五八年の百五十万トンから一九六〇年の七百三十万トンまで増やした。だが、やがて燃料切れに陥ると、二百万トンが坑内に放置された。[38]
石炭産出量が急降下すると、国中の工場が立ち行かなくなった。一九六〇年十二月、

表9：湖南省の工業生産量（単位：百万元）

1957	1958	1959	1960	1961	1962（年）
1,819	2,959	4,023	4,542	2,426	2,068

出典：湖南省、1964年、187-1-1260。

上海の中国機械設備工場は電力不足で操業率が三分の一に落ちた。第一紡績では二千人の労働者が日がな一日することもなく過ごしていた。[39] 一九六一年上半期、国の指示した上海への石炭輸送量は一五パーセントも削減されたが、実際に届いたのはその三分の二だった。上海の重工業を支える鉄と木材も半分近くが届かなかった。[40]

それでも工業の中心地という戦略的重要性を担っていた上海は最優先されており、他の状況はさらに悪かった。欠点だらけの経済は急速に制御不能に陥っていった。一九六一年夏、広東省の重工業都市、韶関（しょうかん）で行なわれた三十二の国有企業に対する調査では、工業生産量は前年比で五二パーセントも急降下した。個別の下落率は、煉瓦五三パーセント、銑鉄八〇パーセント、マッチ三六パーセント、革靴六五パーセントだった。ある靴工場では、大躍進前に工員一人当たり一日三足作っていたのが一足に減った。[41]

表9は湖南省全体の生産量の推移を表したものだ。この数字は生産量だけを示したものだが、一九五七年から六〇年にかけて倍増し、その後二年で半減していることがわかる。だが、品質よりも量にひたすら固執した結果生じたコストを計算してみれば、意欲的な基本

経済計画の青写真とは相容れない、途方もなく破滅的な数字が出てくるにちがいない。だが、倒産した工場は一社もなかった。倒産とは、好不況の波の影響をもろに受ける資本主義経済に現れる現象だからだ。そもそも計画経済に倒産などあり得なかった。

第19章 商業

無駄の積み重ね

商品の多くは店に並ぶことはなかった。中国銀行の試算によると、一九六〇年に湖南省で、偽領収書、流通の途中で消えた商品、未認可信用販売、単純な使い込みなどによる行方不明額は約三億元に上った。これはまだ一つの省の話である。これが国レベルとなると、国務院の試算によれば、同年、流通させずに国有工場に留め置かれた商品は金額にしておよそ七十億元に達した。[1] 流通網のあらゆるレベルで管理の不行き届きや汚職が蔓延し、人民に割り当てられたはずの商品がかすめ取られていた。

商品が実際に工場から出荷されたとして、最初に行き着くのは国が認可した専門の保管会社が運営する倉庫だ。荷物はここで最終目的地別に分類される。上海の信儲運公司には、電話機、冷蔵庫、医療機器、クレーンなど、金額にして十万元を優に超す何百もの商品が箱に入ったまま積み上げられていた。事務手続きの怠慢、届け先の間違い、判読不能な在庫リストがその原因だった。海老のペーストが入った樽百個は、雨の降る屋外にひと月放置され腐った。これも書類が行方不明になり、そのうちすっかり忘れられてしまったためだった。一番の問題は商品が消えてしまうことだった。だが、ひと儲けしようとする人々の意欲の方は決して衰えず、「行方不明」になった商品は個人的に闇市場で売りさばくことができた。[2]

汽車や大型トラックがなかなか来ないという問題もあった。貧しい農業国だった中国には、昔から広大な国土の端から端まで物資を送り届ける能力はなかった。物資の流れは輸送システムの崩壊で急速に混乱していった。経済は一九五八年末の時点ですでに行き詰まっており、駅や港では至るところに物資の山が築かれていた。計画では一日三万八千輛の貨車が必要とされていたが、稼動していたのは二万八千輛だけだった。調査によると、上海北部沿岸の集荷所だけで百万トンもの物資が輸送待ちの状態だった。[3]

機材、部品のスペア、燃料が不足していたことも、一九五八年以降の三年間に状況を悪化させた要因だった。一九六〇年には、天津、北京、漢口、広州その他の都市の駅に入ってくる貨物は、連日、出て行く貨物を一万トン上回った。溜まった荷物は間に合わせの倉庫に積み上げるしかなく、その量は十月半ばには二千五百万トンに達した。大連では七万トンの未回収貨物が駅に取り残され、河北省秦皇島市の港には何百トンもの高価な輸入ゴムが半年も放置されていた。鄭州の輸送拠点では、物資を廃棄するために深さ六メートルの溝が掘られ、セメント袋から機械類までが投げ込まれた。その大半は破損しており、袋や包み、木枠、樽、ドラム缶が山のように捨てられていた。[4]上海では一九六一年夏に、共同食堂や宿泊施設、さらには路上にまで、二億八千万元相当の物資が積み上げられていた。その中には人々が喉から手が出るほど欲しがっていた一億二千万メートルもの綿布が含まれていた。積み上げられた物資はそのまま腐ったり錆びついていった。[5]

貨車は駅に入るために長い列を作って待たされ、輸送システムは機能停止に陥った。貨物を移送する道具も労働力も不足していた。貨車に積んだままの新品の機械は使い物にならなくなり、十万人もの荷物運搬人や運送業者が人件費削減の目的で簡単に切り捨てられ、問題はさらに悪化した。計画経済では物流や段階ごとに連携した作業は重視されていなかった。[6]かてて加えてインセンティブの欠如と飢餓が追い討ちをかけた。かつては手厚く保護され、月に二十五キロほどの穀物を支給されていた機関士も十五キロまで減らされた。遼寧省大虎山では穀物の代わりにコーリャンや黍、粟が配給され、河北省石家荘では毎月の配給の半分は甘藷だった。労働者は、食糧不足で衰弱していたこともあり、最低限の仕事しかしなかった。[7]こうした混乱は当然のことながら輸出にも影響を与えた。チャーター船を何日も待機させることで生じた損失は、主要港だけでも三十万ポンドに達した。[8]

地方の流通網も崩壊した。一九五八年までは、雲南省では二十万頭のラバやロバが山岳地帯に点在する村々に食料、衣服、補給品を運んでいた。やがて、荷馬車が主流となり、その台数は三千台から三万台以上に増えた。だが、馬の飼料代はロバなどとは比べものにならないほど高く、国有企業がろくに面倒を見なかったこともあり、飢饉の時期に多くの馬が死んだ。また、荷馬車馬は中国南部の険しい山道やでこぼこ道には不向きだったために、山間の多くの小さな村々は孤立した。[9]

大型トラックは故障が続出した。一九六〇年、雲南省には必要な石油の半分の量しか届かなかった。九月には、およそ千五百台のトラックが石炭、褐炭、サトウキビ、エタノールなどの代替燃料で走っていた。[10]湖南省では、エンジンの機械油にサラダ油を代用したために故障車両が増加した。[11]上海ではモーター付人力車が登場し、バスの燃料がガスに代わった。ガス容器はシリンダーではなく急造の巨大な南京袋だった。[12]手入れの怠慢は輸送にも支障をきたした。広州の汽車〔自動車〕運輸公司は、大躍進期に車の台数を増やし、四十台を所有していた。だが、一九六一年の時点で、三台は壊れ、二十四時間体制で酷使したため修理が必要なのが二十五台、使える状態だったのは十二台だった。[13]こなせなくなったスケジュールの帳尻合わせに、車両は限界まで酷使され、実際のランニングコストは増加した。ある試算によると、一九五七年の時点での部品や部品交換などのコストは百キロメートル当たり二・二元だったが、一九六一年には九・七元に上がった。原因は酷使とメンテナンス不足だった[14]。

どんどん長くなる「行列」

革命以前の中国では、かつぎ棒にぶら下げた籠や手押し車、ときにはロバの荷籠に揺られて、あらゆる種類の商品が戸口に届けられた。奥地の孤立した村にも行商人が訪れ、衣服や陶器、籠、石炭、おもちゃ、飴、ナッツ類、タバコ、石鹸、化粧水などを届けていた。都市では、道端に露天商が押し寄せ、靴下、ハンカチ、タオル、石鹸から女性用下着に至るまであらゆる商品を提供した。

農村部では、商人や行商人が一定の周期で特定の場所に集い、市が開かれた。市が立つと、静かな村は売り物を背負ったり手押し車に積んだ農民、職人、商人で賑わい、道端や屋台で様々な品物が売り買いされ活気づいた。町や都市には帽子屋から靴屋、生地屋、写真屋など、たくさんの小さな店や市場、百貨店が立ち並び、そこに娯楽を提供する占い師や奇術師、曲芸師、レスラーらも交じって客を競い合っていた。

昔ながらの店は低層で二階が住居だった。かたや新しい百貨店は商店だけが入った商業のシンボルで、周囲を見下ろすようにひときわ高く聳(そび)えたっていた。百貨店は大都市ならどこにでもあり、夜になるとネオンサインが輝き、土地の産物はもちろんアメリカ製の鰯(いわし)の缶詰から子供用自動車まで、様々な輸入品を提供していた。近代的な百貨店の隣に昔ながらの店舗が並ぶコントラストの妙は、人々の革命前の多様な暮らしぶりを象徴する典型的な光景だった。[15]

この活気溢れる賑やかな世界は、一九四九年以降ほとんど姿を消した。自由な商取引は計画経済に取って代わられた。市場は閉鎖され、自然発生的な集まりは禁じられた。商人や行商人は道端から排除され、国が管理する集団企業に強制的に統合された。あちこち旅しながら売り歩く行商人、ひと昔前はどこでも目にした鍛冶屋は、過去の遺物となった。百貨店は国有化され、コンスタントに供給されていた世界中の商品に代わって、国の指示により国有企業が生産した商品が国の定めた価格で売られるようになった。小店舗のオーナーは国の従業員にならざるを得なかった。ミハエル・クロチコは北京でほとんど何も商品を置いていない薄暗い店に入ったときのことを憶えている。彼は青白く痩せた店主とその弱々しげな二人の子供が気の毒で、筆箱を一つ買った。[16] 唯一繁盛していたのは、北京や上海などの大都市の観光ホテルの近くにある店だった。ここでは毛皮、琺瑯（ほうろう）びき、腕時計、宝石、あるいは絹地に風景やマルクス、エンゲルス、レーニン、毛沢東を刺繍した絵が売られていた。ここは友誼商店と呼ばれ、外国人と党のエリート幹部のための店だった。

一般の人々に選択肢はなかった。南京を例に見ていこう。南京は揚子江の南岸に位置し、国民党時代に首都として栄えた都市だった。ここでも政府は自由市場を厳しく取り締まったが、大躍進の直前まで七百軒を超える店が生き残り、商品を販売していた。一九六一年になると、その数はわずか百三十軒に減った。南京は、製造業者、商人、小売業者から成る進んだ流通網によって、約七十の県と全国の四十を超える都市とリンクしていた。だが、融通の利かない集団化の出現にともなってその範囲は狭まり、南京のハンカチ産業の販路は六県、三都市に限定された。計画経済のせいで、ハンカチの種類も約千二百に半減した。歴史ある有名ブランド「金鶏へアピン」や「揚子江バネ錠」でさえ国からの圧力に屈した。デザインの多様性は失われた。一九五八年以前、錠前は約百二十種類あったが、一九六一年に生き残っていたのはわずか一ダースだった。どれも似通っていて、一つの鍵でいくつもの南京錠を開けることができた。一方で、どの商品も三割以上値上がりし、中には倍になったものもあった[17]。食料品についても同じだった。大躍進に着手して以降、南京では約二千人の行商人が転職を余儀なくされた。かつての個人営業時代の行商人は、複雑な市況に精通しており、野菜を町や村の主要な荷渡し地に効率よく運んだものだったが、融通が利かず要領の悪い計画経済では、農村部で発生した飢饉を悪化させるだけだった[18]。

一九四九年以前には活況を呈していた余剰商品と廃物の商売も崩壊した。ダイヤー・ボールは清朝没落前の中国を訪れ、ここにはおよそ考え得る限りの物をリサイクルする習慣が根づいていると絶賛し、貧困が取るに足らない物まで大切にする土壌を培い、誰もが何かしら売り買いしていると記した[19]。だが、飢饉の時期にはこれと正反対のことが起きた。基本計画に固執することで山のような無駄が生まれた。リサイクルに勤しんだところで何の得にもならなかったからだ。一九五九年夏、広州では酸化鉄から黒鉛粉末に至るまで、約百七十トンもの廃材が街中に野積みになっていた。大躍進以前は、金属の破片や布の切れ端は少人数の行商人の一団がすべて回収して再利用し、ぼろ切れ、缶、プラスチック、紙、タイヤはしかるべき買い手の手に渡っていた。だが、見返りのない巨大な集団に組み込まれた行商人の多くは商売を断念した[20]。

ゴミは溜まる一方で、最も基本的な必需品の欠乏は常態化した。南京では一九五九年夏の時点で、靴や鍋といった普通の生活用品さえも不足していた[21]。社会主義の専売特許とも言うべき「行列」は、日々の生活の一部だった。飢饉が始まると、行列はさらに長くなった。済南（さいなん）では、二日間工場を休んで列に並び、ようやく穀物を買えた労働者もいた。李樹軍は三日並んでも糧票さえ手に入らなかった。手に入ったとしても、糧票を番号札と引き換える列に並び、それをまた穀物と引き換える列に並ばなければならなかった[22]。上海でも、労働者は店に並ぶ数少ない商品を手に入れるために行列を作った。この儀式は夜明け前から始まった。皆、昼には棚が空っぽになることを知っていたからだ[23]。堪忍袋の緒が切れるときもあった。行列の自分の場所にレンガを置いて列から離れ、誰かにそのレンガを蹴飛ばされたときなどは喧嘩になった[24]。一九六〇年末、武漢（ぶかん）では二百人が米を買うために一晩中一列に並ばなければならず、頭に血が上って取っ組み合いの喧嘩が始まった[25]。

インフレの進行

商品価格を決定するのは市場ではなく国だった。そのおかげで価格が安定し、人々の購買力が高まるはずだった。だが、農民は穀物や食料品を最低価格で、赤字が出るほど安く国に売ることを強いられ、かたや値段が高騰した商品を買わされていた。つまり、農村部から都市部へ途轍（とてつ）もない富の移転が生じていたのだ。その規模について、政府視察団の蘭凌（らんりょう）が青島（チンタオ）で指摘している。一九四九年以降の食料と商品に支払われた額を調査してみると、値上がり幅は石炭一八・五パーセント、石鹸二一・四パーセント、靴五三パーセント、ロープ五五パーセント、家庭用品一五七パーセント、一般的な道具類二二五パーセントだった。対照的に、国が買い上げた穀物に支払った額は、実際のところ、小麦は四・五パーセント、トウモロコシは一〇・五パーセント値下がりしていた[26]。

国が定めた価格が守られることはまずなかった。様々な形で割増料金を課すことができたからだ。広州市人民委員会による詳細な調査によると、まったく同じ種類の金属棒に対して四十種類もの譲渡価格が存在した。鉄鋼業界では、実際の値段は国が定めた価格より五〇パーセント高く設定していた。ときには十倍に跳ね上がるケースもあった。これは、固定された予算枠と激しく変動する供給コストの調整に苦慮し、工場側が工業生産の落ち込みを埋め合わせるために行なう措置だった。石炭も固定価格だったが、業種間で協定を組めなくなったために、価格は容赦なく高騰した。こうして製品の生産コストが急騰し、国は完成品の価格を抑えるために助成しなければならなかった。だが、これも失敗に終わり、ガラス瓶から防虫剤、ヘアピン、下駄に至るまで、何もかも質は落ち値段は上がるという状況に陥った。[27] 大躍進が始まると、武漢でも他と同じように、バケツ、鉄製のヤカン、小型の果物ナイフなどの値段が一年ほどで倍に跳ね上がった。この新中国の製錬業の中心地でさえ、一九五七年には五元出せば十分足りた鉄鍋が二十二元になった。[28] 一九六一年夏に李富春（りふしゅん）が認めたように、食品から日用品、サービスに至るまで、すべての物品の年間インフレ率は少なくとも一〇パーセントに達し、場所によっては四〇から五〇パーセントに達した。わずか七十億元相当の物資におよそ百二十五億元が散財されたことになる。[29]

机上の経済計画の背後には、実は、国民の要求に応える無私無欲の献身よりも利益を優先する姿勢が潜んでいたから、計画経済の副次的な悪影響も表れた。人類史上最大の飢餓の最中に、野菜類や映画鑑賞券、茶葉から何の変哲もない手桶まで、あらゆる種類の贅沢品がプレミアム価格で販売されていたのだ。国営企業は品不足を逆手にとって、商品を値上げし利益を上げた[30]。北京市人民委員会は、王府井（ワンフーチン）にあるスターリン様式の旗艦、北京百貨店を詳しく調査し、企業がいかに消費者の需要ではなくインフレ圧力に対応しているか、その現状を突き止めた。一九五八年には、同店の扱う下着の数は高価格帯のものが約一〇パーセント、都市住民に手の届く中間価格帯のものは圧倒的に多い六〇パーセントだった。だが、一九六一年になると、半分以上が贅沢品で、中間価格帯はわずか三分の一だった。この変化は月間二・七パーセントといわれたインフレに拍車をかけた[31]。

サービスなしの「服務組」

国営巨大企業が小さな店舗に取って代わると、欠陥商品に対する責任の所在は個人から遠く離れた難攻不落の官僚機構へと移っていった[32]。当然のことながら、計画経済はこの問題に対する答えを用意していた。大衆の便益をはかるための「服務組（フーウーヅー）（サービス・ステーション）」の設置だ。だが、彼らには氾濫する粗悪品を処理しきれるはずもなく、何よりも人民に仕えるなどという意識は爪の先ほどもなかった。このため、この貧しい国では買い替えより修理の方が高くつく場合が多かった。武漢では、服務組が修理作業を独占し、靴底の張り替え、鍋修理、錠前の切断などを国の定めた値段の倍で提供した。湖南省湘潭（しょうたん）では、鍋の修理に八元かかったが、新品を買っても九元だった。また、多くの地域で靴下の繕い料は新しい靴下を買うのとほとんど変わりなかった[33]。一九六〇年から六一年にかけての冬、誰もが燃料や衣服が足りず凍えていたとき、首都の修理センターは欠陥商品の山に埋もれていた。やる気のない従業員は、仕事に取り組むインセンティブも道具も材料もなく、積み上げたがらくたをいじくり回すだけだった。靴底を張り替えるための簡単な釘さえも手に入らなかった。北京の中心に位置する前門(ぜんもん)公社では、六十台ものストーブが朽ち果て、のこぎり、かんなのみがないために壊れた家具がそこら中に転がっていた[34]。

たとえば、服務組が洗濯業務を請け負うケースを見てみよう。この比較的簡単な仕事も彼らの手にかかると救いようのない泥沼に陥ってしまう。煩雑な官僚機構には個別に設けられた一連のステップがある。持ち込んだ衣服の登録、受け取りの発行、洗濯済みの衣服の受け渡しといった様々な作業を別々の担当者が行ない、この作業に従業員の三分の一が動員される。実際に洗濯作業を担当する係が一日十枚以上洗うことは稀だった。何もかもが無駄を生み、洗濯代は高価だったにもかかわらず足が出た分は国が負担した。上海の汕頭(スワトウ)路の小さなクリーニング屋の月々の人件費は、収入が百元ほどだったにもかかわらず、百四十元に上った。この他に紛失した衣服の賠償金も支払わなければならなかった[35]。もちろん庶民は、衣服や靴、家具の修理なら自分でやりたいところだったが、製鉄キャンペーンで道具を持っていかれた。田爺(でん)さんは、当時、モデル人民公社の一つ、徐水人民公社にいた。彼は今も、繕い物が出るたびに、近所で唯一供出を逃れた一本の針を借りるために行列に並んでいた母親の姿が目に焼きついている。[36]

第20章 建築

巨大モニュメント狂

独裁者は広場を必要とする。共産主義政権にとって、軍事パレードは国家行事の核心である。権力は軍事力を誇示することによって証明される。広場の壇上には指導部の面々が勢揃いし、歩調を合わせて行進する何千人もの兵士や模範労働者を出迎え、頭上にはジェット戦闘機の轟音と金属音が鳴り響く。スターリンは、レーニン廟の前を、地響きを上げて戦車を走らせるために、赤の広場のヴァスクレセンスキー門をブルドーザーでなぎ倒し、カザン聖母聖堂を撤去した。一九五七年、毛沢東はフルシチョフに招かれ、赤の広場で開催された十月革命四十周年祝賀式典に出席したが、ライバルに後れを取る気はさらさらなかった。毛は決意した。中国は世界一の人口を誇る国だ、天安門広場はもっと大きくしなければならない。[1] こうして、天安門広場は一九五九年に四十万人を収容できる広さに拡張された。迷路のように入り組んだ古臭い壁、門、通りは平らにならされ、サッカー場が六十も入る壮大なコンクリート敷きの広場が誕生した。[2]

天安門広場の拡張は、一九五九年十月、大勢の外国人招待客を前に盛大に祝う中国革命十周年記念式典で、フルシチョフを威圧するために計画された十大偉業の一環だった。十周年ということで十の大建造物が建設された。一日二十万人の乗降客を扱う真新しい駅が数カ月で完成し、天安門広場の西側には人民大会堂、東側には中国歴史博物館がお目見えした。中華門は撤去され、広場の中央には高さ約三十七メートルの花崗岩のオベリスク、人民英雄記念碑が聳え立った。

毛沢東は外国人記者が式典に参加することを熱望した。わが国の首都北京には、次々と新しいビルが林立し、三十七平方キロメートルに達するその総延べ床面積は、第二次世界大戦後に建設されたマンハッタンのオフィスビルの十四倍強に相当すると自慢するためだった。[3] これは空虚な自慢話にすぎず、北京の街は、外国人訪問客を欺くために設計された巨大なポチョムキン村に姿を変えていた。だが、中国共産党が、狭い路地にひしめき合う恥ずべき泥壁の小屋や灰色煉瓦の家を忘却の彼方に追いやり、北京は一夜にしてガラスとコンクリートで作った尖塔形の摩天楼に変身するというイメージに魅せられていたことは間違いない。十年以内に都市全体を計画的に破壊するプランが作成された。故宮でさえも、解体用の鉄球の脅威にさらされた。[4] 無数の住居、オフィス、工場が取り壊され、首都は四六時中土埃に覆われた巨大な建築現場となった。完成してまもない建物まで粉砕され、外国の大使館員らは爆破の頻度に度肝を抜かれた。「街全体がまさにカオスだ」とある外国人は表現した。すべての作業は天安門広場に集中し、長い時間をかけて工事が進んでいた他の建設現場からは人影が消えた。[5]柱や梁を二階まで組んだところで材料不足で放置され、骨格だけを残して見捨てられた妄想のモニュメントがあちこちに取り残されていた。[6]

威信をかけた建築物の大半は一九五九年十月の式典に間に合ったが、そのコストたるや莫大だった。紙の上に秩序という幻想を描く点で立案者は有能だったが、現場を支配していたのは無秩序だった。党の新しい中枢部に組み込まれた欠陥鉄骨は、大躍進の愚かさの証しだった。人民大会堂に使われた千七百トン近い鉄骨はいずれも歪んでいたり、厚さが不十分だった。天津で製造された鋼鉄ネジは強度が弱く使いものにならなかった。広場では何千袋ものセメントが浪費され、建設現場で使われた機材の三分の一は日常的に故障していた。権力の中枢にありながら、朝、党の命じた時刻にやってくる労働者は四分の三にも満たなかった。そのうえ、持ち場についたとしても仕事ぶりは怠慢だった。温州から呼び寄せた二十人の大工の一団は、十五枚の窓ガラスをはめ込むのに三日もかかった上に、きちんとはまっていたのは一枚だけだった。[7]

中国全土で威信をかけた建築物に莫大な金が注ぎ込まれた。一九五九年の解放十周年を祝うために、中国全土に競技場、博物館、ホテル、講堂が建てられた。哈爾浜では、北京飯店の総工費を上回る五百万元をかけて国慶飯店が建設された。国慶競技場にもさらに七百万元が投入された。天津でも、八万人収容の国慶競技場建設が計画された。競技場は太原（たいげん）、瀋陽（しんよう）など、他の都市でも建設された。江蘇（こうそ）省は国慶節プロジェクトに二千万元の予算を組んだ。[8]

　地方の指導者はいずれも、首都の十大プロジェクトを真似た独創性のかけらもないペットプロジェクトにご執心だったようだ。彼らは一様に毛沢東の雛形を目指していたため、この権力を誇示する北京の装飾は下のレベルでも再現された。彼らは下々の人民ではなく、はるか上の北京のボスたちに対する責任のみをまっとうした。目に見える巨大な建築物と見かけ倒しのプロジェクトは、統治能力という幻想を抱き続けるための確かな方法だった。困窮する甘粛（かんしゅく）省の省都蘭州（らんしゅう）では、指導者の張仲良（ちょうちゅうりょう）が十大建造物に夢中になり、ついにその数は十六にまで膨れ上がった。天安門広場の人民大会堂のきっちり半分の規模の人民会堂、人民広場、東駅、工人文化宮、民族文化宮、競技場、図書館、豪華ホテル、省党委員会の新しいビル群、省の人民会議場、テレビ塔、中央公園などだ。総工費は一億六千万元とされた。建設にあたって何千軒もの住宅が取り壊され、多くの住民が冬の最中にホームレスとなった。だが、実際に完成したのはごく一部だった。[9] 一九六〇年十二月、張仲良が権力の座から滑り落ちた途端に、建設作業は停止し、街の中心部には瓦礫だけが残った。他にも一ダースほどの工事が始まっていた。いずれも中央の承認を得ることなく着工していた。たとえば、外国人技術者のための新しい友誼賓館だ。ここは判断を誤って客数を三倍多く想定したため、蘭州近郊の村の住民が寒さと飢えで死んでいった時期に、百七十人の外国人に平均六十平方メートルの豪華な部屋があてがわれた。だが、ソ連の技術者たちが本国に呼び戻されると、ホテルは静まり返った。[10]

権力の階段をさらに下へ降りると人民公社があった。ここでも共産主義のユートピアモデルにみずからを作り変えようとする過激なリーダーには事欠かなかった。劉少奇の生まれ故郷、花明楼（かめいろう）鎮では党書記胡仁欽（こじんきん）が彼なりの十大建設プロジェクトに着手していた。その一つが、幹線道路に沿って建てられた十キロメートルに及ぶ巨大な豚小屋「猪城（チューチエン）」だった。このプロジェクトのために道路から少し奥まったところにあった何百軒もの家が取り壊された。前述の、劉少奇が一九六一年四月に視察したさいに、十頭にも満たない痩せこけた豚を見かけた巨大養豚場はこれだった。湖には水上パビリオンが建設され、高官の来訪時に使う広大な宴会場も作られた。この間にも、畑では五十万トンもの穀物が収穫されないまま腐っていた。一九六〇年には死亡率が九パーセントに達した生産小隊もあった。[11] 党の無節操な浪費を象徴する同様のモニュメントは中国各地に出現した。何千人もが餓死した広東（カントン）省の刁坊（ちょうぼう）公社では、約八十軒の家から材木とレンガが剝ぎとられ、千五百人を優に収容できる人民会堂建設に使われた。[12]

一九六一年九月までの三年間で、建設投資額は九百九十六億元に上った。この他に、表向きは庶民のための住宅プロジェクトに充てられた九十二億元も加えなければならない。こうした資金は、党員以外にはなんら恩恵のない豪華なビルやオフィスに投資された。[13] ただし、この投資額には経理上の操作によって捻出した建設費は含まれていない。貴州省の遵義地区は、主要都市に新しいビルやダンスホール、写真館、個人用トイレ、エレベーターを作って美観を整える建設ラッシュに、国からの資金約四百万元を充当したが、この中には貧困層への財政支援に割り当てられていた分も含まれていた。桐梓県では、六つの中学校のために蓄えていた資金を新しい劇場建設に注ぎ込んだ。[14] 国の承認なしで豪華なプロジェクトに何十億も注ぎ込まれていることを知って、李富春は心底失望した。「人々が腹いっぱい食べられないというのに、われわれはまだ摩天楼を建設している。共産主義者たる者にそんなことができるのだろうか。これでも共産主義と言えるのか。一日中人民の利益についてしゃべり続けているわれわれの議論は、無駄話にすぎないというのか[15]」

歴史遺産がめちゃくちゃ

私有財産は過去のものとなり、かつては金持ちの特権だった高層住宅は企業に接収された。所有という概念が消滅し、不動産に対して責任を持とうとする人はいなくなった。その影響は一気にというより徐々に、破壊という形で現れた。上海のかつては最も格調高い一画だった淮海中路一一五四号から一一七〇号の不動産は、一九五八年十一月に電気機械系の企業に接収された。すると、ものの一年も経たないうちに、窓ガラスは割れ、大理石とセラミックのタイルは打ち砕かれ、高価な輸入物のキッチン設備、暖房システム、冷蔵庫やいくつものトイレは取り外され略奪された。建物には悪臭がたちこめ、敷地全体にゴミが散乱していた。軍隊も無頓着だった。軍が汾陽路の庭付き大邸宅の管理を命じられると、邸宅はめちゃくちゃに破壊された。運べるものはすべて盗まれ、庭の木々は死に絶え、蓮池は悪臭漂う沼と化した。虹橋路の邸宅も空軍に占拠されてからは、床板が壊され、水道の蛇口や電気スイッチは取り外され、トイレには汚物が溢れていた。住宅専門家の報告によれば、同様のケースは他にも「列挙しきれないほど」あった[16]。

ほったらかしにされたのは家屋だけではなかった。武漢ではシロアリが多くの古いビルを文字どおり食べ漁った。車站路の千軒の建物のうち半数が被害を受けていた。人和街十四号は居住者の頭上に崩れ落ちた。漢口の香港上海銀行など、ランドマークだった建物までがシロアリで危険な状態だった[17]。

宗教関連の施設も例外ではなかった。人民公社に宗教が入り込む余地はなかったが、教会、寺院、モスクは工場や共同食堂、宿泊施設に転用された。鄭州では、カトリック、プロテスタント、仏教、イスラム教の祈りの場、二十七カ所のうち十八カ所が接収され、信徒が個人的に借りていた六百八十の部屋が没収された。一九六〇年、町は、キリスト教とイスラム教の信者数が五千五百人からわずか三百七十七人に減った、と誇らしげに宣言した。このとき、故人となった三人を除く宗教指導者十八人全員が、いわゆる「生産労働」に従事していた。[18]

破壊行為は歴史遺産にも及んだ。広東省曲江では、人民公社が唐代の有名な宰相張九齢の墓を暴き、宝探しをした。韶関では明代の仏教寺院が解体され、建材に使われた。同省のもっと南では、アヘン戦争のさいに林則徐が英国軍との戦闘で使った大砲が高炉に投げ込まれ、クズ鉄に変わった。[19] 紀元前三世紀頃に整備された灌漑水路で知られる四川省都江堰では、古代寺院群が取り壊され、燃料にされた。[20] 数々の文化遺産と年輪を重ねた樹木に囲まれた二王廟は、一九五七年に歴史的記念物として名乗りをあげたが、数年後には一部が爆破された。[21] 北部では万里の長城が建材に使うために略奪され、明の十三陵のレンガは地元党書記処の承認のもとで運び去られた。永楽帝が埋葬されている定陵の高さ九メートル、長さ四十メートルの壁は徹底的に破壊され、定陵を囲む宝城と呼ばれる壁の何百立方メートルものレンガもはがされた。「人民に属するレンガ」というのが、この略奪行為の論拠だった。[22]

城壁も公然たる攻撃対象だった。つる草と低木に覆われた、いにしえの皇帝の威厳を象徴する銃眼の並ぶ胸壁は、いまや後進性の記念碑だった。毛沢東は一九五八年一月の南寧（なんねい）会議で北京周辺の城壁は破壊すべきだと発言し、一連の破壊の流れを作った。朱色の門や壁の大部分は数年で取り壊された。他の都市も首都にならい、南京の旧市街を取り囲む壁の一部は建材不足に悩まされていた企業の手で解体された。[23]

丸裸にされた農村

だが、なによりも徹底的に破壊されたのは農村部だった。破壊は断続的に訪れた。すでに触れたように、一九五八年初頭の肥料キャンペーンのさいに土壌を肥やす目的で家が取り壊され、継続革命を確かなものにするために家屋は燃料にされ、農民が夜通し深耕（しんこう）作業にいそしむ傍らで焚き火が燃やされていた。やがて人民公社が設立されると、私有財産は事務所や会議所、共同食堂、保育園、幼稚園に転用された。一部は解体されて建材になり、一部は決して日の目を見ることはなかった現代的な町作りのために取り壊された。製鉄キャンペーンのときには、金属製の窓枠、ドアノブが剝ぎ取られ、床板は燃料になった。一九五九年夏、大躍進が第二段階に入ったときには、民兵がまるで暴動に使う武器が隠されているかのように家々を探し回った。彼らは壁を壊し、床下に穴はないかと床板をはがし、天井をはずし、たいていは腹いせのために建物の一部または全部を破壊した。飢饉が始まると、住民は自分たちの手で家を壊し始めた。レンガと食べ物を交換したり、木材を燃料にするためだった。まだ燃料にされていなかった藁葺き屋根は、飢えてやけくそになった住民に引きずり降ろされ、食料にされた。彼らは壁の漆喰さえも食べてしまった。

ここまで追い込まれなかったとしても、人々は「自発的」な寄付を強いられた。たとえば広東省新会県の村では住民に、学校を新設するという名目で一軒当たり三十個のレンガの供出を命じた。そして、地元幹部が次々に建材を「借りた」ため、ついには家が一軒もなくなってしまった。[24]寄付に対してはなにがしか報いられることもあった。四川省のある農民は藁葺き小屋の半分と交換でお茶のカップかタオルを要求し、お茶のカップを手に入れた。隣人は四部屋と引き換えに小さな洗面器をもらった。[25]

だがこの時期、強制や抑圧はどの村でも日常茶飯事だった。一九五九年初頭、趙紫陽が反隠匿キャンペーンに先鞭をつけた広東省では、民兵が落花生一粒から大邸宅に至るまであらゆる物を没収した。[26]韶関の竜帰公社では、党書記、林建華が私有財産を廃止し、派遣された民兵が村中を暴れ回った。八十五軒で構成する典型的な生産小隊では、五十六の部屋と屋外便所が差し押さえられた。命令に従わなかった農民は縛られ殴打された。[27]

地域によってかなり差があるため、家屋の破壊規模を推定することは難しい。だが、総合的に見て、大躍進は間違いなく人類史上最大の有形資産の破壊だった。おおざっぱに見て、総家屋の三〇から四〇パーセントは瓦礫と化した。劉少奇国家主席はひと月かけて故郷を視察したのち、一九五九年五月十一日付の毛主席への書簡でこう書いた。「省党委員会同志の話によると、湖南省の家屋の四〇パーセントが破壊された。さらに、一部は国家機関、企業、人民公社、生産隊によって私物化された」[28]。湖南省では、大躍進期に一部屋当たりの人数が倍増した。飢餓で数百万人も亡くなりスペースはあったはずだが、納戸ほどの大きさの部屋に家族全員で暮らしていた[29]。四川省はさらに状況が悪く、大勢の家族がトイレやよその家の軒下で暮らしていた。西昌地区に近い塩源県の山間には、少数民族のイ族が村落を作って暮らしていたが、何千軒もの家が国の手に渡ってからは悲惨な状況に陥った。「統計によると、千百四十七世帯が一部屋に別の世帯と同居しており、六百二十九世帯は三、四世帯と同居し、百世帯が五世帯以上と同居していた」[30]。四川省の中でも家屋破壊率はまちまちで、四五パーセントから、最も被害の大きい県で七〇パーセントに達した[31]。

家をなくした人の多くは代わりの家を見つけることができず、社会の底辺でなんとか生き延びようと瓦礫を寄せ集めてボロボロの掘っ立て小屋を建てたり、豚小屋に住むなど、一時的な落ち着き先を探した。冬には気温が氷点下まで下がる湖北省黄岡地区では、一九六〇年から六一年にかけての冬、家のない人は十万世帯に上った。人口の半数が暖房用の薪もなく、粗末なボロ布で厳寒をしのがなければならなかった。[32]

水利事業で故郷を失う

大躍進期に着工した灌漑事業や貯水池建設による強制退去で家を失った一群もいた。その数は数百万に達する。湖南省だけでも五十万人を優に超える人々が立ち退いた。[33]河南省の三門峡、浙江省の新安江、湖北省の丹江口で始まった巨大プロジェクトでは、それぞれ少なくとも三十三万人が立ち退きを強制された。[34]広東省湛江地区では、一九六一年末時点で約三十万世帯が避難した。[35]

ほとんどはさしたる計画もなく立ち退かされ、基本的に賠償はなかった。湖南省岳陽県では、鉄山ダムの建設にともなって約二万二千人が家を失った。ダムに沈む村ではレンガ、家具、道具、畜牛が徴発され、村を離れた人々が追いやられた山中の集団農場で利用された。生きていくための耕作地もなく、故郷の村とのつながりをことごとく断ち切られ、山中に置き去りにされた人々は、悲惨な暮らしに耐え切れず、大挙して平野に下りていった。やがてダムプロジェクトが中止になり、ほとんどの人が故郷に戻ったが、動かせる物はすべて持ち去られたゴーストタウンを見て、呆然と立ちつくした。人々は掘っ立て小屋や屋外便所、豚小屋や洞穴を避難所にして暮らし始めた。ときおり、避難所が崩れ落ちて下敷きになる人もいた。わずかな調理器具を共同で使い、穀物が月十キロという微々たる配給で生き延びるには、物乞いや盗みをするしかなかった。冬用の綿入れ上着や毛布を持っている人はほとんどいなかった。[36]

強制退去の憂き目を見た多くの人々が農村を放浪したが、生まれ故郷を諦めきれず、最終的に戻ってきた人もいた。北京の北東約百キロのところに、緑の山々を背景にトチノキや桃、野生リンゴなどの果樹園が広がる美しい渓谷があった。ここに点在する約六十五の村の住人は、一九五八年九月から五九年六月にかけて、密雲(みつうん)ダムの建設で追い立てをくらい、五万七千人もの住民が家を失った。それだけでは足りなかったのか、地方幹部らはすべての道具を徴発し、家具を自分の物にした。抵抗した者は収監した。移住できたのは全体の四分の一にすぎなかったが、移住先の仮設キャンプは非常に狭く、「豚小屋」と呼ばれた。

二年経ってもまだ家がなく農村地帯をさまよい歩いている人はたくさんいた。一九六一年三月、千五百家族の一団が、ようやく持ち出すことができたわずかな衣服や身の回りの物をまとめたボロボロの包みや手提げを持って、土埃の道を、足を引きずりながら故郷を目指した。ダムは水を湛えることなく放置されていた。かつて暮らしていた村に戻ったのはごく一部だった。人々は泥小屋を建てたり、屋外で寝起きしていた。[37] 彼らのようにみすぼらしい暮らしを強いられた避難民は中国全土に何百万人もいた。

墓を暴き、亡骸を「肥料」に

死者までも立ち退きを迫られた。これは、込み入った服喪の慣習や葬儀、祖先をまつる儀式などに現れた来世を信じる人々の思いを無視した行為だった。死者の身体は先祖代々受け継いだ村に近い土地に納めるべき大事なものだとされ、土葬が一般的だった。先祖の魂とその子孫のあいだには相互義務が存在すると考えられていた。葬儀では、故人がこれから先も安心して暮らせるように、紙銭や、紙で作った家具から家まであらゆる物が燃やされた。棺桶は密閉し、墓はきれいに掃き清め、食べ物や贈り物を定期的に供えた[38]。

こうした風習は大躍進期にも続いていた。党は民間宗教を迷信だと言って非難したが、葬儀に大金を注ぎ込む地方幹部もいた。飢饉の最中に、河北省の役人李建建は祖母の葬儀に三十人の楽隊を招集し、共同食堂を一時的に接収し、百二十人の弔問客に酒とタバコを振る舞った。それでも悲しみは癒えなかったと見え、彼は五年ほど前に埋葬した両親の遺骸を掘りだし、新しい棺桶に移して再度埋葬した。北京のメリヤス工場の党副書記、李永福は葬儀用の楽隊を迎えるネオンサイン付きのテントを建てたうえに、五人の僧侶がお経を唱える中、紙の自動車、牛、民兵を燃やして母親のあの世への旅仕度を整えた[39]。

だが、この時期、石や木材を再利用するために多くの墓が破壊された。亡骸が肥料にされることもあった。湖南省では、墓石がダム建設に使われた。党の宣伝隊は率先して自分たちの祖先の墓を壊してお手本を示した。岳陽では、何百もの神聖な墓が暴かれ、骨が棺桶から突き出ていた[40]。魏舒は著者のインタビューに答えて、四川省の農村で墓を取り除かなければならなかったときのことを語ってくれた。「村に墓があるんだが、それはちょっとした丘のようになっている。そこを平らにしなきゃならなかった。それが一九五八年にわしらが命じられた仕事の一つだったんだ。わしらは夜中に墓の土を掘って平らにして畑にするようにと言われた[41]」。全国各地で、農地にあった墓地は組織的に開墾された。北京では、大躍進期間中、火葬場は二十四時間稼動していた。一九五八年には、七千体を超える遺体が火葬された。これは一九五六年の三倍、一九五二年の二十倍に相当する。火葬にされた亡骸の三分の一は畑の肥料にされた[42]。

だが、農村部では、棺の木材をはぎとるために掘り起こしたあとで、かならずしも遺体を火葬しないケースもあった。国務院書記処の内部発行文書によると、山東省牟平県では、幹部の指示で「完全に腐食していない死体を畑に投げ入れ」肥料にしていた。埋葬してまもなく掘り出され、衣類をはぎとられて裸にされた老女の亡骸が道端に投げ下ろされた[43]。

これは決して例外的なケースではない。党員侯詩春は、勤務先の陝西省軍兵站部への報告書の中で、故郷の陝西省鳳県の村で目にした光景を記している。自宅前の野原に掘り出されたいくつもの棺桶がころがっていた。蓋が少し開いていて、亡骸は消えていた。数日後の雨の午後、地元副書記の家の煙突から煙がもくもくと立ち上っているのに気づいた。家の中では、肥料にするために遺体を四つの大釜で煮ていた。「肥料」は畑に均等にばら撒かれた。[44]

第21章　自然

屈服させるべき敵

一八七〇年代、清帝国を広範に旅したリヒトホーフェン男爵は、北部一帯では、樹木がほとんど生えていない不毛な山々と丘陵が続く荒涼たる光景が広がっていると記した。[1] 清帝国の時代にも、長く厳しい冬にいかにして燃料を確保するかという問題がつきまとっていた。農民たちは大量のトウモロコシとコーリャンを栽培し、その実を食べ、茎は炕〔オンドル〕の燃料にした。炕とはいわば床下暖房ベッドで、内部の煙道を暖かい空気が通る仕組みになっている。冬になると人々は炕の上で暮らしていた。[2] 森林を使い果たした中国では、どこでも燃料不足だった。薪が手に入らなかったために、子供や年老いた女たちは地面に落ちている木端や小枝、根っこ、かんな屑などを洗いざらい拾い尽くした。

燃料や木材用の木を伐り出したことによる森林破壊は、一九四九年以降に加速した自然環境に対する干渉によってさらに悪化した。毛沢東は、自然とは、克服し屈服させるべき敵、大衆を動員し改造して抑え込まなければならないもの、根本的に人間とは相容れないものだと考えていた。自然との闘いを遂行しなければならない。人間は環境に対して、生き延びるために不断の闘いを挑んできた。人間は、そして、革命的大衆の尽きることないエネルギーは、物質を根本的に作り変えることができる、そして、共産主義の未来へと続く道にどのような困難が立ちはだかろうと克服することができる――これが主意主義者の哲学だった。現実世界の実体などいかようにも再形成できる。必要とあらば、バケツリレーで丘を削りとり、山をならし、川を埋めることも可能というわけだ。[3] 大躍進に着手するにあたって毛沢東は、こう宣言した。「新たな闘いが始まる。われわれは自然に宣戦布告しなければならない[4]」

森林の濫伐

大躍進は大量の森林を破壊した。鉄鋼増産の高まりの中で、急激に数を増やしていった土法高炉に燃料をくべなければならなかったからだ。農民たちは散り散りに山に入り、燃料用の木を伐り倒した。湖南省宜章県の山々は太古から変わらぬ青々とした樹木で覆われていたが、やがて大伐採が始まった。高炉の燃料にするために森林の三分の二を伐り倒した生産小隊もあった。一九五九年に残っていたのは、丸坊主になった山だけだった。[5] 長沙の西方、安化では、森林全体が広大なぬかるみに変わった。[6] ソ連の森林や土壌保全の専門家は、豊かな太古の森が広がる雲南省から四川省へと続く道を車で通ったときに、樹木が無造作に伐り倒され、その結果、土砂崩れが起きているのを見た。[7] 森林は至るところでむごたらしい姿をさらしており、もはや再生不能なところもあった。

やみくもな伐採は製鉄キャンペーンの終了とともに終わったわけではない。飢饉は食べ物だけではなく、生活必需品の欠乏、とりわけ燃料不足をもたらした。薪や木材を手に入れようと必死だった農民は、製鉄キャンペーンのときに学んだやり方を思い出し、森から木を伐り出した。集団化によって森林に対する責任が曖昧になっていたため、森から木々を盗むのに罪悪感を覚えることなどなかった。森は人民のものだからだ。[8] 不毛な甘粛省武都県では、大躍進以前、およそ七百六十人が林業に携わっていた。一九六二年になるとその数は約百人になっていた。中国全体が同じ状況だった。吉林省は、一九五七年の時点では豊かな森に覆われた美しい森林地帯で、二百四十七の林業管理所があったが、集団化によって生き残ったのは八つだけだった。[9]

生産隊には自然資源の破壊を止める力はなかった。それどころか加担したケースも多い。一九六一年三月、北京郊外の延慶県の山中にある四海公社を訪れた人は、門をくぐった途端に十八万本もの切り株を目にした。シナノキと桑の木が根元から一、二インチのところで伐採された跡だった。この伐採作業に携わったのはたった二つの生産隊だった。[10] 農民は冬の寒さからなんとか逃れようと、果物の木まで伐り倒した。北京林業局の報告によると、昌平（しょうへい）県の一つの村だけでリンゴ、杏、胡桃の木、総計五万本が伐り倒され、生産隊はトラクターを使って八十九万本の樹木や苗木を根っこから掘り返し、燃料にした。[11] 人民公社が生産隊を送り込んで近隣から盗ませた例も多い。懐柔（かいじゅう）県から派遣された農民百人が県境を越えて延慶県に侵入し、三週間もかけずに十八万本を伐り倒した。[12] 首都近郊では鉄道路線に沿って木が伐り倒された。大興（だいこう）県では線路沿いの木、一万本が消えた。[13] はるか南の地では電柱までも燃料にされた。[14] 甘粛省の奥地では、一生産隊が漆の木十二万本のうち三分の二を倒し、漆産業が盛んだった地元経済に大きな打撃を与えた。また、別の生産隊は、地元の村が生活の糧にしていた茶油〔茶樹の実からとったオイル〕の木の四〇パーセントを伐り倒した。[15]

　木を燃やす手段にも苦労していた。木を伐採し尽くし、家具だけでなく家まで燃やした村もあった。悲嘆に暮れた農民は言った。「鍋の中身より鍋の下のものが乏しい」[16]。亜熱帯植物が豊かに茂る広東（カントン）省の番禺（ばんぐう）でさえ、全世帯の三分の二が火をおこすための燃料がなく、マッチすら欠乏していた。火は隣から借りてこなくてはならなかった。村全体が原始時代の物々交換経済に立ち戻り、いったん火が点くと、それは貴重品のように扱われた。[17]

　都市部でも樹木が伐り倒されたが、その理由は別にあった。これまでも見てきたように、多くの企業は大躍進を設備拡張の好機と捉え、実際のニーズを上回る拡張を行なっていた。南京市工商局の一部門は、六千本のサクランボ、桃、石榴、梨の木の果樹園を破壊し、更地にした。この種の破壊行為は南京ではよく見られた。一九五八年末の調査によると、数ダースもの企業が七万五千本の木を不法に伐り倒した。大半は材木を必要とした工場の仕業だったが、中には闇市場に流し貴重な現金収入の足しにした者もいた[18]。

ときおり、樹木をはぎとられた農村地帯を緑に、荒れ果てた荒野を青々とした森林に戻すキャンペーンが行なわれたが、国中に広がった飢饉と計画性の欠如、関係当局の機能不全などがあいまって、緑化は失敗に終わった。植えっぱなしの樹木はあっという間に姿を消した。たとえば、北京市は一九五九年に明の十三陵ダムに二千六百ヘクタールの保護林を作るために何千人も派遣したが、人民公社の半数は一年ももたず崩壊した。北京郊外での森林再生、植林プロジェクトは、その三分の一から五分の四が失敗に終わった[19]。権力の中枢から遠く離れた地方ではさらに大きなダメージに見舞われたにちがいない。山々が未開のカラマツやシナノキ、ヤチダモの森に覆われた黒竜江省では、新しい防護林に植林された苗木の三分の一が、管理が行き届かず枯れてしまった[20]。湖北省では、鄂城のダムの土手が崩れないように植えた一万五千本ほどの木が、植えたそばから不法に伐り倒された。再度植林されたものの、大半は倒れたり水分不足で枯れてしまった[21]。

樹木が根こそぎ消えてしまった原因はいくつもあるが、山火事もその一つだった。森に大勢の人間が分け入ったことで山火事発生のリスクが高まり、機能するはずの森林管理体制は崩壊していた。湖南省では、大躍進の最初の二年間で何千件もの山火事が発生し、約五万六千ヘクタールが焼失した[22]。もともと森林が少ない陝西省、甘粛省北部の荒野では、一九六二年春に二千四百件の山火事が起き、一万五千ヘクタール以上が焼失した[23]。偶発的に発生した火事もあるが、肥料を作ったり、野生動物を狩り出すために故意に燃やされたケースも多かった。山火事が燃え広がれば森は後退し、動物は死滅した。希少種であろうと魔手から逃れることはできず、金糸猴、野生のアジア象やクロテンなどが絶滅の危機に瀕した[24]。

草原地帯を穀物畑として開墾するときにも火が使われた。なぜそこを穀物畑にしたかと言えば、集団化によって驚異的な収穫増が見込まれ、三分の一が不要と見なされたため、各地の農地が減少していたからだ。甘粛省の回廊地帯と寧夏回族自治区の平野部では、秋蒔き小麦が大草原地帯を侵食し、急速に砂漠化が進んだ。寧夏の一例を挙げると、塩池県では大躍進期に高原の草を刈り取り、草を食む羊を丘の上に追いやって農地を五万ヘクタールに倍増させた結果、砂漠化に直面した。さらに西に行くと荒涼とした景色が広がるチャイダム盆地がある。山々に囲まれたこの盆地には塩湖が点在し、気温が低く作物の生育には不向きだった。ここの人民公社は穀物を栽培するために、十万ヘクタールの土地に生える灌木と砂漠の植物を根こそぎにした。だが、畑が流砂に埋まり、ついにはいくつもの集団農場を移転せざるを得なかった。[25]

飢饉のあいだに森林被覆率がどの程度減少したかを算出することは難しい。[26] 遼寧省の一部の県では防護林の最大七〇パーセントが破壊された。河南省東部では防護林の八〇パーセントが失われた。開封では完全に姿を消し、およそ二万七千ヘクタールが砂漠化し見捨てられた。[27] 新疆ウイグル自治区から山西省にかけての北西部の広大な一帯では、五分の一が伐採された。[28] 河南省では森林の半分が伐り倒され、[29] 広東省では三分の一弱が消えた。[30] 大飢饉の研究者、余習広は、森林の八〇パーセントが煙となって消えたと主張しているが、この数字は行き過ぎかもしれない。[31]

だが、損害の規模は地域によって異なり、公式に残された統計数値でさえ政治的に捏造されており、客観的事実を反映しているとは言い難い。一つ確かなのは、南部の竹林から北部の高山草原やモミや松の茂る林に至る豊かな森林の多様性が、かつてこれほど長期間にわたって激しく破壊されたことはなかったということだ。

大洪水、旱魃

一九五九年の初夏、黒い雲が空を覆いつくし、雷と豪雨が河北省を襲った。衰えを見せない猛烈な土砂降りが続き、排水管は泥や汚物、枝葉で詰まり、用水路は崩れ、通りは川と化し、首都の北部一帯は洪水に見舞われた。このモンスーンは泥で作った家を破壊し、畑は水浸しになり、あるいは表土が流され、めちゃくちゃになった。通りは沈泥で覆われ、漂着物が堆積した。通州（つうしゅう）では農民の三分の一が、家屋が崩壊したり、作物や家畜が流されるなどの被害を受けた[32]。この夏、様々な大災害が中国全土を襲った。広東省は豪雨に見舞われ、北部沿岸は台風で叩きのめされた。極端な天候変動が予想外の結果を招き、湖北省では数十年来最悪の旱魃が発生した[33]。指導部は政治から目をそらせるためにこうした災害を利用し、経済後退は自然災害によるところが大きいと言われるようになった。そして、自然災害が経済に影響を及ぼした正確な割合が論点となった。このとき、劉少奇は「生産停滞問題」における自然災害の要因は三〇パーセントにすぎず、残りの七〇パーセントは人為的要因だと公言し、のちにこの発言によって窮地に陥ることになる。

だが、当然のことながら、この劉少奇の説明は、当時の中国の環境悪化の根底にあった考え方、すなわち人間は自然とはまったくかけ離れた存在であるという認識に、異議を唱えるものではなく、むしろそれを踏襲するものだった[34]。しかし、当時の「自然災害」に関する詳細な調査を見ればわかるように、自然と人間は絡み合っていた。翌夏、通州を再訪した調査チームが目にしたのは極貧の世界だった。十分な食べ物も衣服も家もなくかろうじて生き延びていた村の住民を、国が完全に見捨てた結果だった。[35] 災害に対処するための従来の手段、すなわち個人的な慈善行為、国の援助、相互扶助、貯蓄、移住といった手段はまったく効力を失っていた。洪水の影響は集団化によってさらに長引き、深刻度を増した。だが、これでは通州があれほどまでに大きな被害を受けた理由の説明にはならない。通州一帯だけに豪雨が集中したのだろうか。答えは一年後、劉少奇が何千人もの上級幹部らを前に行なった演説で、豪雨の果たした役割は取るに足らないものだったと指摘し、明らかになった。政治的な制約がさらに緩んだ一九六二年、水利部は大躍進が灌漑システムに与えた影響の概算に取りかかった。特に注目したのは通州だった。結論は明白だった。一九五七年から五八年の水利建設運動で後先を考えずに遂行された急造の灌漑プロジェクトが微妙なバランスを保っていた自然水系に打撃を与えた、というものだった。加えて農地を急激に拡張したために、かつてない量の水が地中に流れ込み、一九五九年の豪雨で行き場を失った水が畑と村に氾濫した。[36]

同じような事態が国中で起きていた。河北省滄州（そうしゅう）地区は、一九六一年七月の台風で壊滅的な被害を受け、省党委員会が急遽二十四人のチームを派遣した。一行は農地の半分近くが水没した現地で十日間にわたって調査し、大躍進以降に作られた灌漑設備によって自然の排水システムが破壊されたことが判明した。思いつきのダムや運河、水路が大災害に一役買ったことは確かだったが、耕作地を増やしたことも事態の悪化を招いた。かつては地形に合わせて形も広さも異なる小さな畑が点在していたが、今は広大な、真四角な農地が広がっていた。過去に浸水したことが一度もなかった村でさえ水浸しになり、重い石屋根の泥造りの家が住人を巻き込んで崩れ落ちた。調査チームの報告によれば、自然も人間も過去の政策の代償を支払った。すべてが「瘦（ショウ）」（瘦せ衰えること）となり、「人々も土地も瘦せ衰え、動物たちは骨と皮に、家屋はボロボロになった」[37]。

　通州と滄州は調査記録で立証された例だが、黄河流域の河南省商丘（しょうきゅう）から山東（さんとう）省済寧（さいねい）にかけて、そして、淮河（わいが）流域の安徽（あんき）省阜陽（ふよう）から江蘇（こうそ）省徐州（じょしゅう）にかけての一帯は、さらに大規模な飢餓に襲われていた。胡耀邦（こようほう）は、一九六一年九月、豪雨による壊滅的な状況を調査するために、一カ月かけて、この二つの地域をおよそ千八百キロメートルにわたって視察した。第35章に登場する、死亡率が少なくとも一〇パーセントに達した戦慄の地の多くは、この二つの地域に集中している。中でも鳳陽（ほうよう）、阜陽、済寧、この三つは大飢饉を象徴する地名となった。

　胡耀邦がまず気づいたのは、秋の豪雨は決して特異なことではなかったという点だった。鳳陽のように最も壊滅的な打撃を受けた県の「降水量は基本的に例年と変わらなかった」。さらに調査を進めると、こうした地域が七百ミリに満たない雨で浸水による大きな被害を受けた主因は、一九五七年秋以降に行なわれた驚くべき規模の水利建設事業にあることがわかった。この水を呼び込んだ広範な灌漑網は、やがて底に沈泥が溜まって浅くなり、「一帯を海に変える悪魔の竜」となる。状況はかなり切迫していて、三百ミリを超える程度の降水量で洪水が起きた。村の住民たちは過去数年間に建設された水路や運河を心底恨んでいた。それが洪水の原因だとわかっていたからだ。胡は報告書にこう書き記した。「幹部の中には誠実にこの教訓を活かそうとする者もいるが、他の連中は困惑するばかりで、これは自然災害だと言い切る者さえいる始末だ[38]」

莫大な労力と資金を注ぎ込んで全国何千万もの農民が作り上げた灌漑システムは、その大半は使い物にならないか、明らかに危険なシロモノだった。自然の法則に反した工事は、土壌浸食や土砂崩れ、沈泥の堆積を招いた。本書ではこれまでも、豊かな土壌、渓谷や棚田、太古の森に覆われた青々とした山々に恵まれた湖南省が、製鉄フィーバーの時期に人民公社の手でどれほど破壊されたかを見てきた。雨を防ぐ林冠を失ったために、露わになった山肌を激流がえぐった。森林の保水能力が低下したため、自然災害の規模は拡大した。自然な水の流れを妨げる護岸堤防や暗渠(あんきょ)、貯水池、用水路などの大型灌漑プロジェクトが追い討ちをかけた。湖南省の川床は堆積物で最大八十センチ盛り上がり、近隣の村に流れ出し洪水をもたらす危険があった[39]。

開墾プロジェクトがさらに事態を悪化させた。食料不足解消のために国と人民公社が着手した事業だったが、自然管理についてはほとんど何も考えていなかった。湖南省では、十万ヘクタール以上が開墾され、その大半は険しい山の斜面だった。土壌は雨で押し流され、新しくできたダムに流れ込み、ダムは堆積物で塞がれた。隆回県のある生産小隊は、山の斜面を開墾し、十ヘクタールの畑を作った。ところが、一九六二年五月の豪雨で土壌が流出し、その量は三十のダムと五本の道路が埋まるほどだった[40]。

物不足は欠乏から来る悪循環を加速させた。一九五八年の大躍進で肥料という肥料がばら撒かれ、畑は不毛の地となった。農民が農地を管理できなくなったために、田んぼの畦道は崩れ、作物は不規則に植えられ、品種もめまぐるしく変わった。密植と深耕で農地は疲弊し何も育たなくなった。かつては計画的な灌漑で水田は四、五日の保水能力があったが、一九六二年には七十二時間も経たぬうちに地中に吸い込まれた。これは、新たな灌漑システムが機能せず、以前の倍の水量が必要になったことを意味する[41]。湖南省の水利水電局の調査によると、揚子江流域一帯と同省の四大河川のうちの三つ、湘江、資江、沅江の四分の一から三分の一の流域で、約五万七千立方キロメートルに及ぶ土壌浸食が起こった。灌漑設備の半分は沈泥で浅くなり、崩壊していた。灌漑キャンペーンによって土壌浸食の度合いは五〇パーセント悪化していた[42]。

飢えた農民がろくに計画を立てず、専門家の意見にも耳を貸さず敢行したお粗末な仕事ぶりも灌漑プロジェクトの失敗を招いた。湖南省では、飢饉が終わる頃にはポンプの半数強が稼動していなかった。故障も多かったが、単に管理しきれず動かさずに放置されていたものもある[43]。衡陽（こうよう）地区では、中規模ダムの三分の二と小規模な堤防の三分の一が亀裂や浸透によって水が漏れ、正常に機能しない状態だった[44]。湖南省全体でも、中規模ダムの十分の一がまったくの無駄骨だったとされ、工事半ばで中止された。十の大規模ダムは一つとして好結果をもたらさなかった。ダム建設で広大な農地が水没したにもかかわらず、灌漑効果はほとんど見られなかったからだ。移住を強制された地元の人々は憤懣やるかたない思いを抱えていた[45]。建設に使われた建材はもろく、波の動きで内壁に深さ五十から七十センチメートルの亀裂が入った[46]。労働に駆り出され、腹をすかせた農民がダムや水門近辺でダイナマイトを使って魚を獲ったことも事態の悪化につながった[47]。

湖南省が例外だったわけではない。隣の湖北省でも、党指導部が国を荒廃させた大災害の一つとした一九五九年の旱魃のさいに、揚子江の豊かな流れが農地を潤すことはなかった。新しく建設された堤防の四分の三以上が高すぎたためだった。人も家畜も水が必要だったが、河は乾ききった農地のかたわらを通り過ぎていった[48]。旱魃の最中、農民は監利（かんり）と荊州（けいしゅう）間の堤防に百キロメートルにわたって穴を開けたが、のちの豪雨でこれが洪水を引き起こす結果となった。[49]一九六一年までに四十万個の小さなダムが破損し、うち約三分の一は崩壊または沈泥によって浅くなり、あるいは水漏れで干上がっていた。[50]

だが、巨大病に取り憑かれた他の地方と同様に、大規模プロジェクトの数は増大した。湖北省では、その数は一九五七年以前の数十から五百を優に超えるまでに膨れ上がった。完成後は地元の人民公社に丸投げされるケースが多く、管理監督は行き届かなかった。堤防の石は持ち去られ、送水路は沈泥で浅くなり、擁壁には穴が開けられ、ダムの上部に牛小屋や豚舎、ついには住居まで建てられた。堤防の水漏れを防ぐためのゴムは切り取られ、無人の見張り小屋から通信機器が盗まれた。[51]それは当然の結末を迎えた。全省あげて何百万もの農民を駆り出し莫大な労力を灌漑システムに投入したにもかかわらず、一九六一年時点で水が行き渡ったのは百万ヘクタールを下回り、一九五七年時点の二百万ヘクタールには遠く及ばなかった。[52]湖南省の状況は多少なりともましだった。水利事業への大規模投資の結果、一九六一年の灌漑農地面積は一九五七年の二百六十六万ヘクタールから一パーセント弱増え、約二百六十八万ヘクタールに増えていたからだ。[53]

脆弱な建材を使い、地勢を無視して建造された中国全土のダムは、放水路が不十分だったために多くは崩壊した。広東省では、潮安(ちょうあん)県の鳳凰(ほうおう)ダムが一九六〇年に、次いで東興県の黄淡ダムも決壊した。この二つは大型ダムだが、霊山、恵陽、鐃平といった中小のダムも崩れ落ちた[54]。中国全体では、全体の三八パーセントに当たる百十五の大型ダムが雨期に洪水を引き起こした[55]。北京指導部の報告によると、一九六〇年に、大型ダム三、中型ダム九、小型ダムや貯水池二百二十三が欠陥建築で崩壊した[56]。

土で造られたダムの多くはほとんど瞬時に崩れ去ったが、中には何十年も時を刻む危険きわまりない時限爆弾もあった。河南省の駐馬店地区の板橋ダムと石漫灘ダムがそうだった。この二つは、第4章で触れた一九五七年から五九年にかけての「淮河を手なずけろ」運動のさいに造られたが、一九七五年八月、この地域を台風が直撃したときに決壊し、押し寄せた大量の水と二次災害で二十三万人が死亡した[57]*。同省では、一九八〇年までに二千九百七十六のダムが決壊した。省水利庁の技術担当主任はのちに大躍進について「あの時代の愚挙はいまだに清算されていない」と語った[58]。

土壌のアルカリ化、塩化

自然への介入が農地のアルカリ化、あるいは塩化、ナトリウム土壌化を加速させた。アルカリ化は元来北部の半乾燥地帯によく見られる現象で、乾燥地を灌漑した場合に生じる障害と言われている。降雨量が少ないと、水に含まれる可溶性塩が土壌に蓄積し、土壌の肥沃度が著しく損なわれる。華北平原では新しい灌漑設備によってアルカリ化が進み、壊滅的な影響を受けた。河南省では、百万ヘクタールのうち三分の二がアルカリ土壌に変わった[59]。水利局の調査によると、北京およびその近郊では、大躍進期にアルカリ化した土壌はそれ以前の倍の一〇パーセントに達した[60]。沿岸部でも海水の浸入によって塩化が進んだ。地元の幹部連中が自分たちの力を誇示するために生半可な事業を展開した結果だった。河北省の海から二十キロ内陸にあった人民公社は、従来のやり方を無視して均整美だけを追求した。地形に合った不均等な区画を整地し、真四角な水田を作り、大きな運河から水を引いたため、アルカリ分が倍増し、収穫量が急減した[61]。同省のアルカリ土壌は一気に百五十万ヘクタールに広がった[62]。

もちろん河北省だけではなかった。劉建勲(りゅうけんくん)の塩化に関する報告書によると、河南省北部の多くの県でも塩化率が倍増し、二八パーセントに達した[63]。黄河沿いの県を視察した胡耀邦は、山東省の一部の県では大規模灌漑によってアルカリ土壌の割合が八パーセントから二四パーセントに増えたことを認めた[64]。同省北部および西部に関する一九六二年のさらに詳しい報告書によると、大躍進以来、平均塩化率は倍増し、二〇パーセントを超えていた。恵民(けいみん)県では、総耕作面積の半分近くが塩化した。原因は紛れもなく、「過去二年の灌漑事業が自然の排水システムを破壊したため」だった[65]。大飢饉の時期にどれほどの農地が塩化で失われたかは明らかではないが、灌漑耕作地の一〇パーセントから一五パーセントと見るのが妥当だろう。

大汚染

大気汚染と水質汚染については、中国全体はもちろん省レベルでさえ数値的な証拠は残されていないが、定性的証拠を見ればこれが環境危機に大きな影響を与えたことがわかる。中国には廃棄物処理場はなかった。このため、都市部の下水や工場排水は付近の河にそのまま流された。世界征服を目論む社会主義陣営のリーダーたるべく、圧倒的な農業国を最強の工業国へ作り変えようとする中で、河に放出されたフェノール、シアン化物、砒素、フッ化物、硝酸塩、硫酸といった汚染物質の量は急激に増加した。最も一般的な汚染物質の一つ、フェノールの場合、飲料水なら一リットルに付き〇・〇〇一ミリグラム以下、魚の養殖池なら〇・〇一ミリグラム以下が望ましいとされている。荒涼とした北部工業地帯の中心を流れる松花江(しょうかこう)と牡丹江(ぼたんこう)のフェノール含有量は、一リットル当たり二ミリグラムから二十四ミリグラムだった。鯉やナマズ、チョウザメでいっぱいだった河には、悪臭漂う有毒物質が流れていた。百五十キロメートルにわたる松花江の支流、嫩江(どんこう)では、一九五九年春、漁師たちが一日かけずに約六百トンの死んだ魚をすくいとった。遼寧省では、撫順(ぶじゅん)、瀋陽(しんよう)などの工業都市近辺の河から魚の影がまったく消えていた。大連(だいれん)に近い沿岸部は、毎年二十トンほどのナマコが獲れていたが、大躍進期にこの高級食材は姿を消した。[66] もっと南の北京では、国務院が汚染をぼやいていた。巨大な鞍山鉄鋼コンビナートが大量の排水を垂れ流しており、石油の匂いが漂うぬるぬるした川面に死んだ魚が腹を見せて浮いていた[67]。とりわけ深刻だったのは、チャムスの製紙工場が船底さえも腐食するほど大量のアルカリ廃液を流していたケースだ。工場自体も、ひどく汚染された河の水を使わざるを得なかったために、上質の紙は作れなかった。こうした事例は上海から杭州に至る一帯の工場すべてに見られた。石油会社も共犯だった。茂名の一工場だけで年間二万四千トンの灯油を垂れ流していた。飢饉の最中に河に捨てられた貴重な資源は他にもある。国務院の概算では、土埃と排煙に覆われた瀋陽の製錬工場は、使用した水を再利用するだけで、年間二百四十トンの銅と五百九十トンの硫酸を節約することができたはずだった[68]。

当時、一九五七年以降の汚染の進行を示す比較調査はほとんど行なわれていなかったが、大躍進の影響を実証する一つの事例を見てみよう。北西部の工業の中心だった蘭州の皮革、メリヤス、製紙、化学工場は、一九五七年に一日当たり約千六百八十トンの排水を流していた。一九五九年になるとその量は一万二千七百五十トンに跳ね上がった。蘭州は黄河沿いで最初の大都市である。蘭州の黄河には、衛生部の定めた数値の八倍の汚染物質が含まれていた。黄河はこのあとゆっくりと蛇行し、内モンゴルの砂漠や草原地帯を通って華北平原に入る。ここで灌漑用水として無数の水路や暗渠を通り、汚染物質は畑の土に定着した[69]。

河の水が唯一の飲料水という地域も多く、人間も汚染された。北部の製鉄所の近くで暮らしていた労働者は慢性的に汚染された。山東省淄博では、上流の薬品工場から流れ出した汚染物質入りの水を飲んで農民百人が身体を壊した[70]。南京の従業員数わずか二百七十五人の工場一軒で、放射性物質を含む汚水を日に八十から九十トン垂れ流していた。廃棄物を処理する方法がなかったため、すべて秦淮河につながる下水に直接流していた。河は汚水溜めと化した。地元の人々が米を研ぐ地下水さえも汚染され、工場近くの井戸水は赤や緑色をしていた[71]。上海の宝山では、製鉄所の廃水が労働者の寮の中にまで浸入していた。外には波形鉄板のくずが山積みされており、労働者はゴミの山を越えて寝に行かなければならなかった[72]。鉱滓は廃液の垂れ流しによる汚染に比べれば関心は低く、フル回転の上海では日に二十五万トンずつ堆積していった[73]。

大気も汚染されていたが、具体的に知る手がかりは少ない。水の方がはるかに貴重な資源であり、調査も行き届いていたためだ。とはいえ、ある調査によると、上海の大気には、多くの肥料工場が製造過程で作り出す二十トン相当の硫酸ガスが日々排出されていた[74]。

スズメ退治の愚行

工場では農薬や殺虫剤も作っており、動物、人間、土壌、大気が汚染された。たとえば上海では、何千トンものディプテレックスやＤＤＴ、「６６６」の商品名で知られるベンゼンヘキサクロリド（ＢＨＣ）が製造されていた。「６６６」は土壌での分解速度が非常に遅い、きわめて毒性の高い農薬だった。[75] この種の農薬が家畜や畑、水産物に与える影響についてはよく知られていた。だが、飢饉の時期、こうした化学毒物に農業以外のあらたな用途が誕生した。食糧不足に悩む一部の人民公社は、殺虫剤を使って魚、鳥、動物を捕獲した。湖北省では、一般的に１６０５および１０５９粉末と呼ばれるシストックス、ジメトンなどの殺虫剤や、３９１１と呼ばれる劇薬殺虫剤を、鴨を捕まえる目的で散布し、獲物を都市で売った。湖北省の沙口鎮だけでも、汚染された家禽を食べて何十人もの人が中毒にかかり、何人かは命を落とした。空腹に耐えかねた農民が野生の生き物を捕まえようと池や湖に化学薬品を撒いた。その結果、水が真緑に変わり、生き物が死に絶えたところもあった。[76]

だが、何といっても害虫駆除の最たるものは大衆動員だった。人民の力を結集して自然を征服することに夢中だった毛沢東は、一九五八年、ネズミ、ハエ、蚊、スズメの四害排除命令を出した。スズメは、農民の汗の結晶である穀物を食べるという理由で標的になった。国を挙げてスズメに全面戦争を挑んだこの運動は、大躍進期の出来事の中でも最も奇抜で、環境へのダメージが大きいものの一つだった。太鼓を叩き鍋やドラを打ち鳴らして大きな音を出し続けることで、スズメは休む間もなく飛び続け、最後は疲れ果てて地面に落ちてきた。卵を叩き潰され、巣を壊されたスズメは空に飛び出していくしかなかった。肝心なのはタイミングだった。どこにも逃げ場がないようにするために、この宿敵との戦いで国中が歩調を揃える密集行進戦略をとったのだ。完全勝利を収めるために、同じ時間帯に都市の人々は屋根に上り、農村の人々は山腹に散り、森の木々に上った。

ソ連の顧問ミハエル・クロチコは北京でこの運動が始まった瞬間を目撃した。ある早朝、彼は身の毛もよだつ女性の叫び声で叩き起こされた。やがて太鼓の音が鳴り響き、彼女はホテルの隣のビルの屋上を行ったり来たりしながら、シーツをくりつけた竹の棒を狂ったように振り回していた。三日間にわたって、ホテル中の人々が、ベルボーイやメイド、公式の通訳者に至るまでスズメ退治キャンペーンに駆り出された。子供たちも町に飛び出し、あらゆる翼のある生き物に向かってパチンコを打った。[77]

屋根や梯子やポールから人が転落する事故も続出した。南京では、スズメの巣を取ろうと学校の屋根に上った李皓東が足を踏み外し、三階から転げ落ちた。鳥を脅すために熱心にシーツを振り回していた地方幹部の何徳林は、つまずいて屋根から落ち背骨を折った。鳥を撃つために用意された銃も事故を招いた。南京ではたった二日間で約三百三十キロの火薬が使われており、この撲滅キャンペーンの規模を物語っている。だが、羽の生えた生き物すべてが銃の標的となったため、真の犠牲者は周囲の動物だった。被害は農薬の濫用によってさらに広がった。南京では毒入りのエサで狼、兎、蛇、仔羊、鶏、鴨、犬、鳩などが大量に殺された[78]。

一番の犠牲者は慎み深いスズメたちだったが、その数を特定する信頼できそうな数字は存在しない。数字もキャンペーンの一環だったからだ。見かけ倒しの水増し数字もキャンペーンそのものと同様に非現実的なものだった。上海市は害虫害鳥に対する断続的な戦いの成果として、ハエ四万八千六百九十五・四九キロ、ネズミ九十三万四百八十六匹、ゴキブリ千二百十三・〇五キロ、スズメ三十六万七千四百四十羽を退治したと高らかに報告した[79]（大手柄を上げるためにどれだけの人々が密かにハエやゴキブリを養殖したことか）。スズメはおそらくはほとんど絶滅寸前まで追い込まれ、その後何年もほとんど見かけることはなかった。一九六〇年四月、スズメが虫を食べてくれていたことに気づいた指導部は、スズメを害虫害鳥リストから外し、代わりに南京虫を加えた[80]。

だが、この方針転換は遅すぎた。一九五八年を境に虫が大量に発生し、作物のかなりの部分に被害を与えた。最大の被害は収穫の直前に訪れた。空が暗くなるほどのイナゴの大群が農村部を覆い、作物を食い荒らした。湖北省では一九六一年夏の旱魃のせいで大発生し、孝感地区だけで一万三千ヘクタールが被害を受けた。荊州地区の被害は五万ヘクタールを超えた。この食欲旺盛なバッタは湖北省全体の米作の約一五パーセントを食べ尽くした。何もかも食べ尽くされ、宜昌地区の綿花の半分以上が餌食となった。[81] 激しいスズメ退治キャンペーンを展開した南京周辺では、一九六〇年秋に農地の約六〇パーセントが虫害に遭い、深刻な野菜不足に陥った。[82] 様々な害虫がはびこり、浙江省では一九六〇年に収穫量のほぼ一割に相当する五十万から七十五万トンの穀物が、ズイムシ、ヨコバイ、ワタキバガの幼虫、ハダニなどの害虫によって失われた。予防策を講じようにも殺虫剤が不足していた。まずは、一九五八年から五九年にかけての自然に対する猛攻で農薬がばら撒かれ、一九六〇年には、生活必需品の欠乏が最も必要とされた殺虫剤にまで及んだ。[83]

このように自然との闘いでは、様々な要因が絡み合って劇的に被害が増幅され、指導部が「自然災害」と称した事態を招いた。製鉄キャンペーンは森林濫伐をもたらし、その結果土壌浸食や水の蒸発を招いた。大々的な灌漑事業によって環境バランスはさらに損なわれ、洪水と旱魃の被害を拡大した。そして、この二つはイナゴ大発生の要因となった。旱魃で自然界の競争が取り除かれ、その後豪雨が訪れた途端に、イナゴが他の虫より短期間で孵化し、ダメージを負った畑で支配権を握った。スズメの消滅とかつての殺虫剤の濫用で、畑は害虫天国となり、農民がどうにかして育てようとしたわずかな作物まで食べ尽くされた。

毛沢東は自然との闘いに敗れ、自然征服キャンペーンは裏目に出た。人間と環境の絶妙なバランスを崩したことによって、結果的に多くの人命が失われることになった。

【訳註】

***二十三万人の死者**　一九七五年八月初旬、台風が停滞した河南省駐馬店地区は三日で千六百ミリという記録的な豪雨に見舞われ、板橋ダム、石漫灘ダムなど多数のダムが決壊し、大洪水が発生した。罹災者は二百万人、洪水による死者は二万人、その後の二次災害によって犠牲者数は二十三万人にも達したとも言われるが、実態はまだ明らかにされていない。少なくとも史上最悪のダム事故であることは確かである。

第4部

生き残るために

第22章　飢饉と飽食

〝カースト〟に応じて分配

平等は共産主義イデオロギーの根幹かもしれないが、実際には、どの共産主義国も手の込んだ階層（ヒエラルキー）型命令系統を構築した。なぜなら、この種の政権はえてして現実の敵あるいは仮想敵の恐怖に絶えず苛まれており、社会を軍隊式に組織することが正当化されているからだ。軍隊式の社会では、各従属部隊が一切疑問をもつことなく命令を遂行することを求められ、「どんな役人も上司に対しては金床であり、同時に部下に対しては金槌であった」[1]。また、指令経済は、需要ではなくその時々の必要に応じて物やサービスを分配する。帝国主義勢力から自国を守ろうとする国だろうと、共産主義的未来へ突き進もうとする国だろうと、党は個々の集団の要求に応じて優先順位を定める。中華人民共和国の場合は、食料、商品、サービスの分配は主として戸籍制度に基づいて決定された。これは、いわば一九三二年十二月にソ連が導入した内部パスポートに相当するものだ。戸籍制度は一九五一年に都市部に導入され、一九五五年に農村部にも拡張され、まさに農民が人民公社に組み込まれた一九五八年に法制化された。この制度によって、国民は「都市住民」あるいは「農民」に分類され、二つの別個の社会に分けられた[2]。戸籍制度で付与された身分は母親を通して継承される。つまり、農村戸籍を持つ娘が都市戸籍を持つ男と結婚したとしても、本人とその子供は農村戸籍のままになるということだ。

戸籍制度は計画経済の基軸だった。国が物の分配を管理する以上は、経済各分野のおおまかなニーズを把握しておかなければならない。かりに国民に完全な移動の自由を与え、大勢の人々が国中を動き回ることになれば、計画立案者たちが入念に導き出した生産割当や配給計画は崩壊することになる。だが、戸籍制度にはもう一つの役割もある。農民を土地に縛りつけて集団農場での廉価な労働力を確保し、その余剰作物を工業化のために役立てることができるという点だ。「農民」は、都市住民に与えられる、住宅補助や食料配給、医療、教育、障害手当といった特権を奪われたカースト〔世襲の身分制度〕として扱われた。飢饉の最中、国に見放された農民たちには自力で生き延びるしか術がなかった。

都市と農村のあいだには壁が作られた。同じように、一般の人々と党員のあいだにも明確な断層線が走っていた。さらに党内でも、穀物、砂糖、食用油、肉、鶏、魚、果物の配給量から耐久消費財、住宅、医療の質、情報に至る様々な特権が軍隊と同様の精密な階級区分に基づいて付与された。タバコの品質でさえ階級によって異なっていた。広州では、一九六二年の時点で、八級および九級幹部には月に中級タバコが二カートン、四級から七級幹部にはもう少し質の良いものが二カートン、高級知識人、芸術家、科学者、党指導部らをはじめとする一級から三級幹部には最高級タバコが三カートン与えられた。[3]

党上層部の面々は、高い壁に囲まれた、二十四時間警備付きの専用住宅に暮らし、お抱え運転手付きの車を持っていた。彼らとその家族には希少物資を安く買える特別な店が用意されていた。また、専用農場では高品質の野菜、肉、鶏肉、卵が生産され、鮮度分析や毒見役による事前検査を経た上で首都の指導部および各省の指導者に供された。[4]その頂点に君臨する毛沢東は、歴代の皇帝が暮らした紫禁城にほど近い豪勢な家に住み、寝室の広さはダンスホール並みだった。そして、すべての省や主要都市には、毛の意のままに仕えるシェフやスタッフが常駐する豪華な別荘があった。[5]ピラミッドの階層の最底辺では、何百万もの人々が満州の極寒の荒野から甘粛省の不毛な砂漠地帯に至る過酷な地に設けられた労働改造所〔強制労働収容所の一種。第33章参照〕に収監され、裁判の機会も与えられぬまま、いつ果てるとも知れない石割りや石炭掘り、レンガ運び、土地の耕作に駆り出されていた。

「豚幹部」

飢饉が猛威をふるうにつれて特権階級は増えていった。次々と粛清が行なわれていたにもかかわらず、党員数は一九五八年の千二百四十五万人から一九六一年には千七百三十八万人へと、およそ五割も増加した。[6] 党員は上手に生き延びる術(すべ)を知っていた。飢饉の最中にたらふく食べる方法の一つが、すべての経費を国が負担する会議に頻繁に出席することだった。一九五八年に公用で上海を訪れた関係者の数はおよそ五万人だったが、一九六〇年には倍の十万人に膨れ上がった。彼らは国営ホテルに泊まり、国が賄う宴会で食事をした。人気のあった東湖(トンフー)賓館は、伝説的な暗黒街のボス、杜月笙(とげつしょう)の住まいだったところで、手の込んだ料理から洗面所に用意された何種類もの香水に至るまで、すべて無料で提供される会場の一つだった。この種の会議はひと月も続くことがあった。一九六〇年には、上海ではほぼ毎日のように高位の幹部会議が開催され、その経費は莫大なものだった。[7]

階級の低い幹部連中は地元の会議でご馳走を食べた。飢饉で破壊された貴州(きしゅう)省納雍(のうよう)県では、幹部二百六十人が四日間で牛肉二百十キロ、豚肉五百キロ、鶏六百八十羽、ハム四十キロ、酒百三十リットル、タバコ七十九カートン、それに山のような砂糖と練り菓子を消費した。加えて質の良い毛布、心地よい枕、香料入り石鹸、その他会議のために買い調えられた様々な贅沢品が提供されたことも忘れてはならない。北京の自動車工場は、一九六〇年末にかけて党の訪問団を八回受け入れ、最高級ホテルを提供するなど六千元以上を費やした。[8] 会議の他にも「製品試食会」と称する会合が開催された。遼寧省営口市では、一九六〇年三月のある朝、二十人を超える幹部らが集い、大量の紹興酒を飲みながらタバコをはじめ肉の缶詰、果物、ビスケットといった地元特産品に舌鼓をうった。彼らは飽食の限りを尽くし浴びるほど酒を飲んだあげく、吐いた者が三人いた。[9]

観光旅行も計画された。一九六〇年二月、およそ二百五十人の幹部らが豪華船に乗って揚子江クルージングに出かけ、石灰岩でできた絶壁やカルスト地形、小渓谷を堪能しながら様々な料理を試食し、途中何度か船から降りて名所旧跡を訪ね歩いた。写真撮影はフィルム百本分に及んだ。香油と線香の香りが絶えることなく漂う船内では、真新しい制服に身を包み、ハイヒールを履いたウェイトレスがひっきりなしに豪華な料理を運び、甲板では楽隊が音楽を奏で、惜しむことなく贅の限りが尽くされた。二十五日間のクルーズに費やされた経費は、燃料とスタッフの人件費だけで約三万六千元に達した。肉と魚五トン、ふんだんに提供されたタバコと酒は含まれていない。イルミネーションで虹の七色に輝く船が月明かりの中を行く光景はさぞかし魅惑的だっただろう。笑い声や話し声、グラスが触れ合う音を響かせながら、船はゆったりと進んでいった。その息を呑むほど美しい揚子江流域の風景は大飢饉によって荒れ果てていった[10]。

飢饉の時期、都市や地方で開催された党会議の「大喫大喝（ダーチーダーハー）」（食べまくり飲みまくる）と呼ばれた大宴会は、庶民の不平の的だった。強欲な幹部はしばしば「豚幹部」と呼ばれた。明（みん）代の有名な小説『西遊記』に登場する怠け者で大食い、色欲旺盛でならした半人半豚の猪八戒（ちょはっかい）に由来した呼び方だった[11]。だが、党員以外でもご馳走にありつく機会に恵まれた人々もいた。たとえば、共同食堂のスタッフの中には職権を濫用し、食料を横領する者が後を絶たなかった。窮乏していた河南（かなん）省の省都鄭州（ていしゅう）のある綿工場では、関係者が定期的に貯蔵庫に侵入し、食料を私物化していた。一日で塩卵を二十個も食べたコックや缶詰肉を何キロも食べた者もいた。麵や揚げパンは夜間に食べられ、配給された肉、魚、野菜は日中にスタッフのあいだで分け合った。日に三杯の粥と、ときおり与えられる干し米や饅頭で生きていかなければならない一般労働者は動けないいほど衰弱していた[12]。

もちろん農村の人々はこうした略奪行為を指をくわえて見ていたわけではない。広東（カントン）省のある人民公社では、この飽食の時代に、地元の幹部らが公社が所有していた豚の三分の二を宴会で食べ尽くしたとき、農民は脅し文句をつきつけた。「おまえら幹部がおおっぴらに盗むなら、おれたちは隠れて盗んでやる[13]」。一九五八年、この地では、人民公社に抵抗する農民が、自分たちが所有していた家禽や家畜を殺しまくった。農民たちは恐怖心や噂に煽られ、みずからの労働の成果を食べ尽くし、供給された肉を備蓄し、財産を取り上げられるぐらいならいっそのこと闇市場で売り払って現金化してしまえ、といった行動に出た。第7章で触れたように、広東省北東部の丘陵地帯の村に暮らす胡永銘は、鶏四羽、鴨三羽、次いで犬、仔犬、猫の順に次々と計画的に自分の家畜を殺し、一家でその肉をむさぼり食った。[14]

一九五八年に飽食の日々を送った農民たちは、その後もご馳走にありつく機会を逃さなかった。地元幹部は見て見ぬふりを決めこんだ。暴力による支配が定着していた羅定（らてい）県では、一九五九年七月一日に「中国共産党創立記念日」を口実に、一家族当たり四羽の鴨を平らげた生産隊があった。[15] 不満を抱えた湛江（たんこう）地区の農民は、旧暦の新年を祝う席に欠かせない餃子に使う豚肉が手に入らなかったために、一九六一年の春節〔旧正月〕に何千頭もの畜牛を殺した。この種の抵抗は広東省各地で見られた。[16]

こうした饗宴の背景には、没収やインフレによって個人の蓄えが急激に侵食され、食料や金銭を蓄えたところで無意味だという考え方があった。番禺（ばんぐう）でつましく暮らす老女、陳柳姑には切り詰めて貯めた三百元の蓄えがあったが、一九五九年の初夏に十人を招き、レストランで魚スープを大盤振る舞いした。「このご時勢じゃ金を貯めてもなんにもならないからね。手元に残したのは棺桶用の百元だけさ」。[17] 北京で暮らしていた外国人によると、一九五九年、都市部にも人民公社が設立されるという噂を聞きつけた人々が、家具を売却するために国営商店に殺到し、いつもは静かなレストランが大賑わいだったという。売り払った金を、めったに食べられないご馳走に散財したというわけだ。[18]

幸運なことに、面倒見のいい幹部に恵まれ食べ物に不自由しなかった人々もいた。こうした幹部たちは飢饉の最中、あらゆる政治的手腕を発揮して部下の食事を確保した。上海市徐匯（じょかい）区には、扉がガラス製で、店内を蛍光灯が明るく照らす豪華な造りの共同食堂があった。ラジオを備え付けたところもあった。また、普陀（ふだ）区のある食堂には大きな金魚鉢が飾られていた。[19] 一方で、幹部に甲斐性がなくても、腹いっぱい食べる機会はめぐってきた。調査によると、河北（かほく）省では労働者があちこちの共同食堂をはしごすることがあったという。テーブルに載りきらず床に置くほど大量の食事を常時出している食堂もあった。食べ残しは毎回洗面器三杯から四杯分、重さにして五キロに達した。さらには、有り余るほどの料理を宿舎に持ち帰ったものの、結局食べ切れないこともあった。捨てたパンを人々が踏みつけたために、宿舎の床はベトベトに汚れていた。[20] 北京郊外の石景山（せきけいさん）の食事を十二分に摂っていた労働者は、パンの外側は捨てて中身のナツメ餡（あん）だけを食べていた。[21] 上海機床廠〔工作機械工場〕では、米の洗い方があまりにもぞんざいで、毎日何キロもの米を排水管から拾い上げ豚の餌にしていた。監視の目が緩む夜になると、労働者たちは腹いっぱい食べ、食べ比べに興じる者もいた。優勝者は一回の食事で米二キロを平らげたという。[22]

第23章 策を講じる

欠乏対策＝コネ、賄賂、物々交換

どの階級に属していようと、実際のところ上から下まであらゆる人々が、党が排除しようとしたはずの個人利益の追求にひそかに手腕を発揮し、物資の分配システムを破壊した。飢饉の最中に生き延びていけるかどうかは、嘘をつく、取り入る、隠す、盗む、騙す、横領する、略奪する、密輸する、ごまかす、巧みに操る、さもなければ国を出し抜くといった能力の有無にかかっていた。

だが、独力で経済活動を展開できる者など一人としていなかった。この門番だらけの国家では、あらゆるところに障害が立ち塞がり、集合住宅の気難しい世話人から駅の窓口に座る杓子定規な切符売りに至るまで、誰もが誰かの邪魔をするからだ。最下層の役人にまで恣意的かつ専制的になりかねない権力を授けたシステムの中で運用される規則や規範は、あまりにも多様で複雑だった。切符を買う、クーポンを交換する、建物に入るといった単純な取引でさえ、融通の利かない頑なな人間を前にすると悪夢に変わる。ちゃちな権力が計画経済の底辺で増殖した小役人を腐敗させ、彼らはきまぐれに権限を発動して、自分たちがたまたま管理している希少な物資やサービスの分配を決定した。命令系統をさかのぼれば、さかのぼるほど、こうした権力は増大し、悪用される危険も高まった。

ごく簡単な事柄を行なうにも、個人的な関係や社会的なつながりといったネットワークが必要だった。行政手続きの重箱の隅をつつくことが生き甲斐のような小役人、赤の他人に便宜を図ることなど無意味だと思っているような小役人に比べたら、顔の利く友達に頼む方がはるかに早道だった。かつての隣人、昔の同僚、学生時代の友人、あるいは友人の友人ならば、要求に応じてくれたり、見逃してくれたり、法律の抜け道を見つけて規則を曲げてくれる可能性が高く、人間関係は何にも優る手段だった。権力の上層部では、影響力のある同僚の口添えで公金を手に入れたり、税金の免除や希少物資を横流ししてもらうこともできた。どの階級に属していようと、人々は好意や贈り物のやりとりや賄賂などでコネのネットワークを広げていった。上海の貯蔵部門のトップだった穆興武は配下に十九人の親族を雇い入れた。その結果、部下の半数が近親者で占められることになり、物資を入手するしっかりとした手立てを確保することができた。[1] 人々は皆、自分の利益を守り増やすために下にいる人間に圧力をかけた。物質重視の指令経済が、個人的なネットワークが行き渡るシステムを生み出したのだ。

こうしたシステムは、非党員よりも党員の方が活用しやすかった。彼らは企業間ネットワークを利用して、つねに国を出し抜く方策を考案した。最も一般的だったのは、割当を無視して直接企業間で取り引きするというやり方だった。武漢の湖北省交通運輸局は、食料と交換で江漢区第二商務局に物資を流していた。一九六〇年前半の数カ月で取り引きされた量は、砂糖一トン、酒一トン、タバコ千カートン、缶詰肉三百五十キロだった。また、武漢石油購銷站〔売買ステーション〕は、幹部らの贅沢な宴会のために何百トンもの石油、ガス、石炭を売った。[2] 北部では、清河林業局が、何百立方メートルもの材木と、チャムスの工場のビスケット、レモネードとを交換した。豚とセメント、鉄鋼と材木とを交換したところもあった。[3]

この種の取引は国中で行なわれていた。〝代表使節団〟が融通の利かない供給システムを巡る旅へと送り出され、その結果、裏経済が発展した。企業の購買担当者は、社会的な関係を構築し、地元の役人を接待して、上から指示された買物リストに見合う取引を成立させた。賄賂は日常茶飯事だった。上海物資局の局長は、鹿の袋角や白糖、ビスケット、子羊など、日常的に贈り物を受け取っていた。一年足らずのあいだに彼の裁量で「損傷した」あるいは「紛失した」物資を金銭に換算すると、六百万元を超えた。[4] 広州運輸局は大躍進後の三年間で、五百万元以上の「無駄遣い」をしたとして告発された。[5] ある調査によると、一九六〇年後半に黒竜江(こくりゅうこう)省だけでも、約二千人の幹部が各自の所属単位〔機関、企業〕を代表して材木を買い付け、その見返りとして腕時計、タバコ、石鹸、缶詰を相手側に渡していたという。[6] 広東(カントン)省の数十の工場は、国を通す正規ルートを省略して、物資を確保するために代表団を上海に送り出した。[7] 人民公社も例外ではなかった。同省の海鷗(かいおう)農場は、生産したシトロネラ油〔香水、防虫剤の原料〕を国に納めず上海の香水工場に売った。[8] こうした裏経済取引がどれほどの規模で行なわれていたかを特定することはできないが、ある調査によると、南京から直接取引で他の企業に出荷された物資の量は、一九五九年四月だけで八百五十トンに上ったという。偽名を使ったり、偽の出荷許可証や証明書を作成したり、解放軍の名前で出荷するなど、利益目的で偽装した出荷先は何百社もあった。[9]

取引方法としてはかなり原始的とも言える物々交換は、物資不足の状況で物を配分するには最も効率的なやり方の一つだった。また、国内に張りめぐらされたネットワークに乗って物資が運ばれ、国の仕組みや計画経済を出し抜き、さらには粉飾決算しやすいという目に見えない恩恵を与えてくれる、きわめて洗練された手法だった。ここでは物資が通貨だった。

瀋陽(しんよう)市のある有名な餃子店を詳しく調べたところ、同店の料理が市内の三十社を超える建設会社の鉄パイプ、セメント、レンガなどの物資と日常的にバーターされていたことが判明した。また、同店は原料を廉価で確保するために、国営の供給業者に直接餃子を提供していたこともわかった。飢饉のさいに、他の供給業者と同様に深刻な物不足に見舞われていた市の水産品公司は、餃子の見返りに、本来なら近郊の消費者に提供すべきエビをすべてこの店に納入していた。そして、幹部らは瀋陽一のデパートに出かけ、餃子クーポンと引き換えで買物に興じた。また、従業員にも餃子をたらふく食べさせた。この店は交通警察や消防隊まで買収し、石炭の搬入、給水、トイレ掃除、衛生検査といったサービスをすべて合意した量の餃子とのバーターで入手していた[10]。

資金の横領は粉飾決算で隠すことができた。会計士は支出を捏造し、その額が百万元に達したケースもあった。また、国有企業が国の投下資本を操作して生産財ではなく固定資本に注ぎ込み、新社屋やダンスホール、個室トイレ、エレベーターなどの建設に充てるケースもあった。貴州省遵義地区で起きたことだ。強制捜査の結果、ここでは大躍進以降五百万元の横領があったことが判明した[11]。黒竜江省のある採石場では、事務所、共同食堂、幼稚園などの設備投資を全額製造コストに計上し、請求書を国に回した。管理費や運営費を製造コストに上乗せした企業は多かった。北京だけでも、七百もの行政単位の給与と経費が「製造コスト」という名のブラックホールに消えていった[12]。偽装され、国に転嫁された経費もあった。河南省洛陽のボールベアリング工場は千二百五十立方メートルのプールを建設し、「冷却装置」と銘打った請求書を国に送った[13]。

銀行から金を借り続けるというやり口もよく使われた。一九六一年夏、国の赤字額が三十億元に達したことに言及したさいに李富春が指摘したように、宴会のために銀行から借金した企業や機関は多かった[14]。そして、赤字に陥った市や県は国への納税をやめた。こうした措置は、多くの省が利益の留保を定めた条例を採択した一九六〇年に始まった。遼寧省の財政庁と商務庁は、配下の企業の利益は次年度の予算に計上せず、地元で分配すべきと指示した。山東省高陽県も、県の判断で利益は予算に計上せず地元で保有すべきだと定めた。一方で、損失については予算に組み込まれ、国に請求した。かねてから集団企業や都市の人民公社の増税は難しかったが、都市全体が税金を徴収しない決定を下した[15]。

また、粉飾決算などに手間をかけることなく、単に国から盗むという方法もあった。上海から南京までの鉄道路線沿いの工場が盗んだり、着服したり、密輸した量は、一年足らずのあいだに鉄鋼三百トン、セメント六百トン、材木二百平方メートル強に上った。徐州の新華鎖廠などは組織的で、大型トラックを雇い、必要な原材料のすべてを停車場から盗んだ。この種の行為を指示するのは、たいていはトップに立つ幹部だった。南京東駅の大規模な集会所は組織的な窃盗の金字塔だった。すべて駅長の杜成長が指示して盗ませた材料で建設されていた。[16]

欠乏対策＝配給名簿をごまかす

配給名簿の水増しという手で国を欺く方法もあった。農村では死者を利用する薄気味悪いやり方が横行した。食料配給を確保するために死んだことを隠そうとしたのだ。幹部らも日常的に農民の数を水増しし、余った分を着服した。国が食料確保を優先した都市部でも同じだった。調査団が河北省のある県の帳簿を詳細に調べたところ、国は二万六千人の労働者に対して、定められた配給量より一人当たり月平均九キロ多く分配していたことが判明した。誰もが数字を改竄した。小さなレンガ工場が大胆にも、実際には三百六人にすぎない従業員数を六百人と公表していた。大半が軽労働者だったにもかかわらず、全員を重労働者と申告し、より多くの配給を受けられるようにした工場もあった。[17]北京の建設業界では、死者や、すでに農村に戻った五千人の労働者を名簿に記載したままだった。清廉潔白なはずの中国科学院でさえ、その下部組織である地球物理研究所で食料配給権を主張する従業員四百五十九人のうち、三分の一以上は権利のない非正規従業員だった。[18]

逆に、外部の人間を非公式に雇用するケースもあり、雇用側と従業員の需給状況が給与を左右する労働力の闇市場が出現した。優秀な労働者や有望な見習いは給与以外の諸手当、あるいは金銭的なインセンティブに惹かれて転職した。一九六〇年夏の報告によると、南京では同年上半期に何千人もの労働者が離職した。[19] 工場のボスがより条件のいい職場への転職を阻止した場合、労使間の闘いが勃発し、「雇用の自由」がないといって不満を抱いた労働者はみずから解雇されるように仕向けた。怒りを爆発させ、その矛先を行く手を遮る上司に向ける者もいた。白下区の商業部門では、見習い五百人のうち百八十人が姿をくらました。労働力の闇市場の主力は、南京に限らずどの都市にも出現した「地下工場」だった。正規の仕事のあとに夜間シフトに就く者もいれば、生活費を稼ぐために昼夜働きづめの人もいた。南京の中心部に近い建設会社では、労働力の三分の二がこれに該当した。学生、医者、さらには幹部でさえ、埠頭で働いたり、平台三輪車の荷役をするなど、いくつもの仕事をかけ持ちしてこうした闇市場で稼いでいた。[20]

欠乏対策＝こっそり商う

計画経済には数多くの矛盾が存在したが、万人が何らかの取引に従事するというのもその一つだった。人々は欠乏とインフレが価格の高騰をもたらすと予想し、大量の物資を投機買いした。湖北大学は闇市場の流動性に応じて特定の物資を売買するよう仲介業者に電報で指示を出した。上海中国社会科学院の研究所は、華東師範大学の学生を二十人雇い、不足物資とバーターできる物資を買い集めた。[21]

党員は投機買いを企てやすい立場にあり、フルタイムでこれを画策していた者もいた。北京西部の建国門公社の幹部、李克は、九カ月にわたる病欠証明書を偽造して会社を休み、ミシン、自転車、ラジオを扱う商売を始めた。その利益で大量の電球とケーブルを入手し、それを天津で売って家具を買い入れ、郊外の家具市場が品不足に陥ったときに売り飛ばした。彼は、商才をいかんなく発揮し抜け目なく立ち回ったわけだが、その間、国からの給与ももらっていたことになる。同様のケースはいくらでもあった。[22]

だが、たいていの幹部はもっと実入りのいい商売に専念し、ささやかな商売を手がけるのは普通の人々だった。かつて自由貿易港だった上海は昔から商取引が盛んだった。ほとんど無一文で起業した趙建国も、当初は主に電球などのささやかな生活用品を扱っていたが、かの有名な「鳳凰」ブランドの自転車でそこそこの利益を上げた。やはり小商いをしていた李川英は上海で品物を買い入れ、安徽省で売りさばいた。胡玉美は浙江省台州市黄岩まで行商に出て、麦藁帽子、ゴザ、干し魚やエビを売り歩き、元手を倍に増やした。馬桂友は繁華街に暮らす裕福な家から宝石や腕時計を買い上げ、農村で配給票と交換し、月百元ほど儲けていた。「反革命分子だなんてとんでもない。盗みも略奪もしてないんだから。仕事はないんだし、ちょっとした商いぐらいでとやかく言われたくないね」。一九六一年八月に居民委員会の協力で報告書を作成した役人は、この種の商売人が扱っている商品の種類の多さと市場動向に関する情報の確かさに舌を巻いた。国の計画立案者らも経済情報を収集していたが、小商いに精を出した商人の方がはるかに人々の需要に精通していた。こうした風潮が広がりを見せ、家計のために農村で仕入れた果物を売っていた力車引きの陳章吾爺さんから、遠く離れた内モンゴルや東北部への視察旅行を隠れ蓑に個人的に商売をしていた企業のお偉方に至るまで、あらゆる階層の人々が関与していた。[23]

工場労働者も例外ではなかった。中華全国総工会は、計画経済の原則を突っぱね、不足している物資を投機買いし、じっくりと値段を比較して得な買物をする「資本主義的な生活様式」に傾きがちな労働者に警戒感を抱いた。彼らは売っている物がなんであれ行列を見つけると並んだ。家族で交代しながら並ぶ者までいた。工場で働く李蘭英は後日転売しようと五元出して人参ジャムを買ったし、彼女の同僚は柿を袋ごと買った。報告にあるように、決して珍しいことではなかった。これが彼らの「暮らし方」だったのだ。労働者は皆「お金の倹約は物を倹約するより実にならない」と考えていた。貯蓄は月に数パーセントずつ減っていった。[24] 上海では物不足への恐怖感から人々が行列を作り、店で買える物ならどんな物でもすべて買い占めようとしていた。[25]

投機買いの資金が足りなくなると、労働者たちは一九四九年以前によく見られた

「打匯（ダーホイ）」と呼ばれる慣習を復活させた。これは貧しい人々が信頼できる仲間同士で作る私設銀行〔無尽講〕のようなもので、毎年持ち回りで誰かが銀行役を務め、各人が月五元から十元ほど貸し合う方法だった。北京の東城（とうじょう）区では、この種の取引が毎月七十件ほど行なわれており、借りた金を贅沢品に散財する人もいた。郵便局に勤める趙文華は、腕時計、自転車、毛皮のコート、結婚祝いの贈り物といった価値の下がらない物を買い集めた。こうした消費行動の背後には、飢饉のときは現金より物の方が安全だという考え方があった[26]。子供たちでさえ商売に精を出した。吉林（きつりん）省の小学生のおよそ十人に一人は、焼き菓子、肉、卵、野菜、スープなどを買って転売する商いに手を染めていた[27]。

サイコロを振る者もいた。広東省藍塘（らんとう）公社では、幹部二名が村の穀物千キロ、野菜数百キロを賭け事で失った。数キロ先では、ギャンブルで五十元すった女性が借金を返すために売春に走った[28]。ギャンブルは当局が撲滅しようにも手の施しようのない悪習だった。広州の工場労働者はポーカーで、金ではなく食料を賭けた。負けが込んで、三千五百元という桁外れに大きな額に膨れ上がった者もいた[29]。南京郊外の六合（りくごう）では至るところで賭け事が行なわれ、二十人規模で興じていたグループもあった[30]。ギャンブルは飢饉の時期に蔓延し、自暴自棄に陥った人々があらゆる物を賭けの対象にした。一九六〇年から六一年の冬にかけて訪れた最悪の時期には、湖南（こなん）省でさえギャンブルが横行し、穿いていたズボンまで失った者がいた[31]。

欠乏対策＝配給票の偽造

現金がその購買力を失うと、配給票が代用通貨となった。配給票は油、穀物、豚肉、衣服、魔法瓶、家具、建築材料といった生活必需品を買うさいに必要だった。公平な配分を保証するために世帯を基準に配られた配給票は、同時に人々を世帯制度に縛りつける役目も果たした。各世帯には家族構成を記録した証明書または配給手帳が発行され、この書類に基づいて月々の配給票がもらえる仕組みだった。配給票の有効期限は通常ひと月だった。また、使えるのは、地元の共同食堂、人民公社、県、場合によっては省全体など、発行地に限定されていた。ある県の米の配給票（糧票）は隣の県では使えず、人々は居住地を離れるわけにはいかなかった[32]。

配給票は物資と同様に取引の対象となった。現金はほとんど姿を消し、河北省静海(せいかい)県など一部の人民公社では、給料代わりに配給票が支給された。カボチャの種から散髪に至るまで、金額にして一分(フェン)から五元ほどの、様々な種類の物資やサービスの糧票が発行された[33]。

配給票には買い溜めを阻止するという目的もあった。だが、一九六一年二月の広東省人民代表会議で、五九年九月以降に発行された糧票の三分の一以上が交換されていないことが判明した。これは穀物約二万トンに相当する糧票が代用通貨として流通していることを物語っていた[34]。

質の悪い紙に印刷した急造の配給票の偽造は、偽札づくりよりはるかに簡単だった。華東液圧研究所の共同食堂では十種類を超える偽造糧票が使われていた[35]。こうした風潮は一般的だったと見られる。広東省汕頭（スワトウ）では、警察の家宅捜索によって海賊版の配給票を含む約二百件の犯罪が明るみに出た。人民委員会の報告では、違反行為の三分の一以上は配給票がらみだったという。一九六〇年秋、清遠（せいえん）市の公安局は偽物を氾濫させたかどで「敵性投機家」を告発した[36]。

欠乏対策＝闇市場

売り手と買い手が出会えば闇市場が出現した。取引場所は店舗から路上へと移り、街角、デパートや駅の周辺、工場の門の近くに市場が現れた。闇市場は法の網をすり抜けて干満を繰り返し、取り締まりがあれば退却し、ほとぼりが冷めると姿を現した。売り手は人目を盗んで買い手に接触し、紙袋やコートのポケットから商品を取り出した。縁石に座り込んで、着ていた服を地面に広げ、食料や骨董品や盗んだ品物を並べる者もいた。公安局は定期的に一掃作戦を展開し、闇商人たちを追っ払ったが、彼らは懲りずに戻ってきた。当局が見て見ぬふりをすると、まず一定の時間帯に人々が物々交換をする仮設市場が出現し、やがて近隣の村々から売り手と買い手が群れをなして繰り出す定期的な市場が形成された。

北京の闇市場は天橋、西直門外、東直門外に出現した。何百人もの商人が国の定めた価格の十五倍にも達する値段で売ったが、買物熱に取り憑かれた主婦や労働者、さらには幹部など、熱狂的な群衆はひるまなかった。闇市場を歓迎する人民に公安局は困惑したという[37]。彼らは容認こそしていたが、首都を、各地から売り手が殺到する広州のようにするわけにはいかなかった。一九六一年夏、北京南部には甘藷の買い付けに訪れた人々が集まり、その数は湖南省からだけでも何百人にも達した。彼らの多くは地元から直接派遣されてきた[38]。商売はおおっぴらに行なわれ、売り手の多くは子供で、わずか六、七歳の子もいた。年長の子供たちは大人顔負けにタバコを吸い、客と値段交渉をした[39]。

天津では、一九六一年一月の第一週だけでおよそ八千件の闇市場が摘発された。一つの市場に売り手が八百人以上集まったケースもある。市場には品物を吟味する客が何千人も詰めかけ交通渋滞を引き起こしていた。ある調査官によると、「闇市場で手に入らない物はなかった[40]」。通りをパトロールする警官は勝ち目のない戦いを強いられた。一九六二年七月、当局はついに、撲滅に追い込むことができなかった数十の市場を合法化する決断を下した。同年末には、天津で販売された果物の半分、豚肉の四分の一は七千人を超える行商人が売ったものだった。彼らの収入は国有企業の労働者の倍に達した。[41]市場の噂を聞きつけ天津には日々何千人もの人々が北京から買い出しにやってきた。[42]

欠乏対策＝二束三文で子供を売る

飢饉が進み、飢えが次第に日々の暮らしをむしばむようになると、物資を転がす余裕はなくなり、人々は手持ちの物を売り払うようになった。何もかもが売りに出された。レンガや服や燃料など、食料と交換できるものはあますところなく売り払われた。湖北省の大工場の労働者の三分の一は借金で生き延びていた。負債額がかさみ、売血する人もいた。[43]四川省重慶市のある会社では、労働者二十人に一人が血を売った。この割合は成都ではさらに上がり、労働者は男女を問わず自分の血を、家族を養うためのわずかな食べ物と交換した。七カ月間で七リットルの血を売った建設労働者、王玉亭の名前は、町じゅうの病院に轟いていた。[44]

だが、農村の状況は都市とは比べものにならないほど過酷だった。湖北省黄陂の一地区だけでも、三千世帯が武昌で替えの衣類を売り払い、物乞いまでした。[45]河北省の滄県では、三分の一の住民が家具を一つ残らず売り払った。屋根を売った人もいた。[46]四川省長寿県の農民は持っているものをすべて売り尽くし、その場で服を脱いで売る人もいた[47]。

自分たちが死ぬ前に、子宝に恵まれない夫婦に子供を売るケースも後を絶たなかった。山東省の厳希志は三人の娘を二束三文で売り飛ばし、五歳の息子を十五元で隣村の男に売った。一番下の歩き始めたばかりの十カ月の息子は雀の涙ほどの金である幹部に買われた。呉静喜は五元で見ず知らずの人に九歳の息子を売り、その金で丼一杯の米と落花生二キロを買った。調査によると、悲嘆に暮れた彼の妻は泣き続けて目が腫れあがり、ついには失明した。王維同は二人の息子の一人を一・五元と饅頭四つで売った。もちろん、子供を売ろうにも買い手が見つからない人もたくさんいた[48]。

第24章　ずる賢く立ち回る

「共産風」がすべてを奪う

民兵組織の剝き出しの力に支えられた集団化の名のもとで、党の役人は、およそ考えられる限りの所有物を人々から剝ぎ取ろうとした。とりわけ、強欲な幹部の前に農民が無防備な姿をさらす農村部ではそれが顕著だった。私有財産の略奪は人民に対する消耗戦だった。略奪の新たな波が訪れるたびに、何かを個人的に所有できるのではないかという人々のかすかな希望が奪われていった。湖南省湘潭（こなんしょうしょうたん）の人々は、村々を吹き荒れた六回の「共産風」を憶えていた。最初の風は、一九五七年から五八年にかけての冬に訪れ、「資本蓄積」の目的で金銭、陶磁器、銀その他の貴重品を供出しなければならなかった。二回目は人民公社が出現した一九五八年夏だった。三回目は国中を席巻した製鉄キャンペーンのときで、鍋、フライパン、鉄製調理器具が吹き飛ばされた。次は、一九五九年三月、国営銀行の預金全額が凍結されたときだ。同年秋には、再び大規模な灌漑プロジェクトが始まり、道具類や材木が徴発された。最後は一九六

○年春、地元幹部が目論んだ巨大豚舎プロジェクトによる豚と建材の搾取だった。[1]

生と死を分けるもの

こうしたおおっぴらな略奪に対して、人民が頼れるものはほとんどなかった。しかし、彼らは無抵抗な犠牲者に甘んじたわけではなく、生き延びるための様々な戦略を考え出した。最も一般的だったのは仕事で手を抜くことだった。職場には無気力感が漂っていた。工場では拡声器から労働を促す声が鳴り響き、宣伝ポスターが目標以上に仕事を達成した模範労働者を褒めたたえたが、現場の労働者の反応は冷淡だった。北京の、従業員が四十人ほどの典型的な工場では、冬になると常時六人ほどがストーブの周囲にしゃがみこみ暖をとっていた。就業時間中に、物資を手に入れるために行列に並んだり、映画を観に行く人もいた。幹部には部下一人ひとりを監督したり、懲罰を科す手立てはなかった。[2] 党の宣伝部門による大規模な調査によると、上海では全労働者の半数が職場の規律に無頓着だった。始業時間に数時間も遅れたり、おしゃべりで時間を潰す人もいた。中には、仕事は一切せず食事の時間が来るのを待つだけの怠け者もいた。そして、多くの労働者が終業時間前に帰宅した。[3]

国中で飢饉が深刻さを増すと、仕事を怠ける風潮が加速した。一九六一年の上海の労働者の生産力は、生産意欲の低下で一九五九年に比べて四〇パーセント下がった。

第18章で触れたように、怠慢は生産性急落の一因にすぎなかったとはいえ、一九六一年の工場労働者は時間泥棒の名人だった。[4]

一九五九年、農村では多くの住民が一日中何も食べずに働かなければならなかった。労働に対するやる気のなさは栄養失調のせいでもあったが、生き延びるには必要不可欠なことだった。今日一日を生き抜くには少しでもエネルギーを節約しなければならなかったからだ。農民たちは見回る幹部の監視下で畑を耕していたが、幹部が視界から消えると即座に農具を放り出して道端に座り込み、労働時間が終了するのを待った。仲間うちで要所に見張りを立て、午後は昼寝をする人々もいた。[5]大目に見てくれる幹部がいるところでは、地元の人間の半数が仕事をサボった。[6]トップが寛容な村では、冬の数カ月間、全世帯が寄り集まり、冬眠さながらに何日も続けて眠りこけた。[7]

「農民」と「国家」を対立構造の中に置き、闇商人、仕事の妨害、無気力、泥棒は「抵抗」行動、あるいは「弱者の武器」と解釈する史家もいる。だが、こうしたサバイバル術は農民に限らず社会全体に浸透しており、これが「抵抗」だとすれば、党はとっくに崩壊していたはずだ。体制が創出した飢餓状況のもとで、人々は従来の道徳律を無視し、時間であろうと物であろうと可能な限り盗むほかに選択肢はなかった。

盗みは蔓延しており、その頻度は必要性と機会に応じて異なった。何百万トンもの物資が行き交う輸送機関で働く労働者は、国の財産をくすねるのに最適な立場にいた。

武漢港第六埠頭では、従業員千二百人のうち二百八十人以上が、点検や修理の名目で組織的に貨車から略奪した。[8] 内モンゴルのフフホト市では、駅のポーター八百六十四人の半数が物資を盗んだ。[9] 郵便泥棒も日常的で、党員が企てたケースも多かった。広州郵便局では、四人でチームを組んで一万通を超える国際小包を開封し、腕時計、ペン、朝鮮人参、粉ミルク、乾燥鮑などの贈り物を盗んだ。盗品の大半はオークションを開いて郵便局の職員に売却された。このケースでは郵便局の上層部全体、あるいは百人を超える幹部らが盗みに加担していた。[10]

学生は共同食堂から盗んだ。南京大学では一九六〇年に、五十件もの盗難事件が明るみに出た。[11] 南京郊外の江寧県湖熟中学校では、厨房の人参を一本ちょろまかすといった些細なことから始まる、生徒たちのコソ泥行為が日常化していた。[12] 国営店やデパートでは、勘定台に座る事務員が領収書を改竄、あるいは偽造し、裏では助手が倉庫を引っかき回していた。上海友誼商店の販売助手の徐基樹は、領収書を書き替えてわずかな額をくすねる行為を繰り返し、その総額は三百元に達した。薬局に勤めていた李珊娣は何年にもわたって毎日一元ずつ盗み、月々の給料は倍になったと告白した。[13]

盗む機会は都市の方がはるかに多かったが、農民は自分の才覚で飢饉を生き延びなければならなかったため、その切迫度は農村の方が大きかった。農民は生産過程のあらゆる段階で、穀物を少しでも多く国の徴発から守ろうとした。第一段階は、小麦やトウモロコシが完全に熟す前の畑だった。彼らは「喫青」（青いうちに食べるの意）と呼ばれる古典的なやり方に立ち戻り、民兵の目を盗んでひそかに摘み取り、皮をむき、手でつぶして青い生のトウモロコシを食べた。作付け密度の高いトウモロコシや小麦の畑が多い北部の方が、水田よりも隠れて食べやすかったため、盗み食いが横行した。とりわけ、収穫期間の長いトウモロコシを盗み食いする人は多かった[14]。

　農民が食べてしまったために、一九六〇年秋の収穫量がほとんどゼロに等しい人民公社もあった。山東省広饒県の生産隊では、トウモロコシの八〇パーセントが熟す前にもぎとられ、黍やサヤインゲンがまったく姿を消したところもあった。膠県では、穀物の九〇パーセントが消えた。山東省では同様なケースが何千件も発生し、畑の作物を食べているところを見つかった人の多くは地元の民兵に殴り殺された[15]。安徽省宣城県の畑はまるでイナゴの大群に襲われたかのようにすっかり食べ尽くされた[16]。農民の曾牧は飢餓の時期を回想し、盗むことがどれほど大事だったかを語った。「食べ物を盗むことができない者は死んだ。何としてでも盗んだ者は死ななかった」[17]

　脱穀され袋詰めされた穀物は、水に浸して嵩を増やし、地元検査官との共謀の有無にかかわらず国に売却された。先に触れたように、広東省だけで国の買い上げた穀物百五十万トンのほぼ三分の一が水分過多の影響を受けていた。亜熱帯地方での劣悪な貯蔵環境が腐敗に一役買っていたことは間違いない[18]。国に売却され輸送途上の穀物は、大勢の泥棒の標的となった。一九六〇年、広東省新興県では九百件近い窃盗事件が報告された。河北省新河県からやってきた船頭の林斯は十数回にわたって約五百キロの穀物を盗んだ。盗んだ分だけ砂や石を詰め込む賢い泥棒もいた。広州では荷主が袋詰めした穀物を竹筒で抜き取り、代わりに砂を流し込んだ[19]。江蘇省溧陽の高要村では、船頭のほぼ全員が年平均三百キロの穀物を勝手に懐に入れていた[20]。

国の穀物倉庫に勤める警備員も盗んだ。河北省と内モンゴルの境界に位置する張家口地区では、警備員の五分の一が不正を働き、党員と共謀して盗むケースもあった。河北省邱県の集積所で働く幹部の半数は買収されていた[21]。これだけ多くの盗人の手を経て食堂のテーブルに辿りついた穀物量は、実際のところどれぐらいだったのだろう。蘇州の調査官によると、最終目的地に到達したのは米一キロ当たりわずか半分だった。米は穀物倉庫で盗まれ、輸送中に抜き取られ、経理係が懐に入れ、幹部が没収し、最後はコックがくすね、残った分が共同食堂の茶碗によそわれて供されたことになる[22]。

地元幹部が農民と結託すると、強力な泥棒集団が誕生し、村を飢饉の最悪な影響から守るという口実と嘘が生まれる。幹部らは二冊の帳簿を作成した。本当の数字を記載したものと穀物検査官に見せる偽の数字を記載したものだ。これは広東省のいくつかの県で普及していたやり方だった[23]。湖北省宣恩県では、簿記係の三人に一人が数字を改竄した。崇陽県のある党書記は率先して改竄にかかわり、人民公社に対して最大でも二百五十トンと申告したが、元帳には三百十五トンと鉛筆書きしていた[24]。一九五九年六月、河北省党委員会事務局は、実際に貯蔵されていた穀物量と公式在庫量の食い違いから十六万トンが行方不明と結論づけた。その大半は偽数字の申告と粉飾決算によるものだった[25]。

盗みの次は隠匿だった。隠匿穀物を摘発する残忍かつ血なまぐさい運動が展開される中、隠し通すのは至難の業だった。湖北省孝感の検査チームが摘発した大量隠匿事件の中には、押収量が六十トンに上ったケースもあった。雲夢県の義堂公社は偽装した壁の背後や棺桶、洋服ダンスの中に百十トンを隠していた。伍洛鎮では、十五世帯から二十六トンが見つかった。地元幹部が収穫直後に穀物を分配し、民兵が来る前にできるだけ早く食べるよう農民に指示したところもある[26]。

地元幹部たちがひそかに農民に穀物を分け与え、多くの人々が飢饉を乗り切ることができた例は各地に存在した。河北省易県のある人民公社は一ヘクタール当たり百五十から二百キロの穀物を分配した。検査チームは各地で「闇倉庫」を見つけた。交河県では、事実上すべての生産小隊が七百五十キロほどの「地下穀物」を保有していた[27]。天津近郊の孫氏公社の幹部は、種二百トンの申告を保留した理由を簡潔な言葉で説明した。「国の穀物は人民の穀物でもあり、人民に属する物は国にも属する[28]」。湖南省では、二十三県から申告の五パーセントから一〇パーセント分の穀物が見つかり、その量は三万六千トンに達した。中でも瀏陽県はその最たるもので、三万カ所の穀物倉庫を念入りに調べた結果、七千五百トンが摘発された。[29] だが、逆のケースも少なくなかった。地元幹部が上層部から、労働をサボり施しを乞う怠け者と見られるのを恐れて、穀物消費量を低く申告する村も多かった。[30]

地元幹部は国の穀物倉庫から穀物を「借用する」という手も使った。湖北省では、地位の高い党員からの圧力で、一九五九年四月までに三十五万七千トンが「貸与」された。天津近郊の孫氏公社の党書記李建忠は、穀物倉庫に「貸し出す」ように電話で指示した。彼の口添えがなければ却下されていただろう。「貸してほしいと言ってきたら貸すこと。たとえ頼まれなくても貸しなさい。今後何か問題が起きたら、私が出て行って話をつけるから」。このときの貸付量は三十五トンだった。都市部の企業や機関でも返済の保証はない「貸し出し」が行なわれていた。ある中学校では、生徒に食べさせるために穀物を借り、その負債額は三万五千元に上った。[31]

だが、やがて食料が底をつくと、人々は村の人や隣近所、親戚同士で盗み合うようになった。南京の隣近所同士の揉め事の半数は食べ物がらみだった。人々は互いに盗み合い、殴打事件も発生した。[32] 一番の被害者は子供と年寄りだった。江蘇省丹陽市に住む盲目の老婆は、福祉票で買ったわずかな米を強奪された。[33] 農村部では、過酷な生き残り競争が社会的な結束をむしばんでいった。長沙近郊の廖家村では窃盗事件が頻発し、あまりのことにやけくそになった幹部が農民たちに、罪に問わないから盗むなら隣村からにしろと命じるしかない状態だった[34]。農村社会の絆が崩壊すると、今度は家の中が喧嘩や嫉妬、争いの場となった。ある女性は義理の母がポーチに入れた配給票を首に巻いて寝ていたことを憶えていた。寒い冬のある夜、甥が紐を切って配給票を盗み、大半をお菓子と交換してしまった。義理の母は数日後に死んだという[35]。

飢饉のせいでかつての隣人や友人や親戚が互いに争うようになると、人民公社、村、家族の中で緊張感が高まり、敵意が露わになった。湖北省のある党幹部は夏の作物を分配したときのことをこう記している。「国と人民公社、生産隊、個々の農民、上、下、右、左、真ん中、どこを見ても揉め事だらけだ[36]」。暴力に火がつき、作物をめぐる争いが職場や生産小隊を引き裂いた。村の住民たちは戦いに立ち向かうために杖やナイフを作った[37]。湖北省英山県の村に住む二人の貧しい男は、黍を盗んで見つかり木に吊るされた[38]。

飢饉の時期、誰かが何かを手に入れれば他の誰かが失った。顔が見えない国を相手に、取るに足らない盗みを働いているように見えても、分配の連鎖の下の方で誰かが犠牲になっていた。雲南省宣威県では、一九五八年十二月、大勢の村長が穀物を輸送するさいに数字を水増しした。この穀物は八万人の鉄道労働者に支給される予定だった。机上の分配計画では十分なカロリーが確保されていたが、近隣の村々を通って運ばれていくうちに量が減っていってしまうことは想定していなかった。このため、農村から駆り出された鉄道労働者たちは、何日かすると食料が底をつき、十二月末には七十人ほどの餓死者が出た[39]。農村部では過激な集団化によって極度の食糧不足が発生した。その中にあっては、生き残れるかどうかは別の誰かの餓死にかかっていたのだ。

結局のところ、上層部が主導した破壊的な政策と、それに対処するために底辺層が密かに追い求めた自力救済策があいまって、国は内側から崩壊していった。飢餓にあえぐ農村部では、自分を守るために他人が犠牲になるという悲惨な状況から抜け出るのは難しく、その中で最も被害を被ったのは弱者と貧しい人々だった。

第25章　「敬愛する毛主席」

「大躍進」を疑った人々

真実は廬山会議でその終焉を迎えた。一党独裁制の国では、そもそも率直な物言いは決して得策とは言えないが、一九五九年夏の指導部の衝突は、すべての人々の脳裡に党路線を逸脱する提言の危うさを刻みつける結果となった。そして、毛沢東特有の曖昧な言い回しは、右寄りに逸れるよりも左寄りに逸れる方が身のためだという風潮を生んだ。大飢饉の最中、実際に飢饉を口にした指導者は一人もいなかった。彼らが使ったのは「自然災害」や「一時的な困難」という婉曲な表現だった。飢饉をタブー視したのは国の指導者たちだけではなかった。地方幹部らもあらゆる手を使って、詮索好きな検査チームの目から食糧不足や病気の蔓延を隠そうと必死だった。河北省隆化県の党委員会が調査団を農村部に送り込んださいには、病人をまとめて山中に連れ出し隠した村があった。[1]

次々と訪れる外国からの訪中団には、党が細心の注意を払って煙幕を張り、モデル人民公社への豪華な視察旅行を用意したため、誰もが積極的に毛沢東主義擁護へ走った。[2]のちにフランス大統領を務めた左派政治家のフランソワ・ミッテランは、毛の見識ある言葉を西側に伝える役目を担うことは光栄だと感じていた。一九六一年、「全世界にその多才ぶりを知られた偉大なる学者」毛沢東は、杭州の贅沢な別荘で、飢饉など存在しない、あるのは「一時的な食糧難」だけだとミッテランに語った。[3]政治的立場は正反対だった英国チェスター選出の保守党下院議員ジョン・テンプルも、一九六〇年後半に訪中し、共産主義は機能しており、中国は「偉大なる進歩」の途上にあると言明した。[4]

だが、皆が皆喜んで騙されたわけではない。華僑の留学生ははるかに懐疑的だった。大半がインドネシア、残りはタイ、マレーシア、ベトナムから南京に来ていた留学生千五百人の大多数は、大躍進に対する疑念を表明し、人民公社の実現可能性や集団化という考え方自体を表立って疑問視していた。そして、少数ながら、早くも一九五九年三月の時点で、農村部における飢餓の影響に気づいていた鋭敏な学生もいた。[5]

地元の学生は留学生に比べて様々な制約に縛られていたが、度重なる「右傾保守主義」撲滅キャンペーンにもかかわらず、批判的な見方は国中の学校に広がっていた。共産主義青年団の派遣した調査チームは、大躍進や共産党、社会主義全般に対する疑念が広がっていることに気がついた。大学生は、人民公社が国が言うような優れた組織であるならなぜ食糧不足や農民の離村が起きるのかと率直に訊ねた。社会主義体制下ではなぜ物資が欠乏するのか。資本主義諸国より進歩の度合いが早いなら、なぜ生活水準がこれほど低いのか。「インドネシアは植民地かもしれないが、あの国で暮らす人々は良い生活をしている」と述べた学生もいた。[6]

都市部では、プロパガンダの怒声で飢饉について語る声はかき消されていたが、明らかに党関係者の耳には届いていた。上海市普陀区の街道弁事処に情報を提供した密告者によると、陳如航のような普通の工場労働者が、飢饉による死者の数についておおっぴらに自分の憶測を口にしていた。一九六一年に餓死者の出た農村から客がやってきた陳の家では、大量飢餓に関する話題でもちきりだった。[7] 湖北省の総工会によると、一九六一年末には全労働者の半数が飢饉について批判的に話していた。公然と幹部らに逆らう人もいた。仕事をサボったと咎められたある労働者は、お腹をさすり、まっすぐに幹部の目を見て言い放った。「何しろここが空っぽなもんで」[8]

香港、マカオに近い南部では、一九六二年の時点で、国境のすぐ向こうから手招きする自由な世界について語ることは当たり前だった。中山県の若者たちは、畑を耕しながら直轄植民地に関する情報を交換し、実際、年に何百人もが脱出行を企てた。その多くは逮捕され村に送り返されたが、村に戻ると友人たちに嬉々として冒険談を語って聞かせた。[9] 広州の若い労働者たちは臆することなく香港を賛美し、食べ物が豊富で仕事が楽な夢の国への逃避行を目指した[10]。小学校の壁には誰かの落書きがあった。「香港はすばらしいところだ！」[11]

鬱積した不満の痕跡を、何とか消されずに残そうとする人もいた。トイレの壁には反対意見が殴り書きされ、広東省興寧市のある労働者は、公衆便所に毛沢東を侮辱するスローガンを刻んだ[12]。南京自動車工場のトイレの壁には、食料輸出に反対する痛烈な批判が長々と記された[13]。

大胆不敵にも夜、党批判のビラを撒いたりポスターを貼ったりする者もいた。上海では暴動を呼びかける二メートルもの巨大ポスターが登場した[14]。大量のパンフレットがばら撒かれたこともあった。河北省高陽県では、ピンクや赤の紙にスローガンを手書きしたビラ百枚が、一夜にして街頭の主だった壁や木に貼り出された。「わが国の人々はなぜ飢えているのか。すべての穀物がソ連に輸出されているからだ」。「まもなく収穫期が訪れる。われわれは小麦を盗む運動を組織しなければならない。共に立ち上がろうとする者よ、その日に備えておけ[15]」と呼びかけるビラもあった。一九六二年三月、蘭州では二千七百枚を超えるビラがゼネストを呼びかけた[16]。広東省の沖合いに浮かぶ大きな島、海南島では約四万冊の反党パンフレットが出回ったと報告された。その一部は明らかに蔣介石の送り込んだ飛行機から投下されたものだった[17]。抵抗の痕跡はすぐにかき消されてしまうため、こうした抵抗活動の規模を正確に割り出すのは難しい。だが、南京の警察の報告では、わずか三カ月のあいだに飢饉に関するスローガンやビラが登場した事件は四十件に上った。[18]

農民も救済や怒りのはけ口を求め、幹部を糾弾するためにポスターを使った。河北省寧晋(ねいしん)県の張渓栄は、共同食堂の現状に抗議するために勇敢にも「大字報」と呼ばれる壁新聞を貼り出したが、すぐに公安局の目に留まり逮捕された。だが、彼の抗議は単独犯で嘆願の域を出ないものだったため、県が展開した治安促進運動の百七十万枚のビラやポスター、スローガンの海に埋没した。[19] 湖北省石首(せきしゅ)県の農民王雨堂は決然と抗議の声を上げた。彼は宣伝ポスターや絶え間なく流れるラジオ放送を使った反右派キャンペーンに対して、「一九五八年の大躍進は誇大妄想にすぎず、労働者は大きな打撃を受け、胃袋は空っぽになった」と「大字報」で正々堂々と声高に叫んだ。[20] 力の均衡は、かすかな不満の声もかき消すプロパガンダの氾濫によって明らかに党の側へ傾いていたが、党のポスターが不満の表明に使われるケースもあった。四川(しせん)省大竹(だいちく)県の村の住人は、本来なら党の宣伝の先鋒を担うはずのポスター二十数枚を利用して、六元を横領した地元幹部を糾弾した。公に批判され面目を失った幹部は、収穫を監視する任務を放り出して釣りに出かけたため、農民たちはすぐさま作物を奪取した。[21]

抗議の手段としてもっと普及していたのは詩や歌だった。毛沢東はすべての人々が一兵卒であれと命じたように、詩人であれとも求めた。一九五八年秋、人々は詩や歌を作るように命じられた。歌の祭典が開催され、大豊作や製鉄所、水利事業などを讃える最も優れた歌に賞が与えられ、社会主義の未来への狂信的な夢を織り込んだ押韻四行詩が大量生産された。上海だけでも二十万人の労働者が五百万編の詩を作った[22]。公募された詩の大半は陳腐な出来だったが、集団化をテーマに村の住民が自然発生的に創った歌には真の創作精神が溢れていた。飢饉の最中でも、人々が悲惨な時期を乗り越える糧となるような、ユーモア溢れる遊び心が息づいていた。上海の人々はこんな戯れ歌を口にした。「毛主席のもとではなにもかも順調。残念なのは誰一人腹いっぱい食べられないこと[23]」。広東省江門県では農民たちがこんな歌を歌っていた[24]。

集団化　集団化
誰も稼がず　誰かが使う
隊員稼げば　小隊が使い
小隊稼げば　大隊が使い
大隊稼げば　人民公社が使う
宣伝隊はみな馬鹿野郎

読み書きのできない農民も共同食堂で供される薄い粥を歌にした[25]。

共同食堂に入りゃ
粥の大鍋
おっと鍋の両岸から大波押し寄せ
真中あたりで人がおぼれる

地元の幹部には、その強欲さ、気の短さ、大食らいを馬鹿にした風刺的なあだ名が付けられた。広東省開平(かいへい)県の農民は、丸々と肥ったある幹部を「調理済みの食用犬」と呼んだ。「金バエ」や「肉の塊ババア」というあだ名も使われた。「大飯喰らい」はどこにでもいた。どの人民公社にも冥界からやってきた悪魔のような人間がいた。彼らは「閻魔大王」と呼ばれた[26]。風刺も盛んだった。集団化のもたらした大豊作で人々が毛沢東よりも太ったと李井泉(りせいせん)が指摘したあの四川省では、飢餓浮腫で体がむくんだことを、農民は「共同食堂のおかげで皆ますます肥った」と嘲笑(あざわら)った[27]。

ドグマと噂

表に現れた公式のプロパガンダの裏には、噂の飛び交う陰の世界が広がっていた。噂は世界を反転させ、国が発する検閲済みの情報を覆すもう一つの真実、反体制的な真実を提供した。[28] 誰もがより広い世界を知りたがり、集団化という愚行の終焉を待ち望んで、噂に耳を傾けた。噂は党の正当性に疑問を投げかけ、人民公社への不信感をもたらした。武漢では、妻までが共同所有になるのではないかと不安が広がった。[29]

噂は国への抗議行動を促した。土地の所有権を手に入れた、あるいは国の穀物倉庫の穀物を奪い取った農民がいるらしいといった非公式なニュースはあちこちに伝わった。広東省潮陽市のある女性は、飢饉のさいに食べ物を奪っても党は大目に見てくれると主張した。[30] 湖北省松滋では、一九五九年から六〇年にかけての冬に、七つの生産隊が集団化を解散し、土地を分配する決断を下した。[31] 土地を分配するらしいという噂は、安陸、崇陽、通山の各県に広がった。[32] 飢饉の最中、四川省江安県の村の住民はこんな噂話を伝えた。「毛沢東は死んだ。土地は人民の手に戻るだろう」[33]

食糧不足に対する不満をかき消そうとすれば現場の混乱にいっそうの拍車がかかり、そうなるとプロパガンダ・マシンはもっと声高なスローガンを打ち出さねばならなかった。すべてのドグマにそれとは表裏一体の噂がつきまとい、人民と党は互いに譲らぬ言葉の戦いを繰り広げた。ある物資の糧票が廃止されるという噂が立つとパニックが起きた。どこからともなく自然発生的に綿製品をストックしようとする長蛇の列ができたため、一九六〇年六月、鞍山製鉄所の労働者の中には一人で三十五足の靴下を買い占めた者もいた。[34] 広東省長楽県の人民公社でも、一九六一年一月、塩が回収されるらしいという噂でパニックになり、人々は先を争って買い溜めに走り、五日間で普段の四十倍を超える約三十五トンの塩が売れた。[35]

戦争が起き、まもなく侵攻が始まるという噂が社会全体を巻き込んだことで、党のプロパガンダが覆され、人々の不安が募った。そして、終末のイメージが農村の不満と一体化したことで、不安が結束感を醸しだした。広東省の農民のあいだでは、蔣介石が中国に侵攻し、広州は武器を携えて立ち上がり、汕頭(スワトウ)市はすでに敵の手に落ちたと噂された。道端には、国民党万歳と書かれた横断幕が登場した。「十四日、国民党、東渓(とうけい)村に至る」「蔣介石はこの八月に帰国する」といったまことしやかな情報が流れた。[36]農民は孤立した村で暮らし視野が狭いという一般論とは裏腹に、この種の噂は野火のごとく広がり、県から県へと飛び火し、わずか数日で湖南(こなん)省まで達した。[37]

台湾の真向かいに位置する福建(ふっけん)省莆田(ほでん)の秘密結社は、共産党が没落したらまっ先に掲げるために黄色い旗を配った。どうやらこの旗は、放射能を防ぐ役割も担っていたらしい。[38]

空しい陳情

不当な扱いを受けた村の住民の中には、大胆にも法に訴える者もいた。南京に近い六合(りくごう)県のある幹部は、老婆が売りつけようとした鶏をひったくり、持ち帰って食べてしまった。激昂した老婆はすぐに裁判所に駆け込み苦情を申し立てた。[39]だが、たいていは訴訟を起こしたところで無駄だった。司法制度は政治的圧力によって崩壊しており、一九五九年に司法部が廃止されてからはなおさらだった。政治が指揮権を握り、司法も、法律という頼みの綱も省略された。たとえば、河北省寧晋県では、一九五八年に警察、査察、裁判関係の幹部の数が半減され、地元裁判所は一般の人々が持ち込む民事訴訟の数に悲鳴を上げた。[40]

やがて人々は、司法の代わりに手紙や陳情といった古典的なやり方で不満を訴えるようになった。党の官僚組織に誤った情報が蔓延し、下から上へあらゆるレベルで数字が水増しされ嘘の報告書が作成されることに業を煮やした国は、公式機関を経ずに直接民意を汲み取ろうとした。世論の動向を注視し、匿名の手紙による告発を促したのである。[41]党の内部にはいつのまにか階級敵が入り込み、大衆の中にはスパイや妨害工作を企む者が潜んでいた。彼らを見つけ出すには大衆による監視が不可欠だった。人民が党を監視するというわけだ。最も無力な者でもペンを執って紙に書き、権力のある幹部や怠慢な地方役人、暴力的な官僚を引きずり降ろした。恣意的な告発はいつでも権力のある者を罵倒することができた。人々は躍起となって手紙を書き、毎月何袋もの手紙を送り、ときに遠慮がちにつつましく、ときには声高に嘆願し、抗議し、糾弾し、不満をぶちまけた。はした金の揉め事で隣人を非難する人もいれば、単に転職や転居の援助を求める人もいた。少数ながら、反共スローガンをちりばめ体制全般を批判する長文の手紙を送る者もいた。送付先は新聞、警察、裁判所、そして党だった。国務院宛てもあれば、毛沢東個人に手紙を出した人も少なくなかった。

湖南省長沙（ちょうさ）の省当局には、月に千五百件の手紙や陳情が寄せられた。大半は不当な処置の救済を求めるものだったが、危険を冒して、「反動分子」と見なされても仕方がない批判的な手紙を出した者もいた。いずれにしても、党の官僚機構の巨大な監視システムの中で、地元当局は「大衆の要請」に応えていることを示さなければならなかった。[42] 南京市は、大躍進開始から一九六一年三月までに、約十三万通の手紙を受け取った。苦情の大半は仕事、食料、物資、サービスに関することだったが、「大衆から寄せられた」四百通を詳しく分析した結果、十人に一人は直接訴訟に持ち込んだか、あるいは告発に怯えていることが判明した。[43] 上海では、一九五九年に大衆からの手紙を扱う事務所に寄せられた数は四万通を超えた。食料不足、過酷な住宅事情、労働条件などに関する不満だったが、党やその指導者たちを非難する内容はごく一部だった。[44] 非難の眼目は調査を促すことにあったが、中には当局を動かすほど説得力のある手紙もあった。広東省の省長のもとに、民族学院には穀物配給量を増やすために何十人もの偽学生がいると告発する手紙が届いた。同省はすぐに調査チームを派遣し、学院の幹部たちに自白させせ、謝罪させた。[45]

『人民日報』に手紙を出した人もいる。その内容が公表されることはなかったが、要約され指導部に回覧された。広西チワン族自治区の炭鉱夫は、労働時間が増えても食料配給量は減らされる一方で、失神する者が出ていると書き送った。[46] 国務院には毎月何百通も届いた。大胆にも大躍進政策を批判したり、飢饉の最中に穀物を輸出することを嘆く内容もあった。[47] 中央指導部に直接手紙を書く人もいた。これは皇帝に懇願する昔ながらの習わしの再現だった。彼らは、地元で横行する幹部らの暴力は、毛沢東自身が着手した集団化運動のせいではないという見解を付け加えることも忘れなかった。「主席にはぜひ知っておいていただきたくて」。確かに首都北京では正義は生きていた。手紙は希望を与えた。湖南省からやってきた貧しい娘、項仙芝は、コートの内側に縫い込んだ主席宛ての手紙を一年間持ち歩いたあげく、省党委員会が派遣した調査チームに届けた。[48] 書き出しの挨拶は通例「敬愛する毛主席」だった。海南島の飢餓と汚職を告発した葉立壮の場合もそうだった。彼の告発は功を奏した。有能なチームによる長期的な調査が行なわれ、地元党員による「圧政」が明るみに出たからだ。[49]

とはいえ、多くの手紙は宛先に届くことはなかった。劉少奇が公安部長の謝富治に、故郷の村の知人が謝宛てに出した手紙が地元警察の手で開封されたと個人的に苦情を呈したことで、初めて地元での虐待の全貌が明らかになった（第16章）。貴州省では、郵便局と公安局が日常的に手紙を開封し、告発者を「反党」や「反革命」分子として逮捕していた。遵義における大量飢餓について書いたある幹部は、数カ月にわたって訊問され、最終的に陶磁器の窯場に送られた。[50] 甘粛省高台県では、警察が毎月二千通を超える手紙を開封した。匿名で出したとしても身の安全を保障するものではなかった。何経方は名前を書かずに八通の手紙を出したが、地元警察は差出人を突きとめ、自白させたのちに労働改造所に送った。[51] 四川省では、杜興敏が匿名で党書記栄有余を糾弾したが、当局は筆跡鑑定まで行なって生産隊を徹底的に調べ上げた。犯人が特定されると杜は破壊分子として告発され、激昂した栄の手で両目をえぐられ公安局に引き渡された。数日後、彼は監獄で死んだ。[52] こうした仕打ちに耐えかね、人々が暴力に訴えたとしても不思議ではなかった。

第26章 強盗と反逆者

農民の最後の手段

暴力は最後の手段だった。農民は穀物倉庫を襲撃し、列車を襲い、人民公社から物資を略奪した。河北省滄州では、一九六一年に台風に見舞われたのち、村の住民が鎌で武装し、畑からトウモロコシを盗むようになった。地元生産隊の党書記は近隣の村への襲撃を組織し、数十頭の羊や野菜数十トンを略奪した。[1] こうした襲撃に武器が使われることもあった。陝西省では、幹部が供給した小銃で武装した農民百名が隣の人民公社を漁り、穀物五トンを運び出した。二百六十人から成る武装ギャングを率いた幹部もいた。彼らは日中は露天で眠り、夜になると略奪を繰り返した。[2] また、県境や省境に結集した大集団が境界を越えて侵入し、暴れ回っては立ち去る事件も起きた。[3]

だが、農民の暴力の矛先は国の穀物倉庫に向けられることが多かった。攻撃の規模は驚くべきものだった。湖南省のある県だけで、わずか二カ月間に国の穀物倉庫五百棟のうち三十棟が襲撃された。[4] 同省の湘潭地区では、一九六〇年から六一年にかけての冬に、八百ケースを超える穀物が盗まれたという。懐化では農民がすべての倉庫を開けさせ、黍や粟数トンを略奪した。[5]

列車の襲撃も頻繁だった。農民たちは線路に集結し、数にものを言わせて警護員を圧倒し貨車を襲った。こうした行為は、深刻な大量飢餓が発生していることに体制側が気づき、悪質な暴虐行為に手を染めた党員の粛清に乗り出した一九六〇年末以降、さらにエスカレートしていった。甘粛省では、地元警察の報告によると、ボスの張仲良が左遷されたのちの一九六一年一月だけで約五百件の列車強盗が発生した。被害総量はおよそ穀物五百トン、石炭二千三百トンに上った。群衆は襲撃のたびに暴徒化していった。武威駅では、一月初頭の時点で暴れていたのは数十人だったが、次第にその数は膨れ上がり、数百人から一月末には四千人の農民が暴徒と化して列車を止め、奪える物すべてを奪い尽くした。張掖近郊の穀物倉庫は夕暮れから夜明けまで怒り狂った二千人の農民に襲われ、警備員が一人殺された。トラックに積んだ軍服が盗まれた事件では、その後、倉庫番が軍服に身を包んだ村の住民たちを特殊部隊と思い込んだために、彼らはなんなく穀物を手に入れることができた。[6]

線路沿いの穀物倉庫はすべて襲撃され、家畜は盗まれ、武器は強奪され、帳簿は燃やされた。秩序回復のために、軍隊と特殊民兵部隊が派遣された。[7] こうした列車強盗が対外的な波紋を呼んだケースもあった。襲撃団が、朝鮮民主主義人民共和国からモンゴル人民共和国へ向けて輸送中だった展覧会用の物資を燃やしてしまったのだ。[8] このときは、公安部長、謝富治(しゃふじ)のおかげで群衆に銃が向けられることはなかったが、警察は「首謀者」の摘発を命じられた。[9]

暴力はさらなる暴力を生む。ときには、無抵抗や従順と見紛う保身の楯が壊れ、農民が行き場のない怒りを爆発させることもあった。上方修正された生産割当を告げた会議では、興奮した農民たちが餓死させるつもりかと幹部を非難した。さらに紛糾したケースでは幹部が肉切り包丁で殺害された。[10] 公金を横領した疑いで、鎌を持った農民たちに追い回された幹部もいた。四川省雲陽県(しせんしょううんようけん)では、地元の住民が幹部に束になって怒りをぶちまけ、彼は妻を道連れに池に飛び込んで自殺した。[11] 山々の連なる通江県(つうこうけん)の生産小隊のリーダー、劉富年(りゅうふねん)は石ころの上にひざまずかされ旗竿で殴られた。[12]

とはいえ、こうした過激な振る舞いが普及していたわけではない。もちろん普通の人々が盗みや詐欺、ときには放火や略奪に手を染めることもあったが、暴力の加害者に回ることは稀だった。彼らは悲しみを和らげ、痛みを受け入れ、壊滅的な規模の犠牲とともに生きることによって、中国語で言うところの「喫苦(チークー)」、苦しみに耐える方法を編み出さなければならなかった。

あまり目立たなかったが、放火もまた暴力と同じぐらい破壊的だった。実際のところ、貧しい農民が冬に暖を取ろうとして火事になったという偶発的な事故と、抗議の意味で故意に火をつけた場合の区別は簡単ではない。公安部の概算によると、一九五八年に少なくとも七千件の火事があり、損害は金額にして一億元に上った。だが、このうち放火による件数がどの程度に上るのかはわかっていない[13]。河北省の公安によると、毎年数十件の放火事件が報告された[14]。南京市の一九五九年の火事の件数は前年の三倍に達した。多くは不注意によるものだったが、放火も少なくなかった。趙致海は抗議のために工場宿舎に放火した[15]。許銘宏は四つの干草の山に火をつけ、地元の民兵に射殺された[16]。湖北省松滋では党書記の家が放火された[17]。また、怒りにかられて毛沢東像に灯油をかけて燃やした農民もいた[18]。四川省では、李懐文がかつて自分の家だった共同食堂に火をつけ、こう叫んだ。「とっとと失せやがれ。この食堂は俺のものだ[19]」

一九六一年になると農村は放火魔たちに占拠された。広州周辺では、春節後数週間にわたって夜な夜な無数の炎が揺らめいた。多くは私有地を求める農民が放った火だった[20]。翁源県の農民は穀物倉庫に火をつけた直後、近くの壁に、どうせ俺たちのもんじゃねえんだから燃えた方がましだと殴り書きした[21]。

なぜ大暴動が起きなかったのか

飢餓が始まると、腹を空かせた人々は自分が生き残ることで精一杯になり、造反や暴動どころではなくなるものだ。だが、党の档案館には飢饉の最後の二年間に多くの地下組織が存在したことを示す数々の証拠が残っている。いずれも党を根底から脅かすようなものではなく、難なく叩き潰すことができたが、人民の不満を物語るバロメーターにはなった。活動に着手することさえできなかった組織も多い。たとえば、湖南省では、一九六〇年から六一年の冬に、武装した人々百五十人が県境に集結し暴動を企てたが、すぐに地元の治安部隊に一掃された。省都近郊では、不満を抱いた農民数名が耕作と農産物売買の自由を求めて「愛民党」を結成したが、彼らにも活動の機会は訪れなかった。[22]

チベットに近い省では、もう少し勝算のある反逆者が現れた。チベットと言えば、一九五九年三月に起きた暴動が武力鎮圧され、ダライ・ラマの国外脱出という結末を招いた地だった。一九五八年、青海省では、東は甘粛省との省境に近いヨウガンニン（河南モンゴル族自治県）からチベット高原のジエグ（玉樹県）とナンチェン（嚢謙県）に至る各地で、数カ月にわたって暴動が起きた。ラサの動向に触発されたケースもあれば、イスラム教徒が煽ったケースもあった。青海省の軍隊は武力で反乱を鎮圧するだけの規模がなかったため、当初、軍は省内の主要な幹線道路の奪還に力を注いだ。[23]

この地域では頻繁に暴動が起き、不安定な状態が続いていた。一九六〇年秋には、雲南省宣威県の村民が反乱を起こし、まもなくいくつかの人民公社に飛び火した。反乱を支援したのは権力を握る党書記をはじめとする地元幹部だった。何百人もの不満を抱えた農民が武器を強奪し、人民公社廃止、自由市場復活、農地奪還を掲げるスローガンのもとに結集した。これに対し軍は迅速に介入し、首謀者の大半が逮捕された。治安を司る雲南省のボス、謝富治が周恩来に報告したところによると、この年同省の南西部では同様の暴動が十件以上起きていた[24]。これに加えて、三千を超える「反革命集団」が公安部隊によって摘発された。雲南省だけで「〇〇党」を名乗るグループは百に達した[25]。

一九四九年以降、秘密結社は情け容赦なく叩き潰されたが、国による弾圧の長い歴史が困難を乗り越えて生き残る術を与えていた。北部の河北省で行なわれた調査は、打倒反革命に燃える幹部らによって数字が誇張されていたとはいえ、秘密結社の影響力がいまだ健在だったことを物語っている。河北省では、一九五九年前半の数カ月で約四十のグループが「反革命分子」の烙印を押され、摘発された。その半数は根絶されたはずの秘密結社に属していた。この地には黄天道、聖賢道、八卦道、先天道、九宮道など、十を超える活動中の秘密結社や宗派があった。寧晋県だけでも人口の四パーセント近くはいずれかの団体に属し、その多くは一貫道に忠誠を誓っていた[26]。その影響が他省にまで及んでいたところもある。農民の移動が制限されていたにもかかわらず、信奉者たちは天地教会と呼ばれる宗派の教祖の墓参りをするために河北省から山東省まで旅した[27]。党は「迷信」を禁じていたが、中国各地で人々は大衆的な宗教に依存した。龍母の生誕を祝う龍母祖廟詣でが根付いていた広東省では、一九六〇年に徳慶の地に学生や幹部も含めて信者約三千人が集まった[28]。

だが、最悪の時期に至っても体制が揺らぐことはなかった。飢饉に見舞われたベンガルやアイルランド、ウクライナなどでも、飢餓状況が確実となった時点では、すでに人々は衰弱しきっており、武器を手に入れ反乱を組織することはおろか隣村に歩いていくことさえ難しくなっていたからだ。いずれにしても、些細な反乱でも容赦なく鎮圧され厳しく処罰された。暴動や反乱の首謀者らは処刑され、メンバーは無期懲役を科され労働改造所に送られた。また、何千万人もの命が失われたにもかかわらず反体制の動きが国の崩壊につながらなかった一因は、共産党に代わる勢力が存在しなかったことにある。様々な宗派が散在していたにしろ、地下組織の組織力が及ばなかったにしろ、この広大な国家を統治できたのは共産党政権だけだった。そして、軍のクーデターの可能性も一九五九年の廬山会議後に林彪が断行した大規模な粛清によって回避された。

しかし、党の統治に対する確固たる脅威の出現を妨げたのは、広大な国土という地政学的なものだけではなく、人々の中に深く根ざした期待のようなものだった。大量飢餓の時期に自力で生き延びる最も一般的な術は「希望」という名のシンプルな方策だった。村の状況がいかに逼迫していようと、毛主席は心底人民の利益を優先してくれるにちがいないという「希望」だ。皇帝の時代には、皇帝は慈悲深いが取り巻きが堕落しているという考え方が根付いていた。中華人民共和国ではなおさらだった。人々は現実に起きている日々の悲劇とメディアの喧伝するユートピアとの折り合いをつけなければならなかった。そして、虐待の限りを尽くす幹部らは、慈悲深い主席の命令を実行しない輩だという確信が生まれた。人々の暮らす世界から遠く離れた「政府」と称される存在と「毛」と称される神にも匹敵するような存在は善だった。もしも毛沢東がそこに気づいてさえいれば、すべては違っていただろう。

第27章　エクソダス

都市の人口爆発

飢饉の時期に生き残る最も有効な戦略は、村を離れることだった。皮肉なことに大躍進は、何百万もの農民にとっては人民公社に入ることではなく都市へ旅立つことを意味した。工業生産目標がひっきりなしに上方修正され、都市の企業が農村部からの安い労働力を採用しだすと、農民が波のように押し寄せてきた。よりよい生活を求めて都市に移ってきた農民の数は、一九五八年だけで千五百万人を超えた。[1] 公式の人口調査によると、長春(ちょうしゅん)、北京、天津(てんしん)、上海から広州(こうしゅう)に至る都市人口は、一九五七年の九千九百万人から一九六〇年の一億三千万人へと爆発的に増加した。[2]

移動は法的に規制されていたが、農民は農村から大量に流出した。第22章で述べた戸籍制度は工業化を急ぐあまり無視された。村から都市へ移り住むにあたって、正式な手続きを踏もうとする人はほとんどいなかった。そして、大量の底辺層が誕生した。正式職を求める彼らは都市住民との同化を阻む差別の垣根に直面し、都市生活の末端に位置する汚く辛い仕事、ときに危険を伴う仕事に就くしかなかった。農村から流れ込んだ労働者には、住宅助成、食料配給、医療、教育、障害手当といった都市住民に付与される権利は与えられなかった。安定した身分保障のない法的グレーゾーンに暮らす彼らには、いつ農村に送り返されるかわからないというリスクがつきまとっていた。

リスクが現実となったのは、食料備蓄が底をつき、飢餓の最初の冬を迎えた一九五九年初頭だった。すでに触れたように、この時期、すべての主要都市で穀物備蓄が未曾有のレベルまで下がった。工業の中心地だった武漢(ぶかん)などでは事態は切迫しており、数週間で食料が完全に底をつくところまで追い込まれていた。[3] 危機が高まるにつれて、指導部は戸籍制度を強化し、都市と農村のあいだには強固な壁が立ち塞がった。食料、住居、雇用は都市住民にのみ提供され、農民は自力で生き延びるしかなかった。

さらに国は、都市部の窮状を救うために都市人口の拡大に歯止めをかけた。国務院は、一九五九年二月四日、次いで三月十一日に人の移動を厳しく規制し、労働力自由市場の取り締まりを強化し、都市に出てきた人々を農村に送り返す措置を命じた。[4] 上海では警察が都市戸籍の確認作業を開始し、地区によっては全世帯の五分の一が一時的な居住許可証しか持っていないことが判明した。多くは江蘇(こうそ)省からやってきた農民だった。[5] 不法滞在者の大半は輸送、建設業界の労働者で、その数は概算で六万人に上った。国務院が繰り返し出した指令によって、二十五万人の農民が一斉に検挙され農村に送り返された。[6] 飢餓の最中に二つの世界を漂った農民たちは、強制的に故郷の村に帰っていった。農村では、当局が住民を飢饉に縛りつけ、一人の離村者も出ないように最大限の努力を払った。

だが、都市の周囲に防疫線を張りめぐらす試みは様々な要因で失敗した。一九五八年の都市部への大量流入によって、移住の方法と連携網が確立されており、村に帰された農民がこれを活用して再び舞い戻ってきたからだ。一九五九年初頭、河北省では農民の二十五人に一人は雇用を求めて農村を放浪していた。春節に故郷を訪ねた人は仲間を募りグループを作って、すでに良好な関係を築いていた、あれこれ詮索されることのない企業へ戻っていった。村を脱出する方法を細かく指示した手紙にお金を同封して送ってくる人もいた。検閲した地元の役人によると、河南省の中でも最も飢饉の被害の大きかった信陽地区には、青海省、甘粛省、北京から「ひっきりなしに」手紙が届いたという。李明義は兄宛てに、百三十元を同封した三通の手紙を出し、兄と親戚四人ともども青海省西寧の鉄道局で一緒に働こうと誘った。[7]

村では、米も仕事もふんだんにある天国のような町での暮らしを伝える話が飛び交っていた。実際、人民公社の中には、子供や年寄りの面倒は見るからと言って次々と農民を送り出し、彼らからの送金で村全体が生き延びようとしたところもある。鉄道の拠点、張家口から北京の西に至る一帯では、一九五八年から翌年冬にかけて、百万人のうち三分の一、労働力の約七パーセントに当たる人々が流出した。[8]

他省と比べて保護されていた浙江省でさえ離村が相次いだ。十四万五千人が出て行ったとされたが、逮捕しようと待ち構える当局の目を逃れて逃げた人の数はさらに多いはずだ。希望に燃えた人々の多くは、飢饉の度合いが比較的軽かった遠く青海、新疆、寧夏まで旅した。とはいえ、都市に近いことが村からの逃亡を促す大きな要因でもあった。たとえば、浙江省龍泉では、健康な人十人に一人は省境を越えて四十キロほど離れた福建省を目指し、他は蕭山、奉化、金華に出かけていった。ほとんどは青年労働者で、女性は村に残って家族の面倒を見た。蕭山から四十キロほど南の浦下村では、地元幹部や共産主義青年団のメンバーを含む二百三十人の労働者がいくつかの大きな集団を作って出て行った。多くは、町の工場が近隣の村から労働力を募った大躍進期に、町の暮らしを体験した人々だった。逃亡を企てるのは夜中が一般的だったが、町に住む病気の親戚を見舞いに行くという口実で白昼堂々と出て行く者もいた。数例だが、みずから筆をとって推薦状を書き、旅行許可証を発行して、住民が町へ移住するチャンスを与えた幹部もいれば、公印を押した白紙の許可証を売って儲けた幹部もいた。[9] さらに南の広東省には、移住で人口が減れば飢饉の影響を緩和することができると、逃亡を見逃す幹部もいた。藍塘公社の生産隊の中で集団労働に参加したのは七人に一人にすぎなかった。残りは近隣の県に出かけ、勝手に働いたり商売をしたりしていた。中には、海岸を百キロ以上南下した海豊県まで足を延ばした人もいた。[10]

人々は群れを作り、都市へ向かう貨車に乗って村を離れた。一九五九年五月のある日、河北省万全県の孔家荘鎮で、百人ほどの農民の一団が無賃で列車に乗ろうとした。数日後にも、懐安県の小さな村の同じぐらいの規模の集団が周家河駅から列車に乗った。[11]湖北省でも、広東省蛇口へ続く路線の孝感駅に毎日何百人もの農民が集合し、大挙して列車に乗った。村から逃げ出すつもりの人もいたが、町に木材を売りに行ったり、友人を訪ねる人の方がはるかに多かった。集金係が切符を買うように言うと、罵られ殴られた。ただ乗りをする人々が列車に殺到する中で、列車から落ちるといった事故も起きた。落ちて片脚を切断した五歳の子供もいた。[12]

こうした人々の数は次第に増加していった。たとえば、一九六〇年のはじめの四カ月間に無賃乗車で北京に逃げてきた農民の数は一万七千人を超えた。ほとんどは山東省、河北省、河南省の農村から出てきた人々だった。列車に乗り込むと、彼らは車内にある物すべてを使い、生き延びようと必死だった。ある役人は不快感を露わにして語った。彼らは「手当たり次第、物を汚し壊し、そこら中で用を足した。上等な靴下を便所紙の代わりに使う者もいた[13]」。

目的地に到着すると、友人や、仕事を斡旋する口利き屋が待っていた。[14]闇市場で仕事を探す人もいた。北京では労働者の闇市場は「人市」と呼ばれていた。人市は早朝開かれ、雇用主が現れると、何とか拾ってもらおうと、仕事のない人々の一群が押し合いへし合い殺到した。友人や家族と暮らしていたのはごく一部で、ほとんどの人は間に合わせの宿舎に住み、日当わずか一・三元で働いた。大工なら二・五元、最も日当が高い熟練工は四元だった。国営企業に非公式に雇われる者もいれば、使用人やお手伝いさんとして個人に雇われるケースもあった。[15]

農村の飢饉から都市住民を守るために防疫線が張られていたにもかかわらず、流れ込んでくる人の数は膨れ上がり、都市は悲鳴を上げた。南京には毎月何千人もの人々が押し寄せ、一九五九年春の時点で避難民の数は一時滞在を含めて六万から七万人に上ったため、市は収容施設を急造しなければならなかった。一九五九年二月のある一日だけで千五百人ほどの避難民が到着した。うち三分の二は周辺の県からやってきた若者だった。飢饉が最も深刻だった安徽、河南、山東の三省からの避難民も相当数に上った。友人や家族に会いに来たのはごく一部で、金もなく仕事を探しに来た人が大半だった。彼らを密かに雇い入れたのは工場や炭鉱だった。賃金は出来高払いで、居住許可証を持っている労働者よりも安かった。合法的に雇うために必要な書類を偽造した企業もあったが、大多数が、すなわち全工場の約九〇パーセントは単に公式雇用数を水増しし、不法労働者の食料を確保した。[16]

移住してきた人が皆闇市場で仕事を探したわけではない。生き延びるために、泥棒、物乞い、ゴミ漁り、売春をしながら最底辺で暮らさなければならない人もいた。二十八歳の路上生活者、孔帆順は夜中に壁をよじ登り、服や金を盗んでいた。蘇育優は店に入るなり売り物の大きな丸パンをつかみ、丸ごと口に押し込みながら逃げたが捕まった。若い娘は売春婦となって繁華街で客を誘った。彼女たちは少額の糧票、あるいは一ポンドの米を手に入れるために、公園の人気のない片隅で身体を売った。飢餓に勝てなかった人もいた。厳冬期には毎月二十体の遺体が収容された。[17] 当局はこうした事例を社会秩序に対する脅威と捉えており、農民に対する悪いイメージが増長された。農民たちは捕まると村に送り返されたが、数週間経つとまた町に舞い戻ってきた。[18]

捕まった避難民は訊問に答えて身の上話をした。一九五九年五月の取調べで、余義明はこう語った。故郷安(あん)県の村では日に二椀の薄い粥だけで暮らしていたが、幹部がありったけの穀物を国に供出したため、キャベツを食べるしかなかった。やがて楡(にれ)や栗の樹皮まで食べ尽くし、食べられそうなものは何一つなくなった。彼女と同じ村から来た王秀蘭も泣き崩れて訴えた。「嘘じゃないんです。何カ月も何も食べる物がなかったんです。何もかも食べ尽くしました。どうしようもありませんでした」。溧水(りっすい)県から来た陶敏潭は、黒竜江(こくりゅうこう)省では若者なら月七十元稼げるという噂を聞いて、ある晩仲間十一人で村を脱け出したと語った。[19]

強欲な工場長の計らいで、都市の暗部に身を寄せることなくかろうじて暮らしていける人もいた。工業化を急いだ大躍進期には、有能な労働者を確保するためにそれなりの給料が支払われた。[20] 南京の活気のある港、浦口(ほこう)では、埠頭で働く荷役たちは、都市住民に与えられる食料配給こそなかったものの、月百元ほど稼げたので高級レストランで飲み食いできた。兼業して二カ所から給料をもらっていた人は、地元の正規工場労働者よりも豊かな暮らしができた。[21] 闇市場で配給票の売買を専門にやっていた人もいた。米百八十キロ分の糧票を持っていて捕まったある女性は、上海で糧票を仕入れ南京で倍の値段で売ろうとしていた。これは、基本物資の価格が場所によって大きく異なるという計画経済の無数の抜け道の一つを利用した犯罪だった。都市に移住し工場や建設現場で働いていたのは男たちだった。村に残った大勢の女性は商売で食べていこうとした。[22]

だが、都市の「人市」で引く手あまただった若い移住者も、飢饉が進むにつれて職を失い、必死で食べ物を漁らなければならなくなった。一九六〇年に蘭州(らんしゅう)の工場では、食事と寝る場所だけを与えられ、無給で働く移住者の数がおよそ二十一万人に達していた。甘粛省のやり手のボス、張仲良(ちょうちゅうりょう)はこうしたやり方を認めていたが、省都以外の地域では地元幹部らが共謀し、彼らを奴隷状態で働かせていた。通渭(つうい)県の鉄鋼所では、移住者を収容し、食料を与えず死ぬまで働かせ、死者数は一年で千人に達した。所長は仕事を探す路上生活者を見つけてきては補充した。[23] 同様の労働条件で操業していた工場はいくらでもあったにちがいない。

飢饉が長引くと移住の動機も変化した。ひと言で言えば、人々は職探しではなく飢饉から逃れるためにやむを得ず村を離れるようになった。絶望感に苛まれた人々の中には、密かに山に逃げ込み、木の実や虫、小動物などを食べて生き延びようとした者もいたが、実際に成功したケースはほとんどなかった。見つかって村に連れ戻された人々は、見る影もなく変わり果て、髪はもつれ、服は裂け、裸に近い状態で、野生動物のようにギラギラとした目をしていた[24]。飢饉が始まると、人々は子供たちを引き連れ、わずかばかりの所持品を背中に括りつけて群れをなして村を離れた。当局も農民の脱出行を黙認し見守るしかなかった。一九六一年に台風に見舞われた河北省滄州（そうしゅう）県では、疲れ果てた人々の大群が黙々と足を運んだ。聞こえてくるのは足を引きずる音だけだった。幹部、男、女、子供など生産隊ごと村を離れ、道々衣服とタロイモを交換し、ついには大人も子供も裸同然になった[25]。道端での行き倒れは中国全土で見られた。

ゴースト・ビレッジ

こうした逃避行は村にどのような影響を与えただろう。農民はもちろん地元幹部でさえ大量移住に積極的だった。町からの送金で生き延びることができると考えたからだ。だが、すぐに仕事が見つかる、たっぷり給料がもらえ、食料はいくらでもあるといった都市生活をめぐる数々の噂が農民の士気を挫いたことも確かだった。中国共産党の革命は農民のための戦いだったが、農村の暮らしが都市の暮らしに劣っていたことは自明だった。町を守るための防疫線が張られたために、農村には価値がないというイメージはさらに行き渡った。実際、農村は伝染病患者でも暮らしているかのように隔離された。町からやってきた斡旋業者が有能な労働者を連れ去ったために、分裂する村もあった。嫉妬にかられた農民が町に出稼ぎに行った者の家族に辛くあたり、殴ったり食料を奪ったりしたからだ[26]。また、当初移住を奨励した人民公社も、やがて労働力不足で立ち行かなくなったことに気がついた。村を離れたのは健康で体力のある意欲に溢れた若者たちだった。組織的な逃亡は村から村へ一気に波及し、成人労働力がすべて流出したところもあった。北京から包頭（パオトウ）までの京包線沿いの懐安（かいあん）県のある村では、一九五九年春の時点で五十人ほどの働き手のうち村に残っていたのはわずか七人だった。村長や党書記でさえ仕事を探しに町に出てしまった[27]。飢饉の影響で人々が出て行ったあとに残ったのは、歩けないほど衰弱した人だけが残るゴースト・ビレッジだった。

仕事がいくらでもあった大躍進開始当初、村の役人は移住した人々のもとに赴いて農繁期だけでも戻ってきてほしいと説得しなければならなかった。一九五七年の深刻な労働力不足のさいに確立された移住の仕方を踏襲した人々が、湖南省から湖北省に向けて大量に流れ込んだ。[28]住民を探して引き戻すために幹部チームが派遣されたが、罵られるのが関の山で、移住者たちは食料配給制の村に戻るのを拒否した。幹部たちは怒りの矛先を当局に向け、ダム建設に必要な人手を町に横取りされたと糾弾したが、結局当の幹部らが刑務所に入れられ、釈放後、強制的に湖南省に送り返された。[29]各地で帰村を促す巧妙なやり口が登場した。たとえば、河北省衡水では、一九六〇年、清涼店公社からやってきた五万人の移住者の半数が口車に乗せられて故郷に戻った。戻ってきてほしいと哀願する手紙を親族に書かせ、地元幹部がじきじきに町に出向いて手渡したケースもあった。[30]

だが、たいていは暴力によって離村を防ごうとした。詳細は後述するが、地元幹部らは逃げ出そうとした人に殴る、食料を与えない、拷問する、あるいは家族を処罰するなどの仕打ちを加えた。どの地方にも、民兵の設置した「勧阻站」（離村を思い留まらせる集会所）や「収容遣送站」（収容送還所）があり、逃亡した人を逮捕し村に連れ戻す役割を果たしていた。ここでは法的手続きを踏まずに独断で人を拘束することが許され、一時滞在許可証を持っている人でも拘束された。この種の施設は現在も存在し、物乞いや出稼ぎ労働者を専門に扱っている。飢饉の最盛期にはその数は全国で六百を数えた。広州から哈爾浜までの八都市だけで、一九六一年春には五万人を超える人々が収容されていた。[31] 四川省では、一九六〇年に約三十八万人が拘留され、送還された。[32]

守ってくれる村社会から切り離され、必要最低限の物だけ持って放浪する逃亡者は、この種の施設の格好の餌食だった。一九六〇年五月の民政部の報告にあるように、山東省のこうした施設では糧票や配給票、列車の切符を没収しただけでなく、放浪者や移住者を縄で一列につなぎ、青黒い痣ができるほど殴り、女性には性的虐待を加えた。[33] 甘粛省天水では、警備係の八人に一人がレイプし、全員が日常的に監督下の収監者を殴っていたという。逃亡者を矯正するための特別な「学校」も設立され、罵声を浴びせる、叩く、縛ってひざまずかせる、何時間も立たせるなどの罰が与えられた。小型ナイフ、卵、麵、酒、ロープ、靴下、ズボンといったわずかな持ち物は盗まれた。女性たちは性的な目的で、警備係から殴る、脅す、食事を与えないといった虐待を受けた。彼女たちは料理、洗濯、トイレ掃除、警備係の足を洗うといった仕事をさせられた。警備係の李国倉は、麵料理を用意しなかったとして三人の収監者を「学校」に送り込み、彼女たちはそこで終日殴られた。[34]

だが、どれほど過酷な扱いを受けても避難民たちは諦めず、様々な制約を突破して逃げ出そうとした。農民七十五人が上海から蕪湖に送還されたさいも、六十人が再度逃亡を企てた。[35] 一カ月後、天津から瀋陽に送り返された二百五十人のうち百五十人が脱出に成功した。党の役人らは繰り返し村から脱走する人々を「慣流（グアンリウ）」（逃亡常習者）と呼んでいた[36]。旅を繰り返す暮らしは過酷だったが、村で死を待つよりはましだった。

退去命令

風向きが変わったのは一九六一年だった。飢饉に包囲され、流れ込む農民で人口が増え続ける都市に、もはや人々を養う余力はなかった。北京の指導部は各都市から農村に二千万人を送り返す決意を固めた。一九六一年六月十八日、政府は二百万トンの穀物を確保するために同年末までに一千万人を送還するよう命じた。残りは一九六二年に送還し、六三年までに流浪者を一掃する計画だった[37]。

当局の動きは速かった。都市住民の数が一九五七年の百八十万人から六一年には二百五十万人に達した雲南（うんなん）省では、省ごとに割り当てられた送還数に合わせて、失業中の約三十万人が送還対象となった[38]。この中には昆明（こんめい）の監獄から農村部の労働改造所へ移送された三万人の囚人も含まれていた[39]。広東省の各都市には三百万人近い失業者が暮らしていたが、うち六十万人ほどが一九六一年末までに村へ送り返された[40]。一九五七年以降、三百十万人だった都市人口に新たに百六十万人が加わった安徽省では、六十万人が退去させられた[41]。一九六一年末、国家経済計画立案者の李富春（りふしゅん）は千二百三十万人の送還が完了し、翌年にはさらに七百八十万人を予定していると発表した。[42] 結局のところ、国は来るべき未来に備えて、都市人口を過去に例を見ないレベルにまで抑制するために、情け容赦なく新たな手法の弾圧を加えて、農村の人々よりはるかに立ち回りが早いことを実証した。

越境する難民たち

運に恵まれた人は国外脱出を試みたが、それなりの犠牲が伴った。雲南省では、大躍進が始まると、ベトナム、ラオス、ビルマの国境近くに暮らす少数民族が国境を越えることで政策に反対する意思表示をしたが、捕まった者は厳しく処罰された。一九五八年、自由市場の撤廃、移動制限、集団化、灌漑事業での重労働に抗議して、約十一万五千人が村を捨て隣接する国境地帯へ逃げ込んだ。捕まれば殴られるのがつねだった。景洪(けいこう)の赤ん坊を連れた若い母親は銃剣で殺された。家屋に閉じ込められダイナマイトで吹き飛ばされた人もいた。自発的に村に戻ったとしても、拷問され処刑されたあげく、道端に捨てられ、あたりには遺体の腐敗臭が充満していた。[43] 国境を越えた人の数を特定することは難しいが、英国外務省の記録によると、一九五八年にビルマに到着した避難民の数はおよそ二万人で、そのほとんどが中国へ送還されたという。[44] 少数民族の多くは国境を挟んで親族と行き来していたため、その数はさらに多いと考えられる。南の国境に近い省の人々はベトナムに逃げ込んだ。多くは密輸業者だったが、食糧不足が深刻になると、地形を知り尽くした彼らは国境を越え、二度と戻ってこなかった[45]。

国外脱出の試みは中国の長大な国境線全域で発生した。とりわけ、制限が緩和された一九六二年の一時期に顕著だった。新疆ウイグル自治区から逃げ出す避難民の数は、当初ごく少数だったが、やがておびただしい数に上った。わずかな手荷物を携えた子供連れの家族が大挙してソ連に流れ込んだ[46]。幹部から幼児まで、塔城の人口の半数が荒れ果てた故郷を捨てて、いにしえのシルクロードに沿って国境まで行進していった[47]。カザフスタンとの国境にあるバフタやコルガスの検問所には、毎日何千人もの避難民が訪れ、国境警備はお手上げ状態だった。病気で衰弱し、ソ連に助けを求める人々も大勢いた[48]。ソ連は避難民に一時的な施設と仕事を提供するために何百万ルーブルも費やした[49]。グルジャ（伊寧）では、ソ連の登録証がなければ国境を越えられなかったため、ソ連領事館に武装した暴徒が侵入して混乱状態に陥り、穀物倉庫の略奪や民兵への発砲事件が発生した[50]。ソ連の消息筋によると、地元当局が実際に国境に向かうバスの切符を売り出したために騒然となったという。切符を求めて党の事務所に集まった群衆は銃で撃たれ、死者も出た[51]。

一九六二年五月には、英国領香港との国境でも同様の騒乱が発生した。飢饉のあいだ、人々は香港への脱出を試みていた。一九五九年の不法移民の数は三万人ほどに達した。[52] この他に合法的な移民もいた。中国は、もはや本国に不要と見なした者に対して月千五百通ほどの移住用出国許可証を発行していた。[53] しかし、中国が一時的に国境検問所の監視を緩めた一九六二年五月、それまで一定していた流れが一気に膨れ上がり、ピーク時には日に五千人を超えた。香港は一夜にしてアジアのベルリン状態に陥った。

大量のエクソダスは念入りに計画されたものだった。脱出を企てた多くは都市で暮らす若者で、工場閉鎖にともなって近々農村へ送り返されることになっていた人々だった。深刻な食料不足に直面し、制度に見捨てられた若者たちは、逃げ出す決心をした。彼らはお金とビスケット、缶詰、そして地図を持って逃げた。広州では、「天堂指針(パラダイス・ポインター)」と名付けたにわか造りの方位磁石を売る商売人まで登場した。[54] 群衆と警察が衝突し、軍が暴動を鎮圧した六月初頭時点で、国境地帯までの切符は駅で買えた。[55] 首尾よく切符を手に入れ列車に乗れた者は幸運だったが、買えなかった者は歩いて沿岸を下るか、数日かけて山を越えていかなければならなかった。群衆の数が膨れ上がると、制圧するために国境に警備兵が集結した。難民たちは捕まらないように、本土と香港を隔てる河を泳いで渡ったり、鉄条網を掻き分け、国境フェンスの鋼鉄製の網をくぐり抜けようとした。当然、事故も発生した。河と間違えて、夜間に国境近くの貯水池に飛び込んだ人もいた。この池ではのちに、水面に浮かび、岸に打ち上げられた二百体もの遺体が見つかった。[56] 料金を払って平底船（サンパン）に乗り込み、沿岸の島に上陸した人もいれば、不運にも荒海で転覆して溺れ死んだ人もいた。[57]

　香港にたどり着いた難民は、今度はイギリスの国境警備をすり抜けなければならなかった。そして、ほとんどはその場で逮捕された。山に逃げ込むことができたごく一部の人々は、ボロボロの衣服をまとい、裸足同然で、足首を捻挫している人もいた。だが、ベルリンの場合とは異なり、彼らは歓迎されなかった。直轄植民地香港は本土からの難民が殺到することを恐れていたからだ。

　難民を引き受けようと手を挙げる国はなかった。アメリカとカナダは難民割当を頑なに守り、台湾でさえ難民の定住者はほとんど受け入れなかった。[58] かたや、中華人民共和国を承認していなかった国連は、「中国からの難民」は政治的に存在しないと判断し、国連難民高等弁務官事務所では救済することができなかった。[59] 香港の植民地省長官クロード・バージェスが述べたように、「実際のところ、世界中どこを探しても（この難民問題を）積極的に共有しようという国はなかった[60]」。結局、滞在許可を得ることができたのは香港の親戚が身元保証人になった人だけで、大多数は本国へ送り返された。香港の人々は彼らに食べ物と寝る場所を提供し、難民を乗せて羅湖（らこ）の国境検問所に向かうトラックの行く手に立ち塞がるなど、難民の窮状に同情を示した。

六月、中国は再び国境を閉鎖した。これを機に、緩和されたときと同じく突如として、難民の流入は止まった。

第5部

弱者たち

第28章　子供たち

名ばかりの保育園ラッシュ

一九五八年夏、あちこちに公共の保育園や幼稚園が作られ、女性は育児から解放され、晴れて大躍進に参加できるようになった。だが、子供が一日中、場合によっては何週間も親から切り離されると、様々な問題が持ち上がった。農村部では、一線を退いた女性や結婚前の娘たちに即席の保育研修を行なったが、親たちが国に預けざるを得なくなった子供の数があまりにも多かったために、たちまち手に余る状態に陥った。そのうえ、急激な工業化のもたらす深刻な労働力不足によって、子供の面倒を見るはずだった人々までが畑や工場に駆り出され、子供たちは最小限の世話しかしてもらえなくなった。

保育所の建物は今にも崩れそうなボロ家ばかりだった。専用の建物がなく、泥壁の掘っ立て小屋や廃屋で間に合わせたところもあり、子供は野放し状態だった。[1] 首都郊外の大興県では、全寮制の保育園四百七十五カ所のうち、最低限の設備を備えていたのはわずかに十数カ所だった。子供たちの多くは床の上で食事をし眠った。雨漏りがして、扉や窓ガラスがない施設も多かった。保育者に初歩的な訓練しか施していなかったため、事故が多発し、沸騰したヤカンにぶつかって火傷する子もいた。三、四歳になっても歩けない幼児がいるほど、ほったらかしで世話は行き届いていなかった。中華全国婦女連合会は、北京近郊に散在する保育園の三分の一が「後進的」と指摘した。[2]首都圏でさえ保育状況は必要最低限のレベルだった。保育園では誰もが泣いていたという報告もある。まず、家族から離された子供が泣き出し、次に面倒を見切れなくなった未熟な若い保育士が泣き出し、最後は国にいやおうなく大事なわが子を預けた母親までが泣き出す始末だった。[3]

資格を持つ保育士が不足していたために、満員状態の保育園では秩序をそれらしく保つために体罰が行なわれた。これは都市部でもよくある光景だった。女の先生が言うことをきかない子供たちを躾けるのに熱したアイロンを使い、三歳児の腕に火傷を負わせるという最悪のケースも発生した。[4]劣悪な保育水準と粗末な施設があいまって病気も発生した。感染した子供を隔離せずに皆と同じ食器を使わせていたため、病原菌が蔓延した。比較的恵まれていた上海でさえ、よちよち歩きの幼児が一日中汚れたままのパンツをはかされていた。[5]北京の感染率は高かった。第二棉廠の保育所では、九〇パーセントの子供が麻疹や水痘にかかり、疥癬や寄生虫が蔓延していた。死亡率は高かった。[6]北京近郊は蠅が多く、保育園にはおしっこの臭いが充満していた。食中毒もよく見られ、多くの子供が亡くなった。五人に四人は下痢をしており、くる病も出ていた。[7]飢饉が進むにつれて飢餓浮腫が広がり、身体が水分で膨れ上がった。南京では、保育園の子供の三人に二人に浮腫が現れ、トラコーマ（伝染性の眼病）や肝炎の子も多かった。[8]

虐待もはびこっていた。保育園の食料は日常的に盗まれた。非情な大人たちが無力な子供たちに配給された食べ物を横取りした。広州では、四分の三の保育園で食料が盗まれていた。おおっぴらに盗んでいく者もいれば、わからないように掠めとる者もいた。[9]南京市の保育園の園長、李達饒は、子供用に配給された肉をすべて自宅に持ち帰り、石鹸も着服していた。市内には、肉と砂糖を職員で公平に分け合っていた保育園もあった。[10]文書に残る記録は少ないが、農村部での幼児虐待は都市よりも激しかった。湖北省蘄春県では、一九六〇年十一月、職員が食料の大半を食べてしまったため、毎日のように子供が一人か二人死んだ。[11]しかし、やがて国が混乱状態に陥ると、保育園は閉園に追い込まれ、農民は自力で子供の面倒を見なければならなくなった。広東省を例に挙げると、一九六一年だけで保育園、幼稚園の数は三万五千から五千四百に減っている。[12]

生徒たちの勤労動員

学校へあがる年齢に達した子供には労働が課された。一九五七年秋、政府は労働学習プログラムを導入し、すべての学生に学校で過ごす時間の半分を生産労働に従事するよう命じた。これは大躍進が始まる前の話だ[13]。一九五八年秋、製鉄キャンペーンに人々が動員されると、子供たちはクズ鉄や古レンガを集めるだけでなく、土法高炉(どほうこうろ)での過酷な作業にも駆り出され、高熱の中で長時間働き気絶する児童も出た。武漢(ぶかん)では集中的な工業化にともなって、多くの小学校がそれぞれに複数の工場を開設した。生徒は敷地内に設けられた雨漏りのする粗末な宿舎で寝起きした。どこも一つのベッドに三人で寝るような劣悪な環境だった。子供は集団労働によって成長すると考えられており、授業は何週間も行なわれなかった。心配する親たちが子供の無事を確かめるには、夜中にこっそり校舎に忍び込むしかなかった[14]。やがて、生徒たちは消極的な抵抗を試みるようになり、一九五九年初頭には労働体験をさぼり、授業以外には出席しない生徒も現れた。学校を辞めていった生徒もいた[15]。南京では、無断欠席者の大半は自宅にいたが、うち四分の一は工場に働きに出ており、警察で働いていた生徒もいた[16]。

生徒は生産労働への参加を義務づけられていたが、しかるべき安全策が講じられていないことが多かった。大躍進期に事故は頻発し、大勢の死者が出た。甘粛(かんしゅく)省の運河を掘る作業では、堤防が崩壊し生徒七人が命を落とした。山東(さんとう)省では、廃炉の内部で作業していた八人が壁の崩落に巻き込まれて死んだ[17]。

農村の子供に学校へ通う贅沢は許されなかった。肥やし運びや家畜の世話など、畑で働いたり、共同食堂の薪を集めたりするのが当たり前だったからだ。農村では、こうした仕事は昔から子供たちが担っており、貧しい農家の子は家を助けるものと相場が決まっていた。だが、労働力は個人や家族のものではなく集団の所有物だと考える集団化が進むにつれ、過酷な労働への拘束はさらにきつくなった。子供たちもまた、親に言いつけられて働くのではなく、威張り散らす地元幹部の命令で働かなければならなくなった。幹部らは子供を大人同様に扱った。十三歳の女の子、唐所群は四十一キロもの干草を背負い、その傍らでは十四歳の男の子が五十キロの肥やしを運んでいた[18]。

受難のとき

労働に対する厳しい掟が支配者と支配される者の関係を牛耳っていた。十分な食料が行き渡らないとなると、能力のある労働者は優遇され、役立たず、つまり子供や病人、老人は虐待されることになる。この過酷な現実を物語る資料が党の档案館（とうあん）に数多く残っている。広東省で鴨の世話係をしていた十三歳の男の子、艾隆は、食料にしようと植物の根っこを掘っていて捕まった。彼はジェット式の姿勢〔膝を折って両手を後ろにまっすぐ伸ばして頭を下げる姿勢。大衆による吊るし上げのさいの基本姿勢であり、文革時にも踏襲された〕を強いられ、糞便をかけられ、爪の下に竹串を刺され、激しく殴られたため、障害者となった[19]。同省羅定県の幹部、曲本弟は、ひとつかみの米を盗んだ八歳の子供を殴り殺した[20]。湖南省の十二歳の譚雲清は、共同食堂から食べ物を盗んだために池で仔犬のように溺死させられた[21]。親に罰を強いるケースもあった。譚雲清と同じ村の男の子がやはりひとつかみの穀物を盗んだとき、地元のボス、熊昌明は父親に息子を生き埋めにするよう命じた。父親は悲嘆のあまり、数日後に亡くなった[22]。

報復の矛先が、集団による処罰という形で子供に向けられることもあった。郭歓盛は女手ひとつで子供三人を育てていた。あるとき、五歳の息子を病院に連れていくために仕事を休もうとしたが、拒否された。気の強い彼女は、承諾なしに息子を連れて広州の病院に駆け込んだが、息子は手遅れで死んでしまった。十日ほど留守にして村に戻ると、残していった二人の子供が村八分にされていた。二人は糞便にまみれ、肛門や脇の下には虫が這い回っていた。まもなく二人は死んだ。それから毎日のように地元幹部の何麗明がやってきて、扉を叩きながら怠け者と罵るようになり、ついに彼女は気が狂ってしまった[23]。長沙に近い廖家村では、ある夫婦が子供二人を置いて都会に出てしまった。子供たちは地元幹部によって家に監禁され、数日で餓死した[24]。

手のかかる子供たちも閉じ込められた。亜熱帯の広東省では、会議中におしゃべりしたという理由で、子供たちを豚の檻に閉じ込めた。[25] 警察も加担した。貴州省水城(きしゅうすいじょう)県では、わずかな食料を盗んだ七歳から十歳の子供たちを鉄格子の中に監禁した。一キロのトウモロコシを盗んだ十一歳の子は八カ月も収監された。[26] 手に負えない子供専用の大型矯正施設が県レベルで設立された。上海市の管轄だった奉賢(ほうけん)県では、六歳から十歳までの子供約二百人が公安局の管理する再教育収容所に収監された。ここでは、蹴る、立ちっぱなしにさせる、ひざまずかせる、手のひらに針を刺すなどの体罰が加えられ、手錠をかけられることもあった。[27]

　家族からのプレッシャーもあった。両親が畑仕事で忙しい、あるいは病気で寝たきりの場合、共同食堂に割当分の食事を取りに行くのは子供の役目だった。食堂まで遠い道のりを何キロも歩かなければならない子供もいた。四歳ぐらいの幼児も含めて子供たちは、食堂で大人たちに押しのけられながら、食べ物をもらい、家族のもとへ届けた。その重圧たるや凄まじいものだった。

　今回インタビューに答えてくれた人々の多くは、何かにつけ家族から責められたことを鮮明に憶えていた。当時八歳でガリガリに痩せこけていたという丁巧児は、父親が病気で、やはり腎臓結石の病を抱え纏足(てんそく)だった母親は人民公社で働けず生計を立てられなかったために、一人で家族全員の面倒を見なければならなかった。彼女は毎日、お腹をすかせた大人たちに押しやられ邪険にされながら共同食堂の列に一時間も並んだ。一家六人の命綱は彼女が持って帰る丼一杯の水っぽい粥だった。ある土砂降りの雨上がりの日、彼女は帰り道でぬかるみに足をとられ、丼の中身を全部こぼしてしまった。「最初は泣きました。でも、家族皆が、私が食べ物を持って帰るのを待っていることを思い出し、気を取り直して地面からすくいました。砂がいっぱいついていました」。家族は激怒し、自分たちにはこれしか食べる物がないのに何てことをしてくれたのだと彼女を責めた。「でも、結局、砂だらけだったので恐る恐るでしたが食べ始めたんです。もし食べなかったら、ひもじくて気が狂ってしまったかもしれません[28]」

子供同士も食べ物を取り合った。丁巧児は家族分の配給をもらって帰ったが、ときおり両親は彼女と小さな妹の分を削って兄弟たちにたくさん与えようとした。そんなとき、丁と妹は文句を言って泣き叫び、取っ組み合いの喧嘩になることもあった。四川省仁寿県で育った劉舒が当時を思い出して語ってくれた。彼の弟はいつも、一番に自分の器に他の人の分までよそってしまうので、次の人には何も残っていなかった。「食事のたびに、彼は大声で叫ぶんです。いつもそうでした。あんまりうるさいんで、よく叩かれてました[29]」。三人の娘を持つ李さんは、娘二人が毎日食べ物を取り合って喧嘩していたことを憶えていた。「ものすごい喧嘩でした。一番下の娘はほんの少ししかもらえず、いつももっとちょうだいと泣いていました。意のままにならないとものすごく大声で泣き出すので、上の子たちは妹を怒鳴りつけました。あの頃のことは今でも忘れられません」[30]

わずかな食べ物を前に家族同士が争うようになると、子供に対する暴力はさらにエスカレートした。[31] 当時の情報を入手するのは難しいが、警察の作成した報告書を読むと、この時期の家庭の事情が招いた力関係を垣間見ることができる。南京ではこの時期、毎月二件の家庭内殺人が報告されていた。ほとんどの事件は男が女子供に暴力を振るったケースだったが、犠牲者の五人に一人は老人だった。こうした殺人事件は、被害者が家族の重荷になったために起きる場合が多かった。江蘇省六合県の麻痺を抱えた少女は両親に池に投げ込まれた。同省江浦県では、口が利けずおそらくは知的障害を抱えていた八歳の男の子が、自宅や隣近所で盗みを繰り返したため、ある夜、いたたまれなくなった家族に絞め殺された。家庭内の弱者を計画的に飢え死にさせたケースも数例報告されている。たとえば、王久常の場合、八歳の娘の配給分を食べてしまったうえに、冬に綿の上着とズボンを取り上げた。結局、娘は飢えと寒さで死んでしまった。[32]

農村部では、共産党にどうこうできるはずもない昔からの習慣に従って、家族に見放された子供が安く売り飛ばされた。河北省内丘県の陳貞源は六人家族を養っていたが、ぎりぎりまで追い詰められ、ついに四歳の息子を村の友人にくれてやることにした。七歳の子供は隣の県で暮らす叔父にやった。[33] 成都で暮らしていた、前述の李さんは、娘三人のうち一人を自分の妹に譲り渡したが、娘は貰われた先の家庭で厭われた。養母は気性が荒く、自分の孫息子をあからさまに贔屓するような女だった。「自分たちの食い扶持もないっていうのに、なんでよその子の面倒まで見なきゃならないの」と不満たらたらで、養女に配給された食料はすべて取り上げた。たった四歳のこの娘は毎日共同食堂に行かされ、列に並んで大人たちに小突かれたり押されたりしながら野菜をもらっていた。お腹がすいて気が遠くなることもしょっちゅうだった。養父母の家でいじめられた娘は数カ月で虱だらけになり、実母のもとに送り返された。[34]

農村で餓死者が出るようになると、子供を引き取ってほしいと言われたところで、二つ返事でさらなる重荷を背負いこもうとする家はなかった。都市と農村のあいだに張りめぐらされた防疫線をなんとか突破して、都会に置き去りにされた運のいい子供もいた。一九五九年に南京市で見つかった捨て子の数は二千人を超えた。この数は共産党政権樹立から大躍進に至る十年間の四倍を超えた。十人中六人は女の子で、三分の一が三歳以上、ほとんどの子は病気持ちで、少数ながら目の見えない子や障害のある子もいた。しゃべれる子の訛りから推測すると、出身は安徽省が多く、残りは南京近郊の村だった。

市の職員が一部の家族に対して行なった聞き取り調査によると、親たちは子供を捨てた口実に集団化の論理を持ち出した。彼らは党のプロパガンダをもじって「子供は国のものだから」と主張した。都市の壁の向こう側には、村にはない豊かさ、富、幸福が隠れているというユートピア像がその一端を担っていた。農民は、子供たちは「町に行けば楽しく暮らしていける」、繁栄が子供たちを育ててくれるものと信じていた。

だが、こうした正当化の背後にはさらに悲劇的なエピソードが潜んでいた。たとえば、十三歳の男の子、石柳宏は、故郷胡江村から母親に連れられ、歩いて山々を越えてきたが、飢えと疲れで道端で眠り込み、目覚めると一緒だったはずの母親の姿は消えていた。これは子供を「なくす」最も一般的なやり方だった。中国語の動詞「丢（ディオウ）」（なくす、紛失する）は「遺棄、放棄」の婉曲表現として使われることが多かった。ある十三歳の女の子はこんな身の上話をしたという。母親はまず目の見えない十四歳の兄を「なくし」、村にはひとかけらの食べ物もなかった。弟と妹が山の中で「いなくなり」、最後に彼女も置き去りにされた。[35]

親が二人一緒ならと考えてまとめて置き去りにすることもあった。南京の街路では、幼児二人をおんぶして母親を探して泣き叫ぶ六歳の男の子が見つかった。兄弟姉妹で置き去りにされる理由は他にもあった。農村から出てきた母親が何としてでも食べ物と家を手に入れたくて町の男と「再婚」したものの、相手が連れ子を疎んじたケースだ[36]。服に誕生日を殴り書きした紙切れをピンでとめたり、ポケットにメモを突っ込んで捨てられる子もいた。稀に、絶望した母親が子供を直接交番に連れていくこともあった[37]。

捨てられた子供の数を正確に教えてくれる信頼できる統計はないが、南京などの都市では年に数千人単位で見つかっていた。一九五九年夏、湖南省の省都武漢では、日に四、五人が当局の手で保護された[38]。湖南省全体で言えば、一九六一年夏までに国の児童養護施設に収容された子供の数はおよそ二万一千人だった。もっとも、当局の記録に残っていない子供が大勢いるものと思われる[39]。

とはいえ、大半の子供たちは最後まで親と一緒に暮らした。農村部の数え切れないほどの村々で、お腹が膨れ手脚が棒のようで、ぐらぐらする重い頭を細い首で支えた飢えた子供たちが、草一本生えていない畑や埃っぽい道路脇の小屋で死んでいった。河北省静海（せいかい）県の一部の村には、四、五歳になっても歩けない子がいた。そして、裏地もない薄い服一枚を羽織った子供たちが雪の降る中、裸足の足を引きずりながら歩いていた[40]。石家荘（せきかそう）市のような都会でも、母乳が出なかったために赤ん坊の半数が死んだ[41]。子供だけが犠牲になったケースもある。広東省瓊海（けいかい）県の小さな村では、一九五八年から五九年にかけての冬に四十七人、つまり十人に一人が亡くなった。うち四十一人は幼児と子供で、六人が老人だった[42]。

「苦しみをくぐり抜けて」

かたや、予想に反して子供だけが生き残った例もある。推計によると、四川省の農村人口の〇・三から〇・五パーセント、およそ十八万人から二十万人の子供たちが孤児だった。彼らは、髪はボサボサ、汚れ放題でぼろ服をまとって集団で村々をさまよい、自分たちの才覚で生き延びた。才覚というのはたいていは泥棒のことだった。自力で暮らしている子供は大人の餌食になりやすく、監視係や隣人にコップや靴、毛布、服といったわずかな持ち物を奪われた。知り合いに身ぐるみ剝がされて捨てられた十一歳の女の子、高玉花は、下履き一枚で干し草の上で眠った。彼女は砕いた粟を生のまま食べて生き延びたが、調査団の表現を借りると、石器時代の「原始人の子供」のようだったという[43]。涪陵県の貧しい農民にもらわれた十二歳の向清平は、虐待され泥を食べさせられたと近所に告げ口したために、頭を殴られた[44]。同県では、怒り狂った農民が畑の作物を盗んだ孤児の背骨を折る事件も発生した。兄弟姉妹が互いに攻撃し合うケースも数多く報告されている。蔣家の七歳の三男坊は十六歳の兄に殴られ、衣類を剝ぎ取られ、孤児になってから数カ月で死んでしまった[45]。

孤児の中には驚異的な立ち直りを見せた者もいる。穏やかに身の上話を語ってくれた、悲しい目をした趙暁白もその一人だった。大躍進の数年前、彼女の一家は甘粛省への定住を促す移住計画に参加し、河南省の故郷の村をあとにした。父親は山中で氷を砕く作業に駆り出されたが、一九五九年に飢え死にした。母親は病気で働けなかった。すると、地元幹部がやってきて、扉を叩きながら怠け者にやる食料はないと告げた。夜になると、別の幹部が来て母親に非情にも身体の関係を迫った。母親は精魂尽きはて諦めきった様子だったという。一九六〇年一月のある凍てつく夜に、母親はトイレに立った。当時十一歳だった暁白は目を覚まし、どこへ行くのと訊ねた。彼女はすぐにまた眠りについたが、二時間経っても母親はトイレから出てこなかった。「声をかけましたが、答えはありませんでした。母はまだそこに座っていました。頭が片方に傾いていました。母はもう二度と口を利きませんでした」

　耳慣れない方言でしゃべる見ず知らずの人たちの中に取り残された暁白と六歳の妹は、やはり甘粛省に移住してきた叔父と一緒に暮らすことになった。「叔父は私にはそれなりに接してくれました。私が働きに出られる年齢だったからです。でも、妹にはつらく当たりました。ご存知のとおり、甘粛省はとても寒いところで零下二十度にもなります。そんな凍てつく冬に、叔父は焚き付け用の枝を拾ってこいと妹に命じました。どうやって探せと言うんでしょう。ある日、妹はあまりの寒さで手ぶらで戻ってきました。叔父は妹の頭を殴り、妹は血だらけになりました」

　叔父の虐待から妹を守るために、彼女は妹を連れて働きに出ることにした。彼女は大人と一緒に運河を掘り、畑を耕した。だが、そこも安全とは言えなかった。「あるとき、作業中に妹の泣き声がしました。誰かにいじめられたんです。妹は砂玉を投げつけられ、砂に埋もれていました。目も砂で覆われ、ただただ泣き叫んでいました」。ちょうどその頃、河南省へ戻ろうとしていた二人組を見つけた。彼女はありったけの物を売り払って十元で切符を二枚買った。二人はようやく故郷に戻り、面倒を見てくれる祖母に再会することができた。どのようにして今のような穏やかな彼女があるのかと訊ねてみた。すると間髪を入れずこんな答えが返ってきた。「苦しみをくぐり抜けて」[46]

喜んで面倒を見てくれる人が見つからず、児童養護施設に収容された子供たちに待っていたのは、お定まりの劣悪な環境だった。体罰などは日常茶飯事だった。四川省墊江（てんこう）県のある人民公社の施設では、監視係の暴力で十人以上が亡くなった[47]。湖北省の孤児たちは、雨漏りのするボロボロの施設に収容され、綿入れ服も毛布もないまま冬を乗り切らなければならなかった。医療行為は皆無で、何千人もの子供が病死した[48]。

出生率が半減

死者の方が圧倒的に多いとはいえ、飢饉の時期に生まれた子供もいる。人口統計専門家は、公表された一九五三年、六四年、八二年の人口調査に基づいて飢饉の時期の出生率を割り出そうとしているが、档案館の資料の方がはるかに信頼できる。指令経済のもとでは、地元当局が人口の推移を把握しておかなければならないからだ。一九五八年に飢饉が始まった雲南省曲靖地区では、五七年に十万六千人だった出生児数が翌年には五万九千人に落ち込んだ。雲南省全体では、一九五七年の六十七万八千人から五八年の四十五万人に急減した[49]。

飢饉後に収集された年齢別の総計値からも当時の状況を窺い知ることができる。たとえば、飢饉の影響が最も深刻だった地域に比べて多少なりともましだった湖南省でさえ、一九六四年時点で三歳だった子供、つまり六一年生まれの子供の数は、六歳だった子供より、約六十万人少なかった。当然、六歳児たちにも相当な犠牲者は出ているはずだ。一方で、一歳児および一歳以下は三歳児の四倍だった[50]。だが、この種の統計には、生後数週間以内に亡くなった、数知れない未報告の新生児は含まれていない。飢饉の最中に、生まれた記録さえ残っていない新生児の数を数えるなどという無駄なことは誰もするはずもなかった。

第29章　女たち

フルタイムで働く

「集団化」には、女たちを家父長制の足枷から解放する意図も込められていた。だが、この「集団化」によって問題はさらに悪化した。広い中国では、地方によって労働パターンがかなり異なるとはいえ、大躍進以前、北部の女性はめったに畑に出ることはなかった。南部でも、男と肩を並べて外で働くのは貧しい家の女だけだった。女子供は家事の他に、空いた時間に手工芸に精を出し家計を補うのがつねだった。唐傘、布靴、絹の帽子、籐椅子、柳で編んだ魚籠（びく）や籠など地元の市場向けの日用品を集落ごとに家内で製造するところもあった。[1] 人里離れた村落でも、女性は昔から家の中で、家族のため、現金収入を得るために編み物や刺繍、糸紡ぎなどをしてきた。

近代化とともに、これまで畑仕事をしたこともない女性たちが動員されるようになった。朝はラッパの音で起こされ、生産小隊ごとに行進し、畑を耕し、種を蒔き、熊手で土をかけ、雑草を抜き、間引きなどの作業に従事した。だが、人民公社では、フルタイムで働かなければならなかったにもかかわらず、女たちの賃金はどれだけ頑張っても男たちより少なかった。人民公社の考案した労働点数制度では、女というだけで評価が低かったからだ。トップレベルの点数をもらえるのは頑強な男だけだった。

さらに、国は女たちが集団労働に参加したからといって、家事負担の軽減策はほとんど講じなかった。外で働いていようと、繕い物や育児など、片付けなければならない家事労働は依然として存在した。前章で触れたとおり、育児の一端を担うとして設けられた保育園は、とてもその役目を果たしていたとは言えなかった。つまり、女たちはフルタイムで働いた上に育児までこなさなければならなかったのである。[2]

家庭生活は絶え間なく展開されるキャンペーンに巻き込まれ、急な動員は女たちに大きな痛手を与えた。女たちは飢饉が始まる前にすでに疲れ果てていた。丈夫で健康な男たちが都会へ流出してしまった村に残されたのは、親族や子供の面倒を見る女たちだった。

女性は攻撃の対象になりやすかった。非情にも食料が労働の代価となる体制では、すべての弱さが飢えにつながるからだ。土法高炉（どほうこうろ）、畑、工場――より高い目標の達成を容赦なく強いられる中で、一般に月経は欠陥と考えられていた。人々は昔から、月経をタブー視し、月経期間中の女を汚れたものと見なし恐れていたが、こうした見方はほとんど一夜にして一蹴された。畑に出てこなければ処罰された。最も一般的な罰は、欠勤した日数分の労働点数を差し引くことだった。職権を振りかざし、病欠を申請した女たちを晒し物にする男性幹部もいた。湖南省城栄人民公社の党書記、徐英傑は、月経を理由に休憩を要求した女たちにズボンを下げさせ、荒っぽい検査をした。晒し物にされるのが嫌で、病気になった人も多かった。重い月経痛や婦人科系の病を抱えながら過酷な労働に従事して亡くなった人もいた。[3] 妊娠中の女性は、ペナルティーを科された上で仕事を強いられた。出産直前まで働かされることは珍しくなかった。四川省のある地区だけで、畑仕事を強いられ流産した人は二十四人もいた。労働を拒否した陳媛明は幹部に股間を蹴りつけられ、身障者となった。[4]

残虐な幹部は周囲に止める者がいないとなると、懲罰をエスカレートさせた。前述の城栄人民公社では、仕事に出なかった妊婦を真冬に裸にし、氷を砕く作業を強いた。[5] 広東省清遠県では、真冬に妊婦や幼児を含めた何百人もの村の住民を綿入れ服を着せずに働かせ、抗議した者には食べ物を与えなかった。[6] 広州郊外の番禺県の幹部は、働きが悪いと言って妊娠七カ月の杜金好の髪を摑み、地面に引き倒して身動きできなくした上で、彼女が気絶するまで罵倒した。夫は恐怖で泣き出したが、妻を救い出す力はなかった。彼女は意識が戻ると放心状態でよろめきながら自宅に戻り、膝から崩れ落ちて息絶えた。[7] 絶望のあまり死を選ぶ者もいた。妊娠中に冬の労働に駆り出された梁夏女は冷たい河に身投げした。[8]

婦人病

女たちは疲労と飢えで衰弱し、月経が止まるケースが各地で見られた。これはある程度の医療行為を受けることができた都市部でさえ一般的な現象だった。北京市南の天橋(てんきょう)区の冶金(やきん)工場では、女性労働者の半数に無月経、膣感染症、子宮脱が見られた。一つしかない洗面所が常時塞がっていたため、何カ月も身体を洗わなかった人がいた。こうした環境に加えて、換気の悪い職場で長時間働いたことで、袁辺華のような党員活動家でも喀血し立ち上がれなくなった。[9] 中華全国婦女連合会の調査でも同様の結果が出ていた。一例を挙げると、北京真空管工場では女性労働者六千六百人のうち半数が婦人科系の疾患を抱えていた。二十五歳だった呉玉芳は、一九五六年に健康な身体でこの工場にやってきたが、六一年には頭痛、月経不順、不眠、神経過敏性、脱力感に苛まれていた。結婚して五年経っても子供が出来ず、検査を受けたところ、同じ職場の大勢の労働者と同じく水銀中毒であることが判明した。[10]

農村部の女たちの衰弱は極限に達しており、多くが子宮脱を患っていた。子宮脱とは、通常なら筋肉と靭帯で骨盤内に収まっている子宮が膣管に垂れ下がってくる状態を指す。働きすぎや食料不足でなくても、難産やエストロゲン不足による衰弱によって子宮が下垂する場合がある。子宮脱の症状は、子宮頸部への下垂から子宮が裏返って完全に体外へ出てしまう子宮内反症まで様々な段階があるが、当時圧倒的に多かったのは後者だった。症状別の統計数値も残っているが、当時の実状を十分に反映しているとは言えない。地域によってかなりばらつきがあり、上海近郊の農村では女性の三、四パーセント、湖南省では五人に一人となっている。[11] 体調について申告することに羞恥心を感じていた女性も多く、幹部らは飢餓に帰因する疾患の報告を渋った。また、農村部には実状を把握できる能力のある医者はほとんどいなかった。こうした点を考え合わせると、実際の数字ははるかに多かったにちがいない。

子宮脱の治療は困難だった。飢饉の最中には、根本的な原因、すなわち食料不足と疲労を取り除くことができなかったからだ。たとえ医者にかかるお金があったとしても、子供や仕事を放りだして病院へ行く時間的余裕などなかった。農村部ではなおさらだった。病院を怖がる農村の人々は民間療法に頼った。湖北省の女性治療師は代々伝わる様々な処方箋を持っており、原料を熱し、砕いて粉末にしたものを膣に塗ったり、月経不順に効く薬草を配合するなど、婦人科系の病気を扱っていた。鍾祥県のある村には、住民から「王おばさん」と呼ばれていた治療師がいて、何百人もの女性の病気を治した。彼女は自宅に四、五人の患者を泊めて看病し、夫は森で薬草の葉や根っこを探してきた。[12] だが、強制された集団化のもとでは、この種の伝統的な治療法が容認されることは稀だった。女性は医者にかかることもできず、ひたすら耐えて働くしかなかった。

性的虐待

女は別の意味でも弱者だった。男性優位の厳しい世界で過小評価され、性的虐待の餌食となるケースが多発したのだ。地元幹部らが絶大な権力を握る一方で、飢饉が道徳観念を蝕んでいった。さらに悪いことに、男衆が村を脱出したり、解放軍に志願したり、遠方の灌漑事業に働きに出たりしたため、多くの家族が崩壊し、女たちを幾重にも守ってくれていたものが一枚一枚剝がれ落ちていった。こうなると、女たちはもはや地元のごろつき幹部らの前に無防備な姿をさらすしかなかった。

道徳観が地に落ちると、まるで伝染病のようにレイプが広がった。いくつかの事例を見れば当時の状況は推測できる。広州北部の翁城(おうじょう)の人民公社では、一九六〇年に二人の党書記が三十四人の女性をレイプし、あるいは性交を強要した。[13] 河北省(かほく)衡水(こうすい)県では、三人の党書記と副県長が女たちに日常的に性的虐待を加え、そのうち一人は何十回も性交を強要されたことがわかった。[14] さらに北の顧家営(こかえい)村の書記は二十七人をレイプし、調書によると、村の未婚女性のほぼ全員と「みだらな行為」に及んだ。[15] 曲陌(きょくはく)村の党書記、李登敏はおよそ二十人をレイプし、そのうち二人は未成年だった。[16] 湖南省耒陽(らいよう)県では、十一、二歳の娘が性的虐待を受けた。[17] 湘潭(しょうたん)では、幹部が娘十人で構成し

「専業隊（チュアンイエドエイ）」を作り、意のままに性的虐待を加えた。[18]
集団化によって性的抑制や礼節に対する昔ながらの道徳観が一掃され、女たちは、レイプまでには至らなかったとしても何らかの性的虐待を受けた。中国は何世代にもわたって受け継いできた道徳規範を覆す革命の途上にあり、一九四九年以前には考えられなかったような性的倒錯が出現した。湖南省武岡（ぶこう）県の工場では、地元幹部が女性たちに裸で働くよう強いた。一九五八年十一月のある一日だけで、三百人以上が裸で仕事をした。拒否した者は縛られた。競争意識を煽るために、最も積極的に脱いだ者には賞金を与える制度まで考案された。優勝賞金は一カ月分の給料に相当する現金五十元だった。なかにはこれを昇進のチャンスと考えた者もいたが、大半の人は口にこそ出さないものの嫌がっていた。だが、手紙で直訴した者もいた。湖南省の冬は厳しく、裸で働き病人が出たあと、一連の匿名の手紙が毛沢東宛てに郵送された。本人が読んだかどうかは定かでないが、北京の高官が長沙（ちょうさ）の省委員会に電話をかけ、事実関係を問い質（ただ）すよう要請した。調査の結果、工場幹部らは明らかに、「封建的タブーを打破」するために「競争精神」に則って女性たちに服を脱ぐよう「促した」ことがわかった。[19] どんな蛮行も「解放」の名のもとで正当化された。

国中で行なわれていた裸の行進も負けず劣らず下品な仕打ちだった。女たち、そして、ときには男たちも、一糸まとわぬ姿で村を行進させせられた。浙江（せっこう）省遂昌（すいしょう）県では、窃盗罪で告発された男女が裸にされ歩かされた。六十歳の老婆、周沫英は、仲間が許してやってほしいと嘆願したにもかかわらず、服を脱がされ、裸の行進の先頭をドラを打ち鳴らしながら歩かされた。[20]虐待された女性の中には恥ずかしさのあまり故郷に戻れなくなった者もいた。小さな盗みをはたらいた二十四歳の朱仁嬌は裸で行進し、「恥ずかしくて、合わせる顔がない」から他の村に行かせてほしいと頼んだが、却下され自殺した。[21]広東省の別の小さな村でも、民兵が二人の娘を裸にし、木に縛りつけ、一人は懐中電灯で陰部を照らし、もう一人には男性器のシンボルである大きな亀を身体に這わせた。二人は自殺した。[22]

売春、人身売買

檔案館（とうあん）の資料やインタビュー記録ではほとんど触れられていないが、飢饉のさいにはかならず出現する社会動向の一つに売春がある。女たちは一切れの食べ物やより良い仕事、果ては何らかの安全を提供してくれる男との定期的な不倫関係に至るまで、あらゆる事柄のために性的関係を提供した。

この種の取引はなかなか表に出てこないが、売春という裏社会が存在し、当局は目を光らせていた。成都（せいと）のある矯正施設には優に百人を超す売春婦と非行少女が収容されていた。うち十数人は一九四九年に共産党が勝利したのちに「再教育」されたものの更生を拒否した売春婦だった。「老姥（おかあさん）」の名で通っていた王青枝は次々と女性を斡旋した。新たに出現した売春婦の中には、男の窃盗団と組み、西安（せいあん）、北京、天津（てんしん）などに出かけては荒稼ぎする一団もいた。また、個人的にこの商売に手を染め、親に定期的に仕送りした者もいたが、親は金の出所について詮索しなかった[23]。

村から都会へ逃げてきた女性は、食べ物を確保するために身体を売った。その延長線上にあったのが重婚だった。農村の娘たちは都会で夫をつかまえるために年齢や結婚歴を偽った。結婚できる法定年齢に達していない十五、六歳の娘もいれば、既婚だったにもかかわらず食べていくために重婚罪を犯した者、子供を捨てる覚悟で新たな結婚に踏み切った者もいた。だが、中には家族を捨てきれず、結婚式の数日後に元の家に帰ってしまった女もいた[24]。

農村部では、見え透いた偽装結婚の形で取り繕った売春が一般的だった。河北省のある村を詳しく調査したところ、飢饉の最悪の年、一九六〇年に結婚件数が七倍に増えていたことがわかった。困窮した地域からこの村に流れ込んできた女たちが親族に物資、衣服、食料を提供するために結婚したからだ。中には十六歳の娘もいた。結婚式を終えるとすぐに村を出ていった者もいた。少数ながら、結婚した女が自分の身内に婿を斡旋するケースもあり、六件の重婚罪が発覚した[25]。

人身売買も行なわれた。たとえば、内モンゴルの人身売買団は全国から月何百人もの女たちを攫(さら)ってきた。子供もいれば、未亡人や既婚者もいた。犠牲者たちの社会的身分は、学生、教師、幹部などあらゆる層に及んだ。自分から犠牲になった女はほとんどいなかった。何度も転売された者もいた。たった六つの村に、半年間で四十五人の女が売られた[26]。

試練に耐える力

農村では、最も悲痛な決断、すなわち、乏しい食料をいかに配分するかは、結局のところ、つねに男たちに過小評価され、くたびれ果て、ときに苛められ、捨てられた女たちに委ねられていた。だが、飢饉が始まるとそうはいかなくなった。人民公社では一般に男たちが食料管理を担当し、いの一番に食べるからだ。労働点数制度でも、女たちは過小評価された。集団化は男を養うことを優先する家父長社会だった。飢饉以前でも、男は養い、女は我慢するという文化的規範が存在し、女には少量の食料しか与えられなかった。そして、飢饉が始まると、男が生き残るために女は意図的に軽視された。男が生き残る利点は、外に出て食べ物を見つけてくる才覚に家族全員が依存するという事実で正当化された。だが、男が出ていってしまうと、女は頼るところもなく、飢えた子供の苦しみをも耐えなければならなかった。四六時中食べ物が欲しいと泣く子供を前に、いたたまれなくなる者もいた。乏しい食料を分け合うという苦渋の選択によって、女たちはさらに耐え難い状況に追い込まれていった。病気で仕事に出られず、罰として六日間食料を剝奪された劉西流は、空腹に耐えかね、子供の分の配給を食べてしまった。子供はすぐに泣き出し、彼女はその苦痛に耐え切れず苛性ソーダを飲んで自殺してしまった[27]。

明らかに多くの女たちは、自己嫌悪や屈辱はもとより、様々な精神的苦痛と肉体的な痛みに耐えなければならなかった。性差別はその大きな要因だった。もちろん記録に残る死亡率を鵜呑みにするわけにはいかないが、史家は他の多くの貧しい家父長社会における女性死亡率は男より極端に多いわけではないと指摘している。ベンガル飢饉では、男性死亡率の方が女性を上回っており、歴史家のミッシェル・マカルピンはこの点を踏まえて、「女性は男性よりも飢饉の時期の試練に耐える能力があるのかもしれない」と述べている[28]。前章で述べたように、女たちは森に入って食べ物を漁ったり、代用食を作って闇市場で売るといった、日々を生き延びるための戦略を考え出すことに長けていた。結局のところ、飢饉の最大の犠牲者は子供と年寄りだった。

第30章　老人たち

家族の解体

中国農村部の暮らしはいつの時代も厳しかった。新中国誕生以前、親孝行という伝統的な概念を厳格に守ることができたのは最も富裕な層だけだった。伝統社会における敬老の限界を物語る格言も残っている。「息子九人、孫二十三人、それでも自分の墓は自分で掘らなきゃならない」[1]。たとえ子供が家族の〝年金〟だったとしても、老人はつましい暮らしをやりくりするために自力で働き続けなければならなかった。年齢を重ねればそれなりの威厳がついてくるものだが、生活力の有無が重視される社会では、人は年を取るにしたがって衰えを感じざるを得なかった。老人は一様に、孤独と貧しさと見捨てられることを恐れていた。とりわけ、一人暮らしの社会的弱者はなおさらだった。それでも一九四九年以前は、長く生きているというだけで敬われ、老人の尊厳が守られ、手を差し延べてくれる人たちがいた。

だが、文化大革命の時代に至ると価値観がまったく逆転し、若い学生が自分たちの師を拷問し、紅衛兵が老人を攻撃した。いったいどこで道徳観が覆ったのだろう。共産党は長年、残酷な闘争と粛清を助長し、暴力文化にどっぷりと浸(ひた)っていったが、真の転換点は大躍進だった。麻城(まじょう)県の農民が語ったように、人民公社は子供から母親を取り上げ、女たちから夫を取り上げ、老人から親族を取り上げた。[2] この三つの家族の絆は、集団化という形で国が家族に取って代わることで崩壊した。これにさらに追い討ちをかけたのが飢饉だった。すでに行き詰まっていた社会情勢に飢餓がゆっくりと忍び寄ると、家族の解体はさらに進んだ。飢餓はあらゆる絆に極限まで試練を与えた。

“役立たず”の末路

子供のいない老人の先行きはとりわけ暗く、昔から僧院や尼寺へ入ったり、養子をもらって擬似家族関係を作る人も多かった。だが、集団化によって、こうした古くからの慣習は一掃された。一九五八年夏、農村部の村々には次々と子供のいない人向けの老人施設が出現した。その数は大躍進のピーク時に十万を超えたと言われている。[3]

そして、虐待が始まった。殴られたり、わずかばかりの持ち物を奪われたり、あるいは食べ物を減らされ緩慢な餓死へと追い込まれた人もいた。北京郊外の通州(つうしゅう)では、老人施設の所長が老人たちに配給された食べ物や衣服を組織ぐるみで奪い取り、冬になっても暖房も綿入れ服も与えなかった。ほとんどの収容者は霜が降りる頃には亡くなっていたが、遺体は一週間も放置された。[4]

広東省瓊海県の村は、男が全員遠方の灌漑事業に駆り出され、健康な働き手が一人もいなかった。老人は昼夜野良仕事に追われ、七十歳の老人が十日間一睡もせずに働かされた。この村では一九五八年から五九年にかけての冬に住民の十分の一が亡くなった。その多くは子供と老人施設に収容されていた老人だった。[5] 四川省の重慶では、ある老人施設の所長が収容者に日に九時間の労働と夜二時間の学習を強いた。「軍隊化」を命じられ、夜通し働かされたところもあった。働きの悪い者は縛って殴られ、食べ物を取り上げられた。湖南省でも老人は日常的に縛られ殴られた。[6] 成都の老人施設では、冬に、毛布も綿入れ服も綿帽子や靴も与えず、泥だらけの床に寝かせていた。[7] 湖南省衡陽では、老人施設の幹部らが老人用の医薬品、卵、肉を着服した。同施設の料理人は簡潔に言い放った。「食べさせたところでどうなるって言うんだ。豚に餌をやれば、少なくとも肉にはありつけるじゃないか」。飢饉が終わった時点で、湖南省全体で残っていた老人施設は七カ所、生きながらえていたのはわずかに千五十八人だった。[8]

老人施設の大半は設立されてまもなく破綻した。保育園ラッシュのときと同じく、資金や運営上の問題が一気に押し寄せたからだ。老人施設に見捨てられた子供のいない老人は、一九五八年から五九年の冬を自力で乗り切らなければならなかった。だが、老人施設の外での暮らしも過酷だった。共同食堂での食事は労働点数に応じて提供されるため、子供が大人同様に扱われたように、老人も人民公社で自分の存在価値を証明しなければならなかった。飢えは単に食料不足だけが原因だったわけではなく、分配の問題がからんでいた。労働力不足と食料不足に立ち向かうために、地元幹部らは労働者の首を次々とすげ替え、実質的に役立たずがゆっくりと餓死していく体制を作り出した。つまり、老人は不要ということだった。そして、取るに足らない罪で子供たちを厳しく罰したように、老人も厳格な懲罰にさらされ、家族も罰を受けた。湖南省瀏陽（りゅうよう）県の七十八歳の老人は、山中での労働を拒否したために拘束され、当局は義理の娘に殴るよう命じた。断ると、娘は血だらけになるまで殴られ、すでに袋叩きにあっていた老人に唾を吐きかけるように命じられた。老人はまもなく息絶えた。[9]

家族と一緒に暮らす老人の命運は、子供たちの善意にかかっていた。飢饉の時期にはあらゆるたぐいの争い事が持ち上がったが、人間らしい絆が生まれることもあった。江桂花の母親と目の不自由な祖母は折り合いが悪く、祖父も脚が不自由だった。二人とも食料の確保だけでなく、衣服の着脱や排泄にも人の助けが必要だった。母親はしょっちゅう烈火のごとく怒り、祖父母の食料を減らそうとしていた。孫の桂花は二人に手を差し延べた。だが、彼女にできることは限られており、結局祖父母は土を食べてしばらくして亡くなった。二人の亡骸は棺桶ではなくゴザに包まれて、浅い穴に埋められた。[10]

最後は、食べ物を求めて、歩ける者は皆村を出ていった。あとに残されたのは歩けない老人と障害者だけだった。湖北省丹陽の、かつては活気に溢れ、賑やかだった村に残ったのは七人だけだった。老人が四人、盲人が二人、障害者が一人だった。彼らは木の葉を摘んで飢えをしのいだ。[11]

第6部

様々な死

第31章　事故死

安全軽視は宿痾

細ごまと定められた労働法規や、防護服、照明基準といった労働環境をすべて網羅した精緻な労働規約をよそに、安全性の軽視は、いわば指令経済固有の宿痾(しゅくあ)であった。全国組織の総工会、婦女連合会、共産主義青年団、さらには衛生部、労働部の労働検査官による調査チームは、定期的に各地の職場を回り、健康被害を監視し、労働者の生活水準を調べていた。彼らには説得力のある報告書を作成することができたはずだが、大きな政治的圧力がかかっていたために、日常化していた虐待に目をつぶることが多かった。現場の工場管理者や班のリーダーたちは、たとえ労働者に対して個人的な同情を感じていたとしても、増産に邁進(まいしん)するしかなかった。

現場の基調を作ったのは、狂信的な人々と怠慢な人々だった。党を最優先する連中はより高い生産目標の達成のみを追求し、工程をはしょり、品質基準を下げ、あらゆる設備と同様、労働者を容赦なく酷使した。一方、工場や畑で働く普通の人々は、新たな生産目標に向かって拍車をかけられるたびに、集団無気力症という形で対抗しようとした。だが、こうやって人々が自分には直接関係しない事柄に対する責任を放棄したがために、感情の鈍磨(アパシー)と手抜きが蔓延し、職場の安全性が損なわれた。そして、集団化によって食料、衣服、燃料が窮迫したことで、藁葺(わらぶ)き屋根の小屋でストーブを焚く、あるいは安全装置を盗んで売るなど、危険が増すことなどお構いなしに、何とか工夫してわが身を守ろうとし、さらなる事故を招いた。また、労働者の疲労も事態の悪化につながった。疲れ果て、土法高炉(どほうこうろ)のかたわらや車を運転中に眠りこんでしまう者が後を絶たなかったからだ。

また、目標達成に失敗すれば幹部のキャリアが台無しになってしまうが、安全基準に違反したところで軽い叱責程度で済んだという忌まわしい事実も付け加えておかなければならない。安全装置の導入や労働規約の強化にかかるコストに比べれば、人の命など安いものだった。つまるところ、より良い未来のための戦いに多少の犠牲を払ったところで、痛くもかゆくもないというわけだ。大躍進を戦闘に模した外交部長の陳毅(ちんき)は、労働災害が少しぐらい発生したからといって革命遂行をひるむことはない、と断固たる姿勢を示し、「たいしたことはない」と肩をすくめた。[1]

火災の場合を見てみよう。先に触れたように、公安部の推計によると、大躍進の年、一九五八年の火災による損害は一億元に上った。損害額がこれだけ増えた原因の一つは、消火設備がないことだった。消防ホース、ポンプ、消火器、スプリンクラーその他の消防機材は大半を輸入に頼っていたが、輸入が中止され、自給せざるを得なくなった。ところが、一九五八年末までに、これを製造していた国内の工場八社がすべて閉鎖された。その結果、消防士は消火活動を行なえず、火事が広がるのを手をこまぬいて見ているしかない事態に陥った。[2]

この状況はその後何年か続いた。泥や竹、藁などで補修した掘っ立て小屋に詰め込まれた労働者が焚き火のまわりで身を寄せ合い、その火が燃え広がることも多かった。南京では、一九五九年の一カ月間で何百件もの火災が猛威を振るった。[3] 共同食堂の厨房に忍び込み、隠れて調理した火の不始末から火事になったこともあった。乾燥した時期に、若い娘が点火したときに火花が風に乗って小屋に燃え移り、人命と資産が失われたケースもあった。[4] 湖北(こほく)省荊門(けいもん)市では、作業中に誤って灯油ランプを蹴飛ばして大火災となり、六十人もの命が奪われた。[5] 大規模な灌漑事業に駆り出された人々が暮らしていた急造の藁小屋でも、疲れきった労働者がランプを倒したり、人目を盗んでタバコに火をつけたために火災が多発した。[6] 火事による死者数を特定できる統計はないが、江西(こうせい)省では一カ月間に、わずか二十四件の火災で百三十九人が煙に巻かれて亡くなった。[7] 湖南(こなん)省では月五十人が亡くなり、公安局によると、一九五九年上半期には日に十件ほどの火災が発生していた。[8]

労働災害

労働災害の件数は急増した。安全性を云々するのは「右傾保守主義」と見なされていたからだ。貴州省党委員会の概算によると、一九五九年初頭の事故による死者数は一年前に比べて十七倍に増えていた。[9]だが、あえて死者の数を持ち出して大躍進に水を差そうとするような検査官もいなければ、企業側の事故の隠蔽も日常化していたため、正確な犠牲者数はわかっていない。廬山会議で粛清された毛沢東の秘書の一人、李鋭は、のちに一九五八年の事故死は五万人に上ったと推定している。[10]労働部によると、一九六〇年一月から八月までの労働者の死者数は約一万三千人で、一日当たり五十人の計算になる。だが、おそらくこの数字は氷山の一角にすぎないだろう。

炭鉱や製鉄分野で発生した問題を指摘する報告書がある。唐山製鉄所では、一キロ四方に四十基もの巨大溶鉱炉がひしめきあっていたが、冷却槽の周囲に防護柵が設けられていなかった。このため、沸騰した汚泥の中に足を滑らせて転落する作業員がいた。また、どこの炭鉱でも換気が不十分だったために窒息死が発生し、坑内には非常に発火しやすいガスが溜まっていた。石炭ガスが爆発すると炭鉱が吹き飛んだ。粗悪な電気機器の火花などが引火の原因となった。浸水も大勢の犠牲者を出した炭鉱事故の一因だった。また、採掘場が崩落し、炭鉱夫が生き埋めになる事故も発生した。[11]一九六二年三月、吉林省通化県の八道江炭鉱が爆発し、七十七人が犠牲になった。六百七十七人が亡くなった一九六〇年五月九日の山西省大同市老白洞炭鉱の事故は、おそらく最悪のケースだった。[12]

労働局の統計からは明らかに省かれていたが、小規模な爆発事故は日常的に起きていた。湖南省には、大躍進以降、四半期ごとに炭鉱事故が増えていったことを示す重要資料が残っている。一九五九年初頭、省内のいずれかの炭鉱で毎日二人ずつ死者が出ていた。[13] 大躍進期に開設された南京の官塘炭鉱では、二週間のあいだに起きた三回の大爆発を含めて「回避可能だった」とされる数々の事故が発生した。立て坑にランプが落下した。安全ベルトが廃止された。未熟な労働者が然るべき訓練を受けることもなく、ときには裸足で坑道に送られた。地質学をまったく無視し、数年後には「無秩序」と記されたようなやり方で立て坑とトンネルが掘削された[14]などのケースが報告されている。

炭鉱での犠牲者は他の産業分野に比べて多かったが、死者の数はどの分野でも増える一方だった。工場は汚く、乱雑で、クズや部品が通路に散らばり、照明、暖房、換気は慢性的に不足するなど劣悪な労働環境にあった。労働者は防護服はもちろん作業着さえ支給されないまま働いていた。南京では、生産目標を達成するために労働者の安全はないがしろにされ、一九五八年以降、毎月のように死者を出す爆発事故が発生していた[15]。大躍進期には思いつきで急造された工場が数多く誕生し、作業員の上に屋根が落下するといった事故が発生した[16]。

公共交通機関でも状況は同じだった。未熟な運転手がハンドルを握るトラック輸送は、「右派」と非難されないように、積載重量や速度制限を無視した。ろくに点検もせず、耐久年数を超えて酷使されたトラックや列車、船舶が故障したときは、規格外の機材や適当に見つけてきた部品を継ぎ合わせて修理した。その結果生じた事故の発生件数は定かではないが、湖南省の資料を見ればその規模は想像がつく。省内の道路および河川の交差点で発生した事故は、一九五八年に四千件を超えた。事故を起こしたフェリーを操縦していたのが盲人とその友人の身障者だったというケースもあった[17]。隣の湖北省では、ランプも照明もない船が毎晩暗闇の中を航行していた。武漢の馬湖では、一九六〇年八月に、積載重量をオーバーして乗客を詰め込んだ船が火災を起こし、二十人が溺死した。この船は救命用具も消火設備も備えていなかった。同省では同様の事故があちこちで発生している[18]。甘粛省天水では、一九六一年から六二年にかけての冬に、ひと月のあいだに二回の大事故が発生し、学生を中心に百人を超える人々が亡くなった。渭河を渡るフェリーの乗客数は積載制限の三倍に達していた[19]。バスはつねに満杯だった。広州のバスは乗客を「まるで豚のように」詰め込んだ。しょっちゅう故障し、バスが来るのを待つ群衆が駅の外で何日も野宿した。死亡事故は日常的に起きていた[20]。

列車事故はバスや船に比べれば少なかったが、飢饉が悪化するにつれて死者の数は増えていった。一九六一年一月、エンジンの故障か燃料切れで列車が三十時間も遅れたあげく、甘粛省の凍てつく農村地帯の真ん中で停まってしまい、乗客が車内に取り残された。食べ物も水も支給されず、人々は車両の床に排泄し、車内には餓死した乗客の死体が累々と重なっていった。鉄道網が渋滞すると、始末に負えない群衆が駅に足止めされた。蘭州（らんしゅう）では、列車が大幅に遅れたため一万人の人々が仮設宿泊所に収容された。駅自体に十分な設備がなく、列車を待つ何千人もの乗客で溢れかえっており、毎日五、六人の死者が出た[21]。

事故に遭い、命からがら逃げ出すことができた人もいた。だが、飢饉の最中には些細な怪我でも死に至る場合があった。労働災害による賠償金を受け取ることができた人はほとんどいなかった。怪我をした労働者には医療費が重くのしかかり、解雇を宣告され立ち行かなくなった人も多い。農村では、貪欲な幹部が食料を武器に権力を行使し、医者へ行くという欠勤理由でさえ認められず、食料を減らされた。伝染病、栄養失調、持病などがあいまって、弱った人々は生き延びるための闘いで不利な立場に立たされ、欠乏による悪循環へと落ちていった。

第32章 病気

医療現場の崩壊

飢饉のさいの死者がすべて餓死者というわけではない。餓死以前に、下痢、赤痢、熱病、発疹チフスといった病気で命を落とす人も多い。だが、当時の中国で、どの病気でどれぐらいの死者が出たのかを確かめることは非常に難しい。というのも、広大なこの国では地域によって状況が異なるうえ、たまたま医療機関に残っていた資料の中にはその信憑性を疑問視されるものも多いからだ。何百万人もの党員が粛清され、右派のレッテルを貼られ、恐怖に支配された政治風土の中では、とりわけ病気や死の問題には神経質にならざるを得ない。栄養失調の話が権力の中枢、中南海(ちゅうなんかい)に届き、主席の主治医、李志綏(りしすい)が、肝炎や浮腫が蔓延していると告げたとき、毛沢東はこう皮肉った。「きみたち医者連中は病気の話ばかりして人民を動揺させる。事態をややこしくしているだけじゃないか。きみたちの言うことなど信じられない」[1]

もちろん党の役人たちは、大躍進期を通じて、ときに身の危険をも顧みず、あらゆる問題に関して手厳しい報告書を作成してきたが、それでも、当時の病気に関する信頼性のある調査結果を探し出すことは難しい。医療現場は、まずは集団化で叩かれ、次に飢饉の犠牲者によってパンク状態に陥り、ついには崩壊してしまったからだ。主要都市の病院でさえ設備や医薬品を奪われた。一九六〇年の時点で、医者や看護師らは自分たちが生き延びることで精一杯だった。たとえば南京では、病気にかかっていた医者や看護師の数は全体の三分の二に及んだ。病院が病気や死を撒き散らす触媒の役目を果たしたからだ。ある報告によると、食べ物の中には蠅などの害虫が「頻繁に」入っており、医療スタッフや患者の下痢の原因となった。党員専用病院でさえ、暖房設備は故障し、医療スタッフはボロ切れを継ぎ合わせた汚れた服を着用しており、清潔な白衣にお目にかかることはなかった。[2] 武漢の人民医院では、報告書の表現を借りれば、医者と看護婦の「責任感」が欠如していたため、深刻な物不足に加えて犯罪的な職務怠慢が横行していた。彼らは薬品を水で薄めて利益をむさぼり、患者の物を盗み、病人を殴り、男性医師は女性患者を凌辱した。病院の財務状況はめちゃくちゃだった。[3]

こうした状況では、外科用メスや試験管で武装し、死の決定要因を立証するために飢餓の村にわざわざ出向こうという医療関係者がほとんどいなかったとしても、驚くには値しない。大半の住人が亡くなった農村は捨て置かれた。飢饉の深刻さがようやく認識された一九六〇年から六一年にかけての冬になって、打ち捨てられた牛舎や使われなくなった農場に、飢餓民を救済するための救護所が設置された。四川（しせん）省栄（えい）県では、運び込まれた病人は、極寒の中、毛布もないまま、床に撒いた藁（わら）の上に投げ捨てるように寝かされていた。屋内には悪臭がたちこめ、悲痛なうめき声があちこちから聞こえてきた。食べ物や薬はもちろん、水も与えられずに何日も放置される者もいた。銅梁（どうりょう）県では、生者と死者が同じ寝床に寝かされていたが、誰も気にとめなかった。[4] 冠（かん）県では逆に、病人が死ぬまで待っていられないと、生者と死者は最初から一緒に収容されていた。てんかん持ちの機械工、厳希善は縛られたまま遺体安置所に放置された。そこには目と鼻をネズミに齧（かじ）られた六体の死体があった。[5]

伝染病は即座に軍が隔離

中国の飢饉で際立って特徴的だったのは、伝染病の発生率が低いことだ。別名監獄熱（ジェイル・フィーバー）、病院熱（ホスピタル・フィーバー）、飢饉熱（ファミン・フィーバー）とも呼ばれる発疹チフスが発生したが、大量死には至らなかったようだ。発疹チフスは、飢饉、戦争、寒冷な気候といった要因と関連が深く、シラミやノミの糞を媒介に人口密度の高い非衛生的な環境で発生する。農村から逃れてきた人々を収容した拘置所でよく見られ、北京や上海などの都市でも発生した。[6] 一般に飢饉のときの犠牲者の一〇パーセントから一五パーセントは、発疹チフス、腸チフス、回帰熱が原因とされているが、中国の場合はこれが当てはまらなかった。害虫駆除に効果的なＤＤＴが普及していたかというと、そうとも言えない。他の害虫は、中国が自然との戦いで猛攻撃をしかけたにもかかわらず生き延びていたからだ。実際、先に触れたように、イナゴ類は他の害虫同様、荒廃した農地でも猛威を振るった。ノミを媒介するネズミは大躍進初期の撲滅運動で大量に処分されたものの、繁殖力旺盛で餌を選ばないため駆除の効果はなかった。

　発疹と高熱によって最後は錯乱状態に陥る発疹チフスが広範に流行しなかったのはなぜか、その理由として説得力があるのは、迅速な隔離政策だった。その背後には、飢饉の存在を公式には否定しながらも、感染力の強い病気が発生するとただちに対処できる軍の体制があった。一九六一年夏に広東省で発生したコレラを例に見てみよう。六月初頭、数人の漁師がコレラ菌の付着した海藻を食べて発症したのが発端だった。数週間のうちに何千人ものコレラ患者が発生し、やがて百人を優に超える死者が出た。地元当局は軍隊を動員して、感染域の周囲に防疫線を張りめぐらして隔離した。その結果、江門、中山への感染拡大を防ぐまでには至らなかったものの、あるいは陽江でパニックが起きたとはいえ、犠牲者の総数を抑えることができた[7]。ペストも、一九六〇年三月に一省に相当する範囲で猛威を振るったが、封じ込めに成功したものと思われる[8]。

歴史家が飢饉との関係を指摘するこれ以外の伝染病についても、資料に登場していないことは注目に値する。天然痘、赤痢、コレラの発生率は高かったが、現時点ではこの種の伝染病で何百万人も亡くなったことを示す資料はほぼないと言ってよい。また、飢饉から数十年経って各地の党委員会が発行した「県志」〔第37章末の訳注参照〕でも、伝染病に関する記述は少ない。逆に、当時の病気について触れる場合は、かならず「栄養不良による浮腫で亡くなった人は多かった」という決まり文句が登場する。[9]

「集団化」が病気をつくる

こうした資料からは、この国が、歴史的に見て飢饉の最中に発生すると言われてきた伝染病ではなく、あらゆる種類の病気に襲われていたことがわかる。その主な原因は、飢餓が国中に蔓延した結果、保育園は園児で溢れ、共同食堂は不潔、職場は危険で、病院では設備もスタッフも不足し患者で混みあっているといった、集団化の破壊的影響が生活の全般にわたって及んだ点にある。湖南(こなん)省では、一九五八年に麻疹(はしか)で、前年の二倍にあたる約七千五百人の子供が亡くなった。溢れるほど園児が詰め込まれた保育園に子供を預けなければならなかったためだ。一九五九年のポリオの患者数は前年の十五倍に達した。[10]髄膜炎の発症率も倍に増えた。これも全寮制保育園の劣悪な環境が原因だった。他省の断片的な情報からもこうした傾向は裏づけられる。たとえば、南京では一九五八年から五九年の冬に髄膜炎患者が大量に発生し、百四十人が死亡した[11]。ジフテリアの発生率も急激に増え、一九五九年の死者数は前年の七倍に達した[12]。

肝炎も急増した。患者は、農村部の貧しい人々よりもむしろ特権的な都市住民に多かった。湖北省の都市部では、一九六一年に五人に一人が肝炎に罹った。武漢だけでも、九十万人のうち二十七万人が陽性だった[13]。上海では、一部の国有企業が肝炎専門の医療施設の設置を要請するほど罹患率が高かった[14]。

マラリアは風土病だった。一九六〇年夏、無錫の一部の村では住民の四分の一がマラリアに罹った[15]。体内に入った寄生虫によって血液と肝臓をやられる住血吸虫症も猛威を振るった。湖北省の多くの県では、裸足で田んぼに入ったり、魚を獲っているときに巻貝を媒介とする寄生虫が皮膚から侵入し、何千人もの患者が出た。漢陽の町の周囲にはいくつもの湖があった。一九六一年夏、空腹に耐えかねた工場労働者たちが湖に殺到し、イネ科の植物を刈り取ったことから三千人が感染し、十二人が死亡した[16]。信頼できる統計数値は見当たらないものの、大量に血を吸って貧血をもたらす鉤虫もよく見られた。湖南省の状況はとりわけ深刻で、医療当局は一九六〇年に治療対象数を八県だけで三百万人と設定していた[17]。

中国全土で集団化の影響による罹患率の増加が見られた。一九五八年の製鉄キャンペーンのさいに、土法高炉の熱さで死者が出たことはすでに触れたが、熱射病はその後もあとを絶たなかった。疲労困憊した栄養失調の労働者が一日中高熱にさらされ、南京では一九五九年夏のたった二日間で、何十人もが熱射病にかかり、数人が死亡した[18]。湖北省では、農民たちは炎天下、麦藁帽子すら支給されずに農作業に駆り出され、多くが熱射病にかかり、およそ三十人が亡くなった[19]。

ハンセン病も増加傾向にあった。細菌の感染によって発症するハンセン病は、皮膚や神経系統、四肢、目に恒久的なダメージを与え、治療が十分でないこと、また汚染された水や食料不足が原因で広がる。病院は満員の患者を抱えて手が回らず、ハンセン病患者の受け入れを拒否した。南京では、約二百五十人のハンセン病の入院患者がいたが、設備も資金もスタッフも不足しており、隔離することができなかった[20]。武漢には二千人を大きく上回る患者がいたと言われているが、ベッド数がまったく足りなくて収容できず、患者たちは街をさまよい食べ物を漁っていた[21]。農村部のハンセン病患者はさらに虐げられていた。広東省七拱公社では、十六歳の少年と成人一人がハンセン病に罹ったが、二人とも山中に連れ込まれ、頭を撃ち抜かれて殺された[22]。

これも特定は難しいが、精神病も広がっていた。原因は言うまでもなく、国による絶え間ない略奪に喪失感や痛み、悲嘆があいまって飢えた人々の精神を狂わせたからだ。まともな調査はほとんど行なわれていないが、広東省化州公社の記録によると、一九五九年に精神疾患を抱えていた農民数は五百人を超えた[23]。特異なケースとしては、一九六〇年五月、浙江省瑞安県の中学校で集団ヒステリーが発生し、全校生徒約六百人の三分の一が理由もなく泣き出したり、笑い出したりした事例が報告されている[24]。四川省でも似たような報告があり、いくつかの県で何百人もの農民が発狂し、訳のわからない言葉を発したり、発作的に笑い出したりした[25]。中国全体の精神病患者の割合を千人に一人とする概算もあるが、化州のケースを見れば、集団化の暴挙と飢饉の恐怖に耐えかねて発症した人の数はもっと多いはずだ（第34章で触れる自殺率の高さを考えれば、このことは明らかだろう）。医療関係者は優先順位の高い病気に対応するだけで手一杯だったことから、精神病の治療はほとんど行なわれなかった。たとえば、武漢には約二千人の患者がいたと言われているが、精神病患者用のベッドは市全体で三十床にすぎず、専門的な治療はまったく行なわれなかった[26]。

精神病患者には強みがあった。彼らは酷い扱いを受けたときでも、中世の宮廷道化師よろしく、それをおおっぴらに触れまわったところで罰せられることはなかったからだ。信陽県のある生存者は当時を振り返ってこう語った。彼の村で飢饉について口にしたのは一人の男だけだった。男は発狂し、誰彼かまわず同じ文句を繰り返しながら一日中歩き回っていた。「人は人を食う、犬は犬を食う、ネズミさえ腹をすかせて石を齧る」。だが、誰も彼の口を封じようとはしなかった[27]。

一般に飢饉と関係が深いと言われる主要な伝染病が中国の農村部を苦しめることはなかった。その代わりに、集団化によって追い詰められた人々が、食べられる物なら何でも口にするようになると、食中毒を含めあらゆる種類の病気が現れた。一八四六年から四八年にかけてアイルランドで発生したジャガイモ飢饉のさいに代用食となった昆布や、一九四四年から四五年にかけての冬にオランダ人が食べたチューリップの球根のように、栄養価の高いものもあったが、たいていは消化器系の病気を引き起こした。

食用可能な根っこや野草を探すようになる前でさえ、農民は極度の栄養の偏りから消化器系の病気を発症していた。都市の住民は新鮮な野菜の代わりに漬物や野菜の塩漬けや味噌を大量に摂取していた。たとえば南京では、多くの工場労働者の一日当たりの塩分摂取量は三十グラムから五十グラムだった。これは、今日推奨される量のほぼ十倍に相当する。人々は代わりばえのしない食事に変化をつけるために、お湯に醤油をさして飲んだ。一カ月足らずで五リットルの醤油を飲んでいた男もいた。[28]だが、炭水化物を十分に摂らずに葉物野菜ばかりを大量に摂取していても病気になる。配給された穀物を食べ尽くし、月末まで空腹を癒すために生野菜を食べるようになると、亜リン酸〔農薬の成分〕中毒で皮膚が紫色に変色し、死に至る場合もあった。上海近郊の農村では一九六一年にこれで数十人の死者が出た。[29]

食品業界の非衛生きわまりない環境のせいで下痢が多発し、身体の弱い人や子供、老人の命を奪った。生産から貯蔵、加工、流通、共同食堂まで、すべてを国が統制したことによって、食料供給プロセスのあらゆる段階で混乱が生じた。食品業界も他の分野と同様に生産高を示す数字だけが求められ、工場長は数字をやりくりし、ねじ曲げ、偽装し、かたや労働者のあいだでは無気力、怠慢、手抜きが横行した。武漢では、一九五九年夏に食中毒が頻発し、二日ごとに何百件もの食中毒事件が起きた。うだるような夏の暑さも原因の一つだったが、食品メーカー六社を対象とした詳細な調査によると、主犯は怠慢の蔓延であることが判明した。工場内は蝿だらけだった。仕事熱心な調査官が数えたところ、一平方メートルに二十四ほどがいた。運搬用の容器や壺の蓋は壊れ、中の食品に虫が湧いていた。ある工場では、ジャムと麦芽糖四十トンに蛆が湧いていた。腐った卵は菓子や飴に使われた。水道設備がない工場も多く、労働者は手を洗わなかった。床に小便をする者もいた。市場に届いた食品は高温多湿のため腐っていった。[30]

さらに問題だったのは、原材料の多くが近郊ではなく、はるか遠くの産地から輸送されたことだ。たとえば、浙江省産の人参は武漢に輸送する途中で腐ってしまった。また、食品を扱う人間や道具も著しく不適切だった。市場に生鮮食品を運んでいた行商人は、小回りの利かない集団に吸収され、輸送用の竹籠が足りないという理由で路上に放置された野菜の六分の一が腐り果てる始末だった[31]。

共同食堂の状況もさほど変わりはなかった。食べ物には蠅がたかり、簡単な調理器具まで姿を消していた。三百人の労働者が訪れる朝食の時間帯に、たった三十膳の箸を洗い桶に溜めた水ですすいで使い回していたところがあった。レストランも無気力の連鎖から逃れることはできなかった。報告書によれば、厨房はカオス状態というほかなく、蠅の天国だった。蠅叩きで叩き落とされた蠅が料理に混入した。泥まみれの野菜をそのまま料理するレストランもあった。酢や醤油差しにも虫が入っていた[32]。

ここで挙げた例はいずれも、農村の最悪な状況に比べればかなり恵まれた都市部の話である。農村では、食べ物はすべて巨大な共同食堂で供されたため、村全体が下痢や食中毒に冒された。四川省金堂(きんどう)県のある共同食堂では、二百人の農民に出された薄い粥に無数の蛆が入っていた。食堂側の言い分はたいてい、隣にトイレがあるとか、配管設備の不備で豪雨によって排水が逆流した、というものだった。このお粥を食べなかった人は三日間食べ物にありつけなかった。無理やり喉に流し込んだ人の中には激しい腹痛に襲われた人もいた。病人が多数発生し、十人が死亡した[33]。同省彭(ほう)県の厨房では、人間の糞尿で溢れた四つの大桶が見つかり、中身が床にこぼれていた。食べ物や食器を洗う水は玄関横の溜まり水だった。ここでは村の住人の四分の一が病気にかかり、蝿がわがもの顔で飛び回っていた。[34] やはり四川省の金陽県の食堂は、「そこら中、鶏の糞だらけで、人糞が山積みになり、どぶは詰まり、悪臭が立ちこめていた」。地元の人々は「糞あえ料理」を出す食堂と呼んでいた。[35] 食料には困らなかったものの、燃料や水が手に入らないところもあった。揚子江のいくつもの支流が合流する成都では、水汲み場が一キロ近く離れていたために、穀物を生のまま出す食堂があった。[36] だが、たいていは何かが不足すると営業を停止した。食料や燃料が尽きると共同食堂の扉は閉ざされ、農民は自力で食べていかなければならなかった。

前章で触れたように、集団化は多彩な事故の宝庫だった。人々は汚染された商品や食品の犠牲になっただけでなく、薬品などの中毒で亡くなる人もいた。衛生部への報告によれば、一九六〇年、一カ月足らずのあいだに百三十四件の中毒死が発生しているが、これは氷山の一角にすぎない。共同食堂や穀物倉庫に殺虫剤が保管されたり、調理器具と薬品用の器具がいっしょくたに保管されているケースも多かった。河北省宝坻県では、殺虫剤の付着したローラーで小麦を挽いたため、百人以上の住民が中毒にかかった。小麦粉は数日後そのまま販売され、さらに百五十人が病気になった。山西省文水県では、毒薬用の鉢が保育園の台所で使われ、三十人以上の子供たちが激しい腹痛に襲われた。湖北省では、丸めた肥料のかたまりを大豆かすと間違えて食べ、千人が病気になり、三十八人が亡くなった。[37]

泥土を食べる

食料が底をつくと、政府は新しい食品技術や代用食を推奨するようになった。そのほとんどは無害なものだった。「調理技術における偉大な革命」と謳(うた)われた「二段蒸し調理法」とは、米を二回蒸し、蒸すたびに水を加えて嵩(かさ)を増やす方法だった。[38] 代用食の中には、砕いたトウモロコシの穂軸や茎、大豆かすを穀類に混ぜただけのものもあったが、新食品も登場した。クロレラだった。一九五〇年代初頭、クロレラは、太陽エネルギーを蛋白質に変換する力が他の植物に比べて二十倍あるという奇跡の藻として、世界中の栄養学者にもてはやされ、飢餓の救世主になると期待された。だが、この緑藻スープは製造できないことが判明したうえ、あまりにもまずかったために、いつしかクロレラ熱は冷めていった。だが、飢饉の時期、中国では奇跡の食品として、この淡水性緑藻の評価が一気に上がった。沼などでも培養できたが、たいていは桶に溜めた人間の尿の中で培養し、人々はその緑色の物体を掬(すく)い上げ、洗って米と一緒に炊いた。[39] おそらく栄養価という点では微々たるものだっただろう。一九六〇年代に入って、クロレラの栄養素は固い殻に包まれており、人間には消化できないことが判明した。[40]

四人はモルモット代わりに使われた。彼らは、吐き気をもよおすクロレラの他にも、オガ屑や木材パルプなどを食べさせられた。ジャン・パスカリーニの別名でも知られる包若望は、中国の労働収容所での体験を綴った回想録の中で、黒褐色の薄板を砕いてパルプ粉を作り、小麦粉に混ぜ込む方法について説明している。これを食べると軒並み便秘になり、身体が弱っている囚人は死に至った[41]。都市部でさえ、代用食が普及すると腸閉塞や痔の患者が増えた。北京の亮馬廠の労働者は、自分の手で便を掻き出さなければならなかった[42]。

農村の人々は、森で植物や野いちご、木の実を探し回り、丘陵地帯を隈なく歩いて食べられる根っこや野草を見つけた。彼らは生き延びるために腐肉を食べたり、ゴミ箱を漁ったり、樹皮を剥いで食べたり、ついには泥まで口にするようになった。当時北京で暮らしていた外国人は、街路樹のアカシアの葉を棒で落とし、袋に詰め、持ち帰ってスープにする人々の姿を目撃している[43]。四川出身の厳さんは痩身ながら丈夫そうで、にこやかな笑顔で語るコックだが、大躍進が始まった頃、十歳の少年だった。彼は料理人だけあって、当時の食べ物について鮮やかに記憶している。細かく刻んだカラムシの葉で平たいパンを焼いたり、菜種の茎を煮込んでドロッとしたシチューを作ったり、からし菜を茹でて食べていた。豆のサヤは挽いて、篩にかけ、小さなパンケーキになった。バナナの皮は生のまま食べたが、まるでサトウキビのような味だったという。大根は漬物にしたが、めったにお目にかかれないご馳走だった。昆虫は生きたまま口に放りこみ、幼虫やヒキガエルは焼いて食べた。彼の一家は創意工夫に富んでいたが、父親と妹は餓死した[44]。

雑草やキノコや根っこは、種類によっては毒性がある。夜中にこっそり抜け出して雑草を探しに行くのは子供の役目で、何を食べているのか知らずに食べる人が多かった。ある生存者はこう語っている。「あの頃は、名の知られた薬草なんかまず見つからなかった。何でも食べてしまったからね。緑色の植物ならなんでもだ。毒じゃないってことだけわかっていれば、何だろうと構わなかった[45]」。だが、事故は日常茶飯事だった。河北省では、汚染された食品、病気持ちの動物、有毒な根っこや雑草による死者は毎月およそ百人に上った[46]。タピオカの原料になるでんぷん質の塊茎、キャッサバは炭水化物源として最適だが、葉は非常に毒性が強く、生で食べることはできない。葉を食べる場合は、十分水に浸して毒抜きをした上で調理しなければならない。広西チワン族自治区では、毒抜きや調理が適切でなかったために一カ月間で百七十四人が亡くなった。大勢の食中毒患者が発生した福建省でも、キャッサバによる麻痺性神経系疾患で同じぐらいの死者が出た[47]。雑草のオナモミも危険だった。実の毒性が強く、野放しの豚が食べて中毒死する代物だった。人間が食べると、気分が悪くなって嘔吐し、首の筋肉が痙攣し、動悸が激しくなり、呼吸困難に陥って死に至る。北京では、十日間で百六十人の犠牲者が出た[48]。

ときには、運命の奇妙な逆転現象が起き、社会の最下層へと追いやられた人々が、生き残るには最適な環境に恵まれることがあった。彼らは大躍進の何年も前から飢餓への対処法を培っていたからだ。湖北省潜江（せんこう）の「悪徳地主」の息子、孟孝礼と彼の弟は、一九四九年に共産主義政権が誕生してまもなく、着の身着のままで先祖代々暮らしてきた家を追われた。当時、彼はまだ少年だったが、着ていたジャンパーを引っぱがされた。村八分にされた兄弟は母親とさまよい歩き、ついには野草を探して湖の岸辺に辿り着いた。最初の夜は野良犬と一緒に乾いた藁の上で寝たが、やがてボロボロの泥小屋を使わせてもらえることになった。当初は物乞いをしてみたが、食べ物を恵んでくれる人はいなかった。「そこで、湖の魚を捕まえようとしたのですが、道具がなかったので、うまくいきませんでした。でも、蓮根が掘れたし、蓮の実を摘むこともできたので、なんとか生き延びようと必死でした。数カ月もすると、私たち兄弟は魚を捕まえるコツがわかってきました。米は一粒もなかったけど、実際のところ、食べるものには不自由しませんでした」。何年か経ち、村が飢饉に見舞われたとき、村で生き延びる術（すべ）を持っていたのは彼らだけだった。[49]

屋根の藁も食料になった。孤児になった十一歳の少女、趙暁白は、小さな妹に食べさせるために、大人と一緒になって働かなければならなかった。ある日、彼女は空腹に耐えかね、梯子（はしご）をよじ登って屋根に上がった。「あの頃の私はまだ小さくて、とにかくお腹が空いてたまらなかった。で、（屋根に使われていた）トウモロコシの茎を抜いて嚙んでみました。そしたら、ものすごく美味しいんです。私は一本ずつ抜いては嚙み続けました。あまりにもお腹が空いていたので、あんなものでも美味しかったんですね[50]」。革も柔らかくしてから食べたという。この話をしてくれたのは、四川省で村の半数が餓死していくのを目の当たりにした朱さんだった。彼は母親が共同食堂の調理師だったおかげで生き残った。「ぼくらは、いつも使っていた革の椅子を水に漬けて、それがふやけたところでよく煮てから小さく切って食べたんだ[51]」

病気に罹った動物までも食べた。首都の近郊でさえこのありさまだった。懐柔県では、脾脱疽〔炭疽病に似た家畜の病気〕に罹った羊は食用に回されるのがつねだった[52]。成都の革工場では、皮から削り取った、毛束の混じった臭い脂を共同食堂の野菜と物々交換していた。この脂を少量食べただけで、大勢の人が中毒症状に陥った。四川省珙県の解体場は、病死した家畜を密かに地元の人民公社に卸していた[53]。ネズミに齧られない人はネズミを食べるというわけで、人々は汚水槽から探し出した死んだネズミまで食べた[54]。

食べ物を食べ尽くすと、ついには泥土を食べだした。この泥は慈悲深い仏様の名をとって「観音」土と呼ばれた。李井泉の派遣した調査チームは、四川省のある県の惨状を目にして衝撃を受けた。そこはまさに地獄だった。深い穴の前に、幽霊のような村の住人たちが長蛇の列を作って順番が来るのを待っていた。穴に這い降り、掌数杯分の白い磁土を掘り出すためだった。炎天下、皺の寄った身体には汗が噴き出していた。肋骨が浮き出た子供たちは疲れ果てて倒れ込んでいた。その埃にまみれた身体は、まるで地面を覆いつくす泥の彫刻のようだった。ボロ服をまとった老女が守り札を燃やし、両手を組んで叩頭しながら、訳のわからない奇妙なおまじないを唱えていた。ここでは、一万を超える人々が総計二十五万トンの磁土を掘り出した。一つの村だけで、二百六十二世帯中二百十四世帯が、一人当たり数キロずつ泥を食べた。掘りながら口に入れる者もいた。栄養価はないに等しかったが、たいていは水を加え、もみ殻、花、種などを混ぜ込んでよく練り、焼いて泥のパンケーキにした。体内に入った土は、いわばセメントのようなもので、胃や腸管の水分を吸い取ってしまうため、排便困難に陥った。どこの村にも、結腸が土で塞がって苦しみながら死んでいった人が何人もいた。[55] 何広華の話では、河南省では名産の石を砕き、パンケーキにして食べたという。大人たちは互いに木の枝で便をほじくり出した。[56] 四川省、甘粛省、安徽省から河南省に至る中国全土で、飢えに耐えかね泥を食べた人々がのたうち回っていた。

餓死者

人々は実際には、まさに飢餓で死んでいった。この点は、大半が重篤な病から死に至る他の飢饉の場合とは異なる現象だった。臨床的観点から正確に言えば、餓死とは、体内に蓄積された蛋白質と脂肪が減少することで筋肉が衰え、最終的に心臓も含めてすべての臓器が機能停止に陥ることを意味する。成人なら水分さえ補給できれば、食べ物を摂取せずに数週間生き延びることができる。体内に蓄積された、エネルギーの主要供給源である脂肪は、いの一番に使い果たされる。肝臓にも、グリコーゲン〔ブドウ糖の高分子〕という形で少量のカロリーが蓄えられているが、これは通常一日でエネルギーに転換されてしまう。蓄積された脂肪が枯渇すると、筋肉や他の組織から蛋白質が奪われ、この蛋白質を使って肝臓が最も優先順位の高い脳に必要な糖分を生成する。つまり、脳が、生存に必要なブドウ糖〔グルコース〕をあちこちの組織から工面するために、まさに文字どおり、自分の身体を共食いし始めることになる。こうなると、血圧が低下し、心臓に負荷がかかる。身体は衰弱し、徐々にやつれていく。

　蛋白質が枯渇すると、血管や崩壊した組織から体液が滲みだし、皮下や体内の空洞に溜まり浮腫をもたらす。最初に膨れだすのは顔、足、脚だが、胃や肺の周囲にも液体が溜まり出す。膝が腫（は）れ上がると痛みで歩行が困難になる。塩分を過剰に摂取したり、量を増やそうと食べ物を水で薄めたりすると、事態はさらに悪化する。だが、浮腫の代わりに脱水症状に陥るケースもある。この場合は、皮膚が羊皮紙のようになり、皺が寄って鱗状（りんじょう）に剝がれ落ち、ときには茶斑が現れる。喉の筋肉が弱り、喉の水分が干上がると、しゃがれ声になってやがて声が出なくなる。消耗を抑えるために身体を丸めて横たわる時間が増え、肺が弱っていく。顔の肉が削げ落ち、頬骨が浮き出て、白く膨れ上がった眼球がなんの感情も見せずに虚ろに宙を見つめる。皺になってたるんだ皮膚からあばら骨が突き出し、四肢は細い枝のようで、黒髪の色は褪せて抜け落ちる。体重の減少にともなって相対的に血液量の割合が増えるために、心臓への負荷はさらに高まる。そして、ついにはあらゆる臓器、組織にダメージが及び、死に至る。[57]

飢餓に関する言及はタブー視されていたはずだが、「水腫病（飢餓浮腫）」や「餓死」に関する報告は無数に存在する。英文学教授の巫寧坤は飢餓の体験をこう書き綴っている。「浮腫でまっ先に危険な状態になったのは、私だった。ガリガリに痩せて、踝が腫れ、脚が弱くなり、強制労働で畑に向かう途中でよく転んだものだった。鏡などというものは一切なかったので、自分がどんな姿だったかはわからなかったが、同じ囚人仲間のおぞましい姿を見れば、それはそれは異様なものだったことは想像がついた」[58]。口を開く犠牲者はほとんどいなかったが、飢餓の症状は全土で見られた。かつて広東省の穀倉地帯と称された清遠県のある人民公社では、一九六〇年の時点で農民の四〇パーセントに浮腫が見られた[59]。すでに触れたように北京の労働者の半数に浮腫が現れており、都市部も例外ではなかった。上海の高校生にも、一九六〇年から六一年にかけて浮腫が蔓延した[60]。天津の最高教育機関、南開大学でも五人に一人は浮腫だった[61]。浮腫が現れないケースも多かったことは、資料でも明らかである。一九五九年に河北省張家口市の第一書記に就任した胡開明は、一九六〇年から六一年にかけて、飢えた農民が一般的な兆候である浮腫を発症せずに、低血糖で突然死していった様子を赤裸々に記している。[62]

中国では、末期的な飢餓状況に陥る以前に、なぜ伝染病で大勢の死者が出なかったのだろう。一つ考えられるのは、前述のように党が伝染病に神経を尖らしていたことだ。とはいえ、集団化は、組織的混乱と農村における医療――あったところで初歩的なものにすぎなかったが――の崩壊をもたらしていた。となると、農村の人々はまっ先に、あまりにも急速に餓死に至ったため、病原菌が低下した免疫力につけこむタイミングを逸したというのが妥当な解釈だろう。食べ物を手に入れる手段は共同食堂に限定され、共同食堂へのアクセスは地元幹部が統轄していた。目に見える成果という大きなプレッシャーのもとで、多くの地元幹部らは食料を武器に使った。次章で詳述するように、働かない者には食べ物は一切与えられず、もはや働けなくなった者は体力を使い果たし、速やかに死に至った。

第33章 強制労働収容所*

「労改」が生産に貢献

上海の集団農場で働いていた四十五歳の男、沈善清は、一九五八年夏のある日、致命的な過ちを犯した。肥料を水で溶かして薄めず、じかに人参畑に撒いてしまったのだ。その結果、人参の葉はしおれて枯れた。沈はどう見ても、農業分野で大躍進に貢献することよりも、自分の労働点数を上げることに熱心な男で、その上、厚かましいときていた。逮捕後も悔い改めるどころか、食べ物が足りないだの、監獄では最低限寝床と食事を提供すべきだのと言って、反抗的な態度をとった。詳しく調査してみると、二年前にも党を中傷していたことが判明した。彼は十年間の強制労働を言い渡され、ただちに上海から北西に二千キロ離れた青海(せいかい)省の吹きさらしの荒野へ送られた。彼の档案(とうあん)〔個人記録ファイル〕を読むと、一九六八年九月に衰弱しきった身体で釈放され、十年前の「意図的な怠慢行為」から、十年間の強制労働中に犯した最大の違反行為、すなわち「国家財産」（窓ガラス）の偶発的破壊に至るまで、進んで自分を貶める自白を書き記していたことがわかる。[1]

沈の場合は重罪だったが、取るに足らない罪で一年から五年の呪いを経験した人は多かった。その証拠となる資料の大部分は公安局の档案館で非公開文書として厳重に保管されていたが、ときおり、犯罪や刑罰に関する報告書を複写して党の他の機関へ配布することがあった。たとえば、一九五九年夏に南京で起きたいくつかの些細な窃盗事件に対して、五年から十年の刑期が下されたことを示す書類などがその一例である。[2] 四百人の男性収監者について詳細に記した内部記録を見ると、北京では軽犯罪に五年から十年の刑期が下されるのが当たり前だった。一九四五年に人民解放軍に入隊し十年後に除隊した農民、丁宝珍は、合わせて十七元に相当するズボン二本を盗み、一九五八年十一月に十二年の刑で収監された。読み書きのできない陳志文は、北京の前門（ぜんもん）のバス停で旅行者に盗みを働き、十五年の刑を言い渡された。北京に出てきた貧しい牛飼いは、一九五七年に北京百貨店の前で窃盗事件を起こし、やはり十五年を食らった。[3]

だが、少なくとも一九五八年を境に、銃殺刑の数はそれまでに比べて減っていった。一九六〇年四月に、公安部長の謝富治（しゃふじ）は職員に対して「逮捕数、処刑数、監視数を減らす」方針を打ち出した。計画経済のご多分にもれず、死刑の数もまた達成すべき目標であり、その数字に向けて帳尻を合わせなければならなかった。謝が発表した一九六〇年の死刑数は、前年よりも少ない四千人だった。一九五九年に「殺された」人の数はおよそ四千五百人だった（共産主義政権は司法による殺人を「死刑」や「極刑」といった婉曲表現でごまかす必要性を感じないため、こういう場合には使われるのは必ず「殺（シャー）」という単語だった）。逮捕者は二十一万三千人、人前で晒し物にされた人の数は六十七万七千人だった。[4]

この種のデリケートなデータはいずれも入手しにくいが、河北（かほく）省公安庁のデータを見ると、省レベルの概略を摑むことができる。首都を取り巻く河北省では、一九五八年に約一万六千人の「反革命分子」が逮捕された。前年および前々年の三倍に当たる数だ。一般的な犯罪の逮捕者は二万人に達しており、一九五五年を除いて一九四九年以来最も高い数字になっている。こうした数字は一九五九年に激減し、「反革命分子」は千九百人、一般的な犯罪者は五千人となった。一般的な犯罪者の数が千人強に減った点を除けば、数字は六〇年、六一年ともほとんど変化していない。[5] 一九五九年に銃殺された者はおよそ八百人だった。[6]

強制労働収容所で殺されるケースはほとんどなかったと推測されるが、たとえ収容期間が短かったとしても病人や死者は発生した。強制労働収容所は国土の中で最も荒涼とした一帯、「北大荒（ベイダーファン）」と呼ばれた黒竜江（こくりゅうこう）省の広大な湿地帯から北西部の青海省、甘粛（かんしゅく）省の乾燥した山岳地帯や砂漠地帯に集中していた。外の世界とさほど変わらなかったが、岩塩坑、ウラン鉱山、レンガ工場、国有農場で働かされた囚人の暮らしは悲惨だった。過酷な労働に飢餓が加わり、囚人の四、五人に一人は命を落とした。四川省黄水では、囚人の三分の一以上が餓死した。[7] 甘粛省のゴビ砂漠に近い砂丘にある夾辺溝には、一九五七年十二月に第一団の囚人二千三百人が到着し、六〇年九月に別の農場に移送されるまでに、絶望的な状況下で千人が死亡した。その後、張仲良が権力の座から転落し、最終的に収容所が閉鎖されるまでの十一月と十二月で、さらに六百四十人が亡くなった。[8] 一九六〇年六月の時点で、甘粛省全体では百の労働改造所が存在し、囚人数は約八万二千人だった。[9] 同年十二月時点で残っていた囚人は七万二千人で、十二月だけで四千人近い死者が出た。[10] 本書執筆のために集めた資料の中で年間死亡率が最も低いのは、囚人の数が数千人の河北省だった。同省の一九五九年から六一年の年間死亡率は四パーセントから八パーセントだった。[11]

労働改造所、いわゆる「労改」の収容者数はどのぐらいだったのだろう。謝富治によると、一九六〇年の数字は、チベットを除いて百八十万人だった。囚人たちは千七十七の工場、鉱山、採石場と四百四十の農場で働いていた。[12] おおまかな年間死亡率は、一九五八年と六二年が五パーセント、五九年から六一年の三年間は一〇パーセントで、数字に換算すると約七十万人が病気と飢餓で亡くなったことになる。脱走したくなったとしても不思議ではないが、監視は非常に厳しかった。強制労働収容所は国家経済に決定的な貢献をしていたからだ。謝富治によると、一九六〇年の「労改」の年間生産額は、農場での七十五万トンを除いても三十億元に達する。[13]

「私立刑場」の乱立

労働改造所は強制労働収容所制度の一部にすぎなかった。批判闘争集会への出頭を命じられたり、公的な監視下に置かれた人々の大半は地元の監獄に送られた。この種の囚人は一九五九年の時点で百万人弱だった。[14]注目すべきは、一九五七年から六二年にかけて、正式な裁判が省略されていた点だ。この措置を開始したのは、言うまでもなく国の頂点に立つ毛沢東だった。一九五八年八月、毛はこう宣言した。「われわれの党決議のすべてが法である。会議を開催すれば、それも法となる……規則と制度の大多数（九〇パーセント）は司法行政が作成したものである。われわれはこれに頼るべきではない。民法、刑法に頼って秩序を維持するのではなく、主として年四回の会議と決議に頼るべきである[15]」

「大衆に支えられた」党委員会が司法問題を担ったために、主席の言葉は法そのものとなった。一九五九年に司法部が廃止された背景にはこの政治的圧力が存在していた。農村部では、こうした上層部の方針に則って、権力が司法当局から地元の民兵組織へと移行した。人口八十三万人の河北省寧晋（ねいしん）県全体で、警察、検査、裁判に従事していた幹部は、人民公社設立以前の半数に当たるたったの八人だった[16]。

一九五七年八月以降、地元民兵組織の拠りどころは、収容所体制に登場した新たな制度、すなわち労働教養所、「労教(ラオチアオ)」だった。沈善清のような普通の犯罪者は人民法院で判決を言い渡されるが、労教の囚人は司法手続きを一切経ずに、完全に「再教育」されるまで無期限に収監された。労教は、公安部が管轄する労改とは異なり、省、都市、県、人民公社、村が運営した。窃盗罪、浮浪罪、党誹謗罪、反動的なスローガンを壁に書いた罪、労働妨害罪、あるいは大躍進の精神に反する行為に関与した罪などの疑いをかけられた者は、すべて労教に収監することができた。一九五七年以降、各地に設立された労教は、その過酷さでは正式な労働改造所に引けをとらなかった。謝富治は、一九六〇年の時点で労教収容者数は四十四万人と述べているが、彼が遠く離れた北京の執務室で知り得たことなど氷山の一角にすぎなかった[17]。

各地での投獄、監禁状況が明らかになったのは、一九六〇年末以降、地元幹部による粛清を監視するために農村部に調査チームが派遣されるようになってからだった。統制のとれた集団化に成功していれば、一九五八年夏に組織された強力な民兵組織に支えられた私設の強制収容所などが入り込む隙はなかったはずだ。だが、各地の地元警察、村の生産小隊、人民公社などが「私立刑場(スーリーシンチャン)」(自前の懲罰収容所)を設立したケースが次々と報告された。沈善清のような罪人は、以前なら裁判所に引き渡されていたが、司法制度を迂回して地元の監獄に放り込まれた人もいた。だが、こうした陰の世界の規模や実態が審らかにされることはないだろう。第5章で触れたように、徐水の模範人民公社では、張国忠が独断で、県レベルから生産隊レベルに至る精巧な強制労働収容所システムを確立し、人口の一・五パーセントが収容されていた[18]。上海近郊の奉賢では、特別な強制労働収容所に農民が引ったてられていくケースが常態化しており、扱いにくい子供専門の収容所まであった[19]。開平県のある生産隊には、ここだけで少なくとも四つの収容所が設けられ、何百人もの人々が数日間、長ければ百五十日間収容された。収容所では殴られたり拷問された人も多く、障害者になった人もいた[20]。ときには正式な監獄ではないところに監禁される場合もあった。たとえば、開平県のある幹部は、窃盗罪のかどで老婆に四・五キロの足枷をはめて共同食堂に十日間監禁し、若い民兵がマッチで彼女の足を焦がした[21]。

　中国全土で特別な収容所や拘束所が好き勝手に設立された。貴州省印江県にあった収容所の囚人は、額に赤インクで「泥棒」と書かれていた。同省の人民公社には、批判的な意見を述べた者や集会への参加を拒否した者に「再教育」を施し、過酷な労働を強いる「集訓隊（訓練所）」が設けられていた[22]。広西チワン族自治区柳州市の公安局も、集団化に反対した破壊分子を収容する「訓練所」をいくつか設けた[23]。北京北部の延慶県では、少しでもたるんでいるように見えただけで監獄に放り込まれた。

六十二歳の男性は捕まえたスズメの数が少なかったという理由で一カ月間監禁された。[24]
かりに正式な司法制度に引き渡された犯罪者一人につき、地元の再教育収容所に送られた者が三、四人とすると、大躍進期の収容者数は年間八百万人から九百万人（強制労働収容所が百八十万から二百万人、再教育収容所が六百万から八百万人）に達するはずだ。したがって、これまで正式な強制労働収容所での病気や飢餓による死者は、控え目に見て、およそ百万人と見積もられていたが、総死者数はこの三、四倍と考えなければならないだろう。つまり、飢饉の時期の収容所全体での死亡者数は少なくとも三百万人ということになる。[25]死亡率は高かったが、投獄率が一九三〇年代のソ連に比べて低かったのは、実際に刑に服した人の数が比較的少なめだったからだ。人々は刑に服すまでもなく撲殺され、餓死していた。

【訳註】
＊強制労働収容所　当時の強制労働収容所システムは複雑で、労働改造所、労働教養所、私立刑場、監獄等が行政区分・単位ごとに設けられ管轄も異なっていた。本書では、基本的に強制労働収容所という用語を用い、公安部管轄の収容所と考えられるものは「労働改造所」を使った。

第34章　暴力

「鶏を殺して猿を脅す」

恐怖と暴力は体制の基盤だった。効果的であるためには、恐怖は恣意的で冷酷でなければならない。そして、人民一人ひとりに浸透させる必要があるが、大量の死者を出してはならない。この原則は十分に行き渡っていた。「殺鶏嚇猴（シャーチーシアホウ）」（鶏を殺して猿を脅す）――昔から中国には見せしめを表すこんな言い回しがあった。首都郊外の通州（つうしゅう）の村では、幹部らは殴る前にまず罪人を跪かせるやり方を「一罰百戒」〔百人を怖がらせ思い留まらせるために一人を罰する〕と称していた。[1]

だが、大躍進期、農村部ではそれまでとまったく異なる事態が起きていた。暴力が支配の日常的な手段になっていたからだ。暴力は、もはや大勢の人々に恐怖を植えつけるためにごく一部の人に折を見て使われる手段ではなく、盗みはもちろん、動作がのろかったり、妨害的あるいは反抗的と見なされた者に対して、組織的かつ日常的に暴力が振るわれた。土地は国のもので、育てた穀物は生産コスト以下の価格で国が買い上げ、家畜も農具も調理用具も自分のものではなくなり、家さえも没収されるという状況では、農民の労働意欲を高めるインセンティブはもはや何一つ残っていなかった。かたや、地元幹部は、目標達成というプレッシャーが日増しに高まるなか、次々と容赦なく農民を駆り立てなければならなかった。

大躍進の初期には、絶え間ないプロパガンダの嵐で人々を煽ることができたかもしれないが、農民は毎晩集会への出席を強制され、睡眠不足に陥った。四川省で飢饉についてインタビューに答えてくれた李ばあさんは言う。「集会は毎日。拡声器がそこら中でがなり立てていた」[2]。何日も続くこともあった集会はまさに集団化の中核だった。集会は、農民が率直に自分の意見を述べる社会主義的民主主義の場ではなく、幹部らが延々と声をからして講釈し、威張りちらし、脅し、怒鳴る威嚇の場だった。真夜中に叩き起こされ、集会が終わってから畑で働かされることも度々で、農繁期の睡眠時間は三、四時間にも満たなかった[3]。

いずれにしろ、ユートピアの約束のあとに訪れるのはきまって過酷な労働だった。このため、空約束と引き換えに重労働に耐えようなどという意欲は次第に薄れていった。ほどなくして、疲れ果てた労働者から服従を引き出すには、暴力による脅し以外に打つ手がなくなっていった。飢え、痛み、死の他に人々を駆り立てる方法はなかった。農民と幹部の双方が残虐な行為に走ったためにさらなる弾圧が加えられ、暴力がエスカレートしていった場合もあった。党は、人参をぶらさげようとはせず、ますます棍棒に依存するようになっていった。

農村では安価で使い勝手のいい棍棒が武器として好んで使われた。落伍者には一振り、言うことをきかない者には背中を引き裂くほど何度も打ち下ろすといった具合だった。酷い場合は、犠牲者をロープで吊るし、痣だらけになるほど殴った。砕いた貝殻の上に跪かされ殴られるケースもあった。僻地の灌漑事業に行きたくないと言った陳武雄がそうだった。彼は貝殻の上に座らされ、頭に重い丸太を載せられ、その間ずっと地元幹部の陳隆祥に棒で殴られた。[4] 浮腫が現れた人は、棒で打たれるたびに毛穴から体液が染み出た。残忍な殺し屋たちの餌食になった陸景福の場合のように、「身体中の水分を全部出すまで殴る」という表現がよく使われた。欽県の那彭公社の第一書記だった任仲光は怒りのあまり、一人の男を二十分間も殴り続けた。[5]

党の役人は先頭に立って殴った。清遠の人民公社で起きた虐待を調査した地元党委員会の報告書によると、第一書記の鄧中興は生産目標を達成するために二百人以上の農民を殴り、十四人を殺した。[6] 湖南省花明楼鎮のダム建設現場では、具合が悪くて働けなかった劉盛茂が生産隊の書記に頭を割られ、脳が飛び散って絶命したが、書記はそれでも怒りにまかせて殴り続けた。[7] 湖南省のある人民公社の党書記、耦徳勝は、一人で百五十人を殴り、四人が死亡した。「党員を目指すなら、殴り方を覚えろ」というのが新人に対する彼の助言だった。[8] 調査チームが「どこもかしこも拷問場だ」と記した道県では、農民が棍棒で殴られるのは日常茶飯事だった。ある生産小隊のリーダーは一人で十三人を撲殺した（のちにさらに九人が、傷がもとで死亡した）。[9] この種の幹部連中は根っからの悪党で、めったに姿を現さず、人々は恐怖に慄いた。広東省南海県の生産隊のリーダー、梁彦竜は三丁の銃を携え、大きな革のコートを着て村の中を闊歩していた。[10] 河北省の生産小隊のリーダーだった李賢春は、毎日自分でモルヒネを注射していた。彼は、誰かれかまわず大声で悪態をつきながら、朱色のズボンをはいて村中を威張りくさって歩き回り、たまたま目に留まった不運な住民を殴った。[11]

おそらく国中の幹部連中の半数は、日常的に人々を拳や棒で殴っていたにちがいない。それを示す報告書はいくらでも出てくる。一九五九年から六〇年にかけての冬に、湖南省黄材ダムで働いていた農民一万六千人のうち、四千人が殴る蹴るの暴行を受け、その結果四百人が死亡した。[12] 広東省羅定公社では幹部の半数以上が村の住民を殴り、死者の数は百人近くに上った。[13] 河南省信陽地区で行なわれた広範な調査によると、この地では一九六〇年に百万人を超える死者が出た。大半は餓死者だったが、民兵に殴り殺された者も約六万七千人に達した。[14]

拷問の記録

たしかに棍棒は普通に使われていたが、これは覇気のない人々に屈辱を与え、拷問するために地元幹部が考案した恐怖の武器の一つにすぎなかった。農村が飢餓に陥ると、飢えた人々を畑に駆り出すためにより激しい暴力を振るわざるを得なくなった。大勢を痛めつけ苦しませるために、ごく少数の人間が考え出したあの手この手は尽きることがなかった。人々はときに縛られ、ときに衣服を剝ぎ取られて池に放り込まれた。羅定では、十歳の少年が小麦の穂を数本盗んだだけで、縛られて沼地に放り込まれた。少年は数日後に死んだ[15]。

寒い中、裸で放置された者もいた。農民の朱育発は、豆を一キロ盗み、百二十元の罰金を科され、服も毛布も床の敷物も没収された上で、裸にされて批判闘争集会に引きずり出された[16]。何千人もの農民が強制労働に送り込まれた広東省のある人民公社では、落伍者は真冬に衣服を剝ぎ取られた[17]。ところ変わってダム建設を急ぐ現場では、氷点下の中で一度に四百人の農民が綿入れの上着もなく働かされていた。妊婦も例外ではなかった。寒ければ、サボったりせず一所懸命働くものだと考えられていた[18]。湖南省の瀏陽（りゅうよう）地区では、雪が降る中、男女三百人の一団が上半身裸で働かされ、七人に一人が亡くなった[19]。

夏には、炎天下で両手を広げて立たされた（石ころやガラスの破片の上に跪かされることもあった)[20]。このような光景は、南は四川省から北は遼寧省まで各地で見られた。白熱ランプで焼かれたり、へそを熱した針で焼かれた事例もあった[21]。ダム建設に駆り出された河北省嶺背公社の農民たちが苦痛を訴えたさいに、民兵は彼らの身体に焼け焦げを作った[22]。河北省では、人々が熱した鉄で焼き印を押された[23]。四川省では、灯油をかけられ火をつけられ、焼け死んだケースもあった[24]。

熱湯を浴びせられることもあった。燃料不足に陥ると、糞尿をかけるやり方が横行した[25]。向こう見ずにも、自分の生産小隊のリーダーが米を盗んだと告発した八十歳の老婆は、尿に浸されて密告のつけを払わされた[26]。汕頭に近い龍帰公社では、一所懸命働かなかった者は、糞便の山に埋められたり、尿を飲まされたり、両手を燃やされたりした[27]。糞便を水に溶かした液体を喉に流し込まれることもあった。飢餓で衰弱した黄丙音は鶏を盗んで捕まり、村長に牛糞水を飲まされた[28]。畑から甘藷を盗んだ罪に問われた劉徳昇は、尿に浸されたのち、妻と息子ともども糞便の山に押し込まれた。三週間後、彼は糞便を飲み込むのを拒否したため、火箸で口を無理やりこじ開けられた。彼は死亡した[29]。

身体の一部を切断されるケースはあちこちで見受けられた。髪の毛はむしり取られた[30]。耳や鼻は削ぎ落とされた。広東省の農民、陳迪は食べ物を盗んだために、民兵の陳秋に縛り上げられ、片耳を削ぎ落とされた[31]。王資友に関する報告は中央の指導部まで届いていた。彼は片耳を切断され、両足を針金で縛られて、十キロの石を背中に落とされ、最後に焼き印を押された。勝手にジャガイモを掘り出した罰だった。[32] 湖南省の沅陵(げんりょう)県では、睾丸を殴打され、足裏に焼き印を押され、鼻の穴に唐辛子を詰め込まれた。耳は壁に釘付けにされた。[33] 同省の瀏陽地区では、針金で農民を数珠つなぎにした。[34] 四川省の簡陽(かんよう)市では、泥棒の両耳に「泥棒常習犯」と書いたボール紙をぶら下げた針金を通し、その重さで耳がちぎれた。[35] 爪の下に針を刺された者もいた。[36] 広東省のいくつかの地区では、幹部が普段は畜牛に使う注射針で人間に塩水を注入した。[37] 夫婦が互いに殴り合うよう強要され、死に至るケースもあった。[38] 本書執筆のために二〇〇六年に話を聞いたある年老いた男は、子供だった自分と村人たちが、森から木を取ってきた老婆を村の寺で縛り上げ殴るよう命じられた、とむせび泣きながら語った。[39]

人々は見せしめの処刑や埋葬を見て震えあがった。[40] 生き埋めにされた者もいた。これについては湖南省に関する報告書で頻繁に言及されている。独房に監禁された人々は、最初は半狂乱で叫び扉をかきむしるが、やがて不気味に静まり返り、そのまま死ぬまで放置された。[41] 湖南省のボス、周小舟(しゅうしょうしゅう)は一九五八年十一月に鳳凰(ほうおう)県を訪れると、ただちに監禁について問い質(ただ)していたのだが、それほど広く日常的に行なわれていたということだ。[42]

屈辱は苦痛に優るとも劣らない懲罰だった。三角帽子をかぶって、あるいは胸にプラカードを下げて、ときには素っ裸で行進する姿が各地で見られた。[43] 顔には墨が塗られていた。[44] 頭髪の半分だけを剃られる「陰陽頭（インヤントウ）」にされた者もいた。[45] 言葉の暴力にも事欠かなかった。十年後、文化大革命のさいに繰り返された多彩な暴挙は、紅衛兵たちの想像力の産物ではなかった。

懲罰は死後も続いた。殴り殺された遺体は道端に捨て置かれ腐乱していった。古来、死者は埋葬の儀式を経て初めて永遠の安らぎを得ると信じられてきたが、放置された遺体は幽鬼となってさまよい、来世でも除け者にされる運命だった。墓に故人を貶（おとし）める札が立てられることもあった。一九五九年に五人に一人が死亡した広東省の龍帰公社では、遺体を埋めた場所に「怠け者」と書かれた札が立てられた。[46] 湖南省石門（せきもん）県では、毛秉祥一家が全員餓死したさい、生産隊のリーダーが埋葬を許可しなかったため、一週間ほどで遺体の両眼ともネズミに齧（かじ）られた。地元の人々はのちに調査チームにこう語った。「わしらは犬コロ以下だ。死んでも誰も埋めてくれないんだから」[47]

規則に反して、殺された者を身内が埋葬しようとすれば罰せられた。七十歳の母親が飢えから逃れるために首吊り自殺をしたと聞いて、娘は半狂乱になって畑から自宅に向かった。すると、規則違反だと激昂した地元幹部が彼女を追いかけてきた。彼は娘の頭を殴りつけ、彼女が倒れ込むと上半身を蹴りつけた。娘は障害者となった。数日経って腐り始めた母親の遺体を見て幹部はこう言った。「このままにして食べればいいじゃないか」[48]。死者に対する冒瀆の最たるものは、遺体を切り刻み肥料にすることだった。この仕打ちを受けたのは、子供が蚕豆(そらまめ)を二つ、三つ盗んだからと言って殴り殺された鄧達明だった。党書記の丹霓明は彼の遺体を煮詰めて肥料にし、カボチャ畑に撒いた[49]。

暴力が及んだ範囲は想像を超えていた。たとえば、犠牲者総数から見て最悪とは言えない湖南省の場合でも、当時中央監察委員会が周恩来に提出した報告書によれば、八十六のうち八十二の県および市で、殴打による死者が確認された[50]。だが、信頼できる数字を算出することは難しく、国全体の数字を明らかにしようとした形跡も見られない。当時の調査チームに、飢饉のさいの死因別の死者数はもちろんのこと、犠牲者総数をはじき出すことなど不可能に近かった。とはいえ、農村部に派遣された調査チームの中には、綿密に調べ、現地のおおまかな状況を把握したところもあった。湖南省道県では、一九六〇年に何千人もの死者が出た。ほとんどが病死および餓死と思われていたが、その割合は全体の九割にすぎなかった。調査チームはすべての証言や証拠を検討した結果、残りの一割は生き埋め、撲殺、あるいは党員や民兵に殺されたと結論づけた[51]。同じく一九六〇年に約一万三千五百人の死者を出した同省石門県では、一二パーセントが「殴打によって死ぬか、または死に追い込まれた」[52]。李先念をはじめとする北京指導部が調査を命じた河南省信陽地区では、一九六〇年に百万人が死亡した。正式な調査委員会の試算では、この六、七パーセントが殴打による死だった[53]。四川省については、この割合がずっと高かった。当時、省党委員会が派遣した調査チームが詳しく調べたところ、開県の豊楽公社では一年足らずのあいだに人口の一七パーセントが死亡し、犠牲者の六五パーセントは殴打、食料の剝奪、自殺の強要によるものだった[54]。

拷問について事細かに書かれた報告書はいくらでもある。こうした大量の証拠から、幹部ないし民兵に殺された、あるいは負わされた怪我がもとで死亡したケースは、飢饉の犠牲者の少なくとも六パーセントから八パーセントに達したと考えることができる。次章で触れるが、一九五八年から六二年にかけての飢饉の時期、通常の死亡率を上回る死者として、少なくとも四千五百万人の人々が亡くなった。党の档案館に大量に保管された資料が物語る暴力の規模と範囲を考えれば、犠牲者のうち二百五十万人は殴打あるいは拷問による死だったと考えるのが妥当だろう。

ゲリラの〝新兵訓練所〟

強引な集団化を支えたこの暴力を、ひと言で説明することはできない。この国に何世紀にもわたって綿々と続いてきた暴力の歴史を指摘したくなるのも無理はないが、他の国も同じような歴史を辿ってきたはずだ。ヨーロッパにも血塗られた歴史があり、二十世紀前半に出現した大量殺戮（マスマーダー）では未曾有の犠牲者を出した。一党体制を敷いた近代の独裁者は、機関銃からガス室に至る新たな殺人技術を組み合わせ、残虐の限りを尽くした。強権国家がこうした技術を駆使して特定の人々の絶滅を目論んだとしたら、悲惨きわまりない結果を生むだろう。いずれにせよ、大量殺戮（ジェノサイド）を可能にする前提は、近代国家の出現である。

毛沢東のもとでの一党独裁国家は、もちろん反革命分子、破壊分子、スパイ、そして誰もが該当するような曖昧なカテゴリー「人民の敵」は別だが、ある特定のグループの根絶に全力を注いだわけではなかった。毛は国を大躍進に投げ込み、党の軍隊構造を社会全体に行き渡らせた。大躍進運動の真っ只中に、毛は高らかに「全民皆兵」を宣言し、給料、週休、就労時間規定をブルジョワの弱腰だと一蹴した。[55] 指令経済における膨大な人民の軍隊は、上に立つ〝将軍たち〟の言いなりだった。共同食堂、全寮制保育園、集団宿舎、突撃隊、そして歩兵となる農民。継続革命の中で、社会のあらゆる部分が軍隊式に組織された。こうした軍隊用語は単に結束力を高めるために比喩的に使われたわけではない。指導部の面々はいずれも厳しい戦いに順応してきた軍人だった。彼らは欠乏の極限状況の中で二十年にわたってゲリラ戦を展開してきた。

そして、蔣介石の国民党政権下で次々と襲ってきた掃討作戦をくぐり抜け、次いで第二次世界大戦での日本軍による猛攻撃を生き延びてきた。さらに、共産党自体を定期的に揺るがした激しい粛清や一連の責め苦を身をもって体験した。彼らは暴力を賛美し、大量の人命の損失には慣れっこになっていた。そして、結果が手段を正当化するという考え方を全員で共有していた。一九六二年、李井泉は自分の省（四川省）で何百万人もの死者が出たとき、最後まで辿り着いたのは十人中わずか一人だった長征に大躍進を喩えた。「われわれは軟弱ではない。われわれはより強くなっている。われわれは革命精神を守ってきた[56]」

現場では、まるで蔣介石相手の一斉攻撃に何百万人も動員しなければならないとでもいうように、党の役人は、指導部同様、非情にも人命を軽視していた。どれだけ犠牲者が出ようと、天下を取ったときに使った野蛮な力を今は経済に向けなければならない。真の意志力があればどんな偉業も達成できる――「愚公、山を移す」というわけだ。そして、いかなる失敗や過失も妨害行為と見なされた。「スズメとの戦い」で成果をもたらさなかった者は、大躍進の軍事戦略全体から逸脱する「悪質分子」だった。共同食堂から食べ物をくすねた農民は道を踏み外した兵士であり、小隊が反乱の脅威にさらされる前に排除しておかなければならなかった。誰もが脱走兵、スパイ、裏切り者になる可能性を秘めていたので、わずかな違反行為にも軍事法廷さながらの厳しさで臨んだ。中国は巨大な新兵訓練所（ブート・キャンプ）と化し、見せかけの社会主義的民主主義とは裏腹に、命じられた職務に対する発言権はもはや普通の人々にはなかった。彼らは命令に従い、従わなければ懲罰が待っていた。宗教、法律、コミュニティー、家族――暴力を抑制するものはなんであれ一掃された。

プレッシャーの連鎖

大躍進期間中、党は何度も粛清を繰り返したため、新たな党員を募った。大半は、目標を達成するために暴力を行使することに一片の良心の呵責も感じない連中だった。村や人民公社、県、いずれも紅旗の数が多いところは概して犠牲者数が多かった。だが、業績が下がれば紅旗は取り上げられライバルの手に渡ることもあった。このため、労働者の消耗は激しくなる一方だったにもかかわらず、地元幹部はプレッシャーをかけ続けた。こうして抑圧の悪循環が生まれていった。飢えた人々にノルマを達成させるためにはさらに容赦ない殴打が必要だった。暴力がエスカレートしていく中で、懲罰への恐れと飢餓の脅威が釣り合い相殺された時点で、人は限界を迎える。ある農民は山の中で真冬に長時間の労働を強いられたとき、ひと言つぶやいた。「もうくたくたです。たとえ殴られても働けません[57]」

当時、暴力がエスカレートしていく様子を分析した興味深い報告書が残っている。

「幹部らが人々を殴った方法と理由」と題されたこの手書きの文書は、湖南省の農村部に派遣された調査チームの一人が書いたものだ。これを書いた人間は幹部らの職権濫用罪を告発する証拠集めに時間をかけただけではなく、何が間違っていたのかを明らかにするために本人に問い質(ただ)すという稀有な試みを行なっていた。そして、ここでは恩恵の原理、すなわち、幹部は上司の称賛を得るために農民を殴るという原理が働いていたことが明らかになった。現地の状況がいかに混乱していようと、暴力は一貫して上から下へ引き継がれていった。

趙丈生を例に検証してみよう。彼はランクの低い党員だった。一九五九年の廬山(ろざん)会議後に始まった粛清のさい、当初彼は「右派」の疑いがかかった者を殴ることを拒否した。趙は上司に非難され、彼自身が「右傾保守主義」として糾弾されかねなかったが、それでも党の敵に対して暴力を使うのは嫌だと言い続けた。そして、警告として五元の罰金を科された。しかし、ついにはプレッシャーに屈し、凄まじい暴力を振るうようになり、小さな子供を血だらけになるまで殴りつけた。[58]

幹部全員が暴力を介した仲間意識で結束し、仲間内のプレッシャーが幹部らを同じレベルに引きずり下ろした。湖南省耒陽(らいよう)県の党書記、張東海(ちょうとうかい)とその部下は、暴力は「継続革命」に欠かせない「責務」だと考えていた。「運動(キャンペーン)は刺繍をするのとはワケが違う。人々を殴り殺すことなく遂行することは不可能だ」。殴打を拒否した幹部は批判闘争集会に引き出されて、縛られ殴られた。約二百六十人が解雇され、三十人が殴られて死亡した[59]。四川省合川県では幹部らにこう言い含めていた。「労働力はふんだんにある。多少殴り殺したところでかまわない[60]」

一九六一年に党の調査官が集めたインタビューの中には、暴力の加害者と被害者双方の話がある。湖南省の若者、邵克難は、集団化熱が最高潮に達した一九五八年夏、初めて殴られた。そして、真冬に花果山の灌漑事業に駆り出され、日に十二時間働かされたときに再び身体中に青痣ができるほど殴られた。暴行を加えた幹部の中に易少華がいた。邵は子供の頃から易を知っており、大躍進以前の易は決して暴力を振るうような男ではなかったという。新しい政治キャンペーンが始まると易は豹変し、さしたる理由もなく殴ったり罵ったりするようになった。相手が痣だらけ、血だらけになるまで殴り続けた[61]。易に激しい暴力を振るった理由を訊ねると、上司からのプレッシャーだったと答えた。彼は右傾分子のレッテルを貼られるのが怖かった。ボスは彼にこう言った。「やつらを殴らなきゃ仕事が終わらないんだ」。指令の連鎖を伝ってプレッシャーがかかっていった。「上司がわれわれを締め付け、われわれは部下を締め付ける[62]」。言うなれば、党員が自分たちを恐怖に陥れ、その結果、支配下の人々を恐怖に陥れたのである。

弱者を〝間引く〟

幹部には、リスクを冒して農民の生活環境を改善するか、あるいは党の目標を達成するか、二つの選択肢があった。一方をとればもう一方が犠牲になった。ほとんどの幹部はリスクが少ない道を選んだ。そして、それを選んだ時点で、暴力の論理が正当化された。極度の欠乏が蔓延する状況では、全員を生かし続けることは不可能だった。村にはほとんど食料がなく、有能な働き手にさえ十分な食事を与えられなかった。また、一九五九年の廬山会議後、大規模な粛清が行なわれる中で、食糧不足が一気に好転するはずもなかった。

食べ物の摂取量を増やす急場しのぎの策と言えば、弱者と病人を排除することだった。計画経済によって、石炭や穀物などを搾取できる人間の数はすでにかなり減っていた。国がすべてであり、個人は無に等しかった。人の価値は労働点数で判断され、土を掘ったり米を作ったりする能力で決まった。農民は家畜のように扱われた。彼らが必要とする食べ物や衣服や住まいはすべて人民公社の経費だった。当然のことながら、この希望のない点数計算の論理の行き着く先は、生きる価値のない者を間引くことだった。怠け者や身体の弱い者、さもなければ非生産的な輩（やから）を選別して抹殺し、労働によって体制に貢献する者への食料配給量を増やした。暴力は食糧不足を解消するための方策の一つだった。

食料はどこでも武器として使われた。殴打もさることながら、懲罰の手始めは「食料を与えない」という手段だった。雲南省楚雄県の人民公社の党副書記、李文明は、農民六人を棍棒で殴り殺したが、彼の主な懲罰手段は「飢えさせること」だった。反抗的な兄弟には丸一週間食べ物を与えなかった。二人は必死の思いで森で根っこを漁ったが、まもなく餓死した。病気で家にいた彼らの妻の一人も共同食堂への出入りを禁じられた。生産隊の七十六人全員が懲罰として十二日間の絶食を強いられ、多くの人々が餓死した[63]。広東省龍帰公社では、党書記が働かざるもの食うべからずと命じた[64]。ある調査官は、四川省のいくつかの県で起きたことをこう記している。「人民公社の中で、病気で働けない者は徐々に食べ物を取り上げられ、それが死期を早めた」。最初の月の配給は一日当たり穀物が百五十グラムで、翌月は百グラムに減った。そして、死期が間近な者には一切食料は与えなかった。永川県江北鎮では、「事実上、すべての人民公社が食物を与えなかった」。六十七人に食事を提供していた共同食堂は病人の立ち入りを禁じ、三カ月間で十八人が死亡した[65]。信頼できる数字はほとんど見当たらないが、調査チームが四川省夾江県の数々の生産隊を克明に調査したところ、餓死者の八〇パーセントは懲罰の形で食べ物を与えられなかった者だったことが判明した[66]。そして、共同食堂で食事を与えられた者でも、量は規定より少ないことが多かった。ある農民が言ったように、鍋の中へのおたまの沈み具合は「相手を見て」決められた。インタビューを受けた多くの人々が同じことを言った。これは共同食堂の配膳係が自分で「悪質分子」と判断した者を意図的に選別したことを意味する。良い労働者に対してはおたまを鍋の底まで沈めてよそい、「悪質分子」には上澄みだけを掬(すく)った。「その水っぽい緑色の液体は、とても飲めたシロモノじゃなかった」[67]

病人を家から引きずり出し、畑へ追いやったことを示す報告も次々と出てきた。幹部の趙学棟は飢餓浮腫の病人二十四人に労働を強制し、四人の死者を出した。金昌(きんしょう)公社では、幸運にも医者にかかることができた者でも、病院から戻った途端に地元党書記に重労働を命じられた。[68] 病気で働けない者が食料供給を断たれるケースは全国で見られた。これは、病気を体制に敵対するものと解釈する幹部にありがちな解決策だった。とはいえ、最悪の場合は、日々仕事に励んでいる者でさえお椀一杯の水っぽいお粥しか与えられなかった。

ナチ式のクラス分け

徐水(じょすい)などのモデル県では、「各人の必要に応じて」というスローガンがもてはやされたが、現実はレーニンの言葉「働かざるもの食うべからず」〔実際はレーニンが聖書から引用した言葉〕にはるかに近かった。集団によっては、労働者の業績に応じてグループ分けを行ない、グループごとに食料配給量を変えたところもあった。カロリーは力に応じて分配された。

つまり、標準以下の働き手の配給量を減らし、その分を働きのいい者の意欲を高めるために使うという考え方だった。弱い者を犠牲にして強い者に報いるという方法は、食糧不足に対処する上でシンプルかつ有効だった。これは、奴隷労働者を養えないほど食料が欠乏した同じような状況下で、ナチが考案したやり方に酷似していた。ドイツの化学コンビナート、IGファルベン社〔ガス室用の有毒ガスの供給に加担した〕に資源を供給していた鉱山責任者ギュンター・ファルケンハーンは、鉱山で働いていた東方労働者（オストアルバイター）〔東欧から強制的に徴発してきた労働者〕を三つの階級に分け、カロリー当たりの労働量が最も高いグループに、限りある食料を集中的に分配した。最下位の階級に分別された者は、栄養不良でさらに働きが悪くなるという致命的な悪循環に陥った。彼が考案した「成果扶養（パフォーマンス・フィーディング）」方式は、一九四三年には国に評価され、東方労働者を雇うさいの規範として推奨された。[69]

標準以上の労働者だけに十分な食事を与えるよう党の上層部が党員に命じたわけではなかったが、最小の経費で最大の成果を出すことに躍起だった一部の幹部にとって、これは十分に効果的な戦略だった。広東省の桃（とう）村の幹部は、働きに応じて農民を十二の階級に分け、最高位のグループには一日当たり五百グラム弱の穀物を与えた。かたや、最下位のグループにはわずか百五十グラムという、まさに弱者を間引くための食事しか与えられなかった。そして、彼らはいや応なく上位グループから滑り落ちてくる人々に追い立てられるようにして、徐々に死へと近づいていった。ここでは一九六〇年に十人に一人が餓死した[70]。

実際のところ、第5章でも触れたように、「進歩的」「普通」「後進的」な職場に紅旗、灰色旗、白旗が与えられるといった分類方法はすでに国中に普及していた。この動きは、制度を練り上げ、カロリー摂取量を階級に応じて定めるためのいわば前哨戦だった。たとえば、金堂県のある村は、住民を「優」「普通」「劣」の三つの階級に分け、各階級に該当する人の名前をそれぞれ赤、緑、白の紙に書いて貼り出し、階級が異なる者同士の交流を禁じた。赤の人は称賛された。白は容赦なく迫害され、その多くは「再教育」のために間に合わせの強制労働収容所に送られた[71]。

「袋小路に追い込まれ、自殺」

自殺による死は大量に発生していた。人が一人殺されるたびに、無数の人々が何らかの苦痛を感じ、その中には自分の命を絶つ道を選ぶ人もいた。また、人前で屈辱に耐えるぐらいなら自殺した方が楽だと思った人も多かった。これこれしかじかで道を踏み外し、「懲罰を恐れて自殺した」というのが常套句だった。「死へ駆り立てられ」あるいは「八方塞がりで」という表現も自殺の記述にはよく登場した。上海の奉賢県では、一九五八年夏の数カ月間で九百六十人が殺された。うち九十五人は「袋小路に追い込まれ、自殺」、残りは、治療しないまま放置された病死、拷問による死、疲労による死だった[72]。これも信頼できる数字が手に入らないため、実におおまかな数字ではあるが、回避可能だった死の約三パーセントから六パーセントは自殺だった。つまり、大躍進期に自殺した人の数は百万人から三百万人だったことになる。

広東省普寧(ふねい)では、仲間から盗んだことを恥じてみずからの命を絶つ人が絶えず、自殺は「やむを得ないこと」と記された[73]。連帯責任の形で懲罰が下り、他の人を危険にさらした罪の意識から自殺する者もいた。開平(かいへい)県では、五十六歳の女性が二握りの穀物をくすねたが、一家全員が共同食堂への出入りを五日間禁じられ、強制労働収容所に送られた。彼女はみずから命を絶った[74]。女性はときに、残された子供が自力で生き延びることはできないと思い子供と無理心中した。汕頭(スワトウ)のある女性は泥棒と告発され、二人の子供を自分の身体に縛り付けて河に飛び込んだ[75]。

これも信頼できる数字がほとんどないが、都市部でも自殺率は急激に上昇した。たとえば、南京市公安局は、一九五九年上半期の入水自殺者がおよそ二百人に達したことを知って警戒感を強めた。大多数は女性だった[76]。集団化によって家族が離れ離れになり自殺した人も多かった。唐桂英は病気で息子を亡くしたのち、灌漑事業のあおりで家を壊された。彼女は南京市の工場で働く夫のもとへ身を寄せた。だが、当局が帰村キャンペーンに着手したとき、夫に妻を守る術はなく、彼女は首を吊って自殺した[77]。

第35章　戦慄の地

飢饉の代名詞——河南省信陽地区

党指導部が大量殺戮の恐怖に初めて遭遇したのは信陽だった。紅軍の不屈の古参兵、李先念でさえ落涙を禁じえなかったほどの惨状だった。反応は素早かった。反革命分子の糾弾が始まったのだ。抵抗勢力から権力を奪還するキャンペーンが国中で展開された。指導部の要請で解放軍も介入した。だが、党は巧妙に信陽を例外的な事例とする方向に動き出し、「信陽事件」に関連する報告書は党内限定で発行された。これに加えて、安徽省の淮河流域の平原に位置する県の名前を冠した「鳳陽事件」が発覚した。ここでも恐怖政治が三十三万五千人の農民の四分の一を死に追いやった。一九八〇年代に入って、この二つの「事件」に関する党の報告書を編集した文書が流出し始めた。そして、八九年の天安門大虐殺〔天安門事件〕後、六百ページにおよぶ文書をはじめ当時の資料が密かに国外に持ち出された。これがあの時代の研究に必須の基本資料となり、「信陽」は飢饉の代名詞となった。

一九六一年、信陽報告書について議論するために、各地で会議が開催されたが、招集された地方幹部たちの反応は鈍かった。何万人もの死者を出した湖南省湘潭県の幹部の中には、信陽事件など、自分たちの地元で起きていることに比べたらたいしたものではないと感じる者もいた。なぜこれをことさら「事件」などと呼ばなければならないんだ、と。[1]

実際、一年で人口の三〇パーセントを超える死者を出した村が無数に存在し、村ごと消えてしまったところもあった。それより大きな行政単位の県となると、人口は十二万人から三十五万人と多い。集落、あるいは丘や河、森に点在する多くの村々で構成される一つの県全体で、年間死亡率一〇パーセントなどという事態は、巨大な政治的圧力のもとでしか起こり得ないことだった。虚偽と恐怖が結託し、大量殺人を生み出した戦慄の地が中国全土に出現した。狂信的な指導者の率いる省にはかならずこうした県がいくつか存在し、一つの省で十県以上に上るところもあった。だが、党の档案館の多くは依然として閉ざされており、近い将来、その完璧なリストが揃うとも思えない。とはいえ、次に挙げる五十六県についてはその全貌が明らかになりつつあり、今後これらは間違いなく、より信頼性の高い資料になっていくものと思われる。このリストのベースになっているのは、北京の公安局に所属していた人口統計学者、王維志が作成した約四十県の資料である。[2]ただし、彼の情報は地元の資料に基づいたものではなく、中央に送られた公式の数字からはじき出したものであるため、完璧とは言いがたい。アステリスクを付した県については、著者が今回閲覧した資料をもとにリストに加えたものである。本章ではこの中から何県か取り上げて検証していく。

四川省：石柱、滎経、涪陵*、栄県、大足*、資陽、秀山、酉陽、南渓、墊江、楽山、犍為、沐川、屏山*、郫県*、雅安*、盧山*、色達
安徽省：巣県、太和、定遠、無為、宣城、毫県、宿県、鳳陽、阜陽、肥東、五河
河南省：光山、商城、新蔡、汝南、唐河、息県、固始、正陽、上蔡、遂平
甘粛省：通渭*、隴西*、武威*
貴州省：湄潭、赤水、金沙、桐梓
青海省：湟中、雑多、正和
山東省：鉅野*、済寧*、斉河*、平原*
湖南省：古丈*
広西チワン族自治区：環江

恐怖政治——甘粛省通渭県

甘粛省北西部に位置する通渭県は、中国で最も貧しい地域の一つだった。乾燥した

黄土高原の、峡谷で分断された起伏の激しい丘陵地帯にあるこの県は、いにしえのシルクロードでは重要な宿営地だった。国の重心が緑の生い茂る南へ移る以前、豊富な黄土を活かしたこの一帯は、人々の活気に満ち溢れていた。柔らかい土を掘るだけで、かつての繁栄を物語る遺物がいくらでも出てくる。黄土で作られた壁や家屋や古墳は、風景に彫り込んだように見えた。丘のもろい土を掘り抜いた窰洞（ヤオトン）にはアーチ型の入口と土埃の立つ前庭がついていた。時とともに丘は風と雨で浸食され、いつしか住人はいなくなった。勤勉な人間たちの手で長い歳月をかけて形作られてきた土埃の舞う風景に、浸食された台地と深い峡谷を縫う道が溶け込んでいた。紅軍は一九三五年九月に通渭を占拠し、この地で毛沢東は長征の詩を詠んだ。

　模範党員だった県の第一書記、席道隆（せきどうりゅう）は、一九五八年五月、北京で開催された格式高い党会議〔第八回党大会第二回会議〕に省から派遣された。それから数カ月後、主席が先鋭的な集団化を呼びかけたとき、席は熱い思いで要請に応え、すべての合作社を十四の巨大な人民公社に統合した。民兵が目を光らせる中、あらゆる物が集団化され、土地、家畜、家、道具、鍋や器や甕（かめ）までも没収された。農民は党指導部のあらゆる指令に従わなければならなかった。通渭県は、黄河の支流を山の中に迂回させ、不毛な高原を緑の大地に変える水路を建設するという省の計画の要（かなめ）に位置していたため、農民の五人に一人がダム建設に駆り出された。そして、灌漑事業に発破をかけるために派遣された視察団を満足させるために、農民の半数が収穫期の真っ只中に遠く離れた建設現場に引っぱっていかれた。放置された作物は畑で腐っていった。農民がかろうじて生計を営んできたこの極貧の県で、大躍進の最初の一年だけで一万三千ヘクタールの耕地が遺棄された。一九五七年に八万二千トンだった収穫量は、年々減り続け、五八年には五万八千トン、五九年には四万二千トン、そして、六〇年にはついに一万八千トンにまで落ち込んだ。その一方で、国の買上げ量は増加した。席は、一九五八年は大豊作で収穫量が十三万トンだったと報告した。国はその三分の一を徴収した。翌年、今度は収穫量を倍増して報告した。国はその半分近くを徴収し、結局農民の手元にはほとんど一粒も残らなかった。[3]

不満を口にした者は右派、妨害分子、反党扇動分子の烙印を押された。県長の田歩霄（でんほしょう）は農村の惨状を目にして大きな衝撃を受けた。彼は反党分子として糾弾され、「小彭徳懐（ほうとくかい）」として繰り返し批判闘争集会に引き出され、ついに一九五九年十月、自殺した。様々な形で異議を唱え、糾弾された幹部の数は千人を超えた。解雇された者もいれば、監禁された者もいた。拷問は日常茶飯事で、とりわけ住民に対して厳しかった。黄土の丘陵を掘りぬいた洞窟に生き埋めにしたり、冬に雪の中に埋めたりした。拷問には竹針をはじめ様々な方法が使われた。省党委員会に提出された最終版を含む档案館のファイルには、未編集の報告書が添付されており、ここには「人々は撲殺され、堆肥にされた」という一文がある。[4] 撲殺および拷問による死者数は千三百人を超えた。一九五九年から六〇年にかけての冬、人々は木の皮や根っこ、藁を食べていた。[5] 飢饉の数年後に県党委員会が編集した報告書によると、通渭県では一九五九年と六〇年に約六万人が死亡した（五七年時点の人口は二十一万人）。餓死を免れた世帯はほとんどなかった。どの世帯でも餓死者を出した。一家族全員が消滅した家は二千世帯を超えた。[6]

席道隆は最終的に逮捕されたが、数年に及ぶ恐怖政治を上司の助けなしに独力で実行できるはずはない。彼のすぐ上に君臨していたのは、通渭県が所属する定西地区の党書記、竇明海だった。竇自身も、甘粛省のボス、張仲良につねに監視される立場にあった。大きなプレッシャーがかかった張仲良は、他の地域へ逃げ出そうとする農民は「すべて悪人」であり、一人残らず「党に反逆する」罪人と見なした。彼は「国に穀物をくれと頼むぐらいなら人々が死んだ方がましだ」と言い放ち、高い買上げ率を満たすために過酷な徴発を強いた。[7] だが、ついに飢餓は中央指導部が無視できない規模に及び、一九六〇年二月、省都、蘭州に百人以上の大調査団が派遣された。席道隆およびその側近たちは逮捕された。[8] 一カ月後、報告書が北京に届き、中央指導部はこう宣告した。通渭県は「根っから腐り果てている」。[9]

死亡率一〇パーセント――四川省重慶地区

古来、「天府の国」と称された四川省は、甘粛省とは違って、亜熱帯の森林と古くから灌漑に活用されてきた無数の河川に恵まれた豊かで肥沃な省である。このフランスほどの広さを持つ省は地域によって変化に富んでいる。西四川高原の深い峡谷と険しい山々は少数民族が細々と暮らす過疎地だが、低い丘と沖積平野が広がる成都周辺の盆地には数千万の農民が暮らしている。年間死亡率一〇パーセントを超える県の数がどの省よりも多かったのはここ四川省だった。県の大半は盆地を囲む山岳地帯の貧しい地域にあったが、少数ながら、揚子江の険しい崖にしがみつくようにして家が折り重なる重慶市の近郊にも見られた。

その一つが涪陵県だった。重慶の内陸部に位置し、揚子江に沿って段々畑が広がる涪陵県は、比較的豊かな土地だった。「涪陵の穀物倉庫」と呼ばれた人口一万五千人の堡子公社は毎年のように大豊作に恵まれ、収穫量の半分を国に納めるのが通例だった。四百人ほどの農民がほとんど毎日、幹線道路に沿って穀物や野菜、豚を市場へと運んでいた。だが、一九六一年の穀物生産量は約八七パーセントも落ち込み、畑には雑草が生い茂り、人口の半数が消滅した。「共産主義の風」がこの人民公社を吹き荒れ、私有財産という考え方を「右傾保守主義」と見なす集団化の中で、木材、鍋、道具、果ては針や赤ん坊のおむつまでが、狂ったように没収された。「三年間農業をせずとも腹いっぱい食べていける」――これが当時のスローガンだった。そして、労働力の七割が農業から巨大な共同食堂、豚舎、市場(いちば)の建設へと移っていった。畑に残った人々は人民公社の指示どおりに働かされた。たとえば、葉が間違った方向へ曲がっていると公社の党副書記が思えば、広大な畑からトウモロコシを引き抜かなければならなかった。密植(みつしょく)を強制されたために、豊かな土壌に植えた米が枯れ果てた。棚田の八〇パーセントが野菜畑に転用され、悲惨な結果をもたらした地区もあった。のちに、奥地の山の斜面に小麦を植え、緑豊かな地に変えるために成績のいい作業チームを送り込め、という李井泉(りせいせん)の鶴の一声で、農民たちは肥沃な棚田を諦め、何キロも離れた山岳地帯の岩だらけの地面を掘らされた。

農業生産量の急激な落ち込みを隠すため、実際に貯蔵されていたのは三千五百トンだったにもかかわらず、堡子公社の幹部らは一万一千トンと報告した。国は三千トンを買い上げた。民兵が各戸を回って穀物を隠していないか点検し、一粒残らず没収した。批判闘争集会が日課になり、体重が貧富を見分ける目安になった。太っている者は右派と見なされた。右派は容赦なく追及され、死亡するケースも多かった。ついには木の皮と泥しか食べる物がなくなった。堡子公社では人口の三分の一が死亡した村もあった[10]。

堡子は決して例外ではなかった。涪陵県全体の死亡率は高く、一九六〇年にひと月で人口の九パーセントを失った村もあった。[11] 死亡率が四〇パーセントから五〇パーセントに達した生産隊も珍しくはなかった。[12]

石柱、秀山、酉陽をはじめとして、重慶地区の他の県の一九六〇年の死亡率は一〇パーセントを超えた。石柱県では民兵が根っこや雑草を探し回ることを禁じ、共同食堂以外で調理しないように各戸を回って鍋やフライパンを没収した。暴力が蔓延し、ペンチや竹針などを携帯し懲罰を専門に行なう「打人隊（ダーレンドエイ）」が組織されたところもあった。ある人民公社の副書記、陳志林は何百人もの人々を殴り、八人を撲殺した。生き埋めにされた者もいた。公安局によると、一九五九年から六〇年にかけて石柱県全体で、約六万四千人、人口の二割が死亡した。死者の数があまりに多かったために当局の手に負えず、最後には大きな墓穴に遺体をまとめて投げ込むようになった。水田（すいでん）公社の穴には四十体が放り込まれた。県政府の所在地に続く道路脇の側溝には六十体が埋葬されたが、おおざっぱに土をかけただけだった。二十体ほどは身体の一部が飛び出していたため、腹をすかせた野良犬の餌食になった。棺桶用の木材がなかったため、幼児の遺体は何体か一緒に籐の籠に入れて埋葬された。[13]

緑豊かな揚子江流域から遠く離れた西部のチベット高原の草原では、血なまぐさい激戦が繰り広げられていた。ラサで暴動が起こり、ダライ・ラマがヒマラヤ山脈を越えてインドへ亡命せざるを得なくなったのち、一九五九年、四川省ガルズェ蔵族自治州の色達県はチベット人を駆り集め集団化を強要した。五八年末、甘孜ではいくつもの暴動が発生し、何千人もの人々が逮捕され、多くの人が処刑された。[14] 色達では、集団化に先立って、羊飼いたちが国に渡すぐらいなら殺した方がましだと羊を大量に処分した。人々は何万頭もの家畜を殺し、食べ尽くした。穀物担当の幹部らは遊牧民に対する配給を拒否し、民兵を使って、彼らが敵と見なした人々からあらゆる富の兆候を洗い出した。急造の人民公社に囲い込まれた多くの人々が病気で亡くなった。いつでも新鮮な水が手に入る暮らしを営んできた遊牧民たちは、ろくな設備もない劣悪な野営地に押し込められた。野営地はあっという間に排泄物やゴミで溢れかえった。この県では、一九六〇年だけで、人口約一万六千人のうち一五パーセントが亡くなり、殴打または拷問による死がおよそ四割に達した。[15]

〝ミニ毛沢東〟たちの欺瞞――貴州省赤水県

貴州省は、北側に隣接する四川省とは異なり、貧しい省だった。昔から反乱を繰り返してきた少数民族が人口の少なくとも三分の一を占め、彼らの多くは「山々の王国」と呼ばれる一帯の丘陵や高原で貧しい暮らしを営んでいた。かつて塩の道の要衝として栄えた赤水県は、四川省と接する辺境の地である。「赤水」という名前は、堆積物を巻き込みながら赤い砂岩の峡谷を流れてきた河の色に由来する。一九三五年三月、長征の途上にあった紅軍が四川軍閥としのぎを削り、赤水河を渡っては退却することを繰り返した〔四渡赤水〕ことから、革命後、地元幹部らは赤水県を聖地にするために熱心に働きかけた。赤い山々には大型木生シダや鮮やかな緑の竹に埋もれて小さな村落が点在していたが、人口の大半は赤水河やその支流の流域で米やサトウキビを栽培して暮らしていた。この地では、一九五九年十月から六〇年四月にかけて、およそ二万四千人、人口の一割を超える死者が出た。[16]

　県を率いていたのは、比較的若い三十五歳の王臨池（おうりんち）だった。彼は一九五八年に念願の紅旗を手に入れ、大躍進がもたらした数々の「画期的な技術」のおかげで僻地を「五千キロ県」に変貌させた功績で中央指導部の称賛を浴びた。赤水県はこの王のもとで、深ければ深いほどいいと、一メートルから一・五メートルもの深耕（しんこう）に精を出し、大量の種が蒔かれた。その量は一ヘクタール当たり二百キロから四百五十キロ、ときには一、二トン、さらには三トンも蒔いたこともあった。県のトップが考案した偉大なる構想の中に、県全体に竹製のパイプを張りめぐらし、農地に水を供給するという灌漑事業があった。「赤水の天空に送水管を」をスローガンに掲げたこの計画は、広大な竹林を切り倒し村民の大切な資源を奪ったあげく、無惨にも失敗に終わった。

　赤水県の大躍進の成果は、穀物生産量の急落と家畜の事実上の絶滅だった。だが、王はみずからの名声を維持しようと躍起になった。一九五八年九月、趙紫陽（ちょうしよう）が広東省（カントン）

における穀物隠匿に関する報告書を提出する何カ月も前に、王は社会主義体制に対する継続的な攻撃の一環として、「富農」と「悪質分子」が作物の一部を隠し持っていると宣言した。そして、人民公社を守り、反革命を防ぐために、武装した幹部による情け容赦ない反撃が始まった。一年後、廬山（ろざん）会議をうけて、村民は「貧農」と「富農」に選別された。富農の背後には、地主、妨害分子、反革命分子、その他革命の転覆を目論む連中が連なっていた。「貧農と富農の戦いは死ぬまで続く!」。何千人もの幹部が、出身階級が悪いという理由で党を除名される一方で、階級敵を一人残らず根絶するために、大規模なデモや批判闘争集会、反隠匿キャンペーンが展開された。王臨池は毛沢東ばりの詩人だった。労働者階級を讃える詩を作り、自分を主役にした伝統的な歌劇を企画し、大勢の客を招いて贅沢な宴会を開いた。その間、畑はほったらかしだった。王は一九六〇年一月、省の上司に豊作で収穫量は三万三千五百トンだったと明言したが、八割は紙の上だけの数字だった。[17]

　王臨池のやり口は、毛沢東信奉者、周林（しゅうりん）率いる貴州省の中で飛びぬけて過激だったわけではなかった。周林は、大躍進に対する各県の急進的なアプローチを陰ながら奨励しており、結果的に国内有数の高い死亡率を招いた。茶葉で有名な湄潭県は半年で四万五千人の死者を出した。県の第一書記、王慶晨は、湄潭を一躍国のモデル県へと高めるはずだった巨大な茶畑や果樹園、灌漑システム、集合住宅を建設するために、独断で五万人の労働力を注ぎ込んだ。「一万頭養豚場」のために四万頭の豚が徴発された。こうした計画に批判的だった者は一人残らず「悪しき修正主義的風潮をもたらす」と告発され、「右傾機会主義者」のレッテルを貼られた。一九六〇年、警察と民兵は「大捜大捕（ダーソウダーブー）」（大いに取り調べ大いにぶちこむ）キャンペーンを組織し、この地域をしらみつぶしに捜査し、ひと月で三千人近くを拘束した。「穀物を生産する能力がない者には穀物は一粒も与えない」——このスローガンはまさに湄潭の心意気を物語っていた[18]。

四万五千人という数字はかなりのものだが、これでも低すぎるかもしれない。省党委員会の調査によると、一つの人民公社だけで人口の二二パーセントにあたる一万二千人が「餓死」している[19]。さらに詳しい調査が行なわれた一つの村に注目してみよう。ここでは農民の三分の一以上が死亡した。弄差（ろうさ）はかつて、どの家も数羽の鴨や鶏を飼っていた比較的豊かな村だったが、一九六一年の収穫量は五七年の三分の一に減った。野菜類は手に入らなかった。食べ物や物資との交換に欠かせないサトウキビの生産は実質的に打ち切られた。農地の大半は実験的な深耕と開拓によって破壊された。もはや保水力を失ったあばた状の土壌は「月の畑」と呼ばれていた。労働点数制度などそもそも存在せず、人々への食糧供給は混乱した共同食堂で地元幹部の気まぐれに左右された。私有財産は奪われ、私有地も廃止された。穀物生産量の落ち込みにもかかわらず国の買上げ量は天井知らずだった。一九五九年には生産量の四分の三が国に持っていかれ、人々は飢えるしかなかった。一九六一年にこの村に残っていた豚は一頭だけだった[20]。

一九六〇年四月、湄潭県に調査チームがやってくることを知った地元幹部らは、昼夜徹して道路脇に掘った巨大な墓穴に慌てて遺体を埋葬した。病人とほったらかしにされていた子供たちは監禁し民兵が見張っていた。動かぬ証拠となる皮を剝ぎとられた木々は根こそぎ引き抜かれた[21]。一九六〇年三月にこの一帯を視察した副総理の聶栄臻は興奮した面持ちで貴州省の様子を毛沢東に書き送った。「実際のところ、貴州はもはや貧しいどころか非常に豊かです。将来的には、わが国南西部における工業拠点となるにちがいありません[22]」

荒涼たる穀倉地帯──山東省斉河県

黄土高原を横断する黄河がその長い旅の終点に近づくころ、京杭大運河と交差する。この人工運河は、南から北の都へ穀物の貢ぎ物を運ぶために七世紀に完成した。十五世紀半ば、穀物を運ぶ一万一千隻の荷船が行き来した最盛期に、この運河では四万七千人を超える荷役労働者が働いていたと言われている。済南の北西に位置する斉河は山東省の主要河港であり、黄河沿いの戦略上の要衝でもあったから、十分うまくやっていける土地だったはずだ。大躍進以前、人口およそ五十万人の斉河県は「穀物倉」と称され、豊作の年には収穫量が二十万トンにも達した。綿花、タバコ、果物なども広く栽培されていた。

一九六一年、この県では十万人を超える死者を出した。これは一九五七年の人口の五分の一に相当した。生き延びた労働者の半数は健康を害していた。経済はめちゃくちゃな状態だった。一九五六年の穀物収穫量は二十万トンだったが、減少の一途を辿り、数年後にはわずか一万六千トンに落ち込んだ。落花生の生産はさらに劇的な落ち込みを見せた。一九五六年の七千七百八十トンが、六一年には一粒残らずかき集めても十トンという悲惨な状態だった。あらゆる作物が一九五八年以前なら間違いなく収穫できると予想された量の約十分の一に減ったと言っても過言ではない。農地の五分の一が給水設備や道路事業に奪われ、作付面積が減少したが、工事が完成することはほとんどなかった。県の北部全域でアルカリ性土壌が倍増し、その面積は畑の表土のおよそ三分の一に達した。水利事業への莫大な投資にもかかわらず、というよりもむしろそのせいで、灌漑農地の総面積は三割まで減った。畑以外の荒廃も一目瞭然だった。家畜は半数以下、荷車の数も次第に減り、熊手や鍬（くわ）といった無数の基本的な農具さえ姿を消した。樹木の半数以上が伐り倒され、県全体の家屋の三八パーセントが破壊された。残った家屋の四分の一も損傷が激しく、すぐにも修理が必要な状態だった。

住む部屋さえない家族は約一万三千世帯に達した[23]。

韓荘(かんそう)は斉河県の小さな村の一つだった。この村には一九五七年の時点で二百四十人が暮らしていたが、六一年に残っていたのはわずか百四十一人だった。村の住人の四分の一が餓死し、六世帯中一世帯は一家全員が殺された。これは、階級闘争はレトリックにすぎず、その背後では血のつながりを重視する文化が脈々と受け継がれていたことを物語っている。一九五八年から六一年のあいだに誕生した新生児の数はたったの四人だった。このうち一人は幼児期に死亡した。独身者も多く、その大半は身体が弱かったため、この村の男と結婚するために外からやってくる女性はほとんどいなかった。韓荘は農地の約四割を失い、残った農地も酷い塩害で荒れ地同然だった。地元の人が「家を出ると一面が真っ白なことに驚く」と言うように、見渡す限り地面は白い塩で覆われていた。この痩せた不毛な土地のあちこちに泥の廃屋が立っていた。

幹部はこの村には合計二百四十室あると豪語したが、実際にはなんとか崩れず立っているものが八十にすぎず、その大半は雨漏りがしたり、壁に穴が開いていた。調査チームが視察したところ、こうした悲惨な住まいには何もなかった。「飢饉に見舞われ全世帯が破産した。最も影響を受けずに済んだ者でさえ、すべての衣服や家具を売り払った。最も酷いところは、鍋、食器、洗面器、家の床板まで売らなければならなかった。この村には、何もかも洗いざらい売り払った一家が二十七世帯あった」。一九六〇年に村を離れた楊継茂の場合、残された妻子はありったけの物を売り払うしか生き延びる術がなかった。ベッドも鍋も農具もなかった。一枚のボロボロの毛布と一着の擦り切れた外套を二人で使った。もっと困窮している人々もいた。村に留まった三十三歳の劉在林はほどなくして餓死した。彼の妻は屋根の垂木で首吊り自殺し、残された子供二人は地元の人に引き取られた。

飢饉を調査するために山東省に派遣された調査チームは、甘粛省や広東省を視察した調査チームとは異なり、残虐行為を行なった幹部を名指しすることはなかった。だが、政治状況が飢饉に果たした役割は明らかだった。大躍進以来、村長は十五回代わったが、いずれも国の過酷な徴発の前には無力だった。一九五九年の一人当たりの穀物配給量は平均二十五キロにすぎなかった。これは年間の話である。灌漑事業に大量の労働力を投入したものの何の役にも立たなかった。一九五九年から六〇年にかけての冬、韓荘から四十六人の優秀な働き手が工事現場に派遣された。彼らは雪の中、四十日間昼夜徹して働かされたが、村が供給するはずだった穀物は一切与えられなかった。国の徴発でとっくに底をついていたからだ。寒い屋外で土を掘っている最中に死亡した者や帰路、道端で息絶えた者もいた[24]。

山東省全域に、四年間の集団虐待によって崩壊し、韓荘と同じように窮地に追い込まれた村は無数にあった。その最初の兆候が現れたのは一九五九年四月だった。山東省の第二書記、譚啓龍（たんけいりゅう）は済寧地区のいくつかの県を視察したさいに、樹木が伐採され地面が露わになり、子供たちが置き去りにされ、道端で行き倒れた農民の顔が飢えで黄ばんでいる光景を目撃した。鉅野県では人々は枕に入っていた藁（わら）を食べ、何千人もの餓死者が出た。譚はこの状況を省のボス、舒同（じょどう）に報告したが、同時に報告書の複製を毛沢東に直接送るという異例の措置をとった。[25] 数週間後、悔い改めた舒同は、この地域を特別列車で通りかかった主席に「済寧事件」を説明するはめになった。[26]

だが、舒同は飢饉を軽減する策は一切講じなかった。彼は悪い知らせを嫌い、山東省の「指一本」の失敗について口にすることも拒否し、大躍進に批判的な者は「右傾保守主義」として糾弾すると脅した。[27] 当時、舒同と行動をともにせざるを得なかった部下たちによると、この山東省の皇帝は、無数の人々の命を引き換えにしたユートピアの実現を危ぶむ者には、誰であろうと怒り狂った。「一番に飛びかかった者が勝者となり、最後に飛びかかった者は敗者となる」――舒同は、農民が食べてしまう前に穀物を奪い取り、北京からの要請を満たすために徴発を強化せよという、この毛の言葉に忠実に従った。[28]

逃げ道なし――安徽省

甘粛、四川、貴州、山東の各省には、いずれも一九六〇年の死亡率が一〇パーセントを超える県があった。とはいえ、毛沢東の最も忠実な下僕の一人、曾希聖（そうきせい）率いる安徽省ほど凄惨をきわめたところはなかった。その一つが阜陽地区だった。安徽省も他省と同様に地区に分かれており、その数は十を超えた。一九五八年の阜陽の人口は八百万人だったが、三年間で二百四十万人以上が死亡した[29]。

高い死亡率の一因は土地柄にあった。この地区は平坦な痩せた土地がほとんどで、逃げ込む場所がほとんどなかった。逃げ出そうとした者の多くは河沿いに隣の河南省の信陽に向かったが、信陽の状況はさらに悲惨だった。淮河自体にも死の網が張りめぐらされていた。一九五七年、大規模な灌漑事業が注目を浴び、労働力の八割が駆り出された。一ヘクタールごとに水管、十ヘクタールごとに運河、百ヘクタールごとに太い水路が設けられ、畑は鏡の如くなめらかで、土は深耕のおかげで練り粉のように軟らかい――そんな未来が一、二年で阜陽に訪れるはずだった[30]。河沿いで休みなく働く労働者の背後には、「雨の日は晴天、夜は昼間だと思おう」「日中は太陽と戦い、夜は星と戦う」といったスローガンが掲げられた。多くの人々が病気や疲労で倒れ、死んでいった[31]。

春節に労働者が自宅へ戻るのを防ぐために、民兵が自宅を封鎖した。ダム、堤防、運河工事を断固として進めるために、樹木、墓など障害物はすべて倒された。大きな橋までも壊されたために、農民たちは毎日遠回りして畑まで何キロも歩かなければならなかった[32]。幹部の気まぐれで村全体が一晩のうちに移転しなければならないところもあった。そして、何百もの村が地図から消えていった[33]。優秀な働き手だった農民が、種蒔きや収穫が終わらないうちに畑から連れ去られ、大規模事業に駆り出されるケースは他にもあった。あまりの豊作で処分に困る穀物を酒にしろという党路線に沿った事業だった。「五千トン県」を目指して奮闘した亳県は、一九五九年一月に三千二百棟を超える酒造工場を建設した。だが、実際に稼動したのはその半分以下で、大量の穀物が無駄になった[34]。

農業の機械化は甚大な損害以外のなにものでもなかった。およそ一万台の荷車には不格好な鉄の車輪が付けられ、雄牛でさえ重くて引けないようなシロモノに変貌した[35]。そのうえ、厄介なことに、昔ながらの荷車が通行を禁じられ、これを使った農民は右派と糾弾された[36]。

穀物生産量は激減したが、意気込む幹部らは紙の上で数字を倍増させた。その結果、過酷な買上げ割当が課された。幹部らは暴力に物を言わせ、ときには実際の収穫量の九割近くを搾り上げた[37]。足りない分を補うために、彼らは家を急襲し、机、椅子、ベッドを運び出した。また、一定量の木綿の衣服を供出するよう強要した。その量は一家族当たり数キロに及んだ。割当量を満たせなかった者は共同食堂への出入りを禁じられた。趙懐仁は七十歳の母親と子供の綿入れ上着を手渡さなければならなかった。

凍える寒さの中、一家はわずかな藁を身体にかけて暖まろうとした。一九六〇年になると、もはや農民から奪えるものは何も残っていなかった。ある人民公社の最大の収穫は百人の死者だった[38]。

拷問もはびこっていた。「悪質分子」は耳に針金で穴を開けられ、女性は裸にされ髪の毛で吊るされた。「奴らの乳房を汁が出るまでねじるんだ」。これは界首県のリーダーが発した言葉だ[39]。臨泉県では、地元幹部が暴力がどのように行なわれていたかを手短に語っている。「人々は殴られたり、吊るされたり、食べ物を奪われたり、生き埋めにされる痛ましい状況の中で死んでいった。耳を切り落とす、鼻をもぐ、口を裂くといった激しい拷問で死んだ者もいた。われわれは調査を開始して初めて、そのあまりの凄惨さを知った[40]」。殺人も珍しくなかった。臨泉県の小さな村、大荒荘では飢饉の時期、十九人の幹部のうち九人が少なくとも農民一人を殺害した。生産小隊のリーダー、李鳳英は五人殺した[41]。

農民を故意に陥れるケースもあった。飢饉が猛威を振るっていた一九五九年末、阜南県の食糧局に所属するある食品加工工場は、門を開けたまま前庭に大豆粕を放置した。飢えた農民たちが食べ物をくすねようとした途端に、背後で門が閉まった。「捕まった農民のなかには、穀物袋に入れられて縛られ、鉄の棒で殴られた者もいた。袋は血で真っ赤に染まった。顔をナイフで切られ、切り口に油をすりこまれた者もいた[42]」。

支援物資が飢えた人々に届くことはなかった。必要とする人々を助けるために十五トンの穀物が届けられたが当局が押収し、何千人もの死者が出た県もあった[43]。地元当局が調査チームに飢饉の事実を隠そうとしたために死んだ人もいた。民兵に村を封鎖させ、飢餓の兆候が現れた人を通りから排除するよう命じたためだった[44]。ある人民公社では、一九六〇年に民政部の視察に先立ち、県のトップが慌てて浮腫の現れた三千人以上の農民を隠した。彼らは医療も施されず監禁され、数日のうちに数百人が亡くなった[45]。ある地方幹部は、調査団が向かっていると聞いて、浮腫の現れた秦宗懐を一目見るなり、「奴はもうじき死ぬ。さっさと埋めろ」と命じた。地元党書記によると「彼は埋められるとき、まだ息があった[46]」。

第36章　人肉を食べる（カニバリズム）

飢饉が訪れるまで、農村は喧騒に満ちた賑やかな世界だった。旋律にのせた行商人の呼び声が喧しく（かまびすしく）、質の良さを示そうと陶器をがちゃがちゃ打ち合わせる音が響いていた。葬式や結婚式といった昔ながらの行事にはドラやシンバル、爆竹が欠かせなかった。広場には街路樹にくくりつけた拡声器からプロパガンダや革命歌が流れ、黄色い土埃を舞い上げながら行き交うトラックやバスは、ひっきりなしにクラクションを鳴らした。畑には、よそ者なら喧嘩と見まがうほど大きな声で会話する農民たちの姿があった。

だが、飢饉が訪れると、農村は薄気味悪く、異常な沈黙に包まれた。没収を免れたわずかな豚は飢えと病気で死に絶え、鶏や鴨はとっくの昔に殺されていた。街路樹から鳥の姿は消えた。葉や皮を剝ぎとられ、幹と枝だけになった木々のシルエットが空に向かって浮かび上がっていた。

樹皮や泥に至るまで、滋養を与えてくれるはずの食べ物が一切奪われたこの世界では、人々は浅く掘った墓穴や道端で死を迎えた。ごく一部とはいえ人肉を食べた者もいた。それが始まったのは雲南省だった。雲南省の飢饉は一九五八年夏に始まった。初めのうちは病死した家畜を掘り出して食べていたが、状況の悪化とともに人間の死体を掘り出し、茹でて食べるようになった。[1]ほどなくして、人肉食は多くの餓死者を出した地域に広がり、比較的豊かだった広東省などでも発生した。たとえば、羅定県の譚浜のある人民公社では、一九六〇年に二十人に一人が亡くなり、子供数人の遺体を食べていた。[2]

この件に関する資料を持つ档案館はごくわずかで、それも人肉食をうかがわせる程度にすぎない。ただし、警察の報告書の中にはかなり詳細に記したものが存在する。甘粛省西礼県の小さな村では、あるとき、住民が隣家から肉を煮る匂いが漂っていることに気づき、村の書記に報告した。書記は羊を盗んだにちがいないと目星をつけ、すぐにその家を捜索した。見つかったのは、樽に貯蔵した生肉と穴に埋められたヘアピンとアクセサリーとスカーフだった。この遺品から、それが数日前に村から姿を消した若い娘のものだとただちに判明した。家人は殺人を自白した上に、すでに二回にわたって幼児の遺体を掘り出して食べていたことを白状した。彼は、村が墓暴きを防ぐ措置をとったために、人を殺すようになったと語った。[3]

人肉は他の食料と同じように闇市で取り引きされていた。張掖駅で靴一足と肉一キ口を交換したある農民は、人間の鼻と耳がいくつか入った容器を目にし、地元公安局に通報した。[4] 検査の目をごまかすために、闇市では人肉を犬肉と混ぜて売っていた。[5]
だが、組織的に収集した資料はきわめて少ない。飢饉について口にしただけで幹部が窮地に陥るような体制下では、人肉食が発生しても、もちろん揉み消された。甘粛省では、省指導者の張仲良が通渭、玉門、武山、静寧、武都の各県で発生したことに個人的に言及したが、「悪質分子」のしたことだとして切り捨て、証拠はただちに処分した。[6] 山東省の指導者、舒同も、不都合な話は評判を損ねるとばかりに人肉食の証拠を公表しなかった。[7] 前章で触れた戦慄の地の一つ、赤水県の党書記、王臨池は地元の治安部隊を差し向け、人肉食に走った住民を逮捕した。[8] この件はタブー視されており、党指導部に配られた報告書の中では、飢饉の規模を公にする目的で遺体を掘り出して人肉を食べたと見せかけ、党の評判を傷つけようとする破壊分子のしわざであるとされていた。[9]
　ごくわずかだが、かなり包括的な資料も残っている。その一つが、甘粛省、蘭州の南にある臨夏回族自治州が一九六一年三月にまとめた報告書だ。回族が圧倒的に多い臨夏は、イスラムの影響が色濃く表れていた。州都には、チベット族、サラール族、ボウナン族、トンシャン族など十を超える少数民族が暮らしていた。この地では大躍進期に大規模な集団化が行なわれ、少数民族の慣習や風習は完全に無視された。飢饉直後に行なわれた調査によると、わずか二年で五万四千人の死者が出ている。[10] 報告書には、州全体ではなく州都だけで五十件ほどの人肉食事件が列挙されている。事実と数字だけを羅列したこのリストは、読む者に恐怖感を与えないように配慮して作成されたことがわかる。一部抜粋してみよう。

○日時：一九六〇年二月二十五日。場所：紅台公社、姚何家村。犯人名：楊衆生。身分：貧農。共犯者数：一名。被害者名：楊耳順。犯人との関係：弟。被害者数：一名。罪状：殺人および人肉食。理由：生活の逼迫。
○日時：不明。場所：不明。犯人者名：馬満愛。身分：貧農。共犯者数：一家族四名。被害者名：不明。犯人との関係：不明。被害者の数：十三名。罪状：死体の掘り出しおよび人肉食。理由：生活の逼迫。
○日時：一九六〇年一月九日。場所：マイジ公社、チャンサマ村。犯人名：カン・ガマイ。身分：貧農。共犯者数：一名。被害者名：マハ・マイジ。犯人との関係：同村の友人。被害者数：一名。罪状：斧による殺人および人肉の調理、人肉食。理由：生活の問題。
○日時：一九六〇年三月。場所：紅台公社、小溝村。犯人名：朱双喜。身分：貧農。共犯者数：二名。被害者名：不明。犯人との関係：夫および兄。被害者数：二名。

罪状：死体の掘り出しおよび人肉食。理由：生活の逼迫。

リストにある事件の大半は、被害者が死んでから食べた、あるいは埋葬後に掘り出して食べたケースだった。犠牲者七十六人は三つのカテゴリーに分類できる。殺されて食べられた者（十二名）、死後食べられた者（十六名）、そして、掘り出して食べられた者（四十八名）だ。殺された人の約半数は犯人と同村の知人、残りは通りがかりの見知らぬ人だった。家庭内で殺人が起きたケースは一件だけだった[11]。

臨夏が異常だったわけではない。一九六一年初頭に四川省石柱県の橋頭公社に派遣された調査チームは人肉食の実態に驚愕した。そして、普段なら一部を調査して現状に警鐘を鳴らすだけで済ませるところだが、このときばかりは地元公安局の手を借りて一つの生産隊を徹底的に調べることにした。彼らが作成したリストには犠牲者十六名と犯人十八名について詳細に記されていた。この生産隊で人肉食が始まったのは、七十歳の老婆、羅文秀が二人の幼児の遺体を掘り出し、調理して食べたことがきっかけだったことは、はっきりしている。身体の一部分だけを食べたケースもあった。たとえば、馬沢民の場合は心臓だけがえぐり出されていた。こうしたケースはすでに遺体の腐敗が進んでいたためと考えられる。唐辛子を真っ赤にまぶして食べた者もいた[12]。

ロシア語では、liudoedstvo「人間を殺して食べること」とtrupoedstvo「死体を食べること」は明確に区別されている。これはまことに便利な定義である。共産党自身のみならず、敵の側からも非難されるようなテーマに微妙な差異を持ち込むことができるからだ。敵側はカニバリズムをその国の制度全体のメタファーとして、つまり人が人を食う社会であると描こうとするものだ。そして、死体泥棒や泣きながら死体を食べた話、子供を家族間で交換してから食べた話などが村の住民自身の口から繰り返し語られたことによって、懐疑的な雲の下に隠されていたこの厄介な問題はセンセーショナルに取り上げられることになった。[13]

だが、臨夏と橋頭の事例は、実際に殺してまで食べた人はきわめて少なかったことを示している。ほとんどは死体を食べたケースだった。人肉を食べるという決断に至った事情は、人それぞれだったにちがいないが、それが生き延びるための最後の手段だったということだ。だが、こうして必死の思いで生き延びた人々もまた、身体の一部を切り落とされたり、生き埋めにされるといった、生きている人間に課された数々の恐怖を目にしてきただろう。国家が暴力を後押しするあの時代には、まちがいなく、死体を食べるという行為よりもはるかに人間を貶める行為が国中で日常的に行なわれていたのだ。

第37章 死者の最終集計

亡命幹部による数字

いったい飢饉で死亡した人はどれぐらいだったのか。この問いに対して十分に納得のいく答えを出せる日は来ないだろう。なんといっても、大飢饉の最中に信頼できる統計などとれるはずもなかったからだ。

これまでのところ、特筆すべき推計はいずれも、一九八四年に初めて発行された国家統計局による「統計年鑑」の人口、出生率、死亡率（一九五〇年から八二年まで）、あるいは一九五三年、六四年、八二年の人口センサスを踏まえたものだった。統計年鑑が発行された直後、ベイジル・アシュトンはこの数字を使って、総人口がおよそ六億五千万人だった一九五八年から六二年にかけての時期に、自然死以外（超過死亡）の死者は三千万人だったという数字を提示した。[1] 人口統計学者のジュディス・バニスターは、人口センサスを踏まえて、一九五八年から六一年までの超過死亡数は三千万人と推定した。[2] だが、このデータには、内部で整合性が取られていないこと、未登録の出生・死亡があること、軍隊は除いているなど様々な問題があるため、研究者たちはそれぞれ変動要素を勘案し低い数字をはじき出したり、高い数字を提示してきた。人口学の研究者、彭希哲は一九八七年に二千三百万人と算出し、ユン・チアンは毛沢東についての自著で三千八百万人と推計している。[3] 最近では、引退したジャーナリスト、楊継縄がやはり公表された統計数値をもとに約三千六百万人としている。[4]

上海の歴史学および人口統計学の研究者、曹樹基は、一九七九年以降に県や市の党委員会が発行した千冊を超える公式「県志」*をもとに体系的な研究を行ない、二〇〇五年にその成果を発表した。もちろん様々なデータを突きつめてみれば、党が公表した数字であることは十分承知の上で、彼は地域差を精緻に調整・分析し、三千二百五十万人という数字を導き出した。[5]

では、公式の数字にはどの程度の信憑性があるのだろう。ソ連では、中央統計局が内部用と外部公表用の二種類の数字を用意していた。だが、国の穀物買上げ量の例でも明らかなように、中国の場合は、人民公社、県、省、中央へと至るあらゆるレベルの党档案館で数字が異なる。集団化熱の絶頂期に政治的な熱意を伝える目的で集計された数字もあれば、暴力的な党の役人が排除されたかどうかを監視するため農村に派遣された調査チームが集めた数字もあった。要するに、公表された数字が改竄されたものかどうかという問題に拘泥しすぎると、ことの本質を見失ってしまう。要は数字の集め方であって、数字そのものの改竄の有無ではない。数字を偽らなくても、政治的なダメージが最も少なく見えるような数字だけを統計として集めればいいからだ。別の角度から言うと、一党独裁国家においては、公式データに改竄がないからといって、それがかならずしも信頼できる資料になるというわけではないのである。

档案館には少なくとも三種類の非公開データが存在する。省公安庁が集めたデータ、省党委員会のデータ、省統計局のデータである。これまでこの三種類のデータすべてを入手できた人はいなかった。だが、一九七九年以降、新指導部は毛沢東時代についてもう少し詳しく調査してみることにした。そして、趙紫陽（ちょうしよう）の指示のもと、二百人からなるチーム〔農村発展問題研究組〕が全省に派遣され、各地の党の内部文書の分析にあたった。一九五九年の反穀物隠匿キャンペーンを先導した、かつて広東（カントン）省党第一書記だったこの男は、このとき国務院総理の座に就いていた。彼は同チームに農村部の実態を明らかにするよう命じたが、その報告書が公表されることはなかった。だが、その一員だった陳一諮（ちんいっし）*が一九八九年の天安門大虐殺ののちにアメリカに亡命し、チームが飢饉時の死者数四千三百万から四千六百万人という結論に至っていたことを明らかにした。[6]この陳の主張を唯一重く受け止めたのが、飢饉に関する研究をしていた人物、あのジャスパー・ベッカーだった。ベッカーは陳へのインタビューをもとに、一九九六年、『餓鬼（ハングリー・ゴースト）　秘密にされた毛沢東中国の飢饉』〔邦訳、中央公論社〕を出版した。次項以下で初めて公開した档案館の資料は、陳一諮の正当性を立証するものであり、一九五八年から六二年までの大飢饉の時期に、寿命をまっとうできなかった死者数が、控えめに見積もっても少なくとも四千五百万人に達することを示している。

「正常死」と「非正常死」

陳一諮たちでさえ、飢饉の調査にあたって様々な困難に遭遇した。一党独裁国家における档案館は決して開かれたものではない。档案館は党に帰属し、党によって管理される。公安庁（公安局）の権限下にあるものを除いて、その大半は各地の党本部の建物の中に保管されている。たとえ、北京から有力な代表団がやってきたとしても、経験豊富な档案館の役人たちに無視されるか、意図的に誤った方向へ導かれる恐れがある。すべての収蔵文書の一覧表が作成されているとも限らないとなれば、なおさらその可能性は高い。だが、一番問題だったのは、一部資料の紛失だった。たとえば、湖北省では、飢饉期の超過死亡数が記載されているはずの党委員会のファイルに欠落がある。茶色の書類挟みの中には、一九七九年六月付で保管者が付した「紛失」と書かれた手書きのメモが入っている。[7] 同省の公安庁の報告書では、一九六一年の死亡率は前年度の半分から三分の一程度と推測されるという実に曖昧な数字しか出てこなかった。チームのこの報告書は死者総数について疑義を呈しているが、明確な答えは出ていない。[8]

いずれにしても、省公安庁、省党委員会、省統計局、この三つの組織は、それぞれの報告書を作成する上で、党のヒエラルキーの下部組織にデータの収集を任せたにちがいないが、下では当たり前のように妨害工作が行なわれていた。甘粛省では、一九六二年に省党委員会が、飢饉時の超過死亡に関する推計を要請した。だが、回答してきた県は一握りにすぎず、結局このプロジェクトは失敗に終わった。[9]

だが、たとえ県が数字を送ってきたとしても問題は残った。まずは、「正常」死と「非正常」死をいかに区別するかという点だった。人口統計学者は、飢饉によって寿命をまっとうせずに死んだ人の数を推計するために「自然」死と「不自然」死を区別する。だが中国では、この区別は政治問題となる。労働災害、自殺、致命的な伝染病、あるいは餓死は、いずれも当局が多大な関心を寄せる問題だ。これは社会的・政治的健全さを示す指数であり、党の監督機関によってつねに監視されていた。単純な自殺ひとつとっても、何か不都合なことを示す兆候ではないかと、上から政治的な調査が入る可能性があった。多いところで村の人口の七割が死んだ安徽省の戦慄の地の一つ、阜陽では、一九六一年第1四半期の死者数は一万八百九十人と報告され、うち「非正常」死はわずか五百二十四人だった。ここには「衰弱」と「浮腫」で死亡した百三人が含まれていた。[10]四川省の栄県では、県の指導者、徐文正が公式統計には二つのルールを設けるよう命じた。すなわち出生率が死亡率を上回ること、死亡率は二パーセント以上であってはならないことの二つだった。同省の涪陵県には二種類の数字があった。一九六〇年について、地元幹部が数え上げた人口は五十九万四千三百二十四人だったが、報告したのは六十九万七千五百九十人で、その差は十万人強だった。[11]

積極的に飢饉の過酷な現実に立ち向かおうとした幹部でも、雪崩をうって訪れる死の追跡にかかずらわっている余裕はなかった。四川省江津県および江北県では、一九六〇年十二月、毎日のように最大で二百五十人の人々が死んでいった。幹部たちにしてみれば、毎日、死者数の確認に回り、日計を記録するといった作業は、たとえ上司から命じられたとしても、後回しにされたにちがいない。[12]完全な死者数を報告しようとした地元幹部や警察の役人は、基本的に右派と見なされた。四川省温江県の公安局長、趙建は、一九五九年の死者の数を組織的に収集し、前年度に比べて二万七千人増、すなわち一六パーセント増と特定した。彼は省の上司に非難されながらも数字の改竄を拒否したため、ただちに政治生命を失った。[13]

数字を曖昧にし、覆い隠すやり方はヒエラルキーの最上部に至るまで浸透して、事をいっそうややこしくしている。河北省のボス、劉子厚はご多分に漏れず、一九六〇年の省全体の「非正常」死者数は四千七百人、と主席にうやうやしく報告していた。実際には、一九五八年以降、一県だけで約一万八千人の餓死者が出ていたことが、彼が独自に派遣した調査チームの調べで判明していた。[14] 皮肉なことに、劉は飢饉の実態を取り繕った県の指導者を厳しく叱責しながら、北京の上司が知ったら有罪判決を下すような数字を握っていたわけである。[15] あらゆるレベルの党幹部は、部下に真実を報告しろとしつこく迫りながら、直属の上司には虚偽の報告を行ない、自己欺瞞の迷宮を拡大していった。もちろん「知識は力なり」は真理だろうが、しかしこの言葉では、なぜ権力が大きくなるほど、そこで示される真実が少なくなっていくのか、その理由を説明することはできないのである。

平均死亡率から割り出す

とはいえ、どんな時代でも、これだけの数の死を隠し通すことはできないだろう。地方の指導者の中には、いちかばちか、ヒエラルキーのトップに君臨する周恩来や毛沢東に直接、衝撃的な報告を届けた者もいた。そして、一九六〇年以降に全国の農村部に派遣された調査チームが集めたデータをもとに作成された、非常に詳細な報告書によって、大量死をもたらした一連の幹部連中が排除された。また、飢饉後、党が実態把握に乗り出したことで、過去にさかのぼった調査がいくつか行なわれた。だが、その結果現れたのは、絶対的な真実を見出すことができるような整合性をもつ統計数値ではなく、異なる方法で、異なる時期に、異なる理由で、異なる機関によって編纂された、むらのある、ときに煩雑な、真偽の度合いの異なる大量の文書だった。このため、物証を篩にかけるために二百人からなるチームを結成したのはいい考えだったと言えるだろう。

こうした文書の中で最も信頼できるのは、強大な公安庁が作成した、省全体を網羅した資料だった。これは、前述のとおり、湖北省でははっきりしなかったが、最も壊滅的だった四川省では活用できるものが存在した。四川省公安庁のトップは、一九五四年から六一年までの統計数値の調査を許可した。その結果は、一九六〇年だけでも死者総数を数パーセント過小評価したこれまでの報告とは相容れない数字が出てきた。訂正された死亡率は、一九五四年から五七年が平均一パーセント（正常死）。以後増加し、五八年に二・五パーセント、五九年に四・七パーセント、六〇年に五・四パーセント、六一年に二・九パーセントだった。これを合計すると、五八年から六一年までの死者数は千六十万人になる。そして、それぞれ一パーセントを超える分に相当する合計七百九十万人を「超過死亡」と見なすことができる。[16]

だが、四川省は、他省とは事情が異なり、飢饉が一九六二年中に終息することはなかった。多くの県で一九六二年末まで飢饉が続いていたことを示す報告は無数にある。公安庁はこの年の死者は一・五パーセントに達したことを突き止めた。つまり、非正常死はさらに三十万人増え、合計八百二十万人に達したことになる。[17]だが、この数字が少なくとも一割か二割低いことは明らかだ。四川省は、甘粛省などの他省と異なり、何百万人もの死者を出しながら、党のボス、李井泉がトップに居座り続けていた。一九六二年時点で、惨劇の正確な規模を報告できた県の指導者はほとんどいなかったと考えられるからだ。

今のところ、他では四川省と同様の資料は入手できていない。だが、各省の統計局のデータは手に入る。一九五八年に飢饉が始まった雲南省では、同年の死亡率は二・二パーセントで、五七年の全国平均の倍に上った。これだけでも四十三万人の超過死亡があったことになるが、公式の統計数値を使った史家の多くは、一九五八年から六一年までの死者数をわずか約八十万人としている。[18]

人口統計学者によるベースライン

入手できる資料の中で最も有用なのは、村、人民公社、県レベルの詳細な報告書だ。歴史学者で人口統計学の専門家、曹樹基は、党の発行した県志をもとに県ごとの死亡率を概算し、死者数をおよそ三千二百万人としており、他の人口専門家らと同じ見解に達している。彼の研究は有益なベースラインを提供してくれる。常識的に考えれば、地方の党委員会には死亡率を過小評価して発表するメリットがあったはずだ。この意味で、曹の推計は控え目と見るのが妥当だが、重要なのは、彼の提示した数字を検証し、それを調整する方法を見出すことだ。国レベルの大きな行政単位よりも県などの小規模な単位に焦点を絞る方がはるかに正確だ。そうすれば、人口センサスに基づいて研究する人口統計学者らを混乱させる、一九五八年から六二年にかけての国内移動人口や解放軍の規模といった様々な変動要素を排除することができる。

平均死亡率は「超過」死を算出する上で必須である。では何を根拠とすればいいだろう。ここに、一九六一年に劉少奇国家主席が毎月何百人もの死者を出していた故郷、花明楼鎮で飢饉について語った言葉がある。「正常死とは何か？　非正常な死とは何か？　一人の男を殴り、その傷がもとで彼が死んだとする。あるいは、誰かが河に飛び込んだとする。いずれも非正常死と見なす条件を備えている。この地の過去二年の数字をもとに、正常な死亡率を算出することができる……正常死は一パーセント以下、全般的に見て〇・八パーセントで、正常な出生率は二パーセントだ。つまり、〇・八パーセントを超える死はすべて非正常死である」[19]。安全を期し、地方による差異を勘案した上で、正常死の割合は一パーセントと考えるのが妥当だろう。

河北省の場合は、一九六〇年に関して非常に詳細な報告がある。これは省のボス、劉子厚が非正常死を「世帯数以下にする」調査を命じ、これを承認したのちに作成されたものだ。張家口市を管轄した、率直にものを言う党第一書記、胡開明は、一九六〇年、人口の一・九パーセントにあたる五万九千人が死亡したと報告した。彼はのちに、農民に作物価格を決定する自由を与えるよう提案し、毛沢東の激しい怒りを買った人物だった。同じ年、張家口に隣接する威県の死亡率は三・四パーセント、死者数は一万八千人に上った。[20]この二カ所を合計すると一年間の超過死亡数は約四万人に上ることになる。曹樹基は、張家口と威県の超過死亡数を飢饉の三年間で一万五千人とした。[21]最悪の部類には入らない天津とその周辺農村部でも、一九六〇年末の三カ月で三万人が死亡し、自然死の割合は半分以下だったが、曹は、超過死亡数を三年間で三万人としている。[22]十五県からなる地区の中心、石家荘市についても、曹は公式データを検討した結果、三年間の死者数を一万五千人としている。だが、石家荘だけでも、一九六一年一月、餓死者の集計がもはや政治的タブーではなくなった時期に、十日間で四千人近い死者を出した。[23]

天津、張家口、石家荘は、多少なりとも農村部の飢餓から隔離された都市だったが、甘粛省となると大きく状況が異なる。一九六〇年十一月に張仲良が左遷されたのち、数カ月にわたって地元で調査が行なわれ、飢饉の規模が明らかになった。隴西県の死者数は、一九五九年に人口の七・五パーセントにあたる一万六千人、六〇年に一一パーセントにあたる二万三千人だった。つまり、この二年だけで超過死亡数は三万五千人に達する。だが、曹は飢饉の三年間で二万四千人としている。[24]党档案館の資料では、静寧県の死者数は三万二千人で、死亡率は一九五九年、六〇年それぞれ約七パーセントとされる。同じ時期に曹が提示した超過死亡数一万九千人とは、対照的な数字である。[25] 人口約二十八万人の張掖県では、一九六〇年十一月に約五千人、十二月に六千人の死者を出した。正常な死亡率を倍の二パーセントとしたとしても、超過死亡者は三カ月そこそこで一万人を超えた。曹の算出した超過死亡数は、一県二カ月間ではなく、四県三年間で一万七千人だ。[26] 一九六〇年春、武威県だけで約二万人が死亡した。曹は、四県三年間で超過死亡数は五万人とした。[27]

貴州省の場合、省党委員会の推計によると、一九六一年の労働人口は、五七年に比べて一割、約五十万人減少した。子供と高齢者は含まれていない。[28] 省外へ移住した者も含まれるため、死者数とイコールで考えることはできないが、貴州省の死亡率は総じて高かった。とりわけ赤水、湄潭の両県は高く、赤水県では半年で約二万二千人、人口の一割が死亡した。[29] 曹は三年間で四万六千人という数字を挙げており、これは妥当な数字と言えるだろう。だが、湄潭県の場合は、半年で四万五千人が死亡しており、曹の挙げた四県三年間で十万五千人は低すぎる。[30] さらに興味深いのは、彼は非常に根気強く各県の公式データを収集しているが、いくつかまったく欠落しているところがある点だ。たとえば、一県で四万人から五万人の餓死者を出した銅仁地区の沿河県などには、いっさい言及されていない。[31]

山東省でも、档案館の関連資料をほとんど入手できないとはいえ、同様の矛盾が生じている。山東省北西部の平遠県では、綿密な調査によって、一九五七年の時点で人口四十五万二千人だったが、そのうち六一年までに四万六千人以上が死亡したことが判明した。二万四千人の新生児が誕生したにもかかわらず、総人口は三十七万一千人まで落ちこんだ。飢饉を逃れて地元を離れた人は何万人にも達し、その多くはどこかで朽ち果てたが、こうした死者の数は含まれていない。曹は公式の年報をもとに、同県の超過死亡数は一万九千人と算出した。だが、飢饉の四年間に正常な死亡率一パーセントを当てはめたとしても、超過死亡数は二万八千人となり、曹の試算より五〇パーセント高い。[32]一九五七年から六一年にかけて、人口の五分の一を失った斉河県でも同じことが言える。四年間に対して正常な死亡率一パーセントを当てはめ、いなくなった人の約半分は別の土地へ移動したとする説を受け入れたとしても（この点については明確な文書は残っていない）、平遠県に匹敵するおよそ三万人という数字が得られる。だが、曹はこれより三割も低い一万九千人以下という思い切った数字を提示している。[33]青島および十三の県からなる莱州地区の超過死亡数については、曹は四年間で十六万四千人とした。だが、不完全ながら档案館の資料によると、即墨県だけでも、二年間で約四万七千人が死亡した（逃亡した農民五万一千人は除く）。人口約七十五万人に対して正常死一万五千人とすると、超過死亡数は三万二千人となり、地区全体の合計は曹の試算をはるかに超える。[34]

檔案館資料とのちに公刊された「県志」が一致する場合もある。広東省新興県の死亡率は、一九五九年に人口の一・五パーセント、六〇年に二・八八パーセントだった。合計すると死者数は約五千人となる。曹は三年で八千人としている[35]。同じ広東省でも、いくつかの県を束ねた江門地区の場合、省党委員会の提示した一九六〇年の死亡率は二パーセント（十二万人、うち半数が「超過死亡」）だった。一九六一年以降、この地区の行政区画の線引きが書き替えられたために、曹の公式データの再構築と比較することは難しいが、超過死亡数を三年で十一万二千人とする彼の試算とほぼ一致すると言えよう[36]。前述の四川省については、李井泉の政治的圧力が強かったために高い死亡率を報告した県はほとんどなかった。このため、何十年ものちに出版された公的資料と曹の調査結果に整合性は見られない。

これまで述べてきたことは、曹樹基の業績に対する批判ではない。それどころか、千冊を超える「県志」を下敷きに県レベルで起きたことを地道に再構築したことによって、一定の基準を確立してくれた。これは、さらに抽象的な人口統計数値から人口統計学者がはじき出した数字とかなり一致している。こうした数字を、当時、あるいは飢饉直後に収集された檔案館のデータと体系的に比較する作業は、彼の業績がなくてはできなかっただろう。そして、公式データと檔案館のデータを突き合わせることによって、ときに三〇パーセントから五〇パーセント、ときに三倍、四倍という過小評価の一定のパターンを割り出すことができた。

死亡率を誇張した報告があった可能性もないわけではないが、なぜそうしたのか、その理由を見出すのはきわめて難しい。過剰に報告する政治的メリットはなかったからだ。一九六〇年十月以降の党員に対する粛清のさいに、犠牲者数が大きく取り上げられることはなかった。問題になったのはその方法であり、地方幹部たちは職権を濫用した度合いに応じて分類された。実際のところ、総人口の水増しには大きな利点があった。一九六四年に湖南省に派遣された調査チームは、総人口が一パーセント以上組織的に水増しされていたことを発見した。県によっては二、三パーセント水増しされていた。湖南省の人口は一九六三年から五十万人増えていたが、これは紙の上だけの話だった。「綿密に調査した結果、人口は過去にも日常的かつ大幅に水増しされていた」[37]。一九六三年、公安部が大々的な人口数値の検証を行なったとき、同様の水増しが国中で行なわれていることが判明した。甘粛省では二・二パーセントも水増しされたこともあった。「現人口六億八千百万人のうち、約一パーセントから一・五パーセントは嘘である」[38]。多くの地方幹部が衣服や物資の配給量を増やすために、意図的に人口を水増ししている」。一年後、公式の一九六四年度人口センサスのさいに、中央人口調査弁公室は「人口水増しの実態はわれわれが考えるよりはるかに根深い」と確認している。河北省と河南省は少なくとも百万人ずつ、山東省も七十万人以上、と詳しく調査した三省はいずれも水増しをしていた。だが、この問題に対処する方策はほとんどなかった。[39]

檔案館データは、公式数字の五〇パーセントから一〇〇パーセント増しというのが通例である。極端なケースでは何倍にも達することがあるが、残念ながらここで全体の正確な数字を提示することはできない。数多くの重要な数字がまだ檔案館の奥深くに眠っているからだ。だが、檔案館のデータが示している明確な方向性は、超過死亡数四千三百万人から四千六百万人とする陳の数字の信頼性を保証するに十分である。陳一諮は一九八〇年頃に党の内部文書を精査する大きな作業グループの責任者だった。様々な党の機関から収集された檔案館資料が物語っているのは、公式数字を大きく上回るという事実である。つまり、大躍進期に犠牲となった超過死亡者数は、控え目に見積もっても四千五百万人に達するということだ。

これより多かったと推定する向きもある。実際の犠牲者数を五千万人から六千万人とする史家もいる。檔案館とその収蔵資料が完全に公開されるまで、われわれはこの大惨事の全貌を知ることはできないだろう。だが、こうした数字は、党の多くの史家が非公式に議論したものでもある。陳一諮によれば、趙紫陽直属の高級党員による内部会議ではこれらの数字が引用されたという。[40] 在野で独自の研究を行ない、経験豊富な余習広(よしゅうこう)は、超過死亡数五千五百万人という数字を提示している。[41]

【訳註】

＊県志　中国には『史記』『漢書』をはじめとする正史の他に、各地方の沿革や事跡を詳細に記した県志（地方志）を作る伝統がある。その起源は唐代にまでさかのぼり、近年も盛んに各地の県志が作成されているが、その内容と公刊はあくまで共産党県委員会の「方志弁公室」や各档案館の指導下にある。とはいえ、大躍進期の歴史資料が欠乏している中、県志の具体的な記述は貴重であり、楊継縄、曹樹基、丁抒ら県志に着目している研究者は少なくない。

＊陳一諮　中国の改革開放路線はまず農村改革から始まった。胡耀邦に近かった陳一諮（一九四〇～）は一九八〇年四月に安徽省の農村に入り、人民公社を否定する各戸請負制の試みへの調査を実施、同年九月には中国社会科学院農業経済研究所と北京大学経済学部の研究者・学生を率いて再び安徽省で農村調査を行なった。このグループは翌年には「中国農村発展問題研究組」という正式な政府機関として認知されるに至り、農村改革と人民公社の実態解明の理論的な支柱となった。その後、陳は中国経済体制改革研究所の所長となり、いわゆる趙紫陽ブレーンの有力な一員として活躍したが、天安門事件後にアメリカへの亡命を余儀なくされた。

終章　文化大革命への序奏

ターニング・ポイントが訪れたのは、一九六二年一月だった。北京の広大かつ現代的な人民大会堂には、この最大規模の会議に出席するために国中から七千人の幹部が集まっていた。この席で劉少奇国家主席は、満員の聴衆を前に、途中毛が口を挟むことはあったものの一度も休憩をとらず、三時間にわたってしゃべり続けた。彼にしてみれば、毛沢東を真っ向から批判するつもりなどまったくなかったが、閉ざされた扉の向こうで、あるいは半年前の高級幹部による小規模な会議〔六一年五月の中央工作会議〕で語ったことをすべて包み隠さず繰り返した。湖南省の農民たちは、この「難局」は自然災害によるところが三〇パーセント、人災が七〇パーセントと思っている、と彼は語った。「人災」（人禍）という言葉は爆弾だった。この言葉を口にした途端、聴衆は息を呑んだ。そして、彼が、失敗より成果を強調する毛のお気に入りのフレーズ、「九本の指対一本の指」をはねつけると、一気に緊張が走った。

「概して、われわれは成功を第一義的なもの、欠点や失敗は二義的なものとしてきた。

欠点や失敗は次席に甘んじてきたわけだ。だが、私は、成果と失敗の比率は七対三と言えるのではないかと思う。地域差もあるので、あくまで一般論だが。一本対九本の論理をすべての地域に当てはめるわけにはいかない。失敗が指一本で成功が九本などという地域はわずかにすぎない」

毛は目に見えて動揺し、口を挟んだ。「わずかなどではないぞ。たとえば、河北省。生産量が減少した地域は全体の二〇パーセントだけだ。江蘇省は三〇パーセントの地域で年々生産量が増えておる」。だが、劉は毛の脅しをものともせず話を続けた。「全体的にみれば、指一本とは言えない。むしろ三本だ。場所によっては、たとえば、信陽地区（河南省）や天水地区（甘粛省）などはもっと多い」。そして、この厄災の責任は誰にあるのか。劉は真っ向から中央指導部を非難した。[1]

劉は、主席の怒りを和らげるつもりで、人民公社の評価を五年、あるいは十年先に延ばした。だが、それでも毛沢東は猛り狂った。「奴は天災か人災かという話ばかりしている。奴の話自体が天災じゃないか」、と毛は主治医に胸のうちを語った。[2]

一九五九年の廬山会議で主席を守るために招集された林彪元帥は、ここでも、歴史上類を見ない偉業だと大躍進を讃えた。彼は熱狂的に語った。

「毛主席の考えはつねに正しい……主席の卓越性は、一カ所に留まらず様々な分野に及んでいる。毛主席の最も卓越した資質は現実主義であることを、私は経験的に存じあげている。主席の言葉は他の誰よりもはるかに現実的である。つねに的を射ており、現実を把握していなかったことなど一度たりともなかった……過去に仕事がうまく成し遂げられたとき、それはまさに毛主席のお考えを、邪魔することなく全面的に遂行したときだったと、私は心から思っている。われわれは主席のお考えをすべて十分に尊重してきた、邪魔をしてこなかったとは言えない。そこに問題があった。わが党のここ数十年の歩みは、主席に従うことがいかに大事かを示している」[3]

周恩来は、これまでどおりベストを尽くした。過剰な穀物買上げ、生産量の水増し、各省から穀物を搾り取り、輸出量を増やしたことに対する責任は自分にあるとし、失敗の責任の大半が毛にあると見なす方向に進まないように努めた。「今回のことは私の過ちだった」と周は断言した。「過去数年の至らないところや過ちは、明らかにわれわれが党路線と毛主席の貴重な指示を無視したことによって生じた」[4]。周は毛と劉のあいだにできた溝に橋をかけようとしたが、その努力は無駄だった。

毛はいったいいつの時点で、劉の排除を決断し、やがて大躍進期に毛に反論した人々の人生を叩きのめすことになる文化大革命に向けて動き出したのか、今となっては知るよしもない。だが、彼が自身の全業績と地位が危機に瀕していると感じた時点で、いまだかつてない脅威を与える宿敵たちを排除する計画に着手した、と推測するのが妥当だろう。

決定的な瞬間は、一九六二年七月の夏の午後、毛が専用のプールをゆっくりと漂っているときに訪れた。毛は劉に急遽北京に呼び戻され、機嫌を損ねていた。劉の息子は、父親が急いで呼び戻した理由を説明するために呼び出され、慌てて毛のもとに駆けつけたことを憶えている。劉は、大躍進批判の急先鋒、陳雲（ちんうん）と田家英（でんかえい）の二人が土地の再分配に関する見解を正式に提示したいと言ってきた旨を伝えた。毛は途端に激しく罵倒し始めた。だが、劉は引き下がらず、急いで付け加えた。「多くの人民が餓死しているんですよ！」。そして、思わず口を滑らした。「歴史があなたと私を裁くことでしょう。人肉を食べたことまでも歴史に記録されるでしょう！」

怒り心頭に発した毛は大声で叫んだ。「三面紅旗〔総路線、大躍進、人民公社〕は撃墜された。晴れて土地を再分配しようというんだな。きみは彼らにひと言も反論しなかったのか？いったい私が死んだあとはどうなるのだ？」

まもなく二人は冷静さを取り戻し、毛は経済政策の調整は継続すべきだと認めた。[5]だが、毛はこのとき、こいつは私のフルシチョフになると確信した。師匠のスターリンを糾弾したあの下僕だ。劉は毛亡きあと、間違いなく毛の罪状の数々を糾弾する秘密演説をやってのける男だ。これが毛沢東の結論だった。毛はじっと好機を待っていた。

党と国をバラバラに引き裂く文化大革命を発動するための準備作業は、すでに始まっていたのだ。

資料について

本書の基盤となっている中国共産党の大量の文書資料について、少し説明しておいたほうがいいだろう。一党独裁国家において、公文書は公共のものではなく党に帰属する。たいていは庭木に囲まれ、手入れの行き届いた各級党委員会の敷地内に設けられた档案館に保管され、敷地は解放軍の兵士によって厳重に警護されている。档案館へのアクセスは厳しく規制されており、十年ほど前まではアクセスすること自体考えられなかった。だが、ここ数年、三十年以上前の文書については、紹介状さえあればかなりの部分が閲覧可能になってきた。収蔵資料の範囲や質は場所によって異なるが、その大半は基本的に「公開」（機密扱いを解除）か「非公開」（機密扱い）に分類されている。さらに、本当の機密事項に関する資料は党上層部の高級幹部しか見ることができない。つまり、閲覧可能な資料が増えているとはいえ、多くの研究者は機密扱いの重要資料にアクセスすることはできないのである。このため、本書はどちらかと言えば無難な資料、機密扱いではない公開資料に基づいている。いつの日か档案館が全面公開され、未来の研究者が大飢饉期の正確な犠牲者数を明らかにしてくれることを願ってやまない。

さらに研究者にとって頭が痛いのは、外交部を除いて、中央クラスの档案館文書へのアクセスが非常に困難であるという点だ。そこで、研究者は省や県クラスの資料に依存することになる。本書には十を超える市や県の档案館資料を使ったが、基本的には省の档案館の公開資料を使った（巻末の「主要参考文献」参照）。著者の知るかぎり、今のところ、毛沢東時代の調査で安徽省档案館の資料にアクセスできた研究者は一人もいない。また、河南省についてもかなり制約が厳しく、たとえ許可が出たとしも、研究者に手渡されるのはありふれた資料で、量もがっかりするほど少ない。だが、この二省とは対照的に、開かれつつある省も多く、人口密度（最高が山東省、最低が甘粛省）、飢饉の程度（最も酷かったのは四川省、最も軽かったのは江蘇省）、地理（北は河北省から南は広東省まで）などの点で多彩な情報を得ることができた。

各省の档案館に収蔵された資料は、党機構を反映して水利庁、林業局といった帰属機関に応じて分類されている場合が多い。その資料は「アーカイブ」という無味乾燥な言葉から連想されるものよりはるかに多様である。人民が出した手紙、全国総工会が行なった工場の労働環境調査、汚職事件の調査、公安局による窃盗・殺人・穀物倉庫の襲撃や放火事件の捜査結果、整風整社運動のさいに派遣された特別調査団による地方幹部の職権濫用に関する詳細な報告、集団化キャンペーンに対する農民の抵抗に関する報告、秘密裏に行なわれた世論調査など、様々な資料が収蔵されている。

とはいえ、こうした多様な資料の出所が「お上」であることに変わりはない。一農民や工場労働者が書いた手紙だったとしても、それが残っているということは何らかの目的で選択されたことを意味している。つまり、われわれは、普段の生活の様子を知るにも国のプリズムを通して見るしかないということだ。これは、国の公文書保管所（アーカイブ）の特性でもあり、ヒットラー時代のドイツやスターリン時代のソ連にも言えることだ。だが、だからといって、こうした資料を逆読みすることができないというわけではない。有能な歴史研究者なら、公式報告書の作成者が誰だったか、誰を念頭に作成したか、作成に至る事情や状況といった背景を見きわめることができる。研究者は、公式文書の「破壊活動」「怠慢」「国家に対する反逆」「人民の敵」「極端な左派」といった言葉によって現実が歪められ、その結果もたらされる混乱に翻弄される。だが、抵抗に関する報告は実に多様で数多く存在し、農民が生き残るために粘り強く様々な策を講じたことを実証している。一方で、複雑かつ巨大な組織である国も決して一枚岩ではなかった。彭徳懐（ほうとくかい）と毛沢東といった最高指導者が大躍進の評価で衝突したように、現地の状況をどのように報告するかは、各人、各単位・組織ごとに大きく異なった。

省の档案館は、県、市、村より資料が豊富であるばかりでなく、北京からの文書や、穀物不足やダムの崩壊を知らせる下からの報告など、重要な文書のコピーが保管されていることも多い。共産主義中国における官僚機構の迷宮では、「一通」しか存在しない文書はほとんどない。手元に置く権利を主張する様々な機関に回覧するためにコピーが作成されるからだ。作業グループの作成した報告書は何十人もの党員に送付された。中央の重要な文書は各省・県に配られ、もう少し機密度の高い文書のコピーは各省の第一書記だけに送付された。つまり、演説内容や最高指導部会議の議事録など、かならずしもその地方に関係しない大量の文書が省の档案館で見つかるのである。この種の議事録には、詳しいものもあれば要点だけですませたものやテープから起こしたものなど、様々な種類が存在する。

本書では読者に各資料の出典をわかりやすく明示するために、巻末に注を設けた。档案館資料の注で最初に付した数字は、館内の収蔵番号を示す。たとえば「湖南省档案館 1962年10月6日, 207-1-750, pp. 44-9」とあれば、これは湖南省档案館の収蔵番号207（水利水電庁）の文書であることを示している。

では、国の最高レベル、権力の回廊の中で起きていたことを知るにはどうすればいいだろう。これまで、毛沢東のもとでの宮廷政治の解明は、公式出版物、内部文書、文革中に出回った紅衛兵文書〔紅衛兵によって持ち出された毛沢東の未公開講話など〕に基づいて行なわれてきたが、本書はできる限り档案館資料を使う方向で進めた。

その理由は三つある。まず、活字になった上層部の演説は一文または一段落全体が削除されているからだ。特に紅衛兵文書ではそれが顕著である。些細な文体の変更や大がかりな編集上の削除を示す例は無数に存在し、演説の全体的な意味が変わってしまっている。第二に、公式に国内で発表されたものであろうと、文革中に海外に持ち出された紅衛兵文書であろうと、すべての会議議事録は検閲を受けているからだ。第三に、研究者には、党指導部の一員がのちに論評を加えた会議を偏重する傾向が見られ、決定的に重要な出来事や決断は単に無視されているか、あるいは意図的に削除されているからだ。北京の中央档案館への出入りを許された党の史家が著した、指導者たちのきわめて信頼性の高い公式の自伝にさえこの傾向が見られる。本文に登場するが、毛沢東が輸出契約を守るために総収穫量の三分の一の徴発を提案した一九五九年三月二十五日、上海・錦江飯店での会議などは、まさにこれに該当する。

端的に言うと、公式出版物および内部出版物に反映された毛沢東時代のすべての記録は、巧妙に曖昧化されており、歴史研究の基礎資料には適していないということだ。高文謙（こうぶんけん）が最近発表した周恩来伝は、この懐疑的な見解を裏づけるものである。高は長年北京の中央档案館に勤めた共産党お抱えの歴史家だったが、アメリカに亡命するにあたって手元の資料を持ち出した。彼がその画期的な伝記『周恩来秘録』〔邦訳・文藝春秋〕

で描き出した周総理の姿は、われわれが慣れ親しんだ周恩来像とは大きくかけ離れていた。とはいえ、この点を念頭においた上で、指導者たちの用心深く描かれた分厚い伝記類をはじめ、中央文献研究室の発行した文献に目を通すことはまことに有益である。こうした出版物で問題になるのは、重要な情報が大量かつ意図的に排除されていることだ。中華人民共和国誕生以降の毛沢東の原稿を編んだ『建国以来毛沢東文稿』全十二巻にも同じことが言える。

中国は、他の共産主義諸国と同様、国の隅々まで官僚主義が行き渡っている。たとえ飢饉の真っ只中にあろうと、細かいところに異常なまでに執着する習性はほんの些細な事柄にまで及んでいる。その一方で、メモの一枚まで入念に保管するかといえばそうでもない。工場、政府機関、あるいは裁判所や警察でさえ、引っ越しにあたってファイルを処分する。そして、自白、報告、指令、許可証、証明書といった文書類が、広州(こうしゅう)や上海や北京の、喧騒に満ちた、愉快な蚤(のみ)の市に姿を現す。档案館が休みの週末になると、私は蚤の市に通いつめ、ホコリにまみれた書類をひたすら見て回った。古新聞の束に腰掛けた売り手が、何やら束ねた紙類を毛布の上に並べていた。間に合わせのテーブルに、記念品や絵葉書、雑誌、ハンコなどと一緒に並べられていた書類もあった。おかげで私は、ちょっとした文献収集家になった。様々な種類と色の違う配給票も手に入れた(配給票は飢饉をくぐり抜けた官僚機構の数少ない工芸品の一つだ)。今回は、党の档案館で該当する資料が手に入らなかった場合に限って、個人的なコレクションを使った。

一部ではあるが、海外の公文書保管所の資料も使った。とりわけ、当時中国と密接な関係があったソ連と東ドイツの資料だ。日常生活を知る手がかりにはならないが、いずれも当時の貿易政策を再構築する上で有用である。中国に滞在していた顧問団の大半は都市部に居住していた。一九六〇年になると、他の東欧諸国よりも大躍進に共感を抱いていた東ドイツでさえ、大挙して引き揚げていった。

ロンドンに届いた報告からは、取るに足らない断片的な情報をいくつか拾い出すことができる。英国大使館の名だたる中国専門家たちはほとんど事態を理解していなかったし、集団化やその影響に関するはっきりした知識も持っていなかった。ソ連に赴任していた低いポストの大使館員の方がまだましだったにちがいない。

その対極にあるのが、台湾の秘密警察だった。ここは、定期情報会報誌を通じて、飢饉のあらゆる面を網羅した、実に詳細かつ洞察力に富んだ報告を蔣介石およびその側近たちに届けていた。この文書は台北郊外の新店(しんてん)にある調査局に所蔵されている。アメリカは、明らかに蔣介石の中国本土侵略に付き合わされることを恐れて、(CIAの報告書が示すように)彼を信用していなかった。とはいえ、中国の党档案館の方がはるかに信頼性は高いために、本書では台湾の資料はいっさい使っていない。

公式の報道機関、新華社は週に何回か、三ページから十ページの「内部参考（ネイブーツアンカオ）」を作成し、県書記クラス以上の幹部に配布していた。これは、検閲が厳しかったために档案館資料に比べると見劣りするが、それでも興味深い断片的な情報が含まれている。また、党員、通訳、秘書、外交官らの記憶や回想録は、自己検閲や具体的な詳細の欠如といった問題はあるものの有益である。その筆頭は毛沢東の主治医だった李志綏（りしすい）だろう。一部の中国学者から、あまりにも「センセーショナル」と非難されたが、彼の著作は非常に信頼できるものであり、その内容は档案館資料で、ときには一言一句まで検証することができる（李が観察したことはソ連の文献研究で知られたローレンツ・リューティー〔主要参考文献参照〕も確認している）。

普通の人々の生き生きとした声は、世論調査や警察の報告書など、多くの党文書から拾うことができたが、今回は百件ほど、普通の人々へのインタビューを行なった。聞き取り作業を行なうにあたって、いわゆる「インサイダー・インタビューイング（部内者による聞き取り）」と呼ばれる方式を採用し、数年をかけて、聞き取り調査を行なう人々を養成した。これは、話し手と同じ社会的背景を持つ者、つまり同じ方言を話す同じ村や家族の一員が聞き手になり、外国人や都市に暮らす中国人や通訳は使わないというやり方だ。聞いた内容を正確に文字にしてくれたのは香港中文大学中国研究服務中心だった。インタビューに答えてくれた方々、少数ではあるが存命していると思われる方々の名前はすべて匿名にした。

最後に、二次資料について触れておく。これまで何十年にもわたって、毛沢東時代の最も優れた研究はヨーロッパ、アメリカ、日本で行なわれてきたが、その重心は明らかに中国へと移りつつある。長年様々な档案館の資料を研究してきた史家の手で、小規模ではあるが将来の研究につながる飢饉に関する出版物が生まれている。こうした書籍はかならずしも国内では歓迎されないが、本国とそれ以外の世界との重要な橋渡し役として、再度浮上してきた香港で出版されるケースが多い。

その卓越したアンソロジー『大躍進、苦日子　上書集』を読めばわかるように、余習広（よしゅうこう）は、档案館から重要な情報を見つけ出すことにかけては最も長（た）けた史家である。省档案館の資料を初めて使った一人、楊継縄（ようけいじょう）について触れておかなければならないだろう。彼はジャーナリストを引退したのち、『墓碑――中国六十年代大飢荒紀実』を著した。今のところ、河南省における飢饉について研究・出版した史家は彼をおいてほかにない。この意味でも彼の業績は重要である。ただし、彼の著作には看過できない欠点が多々ある。飢饉の資料を読み慣れている者なら、資料を入念に組み立てた本というより、様々な資料を寄せ集めた本に見えるだろう。インターネットや既存の書籍、档案館資料等の引用を単純に並べて出来上がった、ごたまぜの分厚い本にも見える。貴重な文献をかき集めて見当違いの話に仕立てたのでは読者が大局を見失うことになりかねない。一日か二日档案館に足を運んだだけだったために、最も重要な、それも公開されている文書を入手できなかったケースもある。広東省の章がそうだ。彼は、一つのファイルだけで広東省の飢饉を論じている。一番問題なのは、時系列を追っていない点だ。彼は年代的な記述を排除し、もっぱら穀物不足の問題を重点的に扱っているために、大飢饉の大事な部分を見落としてしまった。

より中身の濃い一冊は、林蘊暉（りんうんき）の権威ある著作『烏托邦運動――従大躍進到大飢荒（1958―1961）』だ。これは大躍進のプロセスを辿る基礎資料となるものだ。既存の出版物の資料を使い、もっぱら宮廷政治に焦点を絞ったものだが、同じ問題を扱ったこれまでの書籍をしのぐ分析力を見せている。

最後に挙げるのは、飢饉期の農民の抵抗に関する高王凌（こうおうしゅん）の著作『人民公社時期中国農民〝反行為〟調査』である。これは独創力と洞察力のお手本のような本で、本書の執筆にあたって大いに触発された。

飢饉に関する英語文献は、出版されてからかなり時間が経っているものが多いが、エリート政治に関心のある読者なら、ロデリック・マックファーカーの著作『The Origins of the Cultural Revolution: The Great Leap Forward, 1958-1960』が興味深いだろう。比較的最近のものでは、広東省で毛の政策がいかに遂行されたかを分析したアルフレッド・チャンの著作『Mao's Crusade: Politics and Policy Implementation in

China's Great Leap Forward』が傑出している。生き延びた人々へのインタビューに基づいた農村研究なら、ラルフ・サクソンの『Catastrophe and Contention in Rural China: Mao's Great Leap Forward, Famine and the Origins of Righteous Resistance in Da Fo Village』がある。ジャスパー・ベッカーの飢饉に関する著書『餓鬼（ハングリー・ゴースト）』は非常に興味深く読みやすい。本項で挙げた書籍の詳細およびその他の参考文献については、巻末の「主要参考文献」にリストアップした。

謝辞

本書執筆のための調査を行なうにあたって、香港大学人文学部のスー・ロン・シン研究助成金、香港研究助成協議会の助成金HKU743308H、台湾の蔣経国基金の助成金RG016-P-07のお世話になり、深く感謝している。ビョルグ・バッケン、ジャスパー・ベッカー、ジョン・バーンズ、ゲイル・バロウズ、チェン・チエン、トーマス・デュボア、ルイーズ・エドワーズ、メイ・ホールズワース、クリストファー・ヒュットン、フランソワ・クーレン、カム・ルイ、ロデリック・ファックファーカー、ベロニカ・ピアソン、ロバート・ペッカム、アーサー・ウォルドロン、フェリックス・ベムホイヤー、チョウ・シュンは、草稿段階で原稿に目を通し、論評してくれた。香港中文大学中国研究服務中心のジャン・ファンにも助けてもらった。マイケル・シェア、ジャン・フランソワ・ファイエ、エレナ・オソキナはモスクワの外交史料館での調査を手助けしてくれた。タミー・ホーとチャン・イーサンは二〇〇六年に飢饉の生存者からのインタビューを集めてくれた。チョウ・シュンは、私が何度も中国を訪れたさいに行なったインタビューの範囲を広げてくれただけでなく、一部の章に必要だった付加的な調査も行なってくれた。また、香港大学人文学部の歴史学科はすばらしい研究環境を提供してくれた。ダニエル・チュア、ピーター・クニック、モーリーン・サビーネ、カム・ルイをはじめ、このプロジェクトを助けてくれた同僚たちに深く感謝している。

中国では、多くの方々に様々な形でお世話になったが、あえて名前は挙げないでおく。理由は言うまでもないだろう。いつの日か、こうした状況に変化が訪れることを心から願っている。出版元のロンドンのマイケル・フィッシュウィック、ニューヨークのジョージ・ギブソン、編集者のピーター・ジェームズ、アンナ・シンプソン、アレクサ・フォン・ヒルシュバーグおよびブルームスベリー社のスタッフの方々、私を信頼し、このプロジェクトの最初から携わってくれた版権代理人のジロン・アトキンに深く感謝している。最後に妻のゲイル・バロウズにも感謝の意を伝えておきたい。

二〇一〇年二月　香港にて

訳者あとがき

本書は、二〇一〇年にブルームズベリー社から刊行されたフランク・ディケーター著『MAO'S GREAT FAMINE: The History of China's Most Devastating Catastrophe, 1958-1962』の全訳である。

二〇世紀は国家による大量虐殺が横行した時代であったが、毛沢東の中国で発生した農民の大量餓死は、規模においても、数においても他の追随を許さないものである。そのあまりの数の膨大さと罪の重さゆえに、いわゆる「大飢饉」にまつわる事実はひた隠しにされ、大陸では犠牲者の数を推定することさえ政治問題とみなされてきた。中国当局は当初から「三年の自然災害」という言い回しで事実を糊塗し、文革終結後にも餓死者の存在を認めようとしなかった。著者は、「北京の中南海の回廊で起きていたことと、一般庶民の日々の体験をつなぎ合わせる」（「はじめに」）という野心的な構想のもと、大躍進と呼ばれる悪夢のような日々の中で、農民たちがなぜ、どのようにして飢え死にしていったかを丹念に描き出している。本書は、中国社会全体がいかにして奈落へと落ちていったかをたどる「大躍進期の社会史」である。

　毛沢東がフルシチョフ相手に愚にもつかない競り合い合戦を繰り広げ、中南海の回廊で政権の最高指導部を担った人々が保身第一のとめどもないせめぎあいに終始している頃、農村では「地獄からの使者」さながらの地元幹部による暴力支配がまかり通っていた。毛沢東を頂点にいただく中国共産党の権力構造は、まず反右派闘争（一九五七〜五八）によってあらゆる反対意見を抹殺したうえで、上から下へ、下から上へ虚偽と欺瞞が増幅し、統制が強まれば強まるほど混乱が深まるというデス・スパイラルにはまり込み、農村においても都市部においても「現場の基調を作ったのは、狂信的な人々と怠慢な人々だった」（第31章）という救いようのない状況が生まれた。このプロセスを明らかにしているのが、本書が論拠として採用している档案館の資料である。档案館の資料は長らく利用されることもなく、かといって廃棄もできないまま集積されてきたと考えられるが、近年三十年あるいは五十年の解禁期日を迎え、毛沢東時代の社会の実相がうかがえる、ごくありふれた事実が少しずつ明るみに出てきた。著者は数年がかりで中国各地の档案館にアクセスするという困難な作業を敢行し、嘘とでたらめがはびこるデータの山から事実経過を綿密に再構成した。この手法は、記憶と証言に頼らざるを得なかったこれまでの論考とは明らかに一線を画している。

　本書の公刊後、話題となったのはやはり大躍進による犠牲者四千五百万という数字だった。というのも、曹樹基が示した三千二百五十万人という数が、今のところ中国当局が「容認」している「上限」だからだ。ディケーターの四千五百万という数字に呼応するように、二〇一〇年末には北京大学の衛生統計学者、孫尚拱が非常にシンプルな方法を使って歴史の真実に迫ろうとした。彼は国家統計局が公表した一九四九年から五九年までの人口総数の推移からマルサスの人口動態モデルに基づいて人口予測値を算出した。彼が解いた微分方程式の解は次の通りである。一九六〇年の予測値は六億八七三四万（六億六二〇七万、以下括弧の中は公表された人口数）、一九六一年が七億二六三万（六億五八五九万）、一九六二年が七億一八二五万（六億七二九五万）。そして、彼は、一九六二年までの「非正常死亡者数」は約四千四百万、誤差を勘案しても四千万以上が理論的な下限、という結論を導いた（二〇一〇年十二月、炎黄春秋刊外稿、http://www.yhcqw.com/index.html）。

三千万であれ四千万であれ、尋常ではないこの数は通常の想像力をはるかに超えるものである。そもそも四千五百万前後という数字は陳一諮らの内部調査によってもたらされ、一九八〇年代以降、中国の最高指導層では共通認識になっていたと思われるが、著者が述べているように、大躍進の犠牲者の正確な数が近い将来明らかになることはないだろう。逆説的に言えば、そこにこそ歴史的事実を明らかにできない本当の理由がある。人民公社、水利事業、深耕と密植、共同食堂、土法高炉とうち続いた破滅的な愚行の数々に中国の農村は大きな痛手を受け、最後には絶望的な飢えに襲われた。農民たちは孤立無援のまま、理由も知らされずにこの世の地獄を味わうことになった。食物を求めて流浪し、路傍に倒れた幽鬼のような人々を数えた者はいなかった。

ごく普通の社会なら、この十分の一程度の惨劇であっても、政権が無事で済むことはないだろう。なぜ共産党政権は打倒されなかったのか。この問いは、大躍進に続く文化大革命が中国を破滅の淵に追いやった際にも繰り返されることになる。毛沢東の中国はその無類の暴力性をみずからの政権基盤である農村において発揮した。農民と都市住民はとても同じ国の国民とは思えないほど明確に区別された。都市住民の農民に対する共感のなさと徹底した無関心は本書を構成する数多くの具体的な事例からも読み取ることができる。都市住民が農村の実状を知るのは、文革期に大量の青年が僻地に下放されてからだった。農民たちは突如として訪れた飢えに抗議の声をあげるいともなく、誰かが食うことは他の誰かが餓えることであるという極限状況を内省的に語る術も持たず、ただ超自然的な力にねじ伏せられるようにして次々と命を落としていった。この都市による農村の収奪と格差の拡大という構造は、いまだに継続され、農村社会と農民の処遇に対する無関心もそのままである。その意味で、本書はきわめて今日的な問題も提示していると言えるだろう。

訳出にあたって、最も苦労したのは地名、人名等の表記だった。本書に登場するピンイン表記された多くの普通の人々の名前は、すべて音訳（音で漢字を充てる方法）とし、ルビは付していない。また、当時の県、人民公社、村の名称、あるいは幹部たちの名前などは、中国事情に精通した夫の中川友の手を借りなければ、とても確定できなかっただろう。

最後に、解説の労をとってくださった鳥居民氏、翻訳中に東日本大震災が発生し、遅れがちだった作業がさらに遅れたにもかかわらず、内容や解釈に関する細かいやりとりに最後まで根気よくつきあってくださった草思社の増田敦子さんにも心からお礼を申し上げたい。

中川治子

二〇一一年六月末

解説 毛沢東の誤りを認めよと説く党幹部がいる

鳥居 民（近現代史家）

一九五八年半ば、毛沢東は中国全土で工・農・商・学・兵をひとつにあわせた人民公社をつくらせ、土法製鉄をおこなわせ、大規模な水利事業の建設をはじめさせた。ところが、翌一九五九年の半ばには、かれが目指した天国は崩壊した。そしてその年から一九六一年まで中国は「三年の自然災害」に襲われた。

実際には、その大災害は一九五八年にはじまって一九六二年までつづき、「毛沢東の大飢饉」と呼ぶべきものだった。

『毛沢東の大飢饉』という表題の歴史書が英語圏で上梓されたのは二〇一〇年九月である。その年の末に英国の週刊誌エコノミストが、二〇一〇年に英語で書かれた政治、経済書、小説、詩、科学書のすべてのジャンルのもっとも優れた書籍、二十四冊を選んだなかの歴史書が、この『毛沢東の大飢饉』である。

その翌年の二〇一一年七月に邦訳、刊行されたのが本書であることは言うまでもない。

そこで二〇一〇年から二〇一一年に、中国で起きた出来事について記したい。『毛沢東の大飢饉』と繋がりがあるのは間違いないように思えるからだ。

それを語る前に、この『毛沢東の大飢饉』の著者、フランク・ディケーター氏が二〇一〇年十二月十六日付のインターナショナル・ヘラルド・トリビューン紙に載せた文章の一節をつぎに紹介したい。

「今日まで、中国共産党はその災害を包み隠し、天候のせいにしてきた。しかし、詳細な、恐ろしい記録は中国共産党の中央と地方の公文書館（档案館）に存在してきた。十年前には、これらの資料に近づくことは考えられなかったが、この数年のあいだに静かな革命が起きた。膨大な、貴重な宝物がつぎつぎと機密指示を解除された。刺激の大きすぎる情報は閉ざされているものの、研究者は毛沢東時代の漆黒の闇のなかを探して歩くことがはじめて許されるようになっている。

二〇〇五年から二〇〇九年にかけて、私は中国全土で数多くの資料を調べた。それは亜熱帯の広東省から不毛の甘粛省までに及んだ」

ディケーター教授の説明をもう少しつづけよう。

「党の記録は普通、地方党委員会の建物のある構内に収蔵されている。兵士たちによって警固されている内部には、ほこりがつもった黄ばんだ書類の山がある。数十年昔の党書記が走り書きした一枚の紙きれから几帳面にタイプされた指導部の秘密会議の議事録までのすべてを詰め込んだホルダーが積み重ねられているのだ」

　ディケーター教授はこれらの大量の資料から、これまでに明らかにされなかった事実、その時期に共産党幹部によって収容所に送られ、殺された人が二百五十万人にものぼったことを解き明かした。そして餓死者を含めての犠牲者の総数が四千五百万人に達していたことを明らかにした。

　前に戻り、この『毛沢東の大飢饉』とかかわりのある中国の出来事を語ろう。二〇一〇年七月に北京の人民大会堂で会議が開かれた。天安門事件の年から二十一年ぶりとなる党史工作会議だった。胡錦濤主席、次期総書記の呼び声高い習近平副主席、他に二名の党中央政治局常務委員が出席した。そのあとの会場外の人びとを驚かせたのは、習近平氏の強硬な守旧的な主張だった。かれは中国共産党の歴史を歪曲、誹謗してはならないと説き、二つ例を挙げた。

　ひとつは香港で出版された歴史学者の著書であり、一九三〇年代の長征のさなかの毛沢東の陰謀好き、野心ぶりを論述していた。もうひとつは、北京で刊行されている月刊誌に掲載された大学教授の文章であり、毛沢東個人が推し進めた個人崇拝について記述したものだった。習氏は、出鱈目を書くなと言い、毛沢東批判を許さないと警告したのである。

その党史工作会議でなにが決まったのかは明らかにされなかったが、習氏の基調演説につづく論議と決定がどのようなものになったかは容易に想像がつこう。「この数年のあいだに静かな革命が起きた」とディケーター教授が述べたところの各地の公文書館の管理の自由化が激しく糾弾されたのであろう。

その会議に臨んだ習副主席とその他、毛沢東を擁護する党幹部は『毛沢東の大飢饉』の内容を、それが発行される前に承知していたのであろう。香港大学に招聘されていたロンドン大学の教授である著者が、中国各地の公文書館で大躍進運動の資料を収集したという事実も知り、肝心なこと、すなわち党首脳のだれがその英国人に便宜を与えよと地方の党幹部に指示したのかということも、探りあてていたのではないか。

その党史工作会議における決定は、公文書館の機密保持の徹底を命じ、なによりも大躍進運動、文化大革命の関係資料の公開は許してはならないと決めたのではなかったか。

つぎにもうひとつの出来事を記そう。二〇一一年の一月十一日のことだ。北京天安門広場の東側にある国家博物館の門前に孔子の像が建立された。身の丈、九メートル五十センチの青銅製の立像である。その日の午前十時に落成式典が開かれ、全国人民代表大会副委員員、全国政治協商会議副主席、国務院文化部副部長が出席した。

その式典から十日あとのことになる。胡錦濤主席はワシントンにおける公式行事を終え、シカゴに行き、そこの孔子学院の傘下にある中学校の孔子教室を見学した。胡氏は、アメリカの年若い世代が孔子を理解するようになって欲しいと説いたのである。胡

孔子の教えを中国で広めようとしてきた中心人物は調和の尊重を唱えてきた胡錦濤主席である。中国では『論語』の解説書がベストセラーとなり、国内の各大学には「国学院」が設けられ、政府の後押しで、アメリカを中心に世界中に孔子学院がつくられてきている。そして中学校に孔子教室が設けられたのはシカゴがはじめてなのである。

もちろん、胡氏は毛沢東が孔子を「封建的な反動思想家」と否定し、一九六六年十一月には紅衛兵が山東省の曲阜にある孔子廟に乗り込み、像や石碑をすべて破壊し、孔子一族の墓所を爆破したこと、一九七三年には毛が「批林批孔」運動をおこなえと命じたことを承知していた。そこで毛沢東の聖地となっている天安門広場に孔子の像を建てるにあたっては、いささかの注意を払った。

説明しよう。天安門広場を野球場とするなら、本塁に毛の遺体が安置された毛沢東記念堂がある。二塁に天安門があり、その城楼には大きな毛沢東の肖像画が懸かっている。三塁の側に人民大会堂がある。一塁の側に博物館がある。そして天安門広場のすべてを見渡すことができる博物館の正門である西門に孔子の像を建てたのではない。

博物館の北門前の広場に建てたのだ。

毛沢東を擁護する人びとは孔子の像が立つまでなにも知らなかったのであろうか、立ったと知って慌てたのか。どのような会議が開かれ、いかなる論議となったのかは不明だが、建立されて百日余、四月二十一日の夜に孔子像は片づけられた。翌日の北京晩報はその像が博物館内の彫像園に移されたと伝えた。

二〇一〇年七月に開かれた党史工作会議と違って、この出来事は直接には『毛沢東の大飢饉』と関係はない。だが、その像を撤去させた守旧派の人びとが恐れたのは、天安門広場に孔子を近づけるようなことを認めてしまったら、毛沢東の権威に傷がつくと懸念したのであろう。つぎには国家の中心である広場から毛沢東記念堂と毛沢東の肖像画を撤去せよと、これまで少なからずの党長老が遺言のなかで述べてきたことが、阻止できない力になると恐れたのだ。

二〇一〇年十二月の党中央政治局全体会議で擁毛派と目される党の幹部が先に立ち、党と政府の政策、決議に「毛沢東思想」の文字を使ってはならないと決めた。擁毛派、守旧派といったところで、かれらが「毛沢東思想」を信じているわけでは決してない。だが、毛沢東を卑しめてしまったら、わが党の尊厳を維持することはできなくなり、現在の統治体制の土台が揺らぐことになるとかれらは考える。そこで「毛沢東の大飢饉」を認めることはできない。

ところが、中国共産党が存続していくためには、治安機構の整備と増強では役に立たないと考える党の幹部がいる。政治改革と民主化が絶対に不可欠だと彼らは説く。それらなしには、拡大する所得格差と不平等な社会の問題の是正に取り組むことができないし、増大をつづける軍事費を節減することもできない。「毛沢東の大飢饉」という誤りを犯したことを党が認めることからはじめなければならないと、彼らは考えたのである。

フランク・ディケーター教授が彼らの協力を得て、『毛沢東の大飢饉』を公にし、なおも真実を隠しつづけていくのか、それとも明らかにするのかと中国共産党の指導部に問いかけたのは、これまで二十余年のあいだつづけてきた中国の経済の仕組みが変わらざるをえなくなり、それが中国の政治に大きな影響を与えるのは必定というときなのである。

Embargo against China and the Sino-Soviet Alliance, 1949–1963, Stanford: Stanford University Press, 2001.

Zubok, Vladislav and Constatine Pleshakov, *Inside the Kremlin's Cold War: From Stalin to Khrushchev,* Cambridge, MA: Harvard University Press, 1996.

Watson, James L. and Evelyn S. Rawski (eds), *Death Ritual in Late Imperial and Modern China,* Berkeley: University of California Press, 1988.
Wu Hung, *Remaking Beijing: Tiananmen Square and the Creation of a Political Space,* London: Reaktion Books, 2005.
呉冷西『十年論戦』(北京、中央文献出版社、1999)
呉冷西『憶毛主席——我親身経歴的若干重大歴史事件片断』(北京、新華出版社、1995)
Wu Ningkun and Li Yikai, *A Single Tear: A Family's Persecution, Love, and Endurance in Communist China,* New York: Back Bay Books, 1994. ウー・ニンクン(巫寧坤)『シングル・ティアー(上下)』(原書房、1993)
熊華源・廖心文『周恩来総理生涯』(北京、人民出版社、1997)
閻明復「回憶両次莫斯科会議和胡喬木」(北京、『当代中国史研究』第19号、1997.5)
Yang, Dali L., *Calamity and Reform in China: State, Rural Society, and Institutional Change since the Great Leap Famine,* Stanford: Stanford University Press, 1996.
楊継縄『墓碑——中国六十年代大飢荒紀実』(香港、天地図書有限公司、2008)、『毛沢東大躍進秘録』(文藝春秋、2012)
楊顕恵『夾辺溝記事　楊顕恵中短編小説精選』(天津、天津古籍出版社、2002)——*Woman From Shanghai: Tales of Survival From a Chinese Labor Camp,* New York: Pantheon, 2009.
余習広『大躍進、苦日子　上書集』(香港、時代潮流出版社、2005)
Zazerskaya, T. G., *Sovetskie spetsialisty i formirovanie voenno-promyshlennogo kompleksa Kitaya* (1949-1960 gg.), St Petersburg: Sankt Peterburg Gosudarstvennyi Universitet, 2000.
張楽天『告別理想——人民公社制度研究』(上海、上海人民出版社、2005)
Zhang Shu Guang (張曙光), *Economic Cold War: America's*

Alfred Knopf, 1985.
Short, Philip, *Pol Pot: The History of Nightmare,* London: John Murray, 2004. フィリップ・ショート『ポル・ポト――ある悪夢の歴史』(白水社、2008)
Smil, Vaclav, *The Bad Earth: Environmental Degradation in China,* Armonk, NY: M. E. Sharpe, 1984.
陶魯笳『毛主席教我們当省委書記』(北京、中央文献出版社、1996)
Taubman, William, *Khrushchev: The Man and his Era,* London: The Free Press, 2003.
Teiwes, Frederick C., *Politics and Purges in China: Rectification and the Decline of Party Norms,* Armonk, NY: M. E. Sharpe, 1993.
Teiwes, Frederick C. and Warren Sun, *China's Road to Disaster: Mao, Central Politicians and Provincial Leaders in the Unfolding of the Great Leap Forward, 1955-1959,* Armonk, NY: M. E. Sharpe, 1999.
Thaxton, Ralph A., *Catastrophe and Contention in Rural China: Mao's Great Leap Forward Famine and the Origins of Righteous Resistance in Da Fo Village,* New York: Cambridge University Press, 2008.
Tooze, Adam, *The Wages of Destruction: The Making and Breaking of the Nazi Economy,* New York: Allen Lane, 2006.
Townsend, James R. and Brantly Womack, *Politics in China,* Boston: Little Brown, 1986.
Viola, Lynn, *Peasant Rebels under Stalin: Collectivization and the Culture of Peasant Resistance,* New York: Oxford University Press, 1996.
Walker, Kenneth R., *Food Grain Procurement and Consumption in China,* Cambridge: Cambridge University Press, 1984.
王焰ほか編『彭徳懐年譜』(北京、人民出版社、1998)

包若望『誰も書かなかった中国』（サンケイ出版、1974）

Patenaude, Bertrand M., *The Big Show in Bololand: The American Relief Expedition to Soviet Russia in the Famine of 1921,* Stanford: Stanford University Press, 2002.

彭徳懐『彭徳懐自述』（北京、人民出版社、1981）『彭徳懐自述』（サイマル出版会、1984）

彭徳懐伝編写組『彭徳懐伝』（北京、当代中国出版社、1993）

Peng Xizhe（彭希哲）, 'Demographic Consequences of the Great Leap Forward in China's Provinces', *Population and Development Review,* vol. 13, no. 4（Dec. 1987）, pp. 639–70.

Pepper, Suzanne, *Radicalism and Education Reform in 20th-Century China: The Search for an Ideal Development Model,* Cambridge: Cambridge University Press, 1996.

Reardon, Lawrence C., *The Reluctant Dragon: Crisis Cycles in Chinese Foreign Economic Policy,* Hong Kong: Hong Kong University Press, 2002.

Russell, Sharman Apt, *Hunger: An Unnatural History,* New York: Basic Books, 2005.

Salisbury, Harrison E., *The New Emperors: China in the Era of Mao and Deng,* Boston: Little, Brown, 1992. ハリソン・E・ソールズベリー『ニュー・エンペラー――毛沢東と鄧小平の中国』（福武書店、1993）

Service, Robert, *Comrades: A History of World Communism,* Cambridge, MA: Harvard University Press, 2007.

Shapiro, Judith, *Mao's War against Nature: Politics and the Environment in Revolutionary China,* New York: Cambridge University Press, 2001.

沈志華『思考与選択　従知識分子会議到反右派運動 1956–1957（中華人民共和国史第三巻）』（香港、香港中文大学当代中国文化研究中心、2008）

Shevchenko, Arkady N., *Breaking with Moscow,* New York:

The Secret Speeches of Chairman Mao: From the Hundred Flowers to the Great Leap Forward, Cambridge, MA: Harvard University Press, 1989. ロデリック・マックファーカー、ティモシー・チーク、ユージン・ウー編『毛沢東の秘められた講話』(岩波書店、1992-93)

Manning, Kimberley E., 'Marxist Maternalism, Memory, and the Mobilization of Women during the Great Leap Forward', *China Review,* vol. 5, no. 1 (Spring 2005), pp. 83-110.

毛沢東『建国以来毛沢東文稿』(北京、中央文献出版社、1987-96)

毛沢東(中共中央文献研究室編)『毛沢東外交文選』(北京、中央文献出版社、1994)

Mićunović, Veljko, *Moscow Diary,* New York: Doubleday, 1980.

Mueggler, Erik, *The Age of Wild Ghosts: Memory, Violence, and Place in Southwest China,* Berkeley: University of California Press, 2001.

Näth, Marie-Luise (ed.), *Communist China in Retrospect: East European Sinologists Remember the First Fifteen Years of the PRC,* Frankfurt: P. Lang, 1995.

Ó Gráda, Cormac, *The Great Irish Famine,* Basingstoke: Macmillan, 1989.

Oi, Jean C., *State and Peasant in Contemporary China: The Political Economy of Village Government,* Berkeley: University of California Press, 1989.

Osokina, Elena, *Our Daily Bread: Socialist Distribution and the Art of Survival in Stalin's Russia, 1927-1941,* Armonk, NY: M. E. Sharpe, 2001.

逄先知・郭超人・金冲及編『劉少奇』(北京、新華出版社、1998)

逄先知・金冲及編『毛沢東伝 1949-1976』(北京、中央文献出版社、2003)

Pasqualini, Jean, *Prisoner of Mao,* Harmondsworth: Penguin, 1973.

Li, Wei and Dennis Yang, 'The Great Leap Forward: Anatomy of a Central Planning Disaster', *Journal of Political Economy,* vol. 113, no. 4 (2005), pp. 840-77.

李越然『外交舞台上的新中国領袖』(北京、外語教育与研究出版社、1994)

Li Zhishui, *The Private Life of Chairman Mao: The Memoirs of Mao's Personal Physician,* New York: Random House, 1994. 李志綏『毛沢東の私生活』(文藝春秋、1994)

Lin, Justin Yifu, and Dennis Tao Yang, 'On the Causes of China's Agricultural Crisis and the Great Leap Famine', *China Economic Review,* vol. 9, no. 2 (1998), pp. 125-40.

林蘊暉『烏托邦運動——従大躍進到大飢荒(1958-1961)』(香港、香港中山大学当代中国文化研究中心、2008)

劉崇文・陳紹疇(中共中央文献研究室)編『劉少奇年譜 1898-1969』(北京、中央文献出版社、1996)

Lu Xiaobo, *Cadres and Corruption: The Organizational Involution of the Chinese Communist Party,* Stanford: Stanford University Press, 2000.

Lüthi, Lorenz M., *The Sino-Soviet Split: Cold War in the Communist World,* Princeton: Princeton University Press, 2008.

MacFarquhar, Roderick, *The Origins of the Cultural Revolution,* vol. 1: *Contradictions among the People, 1956-1957,* London: Oxford University Press, 1974.

MacFarquhar, Roderick, *The Origins of the Cultural Revolution,* vol. 2: *The Great Leap Forward, 1958-1960,* New York: Columbia University Press, 1983.

MacFarquhar, Roderick, *The Origins of the Cultural Revolution,* vol. 3: *The Coming of the Cataclysm, 1961-1966,* New York: Columbia University Press, 1999.

MacFarquhar, Roderick, Timothy Cheek and Eugene Wu (eds),

Kane, Penny, *Famine in China, 1959-61:* Demographic and Social Implications, Basingstoke: Macmillan, 1988.

Kapitsa, Mikhael, *Na raznykh parallelakh: Zapiski deplomata,* Moscow: Kniga i biznes, 1996.

Khrushchev, Nikita, *Vremia, liudi, vlast',* Moscow: Moskovskiye Novosti, 1999.

Kiernan, Ben, *The Pol Pot Regime: Race, Power and Genocide in Cambodia under the Khmer Rouge, 1975-79,* New Haven: Yale University Press, 1996.

King, Richard, *Heroes of China's Great Leap Forward: Two Stories,* Honolulu: University Press of Hawaii, 2010.

Kitchen, Martin, *A History of Modern Germany, 1800-2000,* New York: Wiley-Blackwell, 2006.

Klochko, M. A., *Soviet Scientist in China,* London: Hollis & Carter, 1964.

Krutikov, K. A., *Na Kitaiskom napravlenii: Iz vospominamii diplomata,* Moscow: Institut Dal'nego Vostoka, 2003.

Kueh, Y. Y., *Agricultural Instability in China, 1931-1991,* Oxford: Clarendon Press, 1995.

Kung, James Kai-sing and Justin Yifu Lin, 'The Causes of China's Great Leap Famine, 1959-1961', *Economic Development and Cultural Change,* vol. 52, no. 1 (2003), pp. 51-73.

Li Huaiyin, 'Everyday Strategies for Team Farming in Collective-Era China: Evidence from Qin Village', *China Journal,* no. 54 (July 2005), pp. 79-98. 李懐印「集体制時期中国農民的日常労働策略」(英文からの翻訳、本人による若干の改変あり)

Li, Lilian M., *Fighting Famine in North China: State, Market, and Environmental Decline, 1690s-1990s,* Stanford: Stanford University Press, 2007.

李鋭『大躍進親歴記』(海口、南方出版社、1999)

李鋭『廬山会議実録』(鄭州、河南人民出版社、1999)

史出版社、2006)
高文謙『晩年周恩来』(ニューヨーク、明鏡出版社、2003) Gao Wenqian, *Zhou Enlai: The Last Perfect Revolutionary,* New York: PublicAffairs, 2007. 高文謙『周恩来秘録』(文藝春秋、2007)
高小賢「銀花賽:20 世紀 50 年代農村婦女的性別分工」Gao Xiaoxian, '"The Silver Flower Contest": Rural Women in 1950s China and the Gendered Division of Labour', *Gender and History,* vol. 18, no. 3 (Nov. 2006), pp. 594-612.
Ginsburgs, George, 'Trade with the Soviet Union', in Victor H. Li, *Law and Politics in China's Foreign Trade,* Seattle: University of Washington Press, 1977, pp. 70-120.
Greenough, Paul R., *Prosperity and Misery in Modern Bengal: The Famine of 1943-44,* New York: Oxford University Press, 1983.
顧士明・李乾貴・孫剣平『李富春経済思想研究』(西寧、青海人民出版社、1992)
Hayek, Friedrich A., *The Road to Serfdom: Text and Documents,* Chicago: University of Chicago Press, 2007. F・A・ハイエク『隷従への道 ハイエク全集別巻(新装版)』(春秋社、2008 他)
黄克誠『黄克誠自述』(北京、人民出版社、1994)
黄崢『劉少奇一生』(北京、中央文献出版社、2003)
黄崢・金冲及編『劉少奇伝』(北京、中央文献出版社、1998)
黄崢『王光美訪談録』(北京、中央文献出版社、2006)
Ji Fengyuan, *Linguistic Engineering: Language and Politics in Mao's China,* Honolulu: University of Hawai'i Press, 2004.
江渭清『七十年征程——江渭清回憶録』(南京、江蘇人民出版社、1996)
金冲及編『周恩来伝 1898-1949』『周恩来伝 1898-1949』(阿吽社、1992-93)
金冲及・陳群編『陳雲伝』(北京、中央文献出版社、2005)

Everyday Life in China, New York: Columbia University Press, 2006.

丁抒『人禍――「大躍進」与大飢荒（修訂本)』（香港、九十年代雜誌社、1996）丁抒『人禍 1958〜1962――餓死者 2000 万人の狂気』（学陽書房、1991）

Dirks, Robert, 'Social Responses during Severe Food Shortages and Famine', *Current Anthropology,* vol. 21, no. 1 (Feb. 1981), pp. 21–32.

Domenach, Jean-Luc, *L'Archipel oublié,* Paris: Fayard, 1992.

Domenach, Jean-Luc, *The Origins of the Great Leap Forward: The Case of One Chinese Province,* Boulder: Westview Press, 1995.

Domes, Jurgen, *Peng Te-huai: The Man and the Image,* Stanford: Stanford University Press 1985.

Donnithorne, Audrey, *China's Economic System,* London: Allen & Unwin, 1967.

房維中・金冲及編『李富春伝』（北京、中央文献出版社、2001）

Fitzpatrick, Sheila, *Everyday Stalinism: Ordinary Life in Extraordinary Times: Soviet Russia in the 1930s,* New York: Oxford University Press, 1999.

Fitzpatrick, Sheila, 'Signals from Below: Soviet Letters of Denunciation of the 1930s', *Journal of Modern History,* vol. 68, no. 4 (Dec. 1996), pp. 831–66.

Friedman, Edward, Paul G. Pickowicz and Mark Selden with Kay Ann Johnson, *Chinese Village, Socialist State,* New Haven: Yale University Press, 1991.

Fu Zhengyuan, *Autocratic Tradition and Chinese Politics,* Cambridge: Cambridge University Press, 1993.

阜陽市委党史研究室編『征途：阜陽社会主義時期党史専題彙編』（阜陽、安徽精視文化伝播有限責任公司、2007）

高王凌『人民公社時期中国農民“反行為”調査』（北京、中共党

Chao, Kang, *Agricultural Production in Communist China, 1949–1965,* Madison: University of Wisconsin Press, 1970.

Cheek, Timothy, *Propaganda and Culture in Mao's China: Deng Tuo and the Intelligentsia,* Oxford: Oxford University Press, 1997.

Chen Jian, *Mao's China and the Cold War,* Chapel Hill: University of North Carolina Press, 2001.

Cheng, Tiejun and Mark Selden, 'The Construction of Spatial Hierarchies: China's *hukou* and *danwei* Systems', in Timothy Cheek and Tony Saich (eds), *New Perspectives on State Socialism in China,* Armonk, NY: M. E. Sharpe, 1997, pp. 23–50.

Chinn, Dennis L., 'Basic Commodity Distribution in the People's Republic of China', *China Quarterly,* no. 84 (Dec. 1980), pp. 744–54.

Conquest, Robert, *The Harvest of Sorrow: Soviet Collectivization and the Terror-Famine,* New York: Oxford University Press, 1986. ロバート・コンクエスト『悲しみの収穫　ウクライナ大飢饉――スターリンの農業集団化と飢饉テロ』(恵雅堂出版、2007)

Dai Qing (戴晴) (ed.), *The River Dragon has Come! The Three Gorges Dam and the Fate of China's Yangtze River and its People,* Armonk, NY: M. E. Sharpe, 1998.

Davis-Friedmann, Deborah, *Long Lives: Chinese Elderly and the Communist Revolution,* Stanford: Stanford University Press, 1991.

Dikötter, Frank, *China before Mao: The Age of Openness,* Berkeley: University of California Press, 2008.

Dikötter, Frank, 'Crime and Punishment in Post-Liberation China: The Prisoners of a Beijing Gaol in the 1950s', *China Quarterly,* no. 149 (March 1977), pp. 147–59.

Dikötter, Frank, *Exotic Commodities: Modern Objects and*

Grain Procurements During the Great Leap Forward', *Theory and Society,* vol. 13 (May 1984), pp. 339-77.

Birch, Cyril, 'Literature under Communism', in Roderick MacFarquhar, John King Fairbank and Denis Twitchett (eds), *The Cambridge History of China,* vol. 15: *Revolutions within the Chinese Revolution, 1966-1982,* Cambridge: Cambridge University Press, 1991, pp. 743-812.

薄一波『若干重大事件与決策的回顧』(北京、中共中央党校出版社、1991-3)

Boone, A., 'The Foreign Trade of China', *China Quarterly,* no. 11 (Sept. 1962), pp. 169-83.

Brown, Jeremy, 'Great Leap City: Surviving the Famine in Tianjin', in Kimberley E. Manning and Felix Wemheuer (eds), *New Perspectives on China's Great Leap Forward and Great Famine,* Vancouver: University of British Columbia Press, 2010.

曹樹基『大飢荒:1959-1961 年的中国人口』(香港、時代国際出版有限公司、2005)

The Case of Peng Teh-huai, 1959-1968, Hong Kong: Union Research Institute, 1968.

Chan, Alfred L., *Mao's Crusade: Politics and Policy Implementation in China's Great Leap Forward,* Oxford: Oxford University Press, 2001.

Chang, G. H. and G. J. Wen, 'Communal Dining and the Chinese Famine of 1958-1961', *Economic Development and Cultural Change,* no. 46 (1997), pp. 1-34.

Chang, Jung, *Wild Swans: Three daughters of China,* Clearwater, FL: Touchstone, 2003. ユン・チアン『ワイルド・スワン』(講談社、1993)

Chang, Jung and Jon Halliday, *Mao: The Unknown Story,* London: Jonathan Cape, 2005. ユン・チアン、J・ハリデイ『マオ——誰も知らなかった毛沢東』(講談社、2005)

無錫——無錫市档案館（江蘇省無錫）

B1　無錫県委弁公室

書籍出版物

Arnold, David, *Famine: Social Crisis and Historical Change,* Oxford: Blackwell, 1988.

Ashton, Basil, Kenneth Hill, Alan Piazza and Robin Zeitz, 'Famine in China, 1958-61', *Population and Development Review,* vol, 10, no. 4 (Dec. 1984), pp. 613-45.

Bachman, David, *Bureaucracy, Economy, and Leadership in China: The Institutional Origins of the Great Leap Forward,* Cambridge: Cambridge University Press, 1991.

Banister, Judith, 'An Analysis of Recent Data on the Population of China', *Population and Development Review,* vol, 10, no. 2 (June 1984), pp. 241-71.

Banister, Judith, *China's Changing Population,* Stanford: Stanford University Press, 1987.

Becker, Jasper, *Hungry Ghosts: Mao's Secret Famine,* New York: Henry Holt, 1996. ジャスパー・ベッカー『餓鬼（ハングリー・ゴースト）——秘密にされた毛沢東中国の飢饉』（中央公論新社、1999）

Belasco, Warren, 'Algae Burgers for a Hungry World? The Rise and Fall of Chlorella Cuisine', *Technology and Culture,* vol. 38, no. 3 (July 1997), pp. 608-34.

Berlin, Isaiah, *The Crooked Timber of Humanity: Chapters in the History of Ideas,* Vintage Books, 1992. アイザイア・バーリン『バーリン選集（4）　理想の追求』（岩波書店、1992）

Bernstein, Thomas P., 'Mao Zedong and the Famine of 1959-1960: A Study in Wilfulness', *China Quarterly,* no. 186 (June 2006), pp. 421-45.

Bernstein, Thomas P., 'Stalinism, Famine and Chinese Peasants:

赤水——赤水市档案館（貴州省赤水）

1 赤水市委

宣城——宣城県档案館（安徽省宣城）

3 宣城県委弁公室

南京——南京市档案館（江蘇省南京）

4003 南京市委
4053 南京市委城市人民公社領導小組弁公室
5003 南京市人民政府
5012 南京市民政局
5035 南京市重工業局
5040 南京市手工業局
5065 南京市衛生局
6001 南京市総工会

武漢——武漢市档案館（湖北省武漢）

13 武漢市人民政府
28 武漢市江岸区委員会
30 武漢市江漢区委員会
70 武漢市教育庁
71 武漢市衛生局
76 武漢市工商管理局
83 武漢市民政局

阜陽——阜陽市档案館（安徽省阜陽）

J3 阜陽市委

麻城——麻城市档案館（湖北省麻城）

1 麻城県委

101　北京市総工会

【県・市】

開平——開平市档案館（広東省開平）

3　開平市委

貴陽——貴陽市档案館（貴州省貴陽）

61　中共貴陽市委

広州——広州市档案館（広東省広州）

6　広州市委宣伝部
13　広州市農村工作部
16　広州市委街道工作部
69　広州市委鋼鉄生産指揮部弁公室
92　広州市総工会
94　広州市婦女聯合会
97　広州市人民委員会弁公庁
176　広州市衛生局

呉県——呉県档案館（江蘇省呉県）

300　呉県県委弁公室

呉江——呉江県档案館（江蘇省呉江）

1001　呉江県委弁公室

信陽——信陽県档案館（河南省信陽）

229 と 304　信陽県委

遂平——遂平市档案館（河南省遂平）

1　遂平県委

JC50 四川省人委宗教事務処
JC67 四川省委統計局
JC133 四川省衛生庁

浙江——浙江省档案館（杭州）
J002 中共浙江省委
J007 浙江省委農村工作部
J116 浙江省農業庁
J132 浙江省糧食庁
J165 浙江省衛生庁

【直轄市】

上海——上海市档案館（上海）
A2 上海市委弁公庁
A20 上海市委里弄工作委員会
A23 上海市委教育衛生部
A36 上海市委工業政治部
A70 上海市委農村工作部
A72 上海市委農村工作委員会
B29 上海市経済計画委員会
B31 上海市統計局
B112 上海市冶金工業局
B123 上海市第一商業局
B242 上海市衛生局

北京——北京市档案館（北京）
1 北京市委員会
2 北京市人民委員会
84 北京市婦女聯合会
92 北京市農林局
96 北京市水利気象局

貴州——貴州省档案館（貴陽）

90　中共貴州省農業庁

広西——広西チワン族自治区档案館（南寧）

X1　中共広西壮族自治区委

湖南——湖南省档案館（長沙）

141　中共湖南省委員会
146　中共湖南省委農村工作部
151　中共湖南省委政策研究室
163　湖南省人民委員会
186　湖南省計画委員会
187　湖南省統計局
207　湖南省水利水電庁
265　湖南省衛生防疫庁

湖北——湖北省档案館（武漢）

SZ1　中共湖北省委員会
SZ18　中共湖北省委員会農村政治部
SZ29　湖北省総工会
SZ34　湖北省人民委員会
SZ113　湖北省水利庁
SZ115　湖北省衛生庁

山東——山東省档案館（済南）

A1　中共山東省委

四川——四川省档案館（成都）

JC1　省委弁公庁
JC12　四川省委民工委
JC44　四川省民政庁

105　雲南省水利水電庁
120　雲南省糧食庁

河北——河北省档案館（石家荘）

855　中共河北省委
856　中共河北省紀委
878　省委生活弁公室
879　中共河北省委農村工作部
880　中共河北省委農村整風整社弁公室
884　中共河北省委政法委員会
979　河北省農業庁

甘粛省——甘粛省档案館（蘭州）

91　中共甘粛省委
96　中共甘粛省委農村工作部

広東省——広東省档案館（広州）

216　広東省委統戦部
217　広東省農村部
218　広東省工業部
231　広東省総工会
235　広東省人民委員会
253　広東省計画委員会
262　広東省営林部
266　広東省水電部
300　広東省統計局
307　広東省文化局
314　広東省教育庁
317　広東省衛生庁

◉主要参考文献

公文書館

【中国以外】

AVPRF—Arkhiv Vneshnei Politiki Rossiiskoi Federatsii, Moscow, Russia　ロシア連邦外交史料館
BArch—Bundesarchiv, Berlin, Germany　ドイツ連邦公文書館
ICRC—International Committee of the Red Cross, Geneva, Switzerland　赤十字国際委員会
MfAA—Politische Archiv des Auswärtigen Amts, Berlin, Germany　ドイツ外務省政治文書館
PRO—National Archives, London, United Kingdom　英国国立公文書館
PRO, Hong Kong—Public Record Office, Hong Kong　香港政府歴史档案館
RGAE—Rossiiskii Gosudarstvennyi Arkhiv Ekonomiki, Moscow, Russia　ロシア連邦経済文書館
RGANI—Rossiiskii Gosudarstvennyi Arkhiv Noveishei Istorii, Moscow, Russia　ロシア連邦近代史文書館

中国の档案館

【中央】

外交部——外交部档案館（北京）
【省・自治区】
雲南——雲南省档案館（昆明）
2　中共雲南省委
11　中共雲南省委農村工作部
81　雲南省統計局

2 Li, *Private Life of Chairman Mao,* p. 386.（李志綏『毛沢東の私生活』）
3 林彪の演説、甘粛省档案館、1962 年 1 月 29 日、91-18-493、pp. 163-4。
4 周恩来の演説、甘粛省档案館、1962 年 2 月 7 日、91-18-493、p. 87。
5 高文謙『晩年周恩来』pp. 97-8（高文謙『周恩来秘録』）に引用された劉源「毛沢東爲什麼要打倒劉少奇」。劉少奇の妻はこれとは若干異なる話をしている：黄峥『王光美訪談録』p. 288 参照。

年、1-A11-30、pp. 67-71; 曹樹基『大飢荒：1959-1961 年的中国人口』p. 158。

30 赤水県档案館、1960 年 5 月 9 日、1-A11-9、pp. 5-9; 曹樹基『大飢荒：1959-1961 年的中国人口』p. 164。

31 沿河県の報告、貴州省档案館、1961 年、90-1-2270、ページ番号 1; 曹は銅仁地区全体で非正常死数を 2 万 4000 人と述べた；曹樹基『大飢荒：1959-1961 年的中国人口』p. 166。

32 山東省档案館、1962 年、A1-2-1127、p. 46; 曹樹基『大飢荒：1959-1961 年的中国人口』p. 219。

33 山東省档案館、1962 年、A1-2-1130、p. 42。

34 山東省档案館、1961 年 6 月 7 日、A1-2-1209、p. 110; 曹樹基『大飢荒：1959-1961 年的中国人口』p. 231。

35 広東省档案館、1961 年、217-1-644、p. 72; 曹樹基『大飢荒：1959-1961 年的中国人口』p. 129。

36 広東省档案館、1961 年 1 月 20 日、217-1-644、p. 61; 曹樹基『大飢荒：1959-1961 年的中国人口』pp. 126-8。

37 湖南省档案館、1964 年 6 月・8 月 28 日、141-1-2494、pp. 74・81-2。

38 1963 年 11 月 16 日の人口に関する公安部の報告、赤水県档案館、1-A14-15、pp. 2-3。

39 1964 年 5 月 26 日の中央の人口調査局の報告、赤水県档案館、1-A15-15、pp. 6-7。

40 Becker, *Hungry Ghosts,* p. 272.（ジャスパー・ベッカー『餓鬼（ハングリー・ゴースト）——秘密にされた毛沢東中国の飢饉』）

41 余習広『大躍進、苦日子　上書集』（香港、時代潮流出版社、2005）p. 8。

終章　文化大革命への序奏

1 1962 年 1 月 27 日の劉の演説、甘粛省档案館、91-18-493、pp. 58-60・62。

11 四川省档案館、1961年11-12月、JC1-2756、p. 54。
12 四川省档案館、1961年10月、JC1-2418、p. 106。
13 四川省档案館、1959年11月2日、JC1-1808、p. 166。
14 河北省档案館、1961年1月10日、856-1-221、pp. 31-2; 1960年12月17日、858-18-777、pp. 96-7。
15 河北省档案館、1960年12月29日、855-18-777、pp. 126-7。
16 四川省档案館、1962年5-6月、JC67-4; JC67-1003、p. 3。
17 四川省档案館、1963年2月23日、JC67-112、pp. 9-12。
18 雲南省档案館、1959年5月16日、81-4-25、p. 17; 1957年の平均死亡率は、『中国統計年鑑 1984』(北京、中国統計出版社、1984):曹樹基『大飢荒:1959-1961年的中国人口』p. 191参照。
19 1961年5月の劉少奇の演説、湖南省档案館、141-1-1901、p. 120。
20 河北省档案館、1961年1月21日、855-19-855、pp. 100-4; 胡開明については、余習広『大躍進、苦日子 上書集』pp. 451-76参照。
21 曹樹基『大飢荒:1959-1961年的中国人口』p. 234。
22 河北省档案館、1961年1月19日、878-1-7、pp. 1-4; 曹樹基『大飢荒:1959-1961年的中国人口』p. 246。
23 河北省档案館、1961年1月19日、878-1-7、pp. 1-4; 曹樹基『大飢荒:1959-1961年的中国人口』pp. 240・246。
24 甘粛省档案館、1961年1-2月、91-18-200、p. 57; 曹樹基『大飢荒:1959-1961年的中国人口』pp. 271・465。
25 甘粛省档案館、1961年1-2月、91-18-200、p. 94; 曹樹基『大飢荒:1959-1961年的中国人口』pp. 273。
26 甘粛省档案館、1961年1-2月、91-18-200、p. 107; 曹樹基『大飢荒:1959-1961年的中国人口』pp. 275。
27 甘粛省档案館、1961年1-2月、91-18-200、p. 45; 曹樹基『大飢荒:1959-1961年的中国人口』pp. 275。
28 貴州省档案館、1962年、90-1-2706、ページ番号19。
29 赤水県档案館、1961年1月14日、1-A12-1、pp. 83-7; 1960

9『内部参考』、1960年4月14日、pp. 25-6。
10 甘粛省档案館、1961年1-2月、91-18-200、p. 271。
11 甘粛省档案館、1961年3月3日、91-4-898、pp. 82-7。
12 四川省档案館、1961年、JC1-2608、pp. 93・96-7。
13 ソ連でもほとんど同じことが起きた：Bertrand M. Patenaude, *The Big Show in Bololand: The American Relief Expedition to Soviet Russia in the Famine of 1921,* Stanford: Stanford University Press, 2002, p. 262.

第37章　死者の最終集計

1 Basil Ashton, Kenneth Hill, Alan Piazza and Robin Zeitz, 'Famine in China, 1958-61', *Population and Development Review,* vol, 10, no. 4 (Dec. 1984), pp. 631-45.
2 Judith Banister, 'An Analysis of Recent Data on the Population of China', *Population and Development Review,* vol, 10, no. 2 (June 1984), pp. 241-71.
3 Peng Xizhe (彭希哲), 'Demographic Consequences of the Great Leap Forward in China's Provinces', *Population and Development Review,* vol. 13, no. 4 (Dec. 1987), pp. 639-70; Chang and Halliday, Mao, p. 438. (ユン・チアン、J・ハリデイ『マオ――誰も知らなかった毛沢東』)
4 楊継縄『墓碑――中国六十年代大飢荒紀実』p. 904。
5 曹樹基『大飢荒：1959-1961年的中国人口』p281。
6 Becker, *Hungry Ghosts,* pp. 271-2. (ジャスパー・ベッカー『餓鬼（ハングリー・ゴースト）――秘密にされた毛沢東中国の飢饉』)
7 湖北省档案館、1962年、SZ34-5-143、ファイル全体。
8 湖北省档案館、1962年3月、SZ34-5-16、p. 43。
9 甘粛省档案館、1962年3月16日、91-9-274、p. 1; その後、1962年5月24日に回答を促すp. 5の書簡が送られた。
10 阜陽市档案館、1961年、J3-1-235、p. 34。

34 阜陽市档案館、1961年8月12日、J3-1-228、p. 96b。
35 阜陽市档案館、1961年8月17日、J3-2-280、p. 115。
36 阜陽市档案館、1961年1月10日、J3-2-278、p. 86。
37 阜陽市档案館、1961年1月30日、J3-2-278、pp. 2-9。
38 界首市書記、郝如意の告白、阜陽市档案館、1961年1月10日、J3-2-280、p. 48。
39 同上。
40 臨泉県書記、趙宋の告白、阜陽市档案館、1961年2月15日、J3-2-280、p. 91。
41 阜陽市档案館、1961年1月6日、J3-1-227、pp. 54-5。
42 阜陽市档案館、1961年6月12日、J3-2-279、p. 15。
43 阜陽市档案館、1961年3月20日、J3-2-278、pp. 67・69。
44 同上。
45 阜陽市档案館、1961年2月29日、J3-2-278、p. 64。
46 地区党委員会、Liu Daoqian の報告、阜陽市档案館、1961年1月6日、J3-1-227、pp. 54-5。

第36章　人肉を食べる

1 雲南省档案館、1959年2月28日、2-1-3700、p. 103。
2 広東省档案館、1961年、217-1-646、pp. 25-30。
3 西礼県は礼県と西和県が合併した当時の名称；警察から公安部への報告、甘粛省档案館、1961年4月13日、91-9-215、p. 94。
4 同上。
5 省党委員会から派遣された調査チームの報告、山東省档案館、1961年、A1-2-1025、p. 7。
6 張仲良の告白、甘粛省档案館、1960年12月3日、91-18-140、p. 19。
7 舒同の告白、山東省档案館、1960年12月10日、A1-1-634、p. 10。
8 県党委員会の議事録、赤水県档案館、1960年12月9日、1-A11-34、pp. 83・96。

14 四川省档案館、1958年12月8日、JC1-1804、pp. 35-7。
15 四川省档案館、1961年4月4日、JC12-1247、pp. 7-14。
16 調査委員会からの報告、赤水県档案館、1961年、2-A6-2、pp. 25-6。
17 赤水県档案館、1958年9月30日、1-A9-4、pp. 30-1; 1961年1月14日、1-A12-1、pp. 83-7; 1960年12月、1-A11-30、pp. 67-71; 1960年4月25日、1-A11-39、pp. 11-15。
18 赤水県档案館、1960年5月9日、1-A11-9、pp. 5-9。
19 貴州省档案館、1960年、90-1-2234、p. 24。
20 貴州省档案館、1962年、90-1-2708、ページ番号1-6。
21 赤水県档案館、1960年5月9日、1-A11-9、pp. 5-9。
22 聶栄臻が成都から毛沢東へ送った書簡、甘粛省档案館、1960年3月16日、91-9-134、p. 2。
23 山東省档案館、1962年、A1-2-1130、pp. 39-44。
24 山東省档案館、1962年、A1-2-1127、pp. 7-11。
25 譚啓龍から舒同と毛沢東への報告、山東省档案館、1959年4月11日、A1-1-465、p. 25。
26 舒同の告白、山東省档案館、1960年12月10日、A1-1-634、p. 23。
27 同上、p. 9。
28 楊宣武が省党委員会に送った舒同に関する書簡、山東省档案館、1961年4月9日、A1-2-980、p. 15; 1961年、A1-2-1025、pp. 9-10。
29 党のお抱え史家グループによる阜陽の推計：阜陽市委党史研究室編『征途：阜陽社会主義時期党史専題彙編』（阜陽、安徽精視文化伝播有限責任公司、2007）p. 155。
30 阜陽市档案館、1961年8月17日、J3-2-280、p. 114。
31 阜陽市档案館、1961年3月12日、J3-1-228、p. 20; 1961年8月18日、J3-2-280、p. 126。
32 阜陽市档案館、1961年1月10日、J3-2-278、p. 85。
33 同上、p. 86。

69 Adam Tooze, *The Wages of Destruction: The Making and Breaking of the Nazi Economy,* New York: Allen Lane, 2006, pp. 530-1.
70 広東省档案館、1960年5月8日、217-1-575、pp. 26-8。
71 四川省档案館、1959年5月3日、JC1-1686、p. 43。
72 雲南省档案館、1959年5月22日、2-1-3700、pp. 93-4。
73 広東省档案館、1961年2月5日、217-1-119、p. 44。
74 広東省档案館、1961年1月2日、217-1-643、pp. 61-6。
75 開平市档案館、1959年6月6日、3-A9-80、p. 6。
76 南京市档案館、1959年9月15日、5003-3-721、p. 70。
77 南京市档案館、1959年5月8日、5003-3-721、p. 12。

第35章　戦慄の地

1 湖南省档案館、1961年8月6日、146-1-579、pp. 5-6。
2 この資料は、楊継縄『墓碑——中国六十年代大飢荒紀実』pp. 901-3に引用されている。
3 甘粛省档案館、1965年7月5日、91-5-501、pp. 4-5。
4 同上、p. 24。
5 同上、pp. 5-7。
6 同上、p. 7。
7 甘粛省档案館、1961年1月12日、91-4-735、p. 79。
8 甘粛省档案館、1960年2月10日、91-4-648、ファイル全体；1960年3月24日、91-4-647、ファイル全体。
9 甘粛省档案館、1960年4月21日、91-18-164、pp. 153-60。
10 四川省档案館、1961年、JC1-2608、pp. 1-3・21-2; 1961年、JC1-2605、pp. 147-55。
11 四川省档案館、1961年、JC1-2605、p. 171。
12 四川省档案館、1961年、JC1-2606、pp. 2-3。
13 楊万選の報告、四川省档案館、1961年1月22日・27日、JC1-2606、pp. 48-9・63-4; 1961年1月25日・27日、JC1-2608、pp. 83-8・89-90。

46 広東省档案館、1961 年、217-1-644、pp. 32-8。
47 徐啓文の報告、湖南省档案館、1961 年 3 月 12 日、141-1-1899、pp. 216-22。
48 雲南省档案館、1960 年 12 月 9 日、2-1-4157、p. 171。
49 省党委員会調査チームの報告、四川省档案館、1961 年、JC1-2616、pp. 110-11。
50 湖南省档案館、1960 年 11 月 15 日、141-2-125、p. 1。
51 湖南省档案館、1961 年 4 月 8 日、146-1-583、p. 95。
52 徐啓文の報告、湖南省档案館、1961 年 3 月 12 日、141-1-1899、p. 222。
53 信陽地委組織処理弁公室「関於地委常務書記王達夫統制犯所犯錯誤及事実材料」、1962 年 1 月 5 日、pp. 1-2。
54 四川省档案館、1961 年 1 月 5 日、JC1-2604、p. 35。
55 1958 年 8 月 21 日・24 日の講話、湖南省档案館、141-1-1036、pp. 24-5・31。
56 1962 年 4 月 5 日の李井泉の演説、四川省档案館、JC1-2809、p. 11。
57 湖南省档案館、1961 年 2 月 4 日、151-1-20、p. 14。
58 湖南省档案館、1961 年、151-1-20、pp. 34-5。
59 中央紀律検査委員会の報告、湖南省档案館、1960 年 11 月 15 日、141-2-125、p. 3。
60 四川省档案館、1960 年 11 月 29 日、JC1-2109、p. 118。
61 湖南省档案館、1961 年 2 月 4 日、151-1-20、p. 14。
62 同上、pp. 12-13。
63 雲南省档案館、1960 年 12 月 9 日、2-1-4157、p. 170。
64 広東省档案館、1961 年、217-1-644、pp. 32-8。
65 四川省档案館、1960 年 5 月 2 日、JC1-2109、pp. 10・51。
66 四川省档案館、1961 年、JC1-2610、p. 4。
67 2006 年 4 月、四川省閬中県 1920 年代生まれ魏舒へのインタビュー。
68 四川省档案館、1960 年、JC133-219、pp. 49・131。

24 四川省档案館、1961年1月27日、JC1-2606、p. 65; 1960年、JC1-2116、p. 105。
25 広東省档案館、1960年12月12日、217-1-643、pp. 33-43。
26 広東省档案館、1961年3月23日、217-1-642、p. 33。
27 広東省档案館、1961年、217-1-644、pp. 32-8。
28 広東省档案館、1961年1月29日、217-1-618、pp. 42-6; 河北省档案館、1961年6月27日、880-1-7、p. 55。
29 湖南省档案館、1961年4月3日・14日、151-1-24、pp. 1-13・59-68; 1961年2月3日、146-1-582、p. 22。
30『内部参考』、1960年10月21日、p. 12。
31 広東省档案館、1960年、217-1-645、pp. 60-4。
32『内部参考』、1960年11月30日、p. 17。
33 湖南省档案館、1961年2月3日、146-1-582、p. 22。
34 湖南省档案館、1961年8月10日、146-1-579、pp. 32-3。
35 四川省档案館、1960年、JC1-2112、p. 4。
36 広東省档案館、1961年4月16日、217-1-643、pp. 123-31; 1961年1月25日、217-1-646、pp. 15-17。
37 広東省档案館、1961年、217-1-644、pp. 32-8; 1961年、217-1-618、pp. 18-41、特にpp. 21・35。
38 湖南省档案館、1961年、151-1-20、pp. 34-5。
39 2006年7月、広東省中山県1949年生まれ梁さんへのインタビュー。
40 広東省档案館、1960年、217-1-645、pp. 60-4。
41 湖南省档案館、1961年4月8日、146-1-583、p. 96; 1960年5月12日、146-1-520、pp. 69-75。
42 湖南省档案館、1959年9月、141-1-1117、pp. 1-4。
43 麻城市档案館、1959年1月20日、1-1-378、p. 24; 広東省档案館、1960年、217-1-645、pp. 60-4;『内部参考』、1960年11月30日、p. 17。
44 北京市档案館、1961年1月7日、1-14-790、p. 10。
45 湖南省档案館、1961年、151-1-20、pp. 34-5。

第34章　暴力

1 北京市档案館、1959年5月13日、1-14-574、pp. 38-40。
2 2007年4月、四川省閬中県1938年生まれ李ばあさんへのインタビュー。
3『内部参考』、1960年6月27日、pp. 11-12。
4 広東省档案館、1961年1月25日、217-1-645、p. 13。
5 広東省档案館、1960年12月30日、217-1-576、p. 78。
6 広東省档案館、1961年2月5日、217-1-645、pp. 35-49。
7 湖南省档案館、1961年4月3日、151-1-24、p. 6。
8 湖南省档案館、1960年、146-1-520、pp. 97-106。
9 湖南省档案館、1961年4月8日、146-1-583、p. 96。
10 広東省档案館、1960年、217-1-645、pp. 25-8。
11 河北省档案館、1961年1月4日、880-1-11、p. 30。
12 湖南省档案館、1960年、146-1-520、pp. 97-106。
13 広東省档案館、1961年4月16日、217-1-643、pp. 123-31; 1961年1月25日、217-1-646、pp. 15-17。
14 信陽地委組織処理弁公室「関於地委常務書記王達夫統制犯所犯錯誤及事実材料」、1962年1月5日、pp. 1-2。
15 広東省档案館、1961年4月16日、217-1-643、pp. 123-31。
16 四川省栄県の出来事、四川省档案館、1962年、JC1-3047、pp. 37-8。
17 広東省档案館、1961年4月16日、217-1-643、pp. 123-31; 1961年1月25日、217-1-646、pp. 15-17。
18 広東省档案館、1961年3月23日、217-1-643、pp. 10-13。
19 湖南省档案館、1960年11月15日、141-1-1672、pp. 32-3。
20『内部参考』、1960年10月21日、p. 12; 四川省档案館、1959年5月25日、JC1-1721、p. 3。
21 広東省档案館、1961年3月23日、217-1-643、pp. 10-13。
22 広東省档案館、1960年、217-1-645、pp. 60-4。
23 河北省档案館、1961年6月27日、880-1-7、p. 55。

5 河北省档案館、1962 年、884-1-223、p. 149。
6 河北省档案館、1960 年 10 月 23 日、884-1-183、p. 4。
7 広東省档案館、1961 年、216-1-252、pp. 5-7・20。
8 甘粛省档案館、1961 年 2 月 3 日、91-18-200、pp. 291-2; 楊顕恵は、生還者へのインタビューをもとに収容所の実態を赤裸々に描き出し、2400 人のうち 1300 人が死亡したと推計した。この数字は甘粛省档案館が実証している;楊顕恵『夾辺溝記事 楊顕恵中短編小説精選』(天津、天津古籍出版社、2002) p. 356。
9 省公安庁の報告、甘粛省档案館、1960 年 6 月 26 日、91-9-63、pp. 1-4。
10 甘粛省档案館、1961 年 1 月 15 日、91-18-200、p. 62。
11 河北省档案館、1962 年、884-1-223、p. 150。
12 国家の安全に関する全人代の報告、甘粛省档案館、1960 年 4 月 8 日、中発 (1960) 318 号文書、91-18-179、p. 26。
13 同上。
14 同上、pp. 11-12。
15 1958 年 8 月 21 日の講話、湖南省档案館、141-1-1036、p. 29。
16 河北省档案館、1959 年 6 月 27 日、884-1-183、p. 128。
17 国家の安全に関する全人代の報告、甘粛省档案館、1960 年 4 月 8 日、中発 (1960) 318 号文書、91-18-179、p. 26。
18 河北省档案館、1961 年 4 月 16 日、884-1-202、pp. 35-47。
19 雲南省档案館、1959 年 5 月 22 日、2-1-3700、pp. 93-8。
20 広東省档案館、1961 年 1 月 2 日、217-1-643、pp. 61-6。
21 開平市档案館、1960 年 9 月 22 日、3-A10-31、p. 10。
22『内部参考』、1960 年 11 月 30 日、p. 16。
23 広東省档案館、1961 年 8 月 15 日、219-2-318、p. 120。
24 北京市档案館、1961 年 1 月 11 日、1-14-790、p. 17。
25 Jean-Luc Domenach の中国の収容所の詳細及び信頼性のある歴史に関する著作、*L'Archipel oublié,* Paris: Fayard, 1992, p. 242 も同様の推計を出した。

ュー。
52 北京市档案館、1961年7月3日、2-1-136、pp. 23-4。
53 四川省档案館、1960年、JC133-219、p. 154。
54 四川省档案館、1961年10月、JC1-2418、p. 168; 1962年、JC44-1441、p. 27。
55 四川省档案館、1961年8月31日、JC1-2620、pp. 177-8。
56 2006年10月、河南省平頂山1940年生まれ何広華へのインタビュー。
57 飢えの身体へのダメージに関する分析は、Sharman Apt Russell, *Hunger: An Unnatural History,* New York: Basic Books, 2005参照。
58 Wu Ningkun and Li Yikai, *A Single Tear: A Family's Persecution, Love, and Endurance in Communist China,* New York: Back Bay Books, 1994, p. 130.（ウー・ニンクン〔巫寧坤〕『シングル・ティアー〔上下〕』）
59 広東省档案館、1961年3月23日、217-1-643、pp. 10-13。
60 上海市档案館、1961年1-2月、B242-1-1285、pp. 1-3・17-27。
61 河北省档案館、1961年、878-1-7、pp. 12-14。
62 河北省档案館、1961年1月21日、855-19-855、p. 103。

第33章　強制労働収容所

1 「上海市東郊区人民法院刑事判決書：983号」、著者の個人コレクション。
2 40%が1年から5年の刑、25%が監視下に置かれた；南京市档案館、1959年6月8日、5003-3-722、p. 83。
3 Dikötter, Frank, 'Crime and Punishment in Post-Liberation China: The Prisoners of a Beijing Gaol in the 1950s', *China Quarterly,* no. 149 (March 1977), pp. 147-59参照。
4 （第2期）全国人民代表大会第2回会議の報告、甘粛省档案館、1960年4月8日、中発（1960）318号文書、91-18-179、pp. 11-12。

34 四川省档案館、1960年、JC1-2114、p. 8。
35 四川省档案館、1959年、JC9-448、pp. 46-7。
36 四川省档案館、1959年、JC44-2786、ファイル全体。
37 衛生部の報告、湖北省档案館、1960年4月24日、SZ115-2-355、pp. 10-13。
38 湖南省档案館、1960年5月11日、163-1-1082、pp. 26-8。
39 クロレラの食べ方については、Jung Chang, *Wild Swans: Three Daughters of China,* Clearwater, FL: Touchstone, 2003, p. 232（ユン・チアン『ワイルド・スワン』）に詳しい。
40 Warren Belasco, 'Algae Burgers for a Hungry World? The Rise and Fall of Chlorella Cuisine', *Technology and Culture,* vol. 38, no. 3 (July 1997), pp. 608-34.
41 Jean Pasqualini, *Prisoner of Mao,* Harmondsworth: Penguin, 1973, pp. 216-19.（包若望『誰も書かなかった中国』）
42 北京市档案館、1961年2月1日、1-14-790、p. 109。
43 Barna Talás, 'China in the Early 1950s', in Näth, *Communist China in Retrospect,* pp. 58-9.
44 2007年4月、四川省資陽1948年生まれ厳さんへのインタビュー。
45 2007年4月、四川省簡陽1950年生まれ朱さんへのインタビュー。
46 河北省档案館、1960年4月30日・8月、855-18-777、pp. 167-8; 855-18-778、pp. 124-5。
47 衛生部の報告、湖北省档案館、1960年3月・12月、SZ115-2-355、pp. 12-15。
48 北京市档案館、1961年4月14日、2-1-135、pp. 5-6。
49 2006年8月、湖北省潜江県1943年生まれ孟孝礼へのインタビュー。
50 2006年12月、河南省魯山県1948年生まれ趙暁白へのインタビュー。
51 2007年4月、四川省簡陽1950年生まれ朱さんへのインタビ

1959-1961年的中国人口』（香港、時代国際出版有限公司、2005）参照。特にp. 128に典型的な例が挙げられている。

10 湖南省档案館、1959年1月5日、141-1-1220、pp. 2-3; 1962年、265-1-309、pp. 4-5。
11 南京市档案館、1959年4月6日、4003-1-171、p. 138。
12 南京市档案館、1959年10月25日、5003-3-727、pp. 19-21。
13 湖北省档案館、1961年、SZ1-2-898、pp. 18-45。
14 上海市档案館、1959年10月18日、B242-1-1157、pp. 23-6。
15 無錫市档案館、1961年、B1-2-164、pp. 58-66。
16 湖北省档案館、1961年2月25日・7月7日、SZ1-2-898、pp. 7-11・45-9。
17 湖南省档案館、1960年11月25日、265-1-260、p. 85; 1960年12月8日、212-1-508、p. 163。
18 南京市档案館、1959年8月27日、5003-3-727、p. 88。
19 湖北省档案館、1961年6月6日、SZ1-2-906、p. 29; 1961年7月21日、SZ1-2-898、pp. 49-52。
20 南京市档案館、1959年4月3日、5003-3-727、p. 67。
21 武漢市档案館、1962年2月19日、71-1-1400、pp. 18-21。
22 広東省档案館、1960年、217-1-645、pp. 60-4。
23 広東省档案館、1959年、217-1-69、pp. 95-100。
24 浙江省档案館、1960年5月10日、J165-10-66、pp. 1-5。
25 四川省档案館、1960年7月9日、JC133-219、p. 106。
26 武漢市档案館、1961年8月16日、71-1-1400、pp. 9-10。
27 2006年10月、河南省息県1947年生まれ李大俊へのインタビュー。
28 南京市档案館、1961年、5065-3-381、pp. 53-4。
29 上海市档案館、1961年5月11日、B242-1-128、pp. 1-3。
30 武漢市档案館、1959年6月30日、30-1-124、pp. 31-3。
31 武漢市档案館、1960年7月1日、28-1-650、p. 31。
32 武漢市档案館、1959年6月30日、30-1-124、pp. 31-3。
33 四川省档案館、1960年5月16日、JC1-2115、pp. 57-8。

によるものだった。
12 四川省档案館、1962年6月15日、JC1-3174、pp. 4-6。
13 湖南省档案館、1959年10月4日、141-1-1258、pp. 12-13; 1959年7月、141-1-1224、pp. 13-14。
14 南京市档案館、1959年9-10月、5035-2-5、pp. 15-21; 1961年8月3日、9046-1-4、pp. 47-54。
15 南京市档案館、1959年1月12日、5003-3-721、pp. 1-7。
16 南京市档案館、1959年1月9日、4003-1-171、p. 17。
17 湖南省档案館、1959年5月、141-1-1258、pp. 63-4。
18 湖北省档案館、1960年9月12日、SZ34-4-477、pp. 70-81。
19 甘粛省档案館、1961年11月1日、91-9-215、p. 72。
20 広東省档案館、1961年8月7日、219-2-319、pp. 56-68。
21 甘粛省档案館、1961年1月12日・16日、91-18-200、pp. 32・84。

第32章　病気

1 Li, *Private Life of Chairman Mao,* pp. 339-40.（李志綏『毛沢東の私生活』）
2 南京市档案館、1961年10月7-10日、5065-3-467、pp. 33-7・58-61。
3 武漢市档案館、1959年9月11日、30-1-124、pp. 40-2; 1959年6月22日、28-1-650、pp. 27-8。
4 四川省档案館、1961年1月18日、JC1-2418、p. 2; JC2419、p. 43。
5 四川省档案館、1961年、JC1-2419、p. 46。
6 四川省档案館、1960年、JC133-220、p. 137。
7 広東省档案館、1961年10月30日、235-1-255、pp. 170・179; 上海市档案館、1961年7月28日・8月24日、B242-1-1285、pp. 28-37・46-9。
8 四川省档案館、1960年、JC1-2007、pp. 38-9。
9 各県『県志』の体系的な分析については、曹樹基『大飢荒：

3 Deborah Davis-Friedmann, *Long Lives: Chinese Elderly and the Communist Revolution,* Stanford: Stanford University Press, 1991, p. 87の中で『人民日報』1959年1月15日号を引用。
4 北京市档案館、1961年5月、1-14-666、p. 25。
5 広東省档案館、1961年2月10日、217-1-640、pp. 18-28。
6 四川省档案館、1958年11月29日・12月24日、JC1-1294、pp. 71・129。
7 四川省档案館、1959年、JC44-2786、p. 55。
8 湖南省档案館、1961年、167-1-1016、pp. 1・144。
9 湖南省档案館、1960年、146-4-520、p. 102。
10 2007年4月、四川省昭覚県1940年生まれ江桂花へのインタビュー。
11 湖北省档案館、1961年7月3日、SZ18-2-202、p. 70。

第31章　事故死

1 湖南省档案館、1958年11月5日、141-1-1051、p. 123。
2 湖南省档案館、1959年3月9日、163-1-1046、p. 24。
3 南京市档案館、1959年4月16日、4003-1-279、pp. 151-2。
4 南京市档案館、1959年10月31日、5003-3-711、p. 33。
5 湖北省档案館、1960年1月5日、SZ34-4-477、p. 34。
6 湖南省档案館、1960年1月16日・2月12日、141-1-1655、pp. 54-5・66-7。
7 国務院の報告、湖北省档案館、1960年3月3日、SZ34-4-477、p. 29。
8 湖南省档案館、1959年7月、141-1-1224、pp. 13-14。
9 赤水市档案館、1959年2月27日、1-A10-25、p. 2。
10 李鋭『大躍進親歴記』下巻p. 233。
11 毛斉華から中央への報告、甘粛省档案館、1960年9月4日、中発（1960）825号文書、91-18-154、pp. 99-106; この報告によると、犠牲者1万3000人のうち約5000人は鉱業分野での事故

8 広東省档案館、1961 年 1 月 2 日、217-1-643、pp. 61-6。
9 北京市档案館、1961 年 3 月 15 日、1-28-29、pp. 1-2。
10 北京市档案館、1961 年 2 月 10 日、84-1-180、pp. 1-9。
11 湖南省の数字は、女性労働者で子宮脱または生理が少なくとも半年以上無い「婦人科疾患」の推定値である；上海市档案館、1961 年 2 月 1 日、B242-1-1319-15、p. 1; 湖南省档案館、1960 年 12 月 8 日、212-1-508、p. 90; 河北省档案館、1961 年 1 月 19 日、878-1-7、pp. 1-4。
12 湖北省档案館、1961 年 2 月 23 日、SZ1-2-898、pp. 12-17。
13 広東省档案館、1961 年 4 月 6 日、217-1-643、pp. 1-9。
14 河北省档案館、1961 年 6 月 27 日、880-1-7、pp. 53・59。
15 河北省档案館、1961 年 4 月 27 日、880-1-7、p. 88。
16 河北省档案館、1960 年 6 月 2 日、855-9-4006、p. 150。
17 湖南省档案館、1961 年 1 月 21 日、146-1-580、p. 45。
18 湖南省档案館、1961 年 2 月 24 日、146-4-588、p. 9。
19 湖南省档案館、1959 年、141-1-1322、pp. 2-5・14。
20『内部参考』、1960 年 11 月 30 日、p. 17。
21 開平市档案館、1960 年 9 月 24 日、3-A10-76、p. 19。
22 開平市档案館、1959 年 6 月 6 日、3-A9-80、p. 6。
23 四川省档案館、1962 年 8 月 18 日、JC44-3927、pp. 2-6。
24 南京市档案館、1959 年 5 月 20 日、4003-2-315、p. 12。
25『内部参考』、1961 年 2 月 13 日、pp. 14-15。
26『内部参考』、1961 年 6 月 12 日、pp. 9-10。
27 広東省档案館、1961 年、217-1-618、pp. 18-41。
28 David Arnold, *Famine: Social Crisis and Historical Change,* Oxford: Blackwell, 1988, p. 89.

第 30 章　老人たち

1 Charlotte Ikels, *Aging and Adaptation: Chinese in Hong Kong and the United States,* Hamden: Archon Books, 1983, p. 17.
2 麻城市档案館、1959 年 1 月 15 日、1-1-443、p. 28。

37 南京市档案館、1959年5月20日、4003-2-315、pp. 12-14。
38 武漢市档案館、1959年7月20日、13-1-765、pp. 72-3; 湖北省档案館、1961年8月30日、SZ34-5-16、pp. 35-6。
39 湖北省档案館、1961年9月18日、SZ34-5-16、pp. 41-2。
40 河北省档案館、1961年8月17日、878-2-17、pp. 142-5。
41 河北省档案館、1961年1月24日、878-2-17、pp. 1-5。
42 広東省档案館、1961年2月10日、217-1-640、pp. 18-28。
43 四川省档案館、1961年10月1日、JC44-1432、pp. 89-90; 1962年9月の報告では孤児数は20万人；JC44-1442、p. 34。
44 四川省档案館、1962年、JC44-1440、pp. 46・118-19。
45 四川省档案館、1962年、JC44-1441、p. 35。
46 2006年12月、河南省魯山県1948年生まれ趙暁白へのインタビュー。
47 四川省档案館、1961年、JC1-2768、pp. 27-9。
48 湖北省档案館、1961年4月24日・8月30日・9月18日、SZ34-5-16、pp. 19・35-6・41-2。
49 雲南省档案館、1959年5月16日、81-4-25、p. 17。
50 湖南省档案館、1964年6月30日、187-1-1332、p. 14。

第29章　女たち

1 Dikötter, Frank, *Exotic Commodities* 参照。
2 高小賢「銀花賽：20世紀50年代農村婦女的性別分工」Gao Xiaoxian, '"The Silver Flower Contest": Rural Women in 1950s China and the Gendered Division of Labour', *Gender and History*, vol. 18, no. 3 (Nov. 2006), pp. 594-612は、この問題に関する必読の文献。
3 湖南省档案館、1961年3月13日、146-4-582、pp. 80-1。
4 四川省档案館、1961年、JC1-2611、p. 3。
5 湖南省档案館、1961年3月13日、146-4-582、pp. 80-1。
6 広東省档案館、1961年3月23日、217-1-643、pp. 10-13。
7 広東省档案館、1961年、217-1-618、pp. 18-41。

16 南京市档案館、1958年12月28日、4003-1-150、p. 81。
17 湖南省档案館、1960年6月2日、163-1-1087、pp. 43-5。
18 四川省档案館、1961年5月、JC1-2346、p. 15。
19 広東省档案館、1961年1月25日、217-1-645、pp. 11-14。
20 広東省档案館、1961年、217-1-646、pp. 10-11。
21 湖南省档案館、1961年4月8日、146-1-583、p. 96。
22 同上。
23 広東省档案館、1960年12月31日、217-1-576、pp. 54-68。
24 湖南省档案館、1961年2月13日、151-1-18、pp. 24-5。
25 広東省档案館、1960年、217-1-645、pp. 60-4。
26『内部参考』、1960年11月30日、p. 16。
27 雲南省档案館、1959年5月22日、2-1-3700、pp. 93-8。
28 2006年12月、山東省黄県1951年生まれ丁巧児へのインタビュー。
29 2006年4月、四川省仁寿県1946年生まれ劉舒へのインタビュー。
30 2006年4月、四川省成都1922年生まれ李さんへのインタビュー。
31 Robert Dirks, 'Social Responses during Severe Food Shortages and Famine', *Current Anthropology,* vol. 21, no. 1 (Feb. 1981), p. 31は、この現象に関する必読の文献である。
32 南京市档案館、1960年5月10日、5003-3-722、pp. 27-31。
33 河北省档案館、1960年2月10日、855-18-778、p. 36。
34 2006年4月、四川省成都1922年生まれ李さんへのインタビュー。
35 南京市档案館、1960年1月4日、4003-1-202、p. 1; 1959年7月21日・9月30日・12月15日、4003-2-315、pp. 17・20・27・36。
36 南京市档案館、1960年1月4日、4003-1-202、p. 1; 1959年7月21日・9月30日・12月15日、4003-2-315、pp. 17・27・36。

報告 , 1963 年 9 月 , BAG 234 048-008.03.
59 Aristide R. Zolberg, Astri Suhrke and Sergio Aguayo, *Escape from Violence: Conflict and the Refugee Crisis in the Developing World,* Oxford: Oxford University Press, 1989, p. 160.
60 'Refugee dilemma', *Time,* 1962 年 4 月 27 日 .

第 28 章　子供たち

1 呉江県档案館、1959 年 4 月 13 日、1001-3-92、pp. 63-9。
2 北京市档案館、1960 年 8 月 4 日・18 日、84-1-167、pp. 1-9・43-52。
3 北京市档案館、1959 年 3 月 31 日、101-1-132、pp. 26-40。
4 広州市档案館、1959 年 1 月 9 日・3 月 7 日・4 月 29 日・5 月 18 日・12 月 14 日、16-1-19、pp. 19-24・51-5・57-61・64-6・70; 上海における体罰については、上海市档案館、1961 年 8 月 24 日、A20-1-54、p. 18。
5 上海市档案館、1961 年 5 月 7 日、A20-1-60、p. 64; 1961 年 8 月 24 日、A20-1-54、pp. 16-24。
6 北京市档案館、1960 年 8 月 4 日、84-1-167、pp. 43-52。
7 北京市档案館、1960 年 8 月 18 日、84-1-167、pp. 1-9。
8 南京市档案館、1961 年 11 月 14 日、5012-3-584、p. 79。
9 広州市档案館、1959 年 5 月 18 日、16-1-19、pp. 51-5。
10 南京市档案館、1960 年 4 月 21 日、4003-2-347、pp. 22-6。
11 湖北省档案館、1960 年 12 月 25 日、SZ34-5-16、pp. 2-3。
12 広東省档案館、1961 年、314-1-208、p. 16。
13 中学校の生徒に対する規則及び規定については、Suzanne Pepper, *Radicalism and Education Reform in 20th-Century China: The Search for an Ideal Development Model,* Cambridge: Cambridge University Press, 1996, pp. 293 ff 参照。
14 武漢市档案館、1958 年 4 月 9 日・12 月 26 日、70-1-767、pp. 33-45。
15 武漢市档案館、1959 年 1 月 6 日、70-1-68、pp. 19-24。

112-14。

40 広東省档案館、1961年7月20日・8月2日・11月23日、253-1-11、pp. 44・51・53。

41 宣城県档案館、1961年6月25日、3-1-257、p. 32。

42 湖南省档案館、1961年12月12日、186-1-587、p. 5。

43 外交部档案館(北京)、1958年6月12日・1959年1月14日、105-604-1、pp. 21・24-30。

44 PRO, London, 1959年2月28日, FO371-143870.

45 外交部档案館(北京)、1961年8月23日、106-999-3、pp. 40-55。

46 RGANI, Moscow, 1962年5月22日、5-30-401、p. 39.

47 外交部档案館(北京)、1962年5月10日、118-1100-9、pp. 71-9。

48 RGANI, Moscow, 1962年4月28日、3-18-53、pp. 2-3・8-12.

49 RGANI, Moscow, 1962年5月、3-16-89、pp. 63-7.

50 外交部档案館(北京)、1962年6月30日、118-1758-1、pp. 1-8。

51 RGANI, Moscow, 1964年11月6日、5-49-722、pp. 194-7.

52 *Hong Kong Annual Report,* Hong Kong: Government Printer, 1959 p. 23.

53 ICRC, Geneva, J. Duncan Woodの報告, 1963年9月, BAG 234 048-008.03.

54 *Hong Kong Standard,* 1962年5月11日.

55 CIAによる亡命者へのインタビュー;CIA, Washington, 1962年7月27日, OCI 2712-62, p. 4; *South China Morning Post,* 1962年6月6日にも同様の報告がある。

56 ICRC, Geneva, Paul Calderaraの報告, 1962年6月5日, BAG 234 048-008.03.

57 同上;PRO, Hong Kong, 1958-60, HKRS 518-1-5参照。

58 Hansard, 'Hong Kong (Chinese Refugees)', HC Deb, 1962年5月28日, vol. 660, cols 974-7; ICRC, Geneva, J. Duncan Woodの

16 南京市档案館、1959 年 3 月 14 日、4003-1-168、pp. 39-49; 1960 年 8 月 14 日、4003-1-199、p. 2。
17 南京市档案館、1959 年 12 月 23 日、5003-3-721、p. 115; 1959 年 7 月 21 日、4003-2-315、pp. 11-18。
18 南京市档案館、1959 年 7 月 21 日、4003-2-315、pp. 11-18。
19 同上。
20 雲南省档案館、1958 年 11 月 29 日、中発（1958）1035 号文書、2-1-3276、pp. 250-3。
21 南京市档案館、1960 年 8 月 14 日、4003-1-199、p. 2。
22 南京市档案館、1959 年 11 月 21 日、4003-2-315、p. 32。
23 甘粛省档案館、1961 年 1 月 14 日、91-18-200、pp. 47-8。
24 広東省档案館、1961 年 1 月 5 日、217-1-643、p. 63。
25 河北省档案館、1961 年 8 月 15 日、878-1-6、pp. 31-44。
26 雲南省档案館、1958 年 11 月 29 日、中発（1958）1035 号文書、2-1-3276、pp. 250-3。
27 河北省档案館、1959 年 4 月 15 日、855-5-1750、p. 133。
28 湖北省档案館、1958 年 2 月 25 日、SZ34-4-295、p. 7。
29 湖北省档案館、1958 年 9 月、SZ34-4-295、pp. 38-42。
30 河北省档案館、1960 年 12 月 17 日、878-2-8、pp. 8-10。
31 国務院及び公安部の報告、湖北省档案館、1961 年 2 月 6 日・6 月 5 日・11 月 10 日、SZ34-5-15、pp. 7-8・58-61。
32 四川省档案館、1961 年 11-12 月、JC1-2756、pp. 84-5。
33『内部参考』、1960 年 5 月 1 日、p. 30。
34 甘粛省档案館、1960 年 8 月 31 日、91-9-58、pp. 32-7。
35 湖北省档案館、1961 年 4 月 18 日、SZ34-5-15、p. 9。
36 湖北省档案館、1961 年、SZ34-5-15、pp. 9-10。
37 甘粛省档案館、1961 年 6 月 16 日、中発（1961）420 号文書、91-18-211、pp. 116-19。
38 雲南省档案館、1960 年 8 月、2-1-4245、p. 55; 1961 年 7 月 10 日、2-1-4587、p. 83。
39 雲南省档案館、1961 年 7 月 10 日・22 日、2-1-4587、pp. 82・

24 雲南省档案館、1960年11月30日、2-1-4108、pp. 72-5; 1960年12月2日、2-1-4108、pp. 1-2; 1960年11月8日・12月9日、2-1-4432、pp. 1-10・50-7。
25 公安部の報告、甘粛省档案館、1961年2月8日、91-4-889、pp. 25-30。
26 河北省档案館、1959年6月、884-1-183、pp. 39-40・132。
27 河北省档案館、1960年4月26日、884-1-184、p. 36。
28 広東省档案館、1961年、216-1-257、pp. 64-5。

第27章 エクソダス

1 上海市档案館、1959年3月12日、B98-1-439、pp. 9-13。
2 Judith Banister, *China's Changing Population,* Stanford: Stanford University Press, 1987, p. 330 に引用された Zhang Qingwu「控制城市人口的増長」、『人民日報』1979年8月21日付第3面。
3 雲南省档案館、1958年12月18日、2-1-3101、p. 301。
4 上海市档案館、1959年4月20日、A11-1-34、pp. 1-3。
5 上海市档案館、1959年3月12日・17日、B98-1-439、pp. 12・25。
6 上海市档案館、1959年4月20日、A11-1-34、pp. 4-14。
7 信陽県档案館、1960年4月4日、304-37-7、p. 68。
8 河北省档案館、1959年2月28日・3月11日・4月15日、855-5-1750、pp. 74-5・91-4・132-4。
9 浙江省档案館、1959年3月3日、J007-11-112、pp. 1-6。
10 広東省档案館、1961年1月23日、217-1-644、pp. 10-12。
11 河北省档案館、1959年4月15日、855-5-1750、pp. 132-4。
12 武漢市档案館、1959年4月14日、76-1-1210、pp. 87-8。
13『内部参考』、1960年6月20日、pp. 11-12。
14 河北省档案館、1959年3月11日、855-5-1750、pp. 91-4。
15 北京市档案館、1959年1月23日・8月31日、2-11-58、pp. 3-4・8-10。

52 省党委員会調査チームの報告、四川省档案館、1961年、JC1-2616、p. 111。

第26章　強盗と反逆者

1 河北省档案館、1961年8月15日、878-1-6、p. 38。
2『内部参考』、1960年12月16日、p. 9。
3 一例を挙げると、河北省档案館、1959年6月27日、884-1-183、p. 135。
4 湖北省档案館、1961年1月6日、SZ18-2-200、p. 22。
5 湖南省档案館、1961年1月17日、146-1-580、p. 29。
6 甘粛省档案館、1961年1月24日、91-9-215、pp. 117-20。
7 同上。
8『内部参考』、1960年6月20日、pp. 11-12。
9 鉄道部の報告、甘粛省档案館、1961年1月20日、91-4-889、pp. 19-21。
10 湖南省档案館、1959年11月22日、146-1-507、pp. 44-6。
11 四川省档案館、1959年5月26日、JC1-1721、p. 37。
12 四川省档案館、1959年6月8日、JC1-1721、p. 153。
13 湖南省档案館、1959年3月9日、163-1-1046、p. 24。
14 河北省档案館、1959年6月、884-1-183、p. 40; 1960年4月25日、884-1-184、p. 20。
15 南京市档案館、1959年1月30日、4003-1-171、p. 35。
16 南京市档案館、1959年3月19日、5003-3-722、pp. 68-9。
17 湖北省档案館、1961年1月4日、SZ18-2-200、p. 11。
18 湖北省档案館、1959年2月22日、SZ18-2-197、pp. 6-8。
19 四川省档案館、1959年11月2-4日、JC1-1808、p. 137。
20 広東省档案館、1961年2月3日、262-1-115、pp. 86-7。
21 開平市档案館、1960年12月29日、3-A10-81、p. 2。
22 湖南省档案館、1961年1月17日、146-1-580、p. 29。
23 甘粛省档案館、1958年6月18日、中発（1958）496号文書、91-18-88、pp. 29-34。

28 集団化の時代に飛び交った噂に関する考察は、Lynn Viola, *Peasant Rebels under Stalin: Collectivization and the Culture of Peasant Resistance,* New York: Oxford University Press, 1996, pp. 45-7 参照。
29 武漢市档案館、1958 年 11 月 3 日、83-1-523、p. 134。
30 広東省档案館、1961 年 1 月 23 日、217-1-644、pp. 10-12。
31 湖北省档案館、1961 年 1 月 4 日、SZ18-2-200、p. 11。
32 湖北省档案館、1961 年 5 月 5 日、SZ18-2-201、p. 95。
33 四川省档案館、1961 年、JC1-2614、p. 14。
34『内部参考』、1960 年 6 月 9 日、pp. 7-8。
35 広東省档案館、1961 年 2 月 5 日、217-1-119、p. 45。
36 広東省档案館、1961 年 1 月 23 日、217-1-644、pp. 10-12・20。
37 湖南省档案館、1961 年 1 月 23 日、146-1-580、p. 54。
38 甘粛省档案館、1962 年 9 月 5 日、91-18-279、p. 7。
39 南京市档案館、1959 年 3 月 19 日、5003-3-722、pp. 68-9。
40 河北省档案館、1959 年 6 月、884-1-183、pp. 84-92・128。
41 ソ連における庶民の非難の手紙については、Sheila Fitzpatrick, 'Signals from Below: Soviet Letters of Denunciation of the 1930s', *Journal of Modern History,* vol. 68, no. 4 (Dec. 1996), pp. 831-66 参照。
42 湖南省档案館、1959-61 年、163-2-232、ファイル全体。
43 南京市档案館、1961 年 3 月 7 日・5 月 13 日、5003-3-843、pp. 1-4・101。
44 上海市档案館、1959 年 11 月 30 日、A2-2-16、p. 75。
45 広東省档案館、1961 年、235-1-256、p. 90。
46『内部参考』、1960 年 5 月 31 日、pp. 18-19。
47『内部参考』、1960 年 12 月 19 日、pp. 15-17。
48 湖南省档案館、1961 年 12 月 31 日、141-1-1941、p. 5。
49 広東省档案館、1961 年 2 月 24 日、235-1-256、pp. 40-2。
50『内部参考』、1961 年 6 月 12 日、p. 23。
51 甘粛省档案館、1961 年 1 月 14 日、91-18-200、p. 50。

30・123.
4 PRO, London, 1960 年 11 月 , PREM11-3055.
5 南京市档案館、1959 年 3 月 17 日、4003-1-279、pp. 101-2。
6『内部参考』、1960 年 12 月 7 日、pp. 21-4。
7 上海市档案館、1961 年 5 月 7 日、A20-1-60、pp. 60-2。
8 湖北省档案館、1961 年 10 月 14 日、SZ29-2-89、pp. 1-8。
9 広東省档案館、1962 年、217-1-123、pp. 123-7。
10 広州市档案館、1961 年 2 月 24 日、92-1-275、p. 75。
11 広東省档案館、1962 年、217-1-123、pp. 123-7。
12 広東省档案館、1961 年、217-1-644、p. 20。
13 南京市档案館、1959 年 7 月 16 日、5003-3-721、pp. 26-7。
14 甘粛省档案館、1962 年 9 月 5 日、91-18-279、p. 7。
15 河北省档案館、1959 年 6 月、884-1-183、p. 39。
16 甘粛省档案館、1962 年 9 月 5 日、91-18-279、p. 7。
17 公安部の報告、甘粛省档案館、1961 年 2 月 8 日、91-4-889、pp. 25-30。
18 南京市档案館、1959 年 7 月 16 日、5003-3-721、pp. 26-7。
19 河北省档案館、1959 年 6 月 27 日、884-1-183、pp. 136・140。
20 湖北省档案館、1959 年 9 月 5 日、SZ18-2-197、p. 34。
21 四川省档案館、1959 年 5 月 25 日、JC1-1721、p. 3。
22 Roderick MacFarquhar, John King Fairbank and Denis Twitchett (eds), *The Cambridge History of China,* vol. 15: *Revolutions within the Chinese Revolution, 1966-1982,* Cambridge: Cambridge University Press, 1991, p. 768 所収 Cyril Birch, 'Literature under Communism'.
23 上海市档案館、1961 年 5 月 7 日、A20-1-60、p. 62。
24 広東省档案館、1961 年 1 月 3 日、217-1-643、p. 102。
25 2006 年 8 月、湖北省潜江県 1946 年生まれ楊華豊へのインタビュー。
26 広東省档案館、1961 年 1 月 2 日、217-1-643、pp. 61-6。
27 四川省档案館、1961 年、JC9-464、p. 70。

20『内部参考』、1961年4月26日、p. 20。
21 河北省档案館、1960年9月27日、855-5-1996、pp. 52-4。
22 呉県档案館、1961年5月15日、300-2-212、p. 243。
23 広東省档案館、1961年1月21日、235-1-259、pp. 16-17。
24 湖北省档案館、1959年2月22日、SZ18-2-197、pp. 19-21。
25 河北省档案館、1959年6月2日、855-5-1758、pp. 46-7。
26 湖北省档案館、1959年2月22-23日、SZ18-2-197、pp. 6-8・12-14。
27 河北省档案館、1960年12月13日、855-5-777、pp. 40-1。
28 河北省档案館、1959年6月1日、855-5-1758、pp. 126-7。
29 湖南省档案館、1959年12月10日・18日、146-1-507、pp. 81・90-3。
30 湖南省档案館、1959年12月31日、146-1-507、pp. 120-1。
31 河北省档案館、1959年6月1日、855-5-1758、pp. 126-7。
32 南京市档案館、1959年6月4日、5003-3-722、pp. 77-81。
33 南京市档案館、1960年1月26日、5012-3-556、p. 60。
34 湖南省档案館、1961年2月13日、151-1-18、pp. 24-5。
35 2006年4月、四川省成都1922年生まれ李さんへのインタビュー。
36 湖北省档案館、1961年5月11日、SZ18-2-202、pp. 25-6。
37 広東省档案館、1961年、235-1-256、p. 73。
38 湖北省档案館、1961年9月8日、SZ18-2-199、p. 7。
39 雲南省档案館、1958年12月30日、2-1-3442、pp. 11-16。

第25章 「敬愛する毛主席」

1 河北省档案館、1961年1月4日、880-1-11、p. 30。
2 毛沢東を擁護した例は数例ではきかない。Becker, Jasper, *Hungry Ghosts: Mao's Secret Famine,* New York: Henry Holt, 1996, pp. 287-306.（ジャスパー・ベッカー『餓鬼〔ハングリー・ゴースト〕―秘密にされた毛沢東中国の飢饉』）参照。
3 François Mitterrand, *La Chine au défi,* Paris: Julliard, 1961, pp.

44 四川省档案館、1962 年 8 月 16 日・9 月 12 日、JC44-3918、pp. 105-7・117-19。
45 湖北省档案館、1961 年 9 月 18 日、SZ18-2-199、pp. 6-7。
46 湖北省档案館、1959 年 5 月 6 日、855-5-1744、pp. 101-3。
47 四川省档案館、1962 年、JC1-3047、pp. 1-2。
48 山東省档案館、1959 年 8 月 10 日、A1-2-776、p. 72。

第 24 章　ずる賢く立ち回る

1 湖南省档案館、1961 年 2 月 12 日、151-1-20、pp. 32-3。
2 北京市档案館、1961 年 3 月 24 日、1-28-28、pp. 2-6。
3 上海市档案館、1961 年 10 月 25 日、B123-5-144、p. 176。
4 上海市档案館、1961 年 8 月、B29-2-655、p. 82。
5 四川省档案館、1959 年、JC9-249、p. 160。
6 四川省档案館、1959 年、JC9-250、pp. 14・46。
7 2006 年 12 月、山東省黄県 1951 年生まれ丁巧児へのインタビュー。
8『内部参考』、1960 年 6 月 2 日、pp. 14-15。
9『内部参考』、1960 年 12 月 19 日、p. 21。
10 同上、pp. 23-4。
11『内部参考』、1960 年 12 月 7 日、pp. 21-4。
12 南京市档案館、1959 年 2 月 26 日、4003-1-171、p. 62。
13 上海市档案館、1960 年 3 月 31 日、B123-4-588、p. 3; 1961 年 5 月 22 日、B112-4-478、pp. 1-2。
14 Thaxton, *Catastrophe and Contention in Rural China,* p. 201.
15『内部参考』、1960 年 9 月 2 日、pp. 5-7。
16 宣城県档案館、1961 年 5 月 3 日、3-1-259、pp. 75-6。
17 2006 年 5 月、四川省彭州 1931 年生まれ曾牧へのインタビュー。
18 広東省档案館、1961 年 3 月 1 日、235-1-259、pp. 23-5。
19 広東省档案館、1961 年 3 月 1 日・27 日、231-1-259、pp. 23-5・32-4。

日、pp. 10-11。

22 北京市档案館、1961 年 4 月 27 日、1-28-30、pp. 1-4。

23 上海市档案館、1961 年 8 月 7 日、A20-1-160、pp. 181-5。

24 北京市档案館、1960 年 11 月 28 日、101-1-138、pp. 13-29。

25 上海市档案館、1959 年 3 月 28 日、B29-1-34、pp. 48-9。

26『内部参考』、1960 年 12 月 26 日、pp. 10-11。

27『内部参考』、1961 年 5 月 17 日、p. 22。

28 広東省档案館、1961 年 1 月 23 日、217-1-644、pp. 10-12。

29 広州市档案館、1961 年 2 月 24 日、92-1-275、p. 74。

30 南京市档案館、1959 年 9 月 1 日、5003-3-722、p. 89。

31 湖南省档案館、1961 年 1 月 15 日、146-1-580、p. 15。

32 糧票及び配給票については、Chinn, Dennis L., 'Basic Commodity Distribution in the People's Republic of China', *China Quarterly,* no. 84 (Dec. 1980), pp. 744-54 参照。

33『内部参考』、1960 年 8 月 18 日、p. 16。

34 広東省档案館、1961 年 2 月 9 日、235-1-259、pp. 39-40。

35『内部参考』、1960 年 12 月 7 日、p. 24。

36 広東省档案館、1961 年 2 月 9 日、235-1-259、pp. 39-40。

37 北京市档案館、1960 年 12 月 29 日、2-12-262、pp. 18-20。

38 湖南省档案館、1961 年 6 月 13 日、163-1-1109、pp. 21-2。

39 MfAA, Berlin, 1961 年 3-4 月 , A17009, pp. 3-4.

40『内部参考』、1961 年 1 月 23 日、pp. 10-11; 1962 年 2 月 6 日、pp. 5-6。

41 Kimberley E. Manning and Felix Wemheuer (eds), *New Perspectives on China's Great Leap Forward and Great Famine,* Vancouver: University of British Columbia press, 2010 所収 Jeremy Brown, 'Great Leap City: Surviving the Famine in Tianjin' 参照。

42 MfAA, Berlin, 1962 年 9 月 6 日, A6862, p. 8.

43 湖北省档案館、1961 年 8 月 7 日・1962 年 7 月、SZ29-1-13、pp. 73-4・76-7。

19 上海市档案館、1960 年 10 月 8 日、A20-1-10、pp. 19 ff。
20 河北省档案館、1959 年 5 月 8 日、855-5-1758, pp. 97-8。
21 北京市档案館、1959 年 2 月 14 日、1-14-573、p. 65。
22 上海市档案館、1961 年 1 月 27 日、A36-1-246、pp. 9-17。

第 23 章　策を講じる

1 上海市档案館、1960 年 12 月 20 日、A36-2-447、pp. 64-5。
2『内部参考』、1960 年 6 月 2 日、pp. 14-15。
3『内部参考』、1960 年 11 月 16 日、pp. 11-13。
4 上海市档案館、1961 年 2 月、A36-2-447、p. 22。
5 広東省档案館、1960 年 11 月、288-1-115、p. 1。
6『内部参考』、1960 年 11 月 16 日、pp. 11-13。
7 広東省档案館、1961 年 2 月 9 日、235-1-255、pp. 39-40。
8 広東省档案館、1961 年 12 月 5 日、235-1-259、p. 75。
9 南京市档案館、1959 年 5 月 27 日、4003-1-279、p. 242。
10『内部参考』、1960 年 11 月 25 日、pp. 13-15。
11 甘粛省档案館、1960 年 10 月 24 日、中発（1960）865 号文書、91-18-164、pp. 169-72。
12 財政部の報告、甘粛省档案館、1960 年 11 月 5 日、中発（1960）993 号文書、91-18-160、pp. 275-80。
13『内部参考』、1960 年 12 月 7 日、pp. 14-15。
14 北戴河での講話、甘粛省档案館、1961 年 8 月 11 日、91-18-561、pp. 51・55。
15 財政部の報告、甘粛省档案館、1960 年 11 月 5 日、中発（1960）993 号文書、91-18-160、pp. 275-80。
16『内部参考』、1960 年 8 月 8 日、pp. 5-7。
17 河北省档案館、1959 年 4 月 19 日、855-5-1758、pp. 105-6。
18 北京市档案館、1961 年 6 月 23 日、1-5-376、pp. 4-10。
19 南京市档案館、1960 年 8 月、4003-1-199、p. 19。
20 南京市档案館、1960 年 8 月 14 日、4003-1-199、pp. 1-4。
21『内部参考』、1960 年 11 月 25 日、pp. 12-13; 1960 年 12 月 30

80 Shapiro, *Mao's War against Nature,* p. 88.
81 湖北省档案館、1961年7月8日・25日、SZ18-2-202、pp. 78・101。
82 南京市档案館、1960年10月24日、4003-1-203、pp. 20-1。
83 浙江省档案館、1961年1月29日、J116-15-115、p. 11。

第22章　飢饉と飽食

1 James R. Townsend and Brantly Womack, *Politics in China,* Boston: Little, Brown, 1986, p. 86.
2 Timothy Cheek and Tony Saich (eds), *New Perspectives on State Socialism in China,* Armonk, NY: M. E. Sharpe, 1997, pp. 23-50所収　Tiejun Cheng and Mark Selden, 'The Construction of Spatial Hierarchies: China's *hukou* and *danwei* Systems'。
3 広東省档案館、1962年3月15日、300-1-215、pp. 205-7。
4 Li, *Private Life of Chairman Mao,* pp. 78-9.（李志綏『毛沢東の私生活』）
5 Fu Zhengyuan, *Autocratic Tradition and Chinese Politics,* Cambridge: Cambridge University Press, 1993, p. 238.
6 Lu, *Cadres and Corruption,* p. 86.
7 上海市档案館、1961年、B50-2-324、pp. 15-24。
8『内部参考』、1960年11月25日、pp. 11-12。
9『内部参考』、1961年3月6日、p. 5。
10『内部参考』、1961年2月22日、pp. 13-14。
11 広東省档案館、1960年9月5日、231-1-242、pp. 72-7。
12 広東省档案館、1960年6月18日、231-1-242、pp. 63-5。
13 広東省档案館、1960年12月10日、217-1-643、pp. 44-9。
14 同上、p. 45。
15 広東省档案館、1959年7月24日、217-1-497、pp. 61-3。
16 広東省档案館、1961年、217-1-116、p. 48。
17 広東省档案館、1959年6月26日、217-1-69、pp. 33-8。
18 PRO, London, 1959年11月15日, FO371-133462.

60 北京市档案館、1962年4月17日、96-2-22、p. 6。
61 河北省档案館、1961年7月1日、979-3-864、pp. 4-5。
62 河北省档案館、1962年、979-3-870、p. 7; 河北省档案館、1962年7月13日、979-3-871、pp. 1-22では、アルカリ土壌の増加率をさらに低い数字で示している。
63 1961年12月24日の劉建勲の報告、湖南省档案館、141-2-142、p. 225。
64 1961年10月1日の胡耀邦の報告、湖南省档案館、141-2-138、pp. 186-7。
65 1962年5月9日の華山の報告、山東省档案館、A1-2-1125、pp. 5-7。
66 甘粛省档案館、1960年3月9日、中発（1960）258号文書、91-18-154、pp. 254-5。
67 北京市档案館、1959年9月17日、2-11-145、pp. 3-6。
68 甘粛省档案館、1960年3月9日、中発（1960）258号文書、91-18-154、pp. 254-5。
69 甘粛省档案館、1960年2月24日、91-18-177、pp. 14-17。
70 甘粛省档案館、1960年3月9日、中発（1960）258号文書、91-18-154、pp. 254-5。
71 南京市档案館、1960年11月22日、5065-3-395、pp. 35-52。
72 1960年9月4日の毛斉華の報告、甘粛省档案館、中発（1960）825号文書、91-18-154、p. 104。
73 上海市档案館、1961年10月、B29-2-954、p. 57。
74 同上。
75 同上、p. 76。
76 湖北省档案館、1961年1月10日、SZ34-5-45、pp. 22-4; 1961年1月23日、SZ1-2-906、p. 17。
77 Klochko, *Soviet Scientist,* pp. 71-3.
78 南京市档案館、1959年3月18日、5065-3-367、pp. 20-2; 1959年3月25日、5003-3-721、pp. 8-9。
79 上海市档案館、1959年、A70-1-82、p. 9。

36 北京市档案館、1962 年 9 月 8 日、96-2-22、pp. 15-18。
37 河北省档案館、1961 年 8 月 15 日、878-1-6、pp. 31-44。
38 1961 年 10 月 1 日の胡耀邦の報告、湖南省档案館、141-2-138、pp. 186-9。
39 湖南省档案館、1962 年 4 月 13 日、207-1-750、pp. 1-10。
40 湖南省档案館、1962 年 10 月 6 日、207-1-750、pp. 44-9。
41 湖南省档案館、1962 年 8 月 4 日、207-1-744、pp. 1-12。
42 湖南省档案館、1962 年 10 月 6 日、207-1-750、pp. 44-9。
43 湖南省档案館、1961 年 5 月 13 日・15 日、146-1-584、pp. 13・18。
44 湖南省档案館、1961 年 4 月 24 日、146-1-583、p. 108; 北京の定義では、大型ダムは 1 億立方メートル以上、中型ダムは 1 千万から 1 億立方メートル、小型ダムは 1 千万立方メートル以下。
45 湖南省档案館、1962 年 8 月 4 日、207-1-744、pp. 1-12。
46 湖南省档案館、1962 年 1 月 7 日、207-1-743、pp. 85-105。
47 湖南省档案館、1961 年 12 月 1 日、163-1-1109、p. 101。
48 湖北省档案館、1959 年 9 月 12 日、SZ18-2-197、pp. 39-43。
49 湖北省档案館、1959 年 8 月 1 日、SZ113-1-209、p. 3。
50 湖北省档案館、1961 年 3 月 27 日、SZ18-2-201。
51 湖北省档案館、1961 年 3 月 18 日・6 月 9 日、SZ113-1-26、pp. 1-3・12-14。
52 湖北省档案館、1962 年 4 月 14 日、SZ113-2-213、p. 25。
53 湖南省档案館、1964 年、187-1-1355、p. 64。
54 広東省档案館、1960 年 12 月、266-1-74、pp. 105-18。
55 1960 年 7 月 27 日の水利電力部の報告、湖南省档案館、141-1-1709、p. 277。
56 広東省档案館、1960 年 12 月、266-1-74、pp. 117。
57 Yi, 'World's Most Catastrophic Dam Failures', pp. 25-38.
58 Shui, 'Profile of Dams in China', p. 23.
59 1961 年 8 月 11 日の中南局書記処書記、李一清の報告、湖南省档案館、186-1-584、p. 134。

17 広東省档案館、1961 年 5 月 10 日、217-1-210、pp. 88-9。
18 南京市档案館、1958 年 12 月 25 日、4003-1-150、p. 73。
19 北京市档案館、1961 年 5 月 26 日、92-1-143、pp. 11-14。
20 甘粛省档案館、1962 年 8 月 17 日、中発（1962）430 号文書、91-18-250、p. 69。
21 湖北省档案館、1961 年 3 月 10 日、SZ113-2-195、pp. 2-3。
22 湖南省档案館、1961 年 11 月 28 日、163-1-1109、pp. 138-47。
23 甘粛省档案館、1962 年 10 月 31 日、91-18-250、p. 83。
24 湖南省档案館、1961 年 11 月 18 日、163-1-1109、p. 160。
25 甘粛省档案館、1962 年 8 月 17 日、91-18-250、p. 65。
26 公表された資料に基づく推計は、Shapiro, *Mao's War against Nature,* p. 82 参照。
27 甘粛省档案館、1962 年 8 月 17 日、91-18-250、p. 68。
28 甘粛省档案館、1962 年 10 月 31 日、91-18-250、p. 82。
29 湖南省档案館、1962 年 10 月 6 日、207-1-750、pp. 44-9。
30 1962 年 9 月 21 日の広東省の報告、湖南省档案館、141-2-163、p. 50。
31 余習広『大躍進、苦日子　上書集』（香港、時代潮流出版社、2005）p. 8; 1949 年の森林被覆面積を 8300 万ヘクタールとする試算もある：Vaclav Smil, *The Bad Earth: Environmental Degradation in China,* Armonk, NY: M. E. Sharpe, 1984, p. 23 参照。
32 北京市档案館、1959 年 9 月 15 日、2-11-63、pp. 31-6・48-52。
33 夏の収穫に関する電話会議で譚震林が初めてこの旱魃について言及した：甘粛省档案館、1959 年 6 月 26 日、92-28-513、pp. 14-15。
34 Kueh, Y. Y., *Agricultural Instability in China, 1931-1991,* Oxford: Clarendon Press, 1995 参照。本書は気象データを分析し、悪天候は収穫減の要因になるとはいえ、過去の同様の悪天候が同じ結果をもたらしていないという結論に行き着いた。
35 北京市档案館、1960 年 5 月 7 日、2-12-25、pp. 3-6。

40 湖南省档案館、1958年2月14日、141-1-969、p. 19。
41 2006年4月、四川省閬中県1920年代生まれ魏舒へのインタビュー。
42 北京市档案館、1959年4月18日、2-11-36、pp. 7-8・17-18。
43 北京市档案館、1958年11月14日、2-11-33、p. 3。
44 湖南省委員会に届いた報告、湖南省档案館、1959年3月、141-1-1322、pp. 108-10。

第21章　自然

1 Dikötter, Frank, *Exotic Commodities,* p. 177に引用したFerdinand P. W. von Richtofen, *Baron Richthofen's Letters, 1870–1872,* Shanghai: North-China Herald Office, 1903, p. 55。
2 Dikötter, Frank, *Exotic Commodities,* p. 177に引用したI. T. Headland, *Home Life in China,* London: Methuen, 1914, p. 232。
3 Shapiro, *Mao's War against Nature,* pp. 3-4.
4 1958年1月28-30日、国務院第69回会議での毛の講話、甘粛省档案館、91-18-495、p. 202。
5 湖南省档案館、1962年4月13日、207-1-750、pp. 1-10。
6 湖南省档案館、1962年10月6日、207-1-750、pp. 44-9。
7 RGAE, Moscow, 1959年8月7日, 9493-1-1098, p. 29.
8 湖南省档案館、1962年4月13日、207-1-750、pp. 1-10。
9 甘粛省档案館、1962年8月17日、中発（1962）430号文書、91-18-250、pp. 66。
10 北京市档案館、1961年3月3日、2-13-51、pp. 7-8。
11 北京市档案館、1961年5月26日、92-1-143、pp. 11-14。
12 同上。
13 北京市档案館、1961年3月3日、2-13-51、pp. 7-8。
14 湖北省档案館、1961年2月12日・11月1日、SZ113-2-195、pp. 8-10・28-31。
15 甘粛省档案館、1962年10月23日、91-18-250、p. 72。
16 甘粛省档案館、1962年10月31日、91-18-250、p. 83。

17 武漢市档案館、1959年5月15日・6月23日、13-1-765、pp. 44-5・56。
18 湖南省档案館、1960年4月、141-2-164、p. 82。
19 広東省档案館、1961年7月5日、307-1-186、pp. 47-52。
20 四川省档案館、1960年3月22日・24日、JC50-315。
21 四川省档案館、1960年12月、JC50-325。
22 北京市档案館、1959年3月4日・8月7日、2-11-146、pp. 1-23。
23 南京市档案館、1959年4月16日、4003-1-279、p. 153。
24 広東省档案館、1961年1月7日、217-1-643、pp. 110-15。
25 四川省档案館、1961年2月、JC1-2576、pp. 41-2。
26 広東省档案館、1960年12月10日、217-1-643、pp. 44-9。
27 広東省档案館、1960年12月12日、217-1-643、pp. 33-43。
28 湖南省档案館、1961年5月11日、141-2-139、p. 61。
29 湖南省档案館、1961年5月17日、146-1-584、p. 26。
30 四川省档案館、1961年8月、JC1-2584、p. 14。
31 四川省档案館、1962年、JC44-1440、pp. 127-8。
32 湖北省档案館、1960年11月18日、SZ18-2-198、pp. 69-71。
33 湖南省档案館、1962年8月4日、207-1-744、p. 9。
34 Li Heming, Paul Waley and Phil Rees, 'Reservoir Resettlement in China: Past Experience and the Three Gorges Dam', *Geographical Journal,* vol. 167, no. 3 (Sept. 2001), p. 197.
35 広東省档案館、1961年10月、217-1-1113、pp. 58-61。
36 湖南省档案館、1961年12月15日・1962年3月21日、207-1-753、pp. 103-5・106-9。
37 北京市档案館、1961年4月25日、2-13-39、pp. 1-14。
38 James L. Watson and Evelyn S. Rawski (eds), *Death Ritual in Late Imperial and Modern China,* Berkeley: University of California Press, 1988 所収 James L. Watson, 'The Structure of Chinese Funerary Rites'.
39 『内部参考』、1960年12月7日、pp. 12-13。

34 北京市档案館、1961 年 3 月 28 日、1-28-28、pp. 9-11。
35 上海市档案館、1961 年 7 月 31 日、A20-1-55、pp. 23-9。
36 2006 年 9 月、河北省徐水 1930 年代生まれ田爺さん（田老人）へのインタビュー。

第 20 章 建築

1 沈勃「回憶彭真同志関於人民大会堂等“十大建築”的設計教導」、『城建档案』2005 年第 4 期所収 pp. 10-11。
2 Wu Hung, *Remaking Beijing: Tiananmen Square and the Creation of a Political Space,* London: Reaktion Books, 2005, p. 24.
3 'Ten red years', *Time,* 1959 年 10 月 5 日 .
4 謝蔭明・瞿宛林「誰保護了故宮」、『党的文献』2006 年第 5 期 pp. 70-5。
5 PRO, London, 1959 年 11 月 15 日, FO371-133462.
6 PRO, London, 1959 年 7 月 23 日, FO371-141276.
7 北京市档案館、1958 年 12 月 27 日・1959 年 2 月 2 日、2-11-128、pp. 1-3・8-14。
8 湖南省档案館、1959 年 1 月 21 日、141-2-104。
9 甘粛省档案館、1961 年 1 月 9 日、91-18-200、pp. 18-19。
10 甘粛省档案館、1961 年 2 月 22 日、91-18-200、pp. 256-8。
11 湖南省档案館、1961 年 4 月 3 日・14 日、151-1-24、pp. 1-13・59-68。
12 広東省档案館、1961 年 1 月 20 日、217-1-645、pp. 15-19。
13 廬山会議での報告、甘粛省档案館、1961 年 9 月、91-18-193、p. 82。
14 甘粛省档案館、1960 年 10 月 24 日、中発（1960）865 号文書、91-18-164、pp. 169-72。
15 李富春の演説、甘粛省档案館、1961 年 12 月 20 日、141-1-1931、pp. 154-5。
16 上海市档案館、1959 年 7 月 28 日、B258-1-431、pp. 4-5。

12 MfAA, Berlin, 1961 年 12 月 11 日, A6807, pp. 347-51.
13 広東省档案館、1961 年 8 月、219-2-319、pp. 31-56。
14 上海市档案館、1961 年 5 月、B29-2-940、p. 161。
15 革命前の中国における小売業及び物質的文化については、Dikötter, Frank, *Exotic Commodities: Modern Objects and Everyday Life in China,* New York: Columbia University Press, 2006 参照。
16 Klochko, *Soviet Scientist,* p. 53.
17 南京市档案館、1961 年 11 月、5040-1-18、pp. 14-19・20-6。
18 南京市档案館、1959 年 1 月 12 日・4 月 26 日、4003-1-167、pp. 22-4・36-8。
19 Dikötter, Frank, *Exotic Commodities,* p. 63 に引用した J. Dyer Ball, *The Chinese at Home,* London: Religious Tract Society, 1911, p. 240。
20 広州市档案館、1959 年 8 月 22 日、16-1-13、pp. 56-7; 広州市档案館、1961 年 7 月 20 日、97-8-173、p. 18。
21 南京市档案館、1959 年 7 月 1 日、4003-1-167、pp. 39-46。
22『内部参考』、1960 年 12 月 2 日、p. 11。
23 上海市档案館、1961 年 5 月 7 日、A20-1-60、pp. 64-6。
24 南京市档案館、1959 年 6 月 4 日、5003-3-722、pp. 77-81。
25『内部参考』、1960 年 11 月 23 日、pp. 15-16。
26『内部参考』、1961 年 5 月 5 日、pp. 14-16。
27 広州市档案館、1961 年 3 月 27 日・6 月 1 日・7 月 6 日、97-8-173、pp. 45-6・52-3; 60-1-1、pp. 80・105-11。
28 武漢市档案館、1959 年 7 月 29 日、76-1-1210、p. 68。
29 北戴河での講話、甘粛省档案館、1961 年 8 月 11 日、91-18-591、p. 51。
30 北京市档案館、1961 年 6 月 26 日、2-13-89、pp. 2-3。
31 北京市档案館、1961 年 7 月 31 日、2-13-100、pp. 1-6。
32 南京市档案館、1961 年 11 月、5040-1-18、pp. 14-19・20-6。
33『内部参考』、1960 年 8 月 10 日、pp. 13-15。

32 北京市档案館、1960年3月29日、101-1-138、p. 4。
33 南京市档案館、1960年、4053-2-4、p. 93。
34 湖南省档案館、1959年9月3日、141-1-1259、pp. 69-70。
35 北京市档案館、1961年7月30日、1-5-371、p. 8。
36 石炭工業部からの報告、甘粛省档案館、1961年9月11日、91-18-193、p. 71。
37 四つの炭鉱とは、曲仁、南嶺、羅家渡、連陽。広東省档案館、1960年6月、253-1-99、pp. 17-20。
38 甘粛省档案館、1961年2月、91-18-200、p. 254。
39 上海市档案館、1961年1月、A36-1-246、pp. 2-3。
40 上海市档案館、1961年8月、B29-2-655、p. 92。
41 広東省档案館、1961年8月、219-2-319、pp. 31-56。

第19章　商業

1 湖南省档案館、1960年9月13日・11月7日、163-1-1083、pp. 83-5・95-7。
2 上海市档案館、1960年8月11日、B123-4-782、pp. 26-9。
3 雲南省档案館、1958年10月23日、中発(1958) 1060号文書、2-1-3276、pp. 131-5。
4 雲南省档案館、1960年10月15日、中発(1960) 841号文書、2-1-4246、pp. 103-8。
5 上海市档案館、1961年8月、B29-2-655、p. 160; 1961年4月20日、B29-2-980、p. 248。
6 雲南省档案館、1960年10月15日、中発(1960) 841号文書、2-1-4246、pp. 103-8。
7 雲南省档案館、1960年12月3日、中発(1960) 1109号文書、2-1-4246、pp. 117-19。
8 外交部档案館(北京)、1960年1月1日、118-1378-13、p. 82。
9 雲南省档案館、1961年10月25日、2-1-4654、pp. 44-6。
10 雲南省档案館、1960年9月22日、2-1-4269、pp. 36-9。
11 湖南省档案館、1959年8月3日、141-1-1259、p. 148。

9 湖南省档案館、1961年9月21日、186-1-525、pp. 2-6。
10 同上。
11 上海市档案館、1959年3月28日、B29-1-34、pp. 16-21。
12 湖南省档案館、1961年5月5日、141-1-1939、pp. 33-4。
13 北京市档案館、1961年6月26日、2-13-89、pp. 14-15。
14 湖南省档案館、1959年12月26日・1960年1月16日、163-1-1087、pp. 70-2・91-5。
15 1959年3月25日の講話、甘粛省档案館、91-18-494、p. 46。
16 賀竜と聶栄臻の報告、甘粛省档案館、1960年9月13日、91-6-26、pp. 69-75。
17 『内部参考』、1960年11月25日、p. 9。
18 南京市档案館、1960年9月2日、6001-1-73、pp. 12-5。
19 広州市档案館、1960年、19-1-255、pp. 39-41; 1961年9月11日、19-1-525、pp. 94-100。
20 広東省档案館、1961年8月7日、219-2-319、pp. 17-31。
21 北京市档案館、1959年1月17日・3月31日、101-1-132、pp. 14-18・26-40。
22 北京市档案館、1960年3月29日、101-1-138、p. 3。
23 北京市档案館、1961年3月24日、1-28-28、p. 6。
24 北京市档案館、1961年9月28日、2-13-138、pp. 25-9。
25 南京市档案館、1960年7月13日・11月22日、5065-3-395、pp. 7-19・35-52。
26 南京市档案館、1960年7月13日、5065-3-395、pp. 7-19。
27 南京市档案館、1961年、5065-3-443、pp. 51・60・66。
28 北京市档案館、1961年7月31日、1-5-371、pp. 5-10。
29 南京市档案館、1961年9月15日、6001-3-328、pp. 25-8。
30 南京市档案館、1960年、4053-2-4、p. 98。給料は基本的に固定給だったが、1961年から62年にかけての冬は、固定給に代わって出来高制や利益分配制など、様々な形で支払われた。南京市档案館、1961年12月4日、4053-2-5、p. 1。
31 南京市档案館、1961年9月15日、6001-2-329、pp. 30-1。

59 上海市档案館、1961 年、B181-1-510、pp. 17-20。
60 北京市档案館、1962 年 7 月 31 日、1-9-439、pp. 1-4。
61 駐モスクワ大使館からの報告、外交部档案館（北京）、1958 年 9 月 18 日、109-1213-14、p. 142。
62 浙江省档案館、1960 年 3 月 21 日、J002-3-3、p. 34。
63 上海市档案館、1961 年、B181-1-510、p. 7。
64 外交部档案館（北京）、1959 年 4 月 10 日、109-1907-8、p. 100; 1959 年 3 月 25 日の講話、甘粛省档案館、91-18-494、p. 46。
65 上海市档案館、1961 年、B29-2-980、p. 143。
66 広東省档案館、1961 年 9 月 16 日、235-1-259、p. 71。
67 浙江省档案館、1961 年 1 月 29 日、J116-15-115、pp. 5・16。
68 宣城市档案館、1961 年 5 月 17 日、3-1-257、pp. 127-31。
69 上海市档案館、1961 年、B181-1-511、p. 25。
70 湖南省档案館、1961 年 8 月 11 日、186-1-584、p. 134。
71 湖南省档案館、1959 年 3 月 15 日、141-1-1158、p. 152。
72 広東省档案館、1961 年 2 月 25 日、217-1-119、p. 57。
73 河北省档案館、1962 年、979-3-870、pp. 1-30。
74 浙江省档案館、1961 年 1 月 29 日、J116-15-115、pp. 15・29。
75 同上、p. 52。
76 広東省档案館、1961 年 2 月 25 日、217-1-119、p. 58。

第 18 章　工業

1 Klochko, *Soviet Scientist,* pp. 85-6.
2 広東省档案館、1961 年、218-2-320、pp. 26-31。
3 MfAA, Berlin, 1961 年 7 月 7 日, A6807, pp. 20-4.
4 MfAA, Berlin, 1962 年 11 月 14 日, A6860, pp. 142-5.
5 北京市档案館、1961 年 7 月 31 日、1-5-371、pp. 5-10。
6 広東省档案館、1961 年、218-2-320、pp. 26-31。
7 Klochko, *Soviet Scientist,* p. 91.
8『内部参考』、1960 年 11 月 25 日、p. 7。

34 北京市档案館、1960 年 11 月 29 日・12 月 10 日、2-12-262、pp. 21-3。
35 雲南省档案館、1960 年 12 月 14 日・1961 年 9 月 20 日、120-1-193、pp. 85-92・112-15。
36 甘粛省档案館、1961 年 2 月 20 日、中発（1961）145 号文書、91-18-211、p. 92。
37 雲南省档案館、1960 年 12 月 14 日、120-1-193、pp. 112-15。
38 湖南省档案館、1959 年 8 月 20 日、141-1-1259、pp. 51-2。
39 MfAA, Berlin, 1962, A6860, p. 100.
40 浙江省档案館、1961 年 1 月 29 日、J116-15-115、p. 12。
41 広東省档案館、1961 年 3 月 15 日、217-1-119、p. 78。
42 MfAA, Berlin, 1962, A6792, p. 136.
43 湖南省档案館、1961 年 11 月 6 日、141-1-1914、pp. 48-52。
44 雲南省档案館、1962 年、81-7-86、p. 13。
45 湖南省档案館、1959 年 2 月 19 日、163-1-1052、pp. 82-7。
46 紡織工業部部長、銭之光の報告、湖南省档案館、1961 年 8 月 11 日、186-1-584、pp. 107。
47 広州市档案館、1961 年 2 月 28 日、6-1-103、pp. 3-4。
48 北京市档案館、1962 年 1 月 8 日、2-13-138、pp. 1-3。
49 1961 年 10 月 1 日の胡耀邦の報告、湖南省档案館、141-2-138、p. 197。
50 河北省档案館、1962 年、979-3-870、pp. 1-30。
51 湖南省档案館、1959 年 3 月 15 日、141-1-1158、p. 140。
52 広東省档案館、1959 年 7 月 3 日、217-1-69、pp. 74-5。
53 広東省档案館、1961 年 10 月 12 日、235-1-259、p. 13。
54 浙江省档案館、1961 年 1 月 29 日、J116-15-115、pp. 16-21。
55 湖南省档案館、1961 年 1 月 15 日、146-1-580、p. 13。
56 広東省档案館、1961 年 5 月 20 日、217-1-210、pp. 82-7。
57 浙江省档案館、1961 年 1 月 29 日、J116-15-115、pp. 16-21。
58 1962 年 4 月 1 日の総理執務室における周恩来と李井泉の会話、四川省档案館、JC1-3198、p. 33。

11 広東省档案館、1961年8月10日、219-2-318、pp. 9-16。
12 1961年8月10日の鄧小平の演説、湖南省档案館、1961年12月11日、141-2-138、p. 43。
13 1959年3月25日の毛の講話、甘粛省档案館、19-18-494、p. 48。
14 上海市档案館、1961年4月4日、B6-2-392、pp. 20 ff。
15 上海市档案館、1958年7月8日、B29-2-97、p. 17。
16 Oi, *State and Peasant in Contemporary China,* pp. 53-5.
17 この政策および湖南省の例については、湖南省档案館、1959年11月3日・12月1日、146-1-483、pp. 9・18-20・86参照。
18 浙江省档案館、1961年1月、J116-15-10、pp. 1-14。
19 広東省档案館、1961年1月7日、217-1-643、pp. 120-2。
20 広東省档案館、1961年1月2日、217-1-643、pp. 61-6。
21 1958年8月30日の講話、湖南省档案館、141-1-1036、p. 38。一畝(ムー)は0.0667ヘクタール。
22 湖南省档案館、1964年、187-1-1355、p. 64。
23 浙江省档案館、1961年、J116-15-139、p. 1; 1961年1月、J116-15-115、p. 29。
24 湖北省档案館、1961年1月13日、SZ18-2-200、p. 27。
25 甘粛省档案館、1959年6月20日、91-18-539、p. 35。
26 甘粛省档案館、1961年2月12日、91-18-209、p. 246; ウォーカーの試算では1958年の作付面積は1億3000万ヘクタール。Walker, *Food Grain Procurement,* p. 147.
27 Walker, *Food Grain Procurement,* pp. 21-2.
28 広東省档案館、1961年3月1日、235-1-259、pp. 23-5。
29 雲南省档案館、1961年9月20日、120-1-193、pp. 85-92。
30 甘粛省档案館、1961年2月20日、中発(1961)145号文書、91-18-211、p. 91。
31 広東省档案館、1961年3月1日、235-1-259、pp. 23-5。
32 湖南省档案館、1960年11月15日、163-1-1082、p. 106。
33 雲南省档案館、1961年2月6日、120-1-193、pp. 108-9。

25 Li, *Private Life of Chairman Mao,* p. 380.（李志綏『毛沢東の私生活』）

第17章　農業

1 Jean C. Oi, *State and Peasant in Contemporary China: The Political Economy of Village Government,* Berkeley: University of California Press, 1989, pp. 48-9.
2 河北省档案館、1961年4月11日、878-1-14、pp. 56-8。
3 雲南省档案館、1958年7月29日、2-1-3102、pp. 16-22。
4 Kenneth R. Walker, *Food Grain Procurement and Consumption in China,* Cambridge: Cambridge University Press, 1984.
5 破綻をきたした1959-60年の買上げ計画は、甘粛省档案館、1959年7月31日、中発（1959）645号文書、91-18-117、p. 105所収。
6 浙江省档案館、1961年7月16日、J132-13-7、pp. 22-8は、楊継縄『墓碑――中国六十年代大飢荒紀実』（香港、天地図書有限公司、2008）p. 418に引用されている。同書p. 417の数字と要比較。
7 貴州省档案館、1962年、90-1-2706、ページ番号3; こうした割合とほぼ同じものがより詳細な県レベルの概算にも見られる。たとえば、遵義県（1957年26.3%、1958年46.3%、1959年47%、1960年54.7%）、貴州省档案館、1962年、90-1-2708、ページ番号7; 同じファイルに数多くの類似例があり、買上げ率80%のケースもある；食糧局については、楊継縄『墓碑――中国六十年代大飢荒紀実』p. 540参照。
8 1959年3月25日の毛の講話。甘粛省档案館、91-18-494、pp. 44-6。
9 浙江省档案館、1961年7月16日、J132-13-7、pp. 22-8; 楊継縄『墓碑――中国六十年代大飢荒紀実』p. 540と要比較。
10 国務院の報告、甘粛省档案館、1960年6月15日、中発（1960）547号文書、91-18-160、pp. 208-12。

出版社、1981）第2巻、pp. 419–30。

10 Chester J. Cheng (ed.), *The Politics of the Chinese Red Army,* Stanford: Hoover Institution Publications, 1966, pp. 117–23.

11 中共中央文献研究室編『建国以来重要文献選編』（北京、中央文献出版社、1992）第13冊、pp. 660–76。

12 薄一波『若干重大事件与決策的回顧』pp. 893–6。

13 Li, *Private Life of Chairman Mao,* p. 339.（李志綏『毛沢東の私生活』）

14 劉少奇の話、甘粛省档案館、1961年1月20日、91–6–79、pp. 46–51・103–7。

15 毛沢東の講話、甘粛省档案館、1961年1月18日、91–6–79、p. 4。

16 黄峥『劉少奇一生』（北京、中央文献出版社、2003）pp. 346–8; 黄峥『王光美訪談録』（北京、中央文献出版社、2006）pp. 225–6・240。

17 1961年4月25・28・30日の劉少奇の話、湖南省档案館、141–1–1873、pp. 106–50; 黄峥『王光美訪談録』pp. 238–40; 金冲及・黄峥編『劉少奇伝』pp. 865–6。

18 金冲及・黄峥編『劉少奇伝』p. 874。

19 劉少奇の書簡、甘粛省档案館、1961年4–5月、91–4–889、pp. 2–4。

20 1961年5月31日の劉少奇の言葉、甘粛省档案館、91–6–81、pp. 69–73。

21 金冲及編『周恩来伝 1898–1949』pp. 1441–2。（『周恩来伝 1898–1949』）

22 八期九中全会における李富春の演説。湖南省档案館、1961年1月14日、中発（1961）52号文書、186–1–505、pp. 1–28。

23 李富春の演説。湖南省档案館、1961年7月17日、186–1–584、pp. 7・13。

24 北戴河会議の文書。湖南省档案館、1961年8月11日、186–1–584、pp. 38–48・125・134・152。

億1000万元まで下がり、米の輸出量は14万4000トンに半減された。湖南省档案館、1960年10月22日、163-1-1083、pp. 130-4。
34 広東省档案館、1960年9月29日、300-1-195、p. 158。
35 広州市档案館、1961年4月5日、92-1-275、p. 105。
36 甘粛省档案館、1961年1月16日、91-18-200、p. 72。
37 上海市档案館、1960年10月21日、B29-2-112、pp. 2-5。
38 'Back to the farm', *Time*, 1961年2月3日。
39 ICRC, Geneve, 1961年1月18・28・30日、2月6日の電報、BAG 209-048-2.
40 ICRC, Geneve, 1961年3月1・14日の議論、BAG 209-048-2.
41 外交部档案館（北京）、1959年1月27日、109-1952-3、p. 13。

第16章　出口を探す

1 薄一波『若干重大事件与決策的回顧』p. 892。
2 毛沢東『建国以来毛沢東文稿』第9巻、p. 326; 林蘊暉『烏托邦運動——従大躍進到大飢荒（1958-1961）』p. 607。
3 章重「信陽事件掲密」、『党史天地』2004年第4期所収、pp. 40-1。
4 Yang Zhengang、Zhang Jiansheng、Liu Shikai 著「関於壊分子馬龍山大搞反瞞産激起後果等有関材料的調査報告」、1960年11月9日、p. 7。
5 Li Zhenhai、Liu Zhengrong、Zhang Chunyuan 著「関於信陽地区新蔡去冬今春発生重病死人和幹部厳重違法乱紀問題的調査報告」、1960年11月30日、p. 1。
6 信陽地委組織処理弁公室「関於地委常務書記王達夫統制犯所犯錯誤及事実材料」、1962年1月5日、pp. 1-2。
7 章重「信陽事件掲密」、『党史天地』2004年第4期所収、p. 42; 喬培華『信陽事件』（香港、開放出版社、2009）。
8 毛沢東『建国以来毛沢東文稿』第9巻、p. 349。
9『農業集体化重要文件彙編（1958-1981）』（北京、中共中央党校

18 外交部档案館（北京）、1961年3月8日、109-3746-1、pp. 17-18。
19 RGANI, Moscow, 1964年2月14日, 2-1-720, pp. 81-2; 砂糖の取引契約については、*Sbornik osnovnykh deistvuiushchikh dogovorokh i sogloshenii mezhdu SSSR i KNR, 1949-1961,* Moscow: Ministerstvo Inostrannykh Del, 日付無し, pp. 196-7所収。
20 外交部档案館（北京）、1961年4月4日、109-2264-1、pp. 1-8。
21 外交部档案館（北京）、1961年8月22日、109-2264-2、p. 38。
22 外交部档案館（北京）、1962年4月6日、109-2410-3、p. 53。
23 同上。
24 外交部档案館（北京）、1962年8月15日、109-2410-1、pp. 62-3。
25 BArch, Berlin, 1962年, DL2-VAN-175, p. 15.
26 Jung Chang and Jon Halliday, *Mao: The Unknown Story,* London: Jonathan Cape, 2005, p. 462.（ユン・チアン、J・ハリデイ『マオ――誰も知らなかった毛沢東』）
27 MfAA, Berlin, 1962年7月11日, A17334, p. 92.
28 外交部档案館（北京）、1960年7月1日、102-15-1、pp. 26-39; MfAA, Berlin, 1962年7月11日, A17334, pp. 89-94.
29 上海市档案館、1959年12月1日、B29-2-112、p. 3。
30 財政部の報告、甘粛省档案館、1961年7月1日、91-18-211、p. 25。
31 MfAA, Berlin, 1962年1月4日, A6836, p. 33; 飢饉の主因の一つとみなした東ドイツによる中国の海外支援政策の分析、MfAA, Berlin, 1962年1月4日, A6836, p. 16も参照。
32 財政部の報告、甘粛省档案館、1961年7月1日、91-18-211、p. 22-5。
33 湖南省档案館、1960年3月29日、163-1-1083、pp. 119-22; 1960年末までに9月の北戴河会議の決議に従って、輸出額は3

第15章　資本主義国の穀物

1 金冲及編『周恩来伝 1898-1949』p. 1398。(『周恩来伝 1898-1949』)
2 外交部档案館（北京)、1960年8月20日、118-1378-13、pp. 32-3。
3 Oleg Hoeffding, 'Sino-Soviet Economic Relations, 1959-1962', *Annals of the American Academy of Political and Social Science,* vol. 349 (Sept. 1963), p. 95.
4 外交部档案館（北京)、1960年12月31日、110-1316-11、pp. 1-5。
5 外交部档案館（北京)、1961年1月18日、109-3004-2、p. 8。
6 外交部档案館（北京)、1960年12月31日、110-1316-11、pp. 1-5。
7 BArch, Berlin, 1960年11月12日, DL2-1870, p. 34.
8 'Famine and bankruptcy', *Time,* 1961年6月2日。
9 金冲及編『周恩来伝 1898-1949』pp. 1414-15。(『周恩来伝 1898-1949』)
10 Colin Garratt, 'How to Pay for the Grain', *Far Eastern Economic Review,* vol. 33, no. 13 (28 Sept. 1961), p. 644.
11 金冲及編『周恩来伝 1898-1949』p. 1413。(『周恩来伝 1898-1949』)
12 周恩来の報告、湖南省档案館、1961年12月4日、141-1-1931、p. 54。
13 MfAA, Berlin, 1962, A6792, p. 137.
14 周恩来の報告、湖南省档案館、1961年12月4日、141-1-1931、p. 54。
15 Boone, 'Foreign Trade of China'.
16 周恩来の報告、湖南省档案館、1961年12月4日、141-1-1931、pp. 52-3。
17 'Famine and bankruptcy', *Time,* 1961年6月2日。

927-1、pp. 1-5。
2 Klochko, *Soviet Scientist,* p. 171.
3 これを亀裂の主因とみる外交官もいた；Kapitsa, *Na raznykh parallelakh,* pp. 61-3; Arkady N. Shevchenko, *Breaking with Moscow,* New York: Alfred Knopf, 1985, p. 122.
4 Zubok and Pleshakov, *Inside the Kremlin's Cold War,* p. 232.
5 ロシア語および中国語の手紙の原本は、外交部档案館（北京）、1960年7月16日、109-924-1、pp. 4-8。
6 Jung Chang and Jon Halliday, *Mao: The Unknown Story,* London: Jonathan Cape, 2005, p. 465.（ユン・チアン、J・ハリデイ『マオ——誰も知らなかった毛沢東』）
7 呉冷西『十年論戦』（北京、中央文献出版社、1999）p. 337。
8 甘粛省档案館、1960年8月5日、91-9-91、pp. 7-11。
9 外交部档案館（北京）、1960-61年、109-2248-1、p. 38。
10 外交部档案館（北京）、1963年8月20日、109-2541-1、pp. 12-13。
11 外交部档案館（北京）、1960年3月28日、109-2061-1、p. 3; 外交部档案館（北京）、1962年、109-3191-6、p. 5。
12 外交部　北京外交部档案館（北京）、109-2541-1、pp. 12-3。
13 対中貿易に関する銀行の報告書。RGANI, Moscow, 1961年6月2日, 5-20-210, p. 34; この契約については、*Sbornik osnovnykh deistvuiushchikh dogovorokh i sogloshenii mezhdu SSSR i KNR, 1949-1961,* Moscow: Ministerstvo Inostrannykh Del, 日付無し, p. 198参照。
14 Ginsburgs, 'Trade with the Soviet Union', pp. 100・106.
15 BArch, Berlin, 1960年11月12日, DL2-1870, p. 34.
16 RGANI, Moscow, 1964年2月14日, 2-1-720, p. 75.
17 2006年7月、香港1946年生まれ陳さんへのインタビュー。
18 Taubman, *Khrushchev,* p. 471.
19 Li, *Private Life of Chairman Mao,* p. 339.（李志綏『毛沢東の私生活』）

33 甘粛省档案館、1959年8月16日、91-18-96、p. 485。

第13章　弾圧

1 高文謙『晩年周恩来』pp. 187-8。(高文謙『周恩来秘録』)
2 甘粛省档案館、1959年9月19日、91-18-561、p. 28。
3 甘粛省档案館、中発(1960)28号文書、1960年1月8日、91-18-164、pp. 109-14。
4 甘粛省档案館、1962年12月3日、91-4-1028、pp. 8-9。
5 毛沢東『建国以来毛沢東文稿』第8巻p. 529。
6 甘粛省档案館、1960年7月1日、91-4-705、pp. 1-5。
7 雲南省档案館、1959年10月28日、2-1-3639、pp. 23-31。
8 河北省档案館、1960年、879-1-116、p. 43。
9 河北省档案館、1959年11月9日、855-5-1788、pp. 3-6。
10 毛沢東『建国以来毛沢東文稿』第8巻p. 431。
11 湖南省档案館、1959年9月2-4日、141-1-1116、pp. 40-3・49-50・121。
12 Li, *Private Life of Chairman Mao,* pp. 299-300. (李志綏『毛沢東の私生活』);訪問に先立って、周小舟が王任重のスプートニク畑をあざ笑い、長沙の穀物状況を視察してはどうかと挑戦的に誘った電話でもほとんど同じような会話があった。湖南省档案館、1959年9月1日、141-1-1115、pp. 235-7参照。
13 MacFarquhar, Roderick, *The Origins of the Cultural Revolution,* vol. 3: *The Coming of the Cataclysm, 1961-1966,* New York: Columbia University Press, 1999, pp. 61・179・206-7; Lu Xiaobo, *Cadres and Corruption,* p. 86にある*People's Daily*の数字;彭真は1959年9月に党員数1390万人、過去2年に粛清された党員数70万人と述べた;甘粛省档案館、1959年9月19日、91-18-561、p. 28。

第14章　中ソの亀裂

1 国務院の指示、外交部档案館(北京)、1960年8月1日、109-

12 李鋭『廬山会議実録』(鄭州、河南人民出版社、1999) pp. 111-15。
13 黄克誠の告白、甘粛省档案館、1959 年 8 月、91-18-96、p. 491。
14 黄克誠『黄克誠自述』(北京、人民出版社、1994) p. 250。
15 1959 年 8 月 11 日の毛の講話。甘粛省档案館、91-18-494、p. 78。
16 甘粛省档案館、1959 年 7 月 21 日、91-18-96、pp. 532-47。
17 張聞天との話し合いに関する彭徳懐の告白。甘粛省档案館、1959 年 8 月、91-18-96、p. 568。
18 甘粛省档案館、1959 年 7 月 15 日、91-18-488、pp. 106-8。
19 毛沢東宛の周恩来の書簡。甘粛省档案館、1959 年 8 月 13 日、91-18-96、p. 518。
20『内部参考』、1959 年 7 月 26 日、pp. 19-20。
21 毛沢東『建国以来毛沢東文稿』第 8 巻 p. 367; この報告書は、外交部档案館 (北京)、1959 年 7 月 2 日、109-870-8、pp. 81-3 所収。
22 呉冷西の未刊行回想。逄先知・金冲及編『毛沢東伝 1949-1976』p. 983 所収。
23 甘粛省档案館、1959 年 8 月 11 日、91-18-494、p. 84。
24 甘粛省档案館、1959 年 7 月 23 日、91-18-494、pp. 50-66。
25 Li, *Private Life of Chairman Mao,* pp. 317. (李志綏『毛沢東の私生活』)
26 甘粛省档案館、1959 年 8 月 2 日、91-18-494、pp. 67-70。
27 李鋭『廬山会議実録』pp. 206-7。
28 黄峥『王光美訪談録』(北京、中央文献出版社、2006) p. 199。
29 李鋭『廬山会議実録』pp. 359-60。
30 黄克誠の自己批判。甘粛省档案館、1959 年 8 月、91-18-96、p. 495。
31 甘粛省档案館、1959 年 8 月、91-18-96、p. 559。
32 甘粛省档案館、1959 年 8 月 11 日、91-18-494、pp. 82-3。

16 毛の講話記録、甘粛省档案館、1959 年 3 月 25 日、19-18-494、pp. 44-8。
17 電話会議、甘粛省档案館、1959 年 6 月 20 日、91-18-539、p. 41。
18 李鋭『大躍進親歴記』下巻 p. 393。
19 1959 年 1 月 20 日の電話会議、甘粛省档案館、91-18-513、p. 59。
20 毛からの電報、甘粛省档案館、1959 年 4 月 26 日、91-8-276、pp. 90-2。

第 12 章　真実の終わり

1 1959 年 8 月 11 日の毛の講話。甘粛省档案館、91-18-494、p. 81。
2 Li, *Private Life of Chairman Mao*, pp. 310-11.（李志綏『毛沢東の私生活』）
3 王焔ほか編『彭徳懐年譜』（北京、人民出版社、1998）p. 738。
4 金冲及編『周恩来伝 1898-1949』p. 1326。（『周恩来伝 1898-1949』）
5 湖南省档案館、1959 年 8 月 31 日、141-1-1115、pp. 107-9・111-13。
6 彭徳懐『彭徳懐自述』（北京、人民出版社、1981）p. 275。（『彭徳懐自述』）
7 彭徳懐の周小舟との会話、甘粛省档案館、1959 年 8 月 13 日、91-18-96、p. 518。
8 *The Case of Peng Teh-huai, 1959-1968*, Hong Kong: Union Research Institute, 1968 所収、解放軍初期の同志 Kung Chu の言葉。
9 甘粛省档案館、1959 年 7 月 14 日、91-18-96、pp. 579-84。
10 Li, *Private Life of Chairman Mao*, p. 314.（李志綏『毛沢東の私生活』）
11 毛沢東『建国以来毛沢東文稿』第 8 巻 p. 356。

43 湖南省档案館、1959年11月24日、163-1-1052、pp. 21-4。
44 上海市档案館、1960年2月20日、B29-2-112、pp. 2-5。
45 上海市档案館、1959年12月1日、B29-2-112、pp. 2-5。

第11章　「成功による眩惑」

1 林蘊暉『烏托邦運動——従大躍進到大飢荒（1958-1961）』pp. 371-2; 呉冷西『憶毛主席』pp. 105-6。
2 雷南県に関する趙紫陽の報告。開平市档案館、1959年1月27日、3-A9-78、pp. 17-20。
3『内部参考』、1959年2月5日、pp. 3-14。
4 毛沢東『建国以来毛沢東文稿』第8巻pp. 52-4。
5 同上、pp. 80-1。
6 同上、pp. 52-4。
7 1959年3月18日の毛の鄭州での講話：甘粛省档案館、91-18-494、pp. 19-20・22。
8 1959年3月5日の毛の講話。逄先知・金冲及編『毛沢東伝1949-1976』p. 922より引用。
9 1959年2月2日の毛の講話；甘粛省档案館、91-18-494、pp. 10-11。
10 王任重に対する毛の指示。湖南省档案館、1959年4月13日、141-1-1310、p. 75。
11 薄一波『若干重大事件与決策的回顧』p. 830。
12 1959年4月5日朝、毛の16項目の講話。湖南省档案館、141-2-98、pp. 1-12; 林蘊暉『烏托邦運動——従大躍進到大飢荒（1958-1961）』pp. 413-17。
13 毛沢東『建国以来毛沢東文稿』第8巻p. 33。
14 毛の講話記録。甘粛省档案館、1959年3月18日、91-18-494、p. 19。
15 1959年2月14日、広西の地区党書記、呉金南 Wu Jinnan の言葉；議事録参照。広西チワン族自治区档案館、X1-25-316、pp. 8-9。

46-50。
24 外交部档案館（北京）、1958 年 12 月 23 日、109-1907-2、pp. 12-13; ドイツについては、MfAA, Berlin, 1959 年 9 月 21 日, A9960-2, pp. 183-4。
25 外交部档案館（北京）、1958 年 11 月 8 日、109-1907-4、pp. 44-5。
26 外交部档案館（北京）、1958 年 11 月 23 日、109-1907-5、p. 56。
27 湖南省档案館、1959 年 1 月 22 日、163-1-1052、p. 237。
28 湖南省档案館、1959 年 1 月、141-2-104、pp. 10-12。
29 甘粛省档案館、1959 年 1 月 25 日、91-18-114、p. 119; 外交部档案館（北京）、1958 年 12 月 23 日、109-1907-2、pp. 12-13。
30 上海市档案館、1958 年 10 月 31 日、B29-2-97、p. 23。
31 広東省档案館、1961 年 8 月 10 日、219-2-318、p. 14。
32 湖南省档案館、1959 年 2 月 7 日、163-1-1052、p. 11。
33 同上、p. 12。
34 同上、p. 11。
35 外交部档案館（北京）、1959 年 4 月 10 日、109-1907-8、p. 100; 1959 年 3 月 25 日の講話、甘粛省档案館、19-18-494、p. 46。
36 彭と周の声明は議事録参照；外交部档案館（北京）、1959 年 4 月 10 日、109-1907-8、p. 101。
37 電話による指令；湖南省档案館、1959 年 5 月 26 日、141-1-1252、pp. 39-40。
38 湖南省档案館、1959 年 11 月 20 日、163-1-1052、pp. 25-9。
39 湖南省档案館、1959 年 6 月 6 日、163-1-1052、pp. 119-24。
40 甘粛省档案館、中発（1960）98 号文書、1960 年 1 月 6 日、91-18-160、pp. 187-90。
41 湖南省档案館、1960 年 1 月 6 日、141-2-126、pp. 14-15。
42 甘粛省档案館、中発（1960）98 号文書、1960 年 1 月 6 日、91-18-160、pp. 187-90。

Li, *Law and Politics in China's Foreign Trade,* Seattle: University of Washington Press, 1977, p. 100.
6 BArch, Berlin, 1958 年 12 月 2 日, DL2-4037, pp. 31-9.
7 Jahrbuch 1962, Berlin, 1962, p. 548; MfAA, Berlin, 1963 年 11 月 25 日, C572-77-2, p. 191.
8 BArch, Berlin, 1961 年 1 月 7 日, DL2-4039, p. 7; 1959 年, DL2-VAN-172.
9 Zhang Shu Guang (張曙光), *Economic Cold War: America's Embargo against China and the Sino-Soviet Alliance, 1949-1963,* Stanford: Stanford University Press, 2001, pp. 212-13 に引用された『周恩来年譜』第 2 巻、pp. 149・165・231・256 参照。
10 第 14 章「中ソの亀裂」、p. 193 参照。
11 A. Boone, 'The Foreign Trade of China', *China Quarterly,* no. 11 (Sept. 1962), p. 176.
12 BArch, Berlin, 1957 年 10 月 6 日, DL2-1932, pp. 331-2.
13 Lawrence C. Reardon, *The Reluctant Dragon: Crisis Cycles in Chinese Foreign Economic Policy,* Hong Kong: Hong Kong University Press, 2002, pp. 91-2.
14 Martin Kitchen, *A History of Modern Germany, 1800-2000,* New York: Wiley-Blackwell, 2006, p. 336.
15 MfAA, Berlin, 1958 年 9 月 27 日, A6861, p. 145.
16 同上、pp. 151-2。
17 BArch, Berlin, 1959 年 6 月 24 日, DL2-1937, p. 231.
18 'Russia's trade war', *Time,* 1958 年 5 月 5 日 ; Boone, 'The Foreign Trade of China' 参照。
19 'Squeeze from Peking', *Time,* 1958 年 7 月 21 日。
20 'Made well in Japan', *Time,* 1958 年 9 月 1 日。
21 外交部档案館 (北京)、1958 年 11 月 8 日、109-1907-4、p. 49。
22 外交部档案館 (北京)、1959 年 1 月、109-1907-3、pp. 24-5。
23 外交部档案館 (北京)、1958 年 11 月 8 日、109-1907-4、pp.

省档案館、1958年11月25日、120-1-84、p. 68; 1958年11月25日の鄭州会議の文書参照。湖南省档案館、141-2-76、pp. 99-103。

9 河北省档案館、1961年4月16日、884-1-202、pp. 35-47。

10 河北省档案館、1961年2月19日、856-1-227、p. 3。

11 河北省档案館、1958年12月25日、855-4-1271、pp. 58-65。

12 河北省档案館、1958年10月18日、855-4-1270、pp. 1-7。

13 河北省档案館、1958年10月23日、855-4-1271、pp. 25-6。

14 河北省档案館、1958年10月24日、855-4-1271、pp. 42-3。

15 湖南省档案館、1958年11月5日、141-1-1051、p. 123。

16 四川省党委員会における李井泉の発言。四川省档案館、1959年3月17日、JC1-1533、pp. 154-5。

17 甘粛省档案館、1959年1月25日、91-18-114、p. 113。

18 たとえば、北京へは60万トン、上海へは80万トンが追加供給された。上海市档案館、1959年3月12日、B98-1-439、pp. 9-13。

19 雲南省档案館、1958年12月18日、2-1-3101、pp. 301・305-12。

第10章　買い漁り

1 外交部档案館（北京）、1963年9月6日、109-3321-2、pp. 82-5。

2 K. A. Krutikov, *Na Kitaiskom napravlenii: Iz vospominanii diplomata,* Moscow: Institut Dal'nego Vostoka, 2003, p. 253; T. G. Zazerskaya, *Sovetskie spetsialisty i formirovanie voenno-promyshlennogo kompleksa Kitaya* (1949-1960 gg.), St Petersburg: Sankt Peterburg Gosudarstvennyi Universitet, 2000 参照。

3 AVPRF, Moscow, 1958年3月9日, 0100-51-6, papka 432, p. 102。

4 外交部档案館（北京）、1958年6月10日、109-828-30、pp. 176-7。

5 George Ginsburgs, 'Trade with the Soviet Union', in Victor H.

28 上海市档案館、1959年3月12日、B98-1-439、pp. 9-13。
29 雲南省档案館、1959年5月16日、81-4-25、p. 2。
30 雲南省档案館、1958年11月8日、105-9-1、p. 15; 105-9-3、pp. 9-16。
31 雲南省档案館、1958年7月29日、2-1-3102、p. 19。
32 雲南省档案館、1958年4月21日、2-1-3260、p. 116。
33 これはかなり大雑把な概算であり、地方によっても異なる。湖南省では非農業従事者数は1958年以降40%増加した：湖南省档案館、1959年6月4日、146-1-483、p. 116。山東省では農業従事者数は全労働者の半分にすぎなかった：譚震林の話。甘粛省档案館、1959年6月26日、91-18-513、p. 16。
34 雲南省档案館、1958年7月29日、2-1-3102、p. 21。
35 広東省档案館、1961年1月5日、217-1-643、pp. 50-60。
36 譚震林の演説。湖南省档案館、1958年10月、141-2-62、p. 148。

第9章　大飢饉の前触れ

1 雲南省档案館、1958年4月12日、中発（1958）295号文書、120-1-75、pp. 2-4。
2 湖南省档案館、1958年4月25日、141-1-1055、pp. 66-7。
3 雲南省档案館、1958年11月20日、2-1-3078、pp. 116-23; 1958年8月22日、2-1-3078、pp. 1-16。
4 雲南省档案館、1958年11月20日、2-1-3078、pp. 116-23。
5 雲南省档案館、1958年9月12日、2-1-3077、pp. 55-77; 1958年9月12日、2-1-3076、pp. 97-105; 1958年9月、2-1-3075、pp. 104-22。
6 雲南省档案館、1959年2月28日、2-1-3700、pp. 93-8。
7 雲南省档案館、1959年5月16日、81-4-25、p. 17; 1957年の平均死亡率は、『中国統計年鑑1984』（北京、中国統計出版社、1984）p. 83参照。
8 毛沢東『建国以来毛沢東文稿』第7巻pp. 584-5; 初出は、雲南

8 顧士明・李乾貴・孫剣平『李富春経済思想研究』（西寧、青海人民出版社、1992）p. 115。
9 このやりとりは陳雲が目撃した。逄先知・金冲及編『毛沢東伝 1949-1976』（北京、中央文献出版社、2003）pp. 824-5; 雲南省档案館、1958 年 6 月 23 日、2-1-3276、pp. 1-9; 毛沢東『建国以来毛沢東文稿』第 7 巻 pp. 281-2。
10 冶金工業部の報告。雲南省档案館、1958 年 6 月 23 日、2-1-3276、pp. 1-9; 薄一波『若干重大事件与決策的回顧』pp. 700-1。
11 金冲及・陳群編『陳雲伝』（北京、中央文献出版社、2005）p. 1143; Chan, *Mao's Crusade,* pp. 73-4.
12 雲南省档案館、1958 年 9 月 10 日、2-1-3276、pp. 99-100。
13 雲南省档案館、1958 年 9 月 16 日、2-1-3101、pp. 105-23。
14 雲南省档案館、1958 年 9 月 17 日、2-1-3102、pp. 58-78。
15 雲南省档案館、1958 年 9 月 20 日・1959 年 1 月 5 日、2-1-3318、pp. 1-5・10-19。
16 雲南省档案館、1958 年 9 月 23 日、2-1-3102、pp. 147-9。
17 雲南省档案館、1958 年 9 月 25 日、2-1-3101、p. 185。
18 雲南省档案館、1958 年 10 月 18 日、2-1-3102、pp. 160・230; 1958 年 10 月、2-1-3102、pp. 235-73。
19 雲南省档案館、1958 年 12 月 14 日、2-1-3259、pp. 165-72。
20 雲南省档案館、1959 年 1 月 5 日、2-1-3318、p. 18。
21 麻城市档案館、1959 年 1 月 20 日、1-1-378、p. 23。
22 麻城市档案館、1959 年 1 月 15 日、1-1-443、p. 10。
23 2006 年 9 月、安徽省定遠県 1941 年生まれ張愛華へのインタビュー。
24 南京市档案館、1958 年、4003-4-292、pp. 16・48-52。
25 甘粛省档案館、1959 年 5 月 20 日、91-18-114、p. 209。
26 林蘊暉『烏托邦運動——従大躍進到大飢荒（1958-1961）』p. 205 に引用された国家統計局国民経済総合統計司編『新中国五十年統計資料彙編』（北京、中国統計出版社、1999）p. 3。
27 Klochko, *Soviet Scientist,* p. 82.

30 武漢市档案館、1958年11月3日、83-1-523、p. 126。
31 武漢市档案館、1958年9月19日・11月3日、83-1-523、pp. 21-5・126-32。
32 広州市档案館、1958年10月27日、16-1-1、p. 76。
33 武漢市档案館、1958年、83-1-523、p. 87。
34 麻城市档案館、1959年1月20日、1-1-378、p. 24; 1960年12月11日、1-1-502、pp. 207・213; 1959年4月16日、1-1-383、p. 1。
35 四川省档案館、1961年、JC1-2606、pp. 18-19。
36 甘粛省档案館、1961年1月16日、91-18-200、p. 94。
37 湖南省档案館、1959年9月2-4日、141-1-1116、p. 11。
38 麻城市档案館、1961年5月13日、1-1-556、pp. 2-3; 1959年1月20日、1-1-378、p. 23。
39 麻城市档案館、1959年4月18日、1-1-406、p. 1。
40 麻城市档案館、1959年1月29日・2月2日、1-1-416、pp. 36・49; 1958年4月26日、1-1-431、p. 37。
41 南京市档案館、1958年12月30日、4003-1-150、p. 89。

第8章　製鉄フィーバー

1 雲南省档案館、1958年11月8日、105-9-1、pp. 11-14; 1958年3月11日、105-9-6、pp. 71-4。
2 毛沢東『建国以来毛沢東文稿』第7巻 p. 236。
3 毛の講話後の非公式な話を謝富治が雲南省、貴州省のトップに伝えた。貴陽市档案館、1958年5月28日、61-8-84、p. 2。
4 Lin Keng, 'Home-Grown Technical Revolution', *China Reconstructs,* Sept. 1958, p. 12.
5 林蘊暉『烏托邦運動——従大躍進到大飢荒（1958-1961）』（香港、香港中山大学当代中国文化研究中心、2008）p. 132。
6 広東省档案館、1960年12月31日、217-1-642、pp. 10-16。
7 こうした数字に関する議論は、MacFarquhar, *Origins,* vol. 2, pp. 88-90 参照。

6 陳伯達「在毛沢東同志的旗幟下」、『紅旗』1958年7月16日、no. 4、pp. 1–12。
7 1958年8月19日・21日の毛の講話。甘粛省档案館、91–18–495、pp. 316・321。
8 李鋭『大躍進親歴記』(海口、南方出版社、1999) 下巻、p. 31。
9『人民日報』1958年9月1日、p. 3。
10 金冲及・黄峥編『劉少奇伝』pp. 832–3。
11『人民日報』1958年9月18日、p. 2; 1958年9月24日、p. 1。
12 毛沢東『建国以来毛沢東文稿』第7巻 p. 494。
13 Ji Fengyuan, *Linguistic Engineering: Language and Politics in Mao's China,* Honolulu: University of Hawai'i Press, 2004, p. 88.
14 1958年8月21日・24日の毛の講話。湖南省档案館、141–1–1036、pp. 24–5・31。
15『人民日報』1958年10月3日、p. 2。

16『人民日報』1958年10月6日、p. 6; 1958年10月13日、p. 1。
17 湖南省档案館、1958年9月18日、141–1–1066、p. 5。
18 John Gittings, 'China's Militia', *China Quarterly,* no. 18 (June 1964), p. 111.
19 麻城市档案館、1959年1月15日、1–1–443、pp. 9・24。
20 南京市档案館、1961年4月10日、4003–2–481、pp. 75–83。
21 湖南省档案館、1961年2月4日、151–1–20、pp. 8–9。
22 広東省档案館、1960年12月10日、217–1–643、p. 44。
23 2007年4月、四川省閬中県1935年生まれ李老人へのインタビュー。
24 2006年9月、四川省閬中県1930年代生まれ馮達柏へのインタビュー。
25 四川省档案館、1960年2月26日、JC1–1846、p. 22。
26 広東省档案館、1960年12月10日、217–1–643、p. 45。
27 広東省档案館、1959年2月12日、217–1–69、pp. 25–33。
28 広東省档案館、1961年1月7日、217–1–643、p. 111。
29 広州市档案館、1958年10月27日、16–1–1、p. 76。

5 李越然『外交舞台上的新中国領袖』p. 151。
6 ロシア語の議事録。'Peregovory S. Khrushchevas Mao Tszedunom 31 iiulia-3 avgusta 1958 g. i 2 oktiabria 1959 g.', *Novaia i Noveishaia Istoria,* no. 1 (2001), pp. 100-8・p. 117.
7 Khrushchev, Nikita, *Vremia, liudi, vlast',* vol. 3, pp. 76-7.
8 Li, *Private Life of Chairman Mao,* p. 261. (李志綏『毛沢東の私生活』)
9 李越然『外交舞台上的新中国領袖』pp. 149-50。
10 数年後、会議に出席した際にフルシチョフが回想して語った言葉。RGANI, Moscow, 18 Jan. 1961, 2-1-535, pp. 143-6; RGANI, Moscow, 14 Feb. 1964, 2-1-720, p. 137.
11 Vladislav Zubok, and Constantine Pleshakov, *Inside the Kremlin's Cold War: From Stalin to Khrushchev,* Cambridge, MA: Harvard University Press, 1996, pp. 225-6.
12 Li, *Private Life of Chairman Mao,* p. 270. (李志綏『毛沢東の私生活』)
13 中共中央文献研究室編『毛沢東外交文選』pp. 344・347。
14 Näth, *Communist China in Retrospect,* p. 117 所収 Roland Felber, 'China and the Claim for Democracy'; 最近の研究では、中ソ関係の専門家 Lorenz Lüthi が国内の緊張感を高めるためだけに金門島砲撃のタイミングを計ったと明確に示した；Lüthi, *The Sino-Soviet Split* p. 99.

第7章　人民公社

1 Li, *Private Life of Chairman Mao,* p. 263. (李志綏『毛沢東の私生活』)
2 河北省档案館、1957年9月、855-4-1271、pp. 1-5。
3 河北省档案館、1958年2月13日・4月30日、855-18-541、pp. 13-20・67-81。
4 毛沢東『建国以来毛沢東文稿』第7巻 p. 143。
5『人民日報』1958年4月17日、p. 2。

27 麻城市档案館、1959年1月15日、1-1-443、p. 10。
28 2006年4月、四川省仁寿県1946年生まれ劉舒へのインタビュー。
29 2006年4月、四川省洪雅県1930年代生まれ羅白へのインタビュー。
30 浙江省档案館、1961年5月4日、J007-13-48、pp. 1-8。
31 麻城市档案館、1959年1月20日、1-1-378、p. 22。
32 河北省档案館、1961年4月16日、884-1-202、pp. 35-47。
33 広東省档案館、1961年1月5日、217-1-643、pp. 50-60。
34 Li, *Private Life of Chairman Mao,* p. 278.（李志綏『毛沢東の私生活』）
35 会話記録。河北省档案館、1958年8月4-5日、855-4-1271、pp. 6-7・13-14;『人民日報』1958年8月4日、p. 1、1958年8月11日、pp. 1・4。
36 湖南省档案館、1958年10月19日、141-2-64、pp. 78-82及び1958年9月18日、141-1-1066、pp. 7-8。
37 湖南省档案館、1958年10月19日、141-2-64、pp. 78-82。
38 湖南省档案館、1958年11月5日、141-1-1051、p. 124。
39 国務院指令。甘粛省档案館、1959年1月7日、91-8-360、pp. 5-6。

第6章　砲撃開始

1 中共中央文献研究室編『毛沢東外交文選』（北京、中央文献出版社、1994）pp. 323-4。
2 Lüthi, Lorenz M., *The Sino-Soviet Split,* pp. 92-3.
3 李越然『外交舞台上的新中国領袖』（北京、外語教育与研究出版社、1994）p. 149。
4 Harrison E. Salisbury, *The New Emperors: China in the Era of Mao and Deng,* Boston: Little, Brown, 1992, pp. 155-6.（ハリソン・E・ソールズベリー『ニュー・エンペラー――毛沢東と鄧小平の中国』）

版社、1991-3) p. 682; このシステムについては MacFarquhar, *The Origins,* vol. 2, p. 31 参照。

13 南寧会議議事録、甘粛省档案館、1958 年 1 月 28 日、91-4-107、p. 2。

14 Lu Xiaobo, *Cadres and Corruption: The Organizational Involution of the Chinese Communist Party,* Stanford: Stanford University Press, 2000, p. 84 所収のインタビュー。

15 遂平市档案館、1958 年 2 月 13 日、1-201-7、pp. 8・32 及び 1958 年 10 月 29 日、1-221-8。

16 雲南省楚雄県の例。Erik Mueggler, *The Age of Wild Ghosts: Memory, Violence, and Place in Southwest China,* Berkeley: University of California Press, 2001, p. 176.

17 広東省档案館、1961 年、217-1-618、p. 36。

18 『人民日報』1957 年 11 月 26 日、p. 2; 1957 年 12 月 29 日、p. 2; 1958 年 1 月 21 日、p. 4; 1958 年 8 月 16 日、p. 8。

19 麻城市档案館、1958 年 7 月 15 日、1-1-331; 1959 年 4 月 13 日、1-1-370、p. 37。

20 広東省档案館、1960 年 12 月 31 日、217-1-576、pp. 54-68。

21 江渭清『七十年征程——江渭清回憶録』p. 431。

22 薄一波『若干重大事件与決策的回顧』p. 683。深耕は山東省の集団農場で始まった。

23 中央からの報告。雲南省档案館、1958 年 9 月 3 日、120-1-84、pp. 52-67。

24 広東省档案館、1961 年 12 月 31 日、217-1-642、pp. 11-12。

25 広東省档案館、1961 年 1 月 7 日、217-1-643、pp. 120-2。

26 Roderick MacFarquhar, Timothy Cheek and Eugene Wu (eds), *The Secret Speeches of Chairman Mao: From the Hundred Flowers to the Great Leap Forward,* Cambridge, MA: Harvard University Press, 1989, p. 450. (ロデリック・マックファーカー、ティモシー・チーク、ユージン・ウー編『毛沢東の秘められた講話』)

24『人民日報』1958年1月19日、p. 1。
25『人民日報』1958年2月18日、p. 2。
26 雲南省档案館、1958年4月21日、2-1-3260、p. 117。
27 李鋭『大躍進親歴記』下巻　p. 363。
28 雲南省档案館、1958年6月23日、2-1-3274、pp. 37-9。
29 雲南省档案館、1958年11月20日、2-1-3078、pp. 116-23; 1958年8月22日、2-1-3078、pp. 1-16。
30 江渭清『七十年征程——江渭清回憶録』p. 421。
31 甘粛省档案館、1961年2月14日、91-18-205、p. 58。

第5章　「衛星を打ち上げる」

1 Li, *Private life of Chairman Mao,* pp. 226-7.（李志綏『毛沢東の私生活』）
2 湖南省档案館、1958年7月、186-1-190、pp. 1-2及び141-2-62、pp. 1-2。
3 MacFarquhar, *The Origins,* vol. 2, p. 83に引用されたWilliam W. Whitson, *The Chinese High Command: A History of Communist Military Politics, 1927-71,* New York: Praeger, 1973, p. 204。
4 湖南省档案館、1959年5月11日、141-1-1066、pp. 80-3。
5 湖南省档案館、1959年9月、141-1-1117、pp. 1-4及び141-1-1066、pp. 5-13。
6 後日、周小舟は認めている。廬山会議議事録、甘粛省档案館、1959年8月、91-18-96、p. 570。
7 雲南省档案館、1958年7月29日、2-1-3102、p. 20。
8 雲南省档案館、1958年9月4日、2-1-3101、pp. 1-35。
9 雲南省档案館、1958年9月、2-1-3101、pp. 36-9、48-65、66-84、94-104、105-23。
10 広東省档案館、1961年1月20日、217-1-645、pp. 15-19。
11 Teiwes, *China's Road to Disaster,* p. 85.
12 薄一波『若干重大事件与決策的回顧』（北京、中共中央党校出

5 北京、外交部档案館、1964年7月23日、117-1170-5、pp. 45-7。
6『人民日報』1958年2月1日 p. 11; 戴晴、*The River Dragon has come!*, p. 22, Shui Fu, 'A Profile of Dams in China'。
7 戴晴、*The River Dragon has come!*, p. 30, Yi Si, 'The World's Most Catastrophic Dam Failures: The August 1975 Collapse of the Banqiao and Shimantan Dams'。
8 甘粛省档案館、1958年1月29日、91-4-138、pp. 135-7。
9 甘粛省档案館、1958年10月20日、91-4-263、pp. 29-30。
10 甘粛省档案館、1958年9月9日、229-1-118。
11 甘粛省档案館、1959年4月26日、91-4-338、pp. 30-5。
12 邱石編『共和国重大決策出台前後』第3巻（北京、経済日報出版社、1997-8）所収、楊聞宇「大躍進年代西北的荒誕事——"引洮上山"的回顧」p. 226。
13 甘粛省档案館、1962年4月18日、91-4-1091、pp. 1-8。
14 Shui Fu, 'A Profile of Dams in China', p. 22.
15 北京市档案館、1959年、96-1-14、pp. 38-44。
16 Näth, Marie-Luise (ed.), *Communist China in Retrospect: East European Sinologists Remember the First Fifteen Years of the PRC,* Frankfurt: P. Lang, 1995, pp. 85-7 所収の Jan Rowinski, 'China and the Crisis of Marxism-Leninism'.
17 Klochko, M. A., *Soviet Scientist in China,* London: Hollis & Carter, 1964, pp. 51-2.
18 Rowinski, 'China and the Crisis of Marxism-Leninism', pp. 85-7; Klochko, *Soviet Scientist in China,* pp. 51-2.
19 Li, *Private life of Chairman Mao,* pp. 247-8.（李志綏『毛沢東の私生活』）
20 同上、pp. 249-51.
21 雲南省档案館、1958年1月9日、2-1-3227、p. 5。
22『人民日報』1958年1月15日、p. 1。
23 雲南省档案館、1958年10月5日、2-1-3227、pp. 109-23。

30 甘粛省档案館、1962年12月3日、91-4-1028、p. 8。
31 雲南省档案館、1958年4月20日、2-1-3059、pp. 57-62;『人民日報』、1958年5月26日、p. 4参照。
32 雲南省档案館、1958年9月25日、2-1-3059、pp. 2-3。
33 1958年3月10日の成都での毛の講話。甘粛省档案館、91-18-495、p. 211。
34 粛清については、Frederick C. Teiwes, *Politics and Purges in China: Rectification and the Decline of Party Norms,* Armonk, NY: M. E. Sharpe, 1993参照。
35 同上、p. 276; 中共河南省委党史工作委員会編『風雨春秋——潘復生詩文紀念集』(鄭州、河南人民出版社、1993) 所収の張林南「関於反潘・楊・王事件」参照。
36 Thaxton, *Catastrophe and Contention in Rural China,* p. 116.
37 江渭清『七十年征程——江渭清回憶録』(南京、江蘇人民出版社、1996) pp. 415-6。
38 雲南省档案館、1959年5月22日、2-1-3700、pp. 93-8。
39 1957年12月19日の北京での陳の演説。甘粛省档案館、91-8-79、p. 179。

第4章　集合ラッパの合図

1 Judith Shapiro, *Mao's War against Nature: Politics and the Environment in Revolutionary China,* New York: Cambridge University Press, 2001, p. 49.
2 Dai Qing (戴晴) (ed.), *The River Dragon has Come! The Three Gorges Dam and the Fate of China's Yangtze River and its People,* Armonk, NY: M. E. Sharpe, 1998, pp. 143-59 所収の 'A Lamentation for the Yellow River: The Three Gate Gorge Dam' で尚蔚 (Shang Wei) が語った話。
3 Shapiro, *Mao's War against Nature,* pp. 53-4.
4 1961年9月19日の周の演説。甘粛省档案館、91-18-561、p. 31。

13 南寧会議議事録。甘粛省档案館、1958 年 1 月 28 日、91-4-107、pp. 9-10 及び毛沢東『建国以来毛沢東文稿』第 7 巻 p. 59。
14 'Rubber communist', *Time,* 18 June 1951.
15 Gao Wenqian, *Zhou Enlai: The Last Perfect Revolutionary,* New York: PublicAffairs, 2007, p. 88.（高文謙『周恩来秘録』〔文藝春秋社、2007〕）
16 1956 年 11 月 15 日の毛の講話。甘粛省档案館、91-18-480、p. 74。
17 1958 年 3 月 10 日の成都での毛の講話。甘粛省档案館、91-18-495、p. 211。
18 李鋭『大躍進親歴記』第 2 巻、p. 288。
19 MacFarquhar, Roderick, *The Origins of the Cultural Revolution,* vol. 2: *The Great Leap Forward, 1958-1960,* New York: Columbia University Press, 1983, p. 57 参照。
20 Teiwes, *China's Road to Disaster,* p. 246 の劉の声明より引用。金冲及・黄峥編『劉少奇伝』（北京、中央文献出版社、1998）pp. 828-9 参照。
21 秘書の范若愚の回想は、金冲及編『周恩来伝』pp. 1259-60 より。（『周恩来伝 1898-1949』〔阿吽社、1992-93〕）
22 Gao, *Zhou Enlai,* p. xiii の Nathan による 'Introduction' から。（高文謙『周恩来秘録』）
23 Teiwes, *China's Road to Disaster,* p. 85.
24 陶魯笳『毛主席教我們当省委書記』（北京、中央文献出版社、1996）pp. 77-8。
25 1958 年 1 月 28 日の毛の講話。甘粛省档案館、91-18-495、p. 200。
26 1958 年 1 月 15 日の鄧の演説。甘粛省档案館、91-4-107、pp. 73、94。
27 甘粛省档案館、1958 年 2 月 9 日、91-4-104、pp. 1-10。
28 甘粛省档案館、1961 年 1 月 12 日、91-4-735、pp. 75-6。
29 甘粛省档案館、1961 年 1 月 12 日、91-18-200、p. 35。

12 'Bark on the wind', *Time,* 3 June 1957.
13 Taubman, *Khrushchev,* pp. 305 and 374-5.
14 'N. S. Khrushchev's report to anniversary session of USSR Supreme Soviet', Moscow: Soviet News, 7 Nov. 1957, p. 90.
15 毛沢東『建国以来毛沢東文稿』第6巻 p. 635。

第3章　階級の粛清

1 MacFarquhar, *Origins,* vol. 1, p. 312.
2 黄峥『劉少奇一生』(北京、中央文献出版社、2003) p. 322.
3『人民日報』1958年1月1日、p. 1; 呉冷西『憶毛主席』p. 47。
4『人民日報』1957年12月8日、p. 1。
5『人民日報』1958年1月25日、p. 2。
6 金冲及編『周恩来伝 1898-1949』(北京、中央文献出版社、1989) p. 1234.(『周恩来伝 1898-1949』〔阿吽社、1992-93〕)
7 南寧会議議事録。甘粛省档案館、1958年1月28日、91-4-107、p. 1。
8 李鋭『大躍進親歴記』(海口、南方出版社、1999) 下巻 pp. 68-9。
9 1956年6月に「反冒進」論説を掲載した時点での『人民日報』総編集(編集長)は鄧拓だった。1957年7月に呉冷西と交替し、1958年12月に解雇されたが、以後数年にわたって大躍進を擁護する記事を書いた。呉冷西『憶毛主席』、pp. 47-9; 鄧拓については、Timothy Cheek, *Propaganda and Culture in Mao's China: Deng Tuo and the Intelligentsia,* Oxford: Oxford University Press, 1997 参照。
10 Li Zhishui, *The Private Life of Chairman Mao,* p. 230.(李志綏『毛沢東の私生活』)
11 薄一波『若干重大事件与決策的回顧』(北京、中共中央党校出版社、1991-3) p. 639。
12 熊華源・廖心文『周恩来総理生涯』(北京、人民出版社、1997) p. 241。

17-24 参照。

5 呉冷西『憶毛主席——我親身経歴的若干重大歴史事件片断』（北京、新華出版社、1995）p. 57。

6 Lorenz M. Lüthi, *The Sino-Soviet Split: Cold War in the Communist World,* Princeton: Princeton University Press, 2008, pp. 71-2.

7 Roderick MacFarquhar, *The Origins of the Cultural Revolution,* vol. 1: *Contradictions among the People, 1956-1957,* London: Oxford University Press, 1974, pp. 313-15.

第2章　競り合い開始

1 呉冷西『十年論戦』（北京、中央文献出版社、1999）pp. 205-6 及び Lüthi, *The Sino-Soviet Split,* p. 74。

2 Li Zhishui, *The Private Life of Chairman Mao,* pp. 220-1.（李志綏『毛沢東の私生活』）

3 同上。p. 221。

4 毛沢東『建国以来毛沢東文稿』（北京、中央文献出版社、1987-96）第6巻 pp. 625-6。

5 毛沢東の通訳の回想録、李越然『外交舞台上的新中国領袖』（北京、外語教育与研究出版社、1994）p. 137 及び閻明復「回憶両次莫斯科会議和胡喬木」（北京、『当代中国史研究』第19号（1997.5）pp. 6-21 参照。

6 Nikita Khrushchev, *Vremia, liudi, vlast',* Moscow: Moskovskiye Novosti, 1999, vol. 3, p. 55.

7 Veljko Mićunović, *Moscow Diary,* New York: Doubleday, 1980, p. 322.

8 毛沢東『建国以来毛沢東文稿』第6巻 pp. 640-3。

9 Mikhael Kapitsa, *Na raznykh parallelakh: Zapiski deplomata,* Moscow: Kniga i biznes, 1996, p. 60.

10 毛沢東『建国以来毛沢東文稿』第6巻 p. 635。

11 '1957: Nikita Khrushchev', *Time,* 6 Jan. 1958.

◉原註

はじめに

1 この点を明らかにしてくれた文献は、Alfred L. Chan, *Mao's Crusade: Politics and Policy Implementation in China's Great Leap Forward,* Oxford: Oxford University Press, 2001; Frederick C. Teiwes and Warren Sun, *China's Road to Disaster: Mao, Central Politicians, and Provincial Leaders in the Unfolding of the Great Leap Forward, 1955-1959,* Armonk, NY: M. E. Sharpe, 1999。
2 村の研究で最も新しいのは、Thaxton, Ralph A., *Catastrophe and Contention in Rural China: Mao's Great Leap Forward Famine and the Origins of Righteous Resistance in Da Fo Village,* New York: Cambridge University Press, 2008。基礎研究としては、Friedman, Edward, Paul G. Pickowicz and Mark Selden with Kay Ann Johnson, *Chinese Village, Socialist State,* New Haven: Yale University Press, 1991。
3 Service, Robert, *Comrades: A History of World Communism,* Cambridge, MA: Harvard University Press, 2007, p. 6.

第1章　毛沢東の二人のライバル

1 William Taubman, *Khrushchev: The Man and his Era,* London: The Free Press, 2003, p. 230.
2 逄先知・金冲及編『毛沢東伝 1949-1976』(北京、中央文献出版社、2003) p. 534。
3 Li Zhishui, *The Private Life of Chairman Mao: The Memoirs of Mao's Personal Physician,* New York: Random House, 1994, pp. 182-4. (李志綏『毛沢東の私生活』)
4「社会主義改造」の概要については、Chan, *Mao's Crusade,* pp.

地図作成＝アートライフ（小笠原諭）

*本書は、二〇一一年に当社より刊行した著作を文庫化したものです。

草思社文庫

毛沢東の大飢饉

史上最も悲惨で破壊的な人災 1958-1962

2019年2月8日　第1刷発行

著　者　フランク・ディケーター
訳　者　中川治子
発行者　藤田　博
発行所　株式会社 草思社
〒160-0022　東京都新宿区新宿1-10-1
電話　03(4580)7680(編集)
　　　03(4580)7676(営業)
　　　http://www.soshisha.com/
印刷所　株式会社 三陽社
付物印刷　株式会社 暁印刷
製本所　大口製本印刷 株式会社
本体表紙デザイン　間村俊一

ISBN978-4-7942-2375-3　Printed in Japan